大学数学教学丛书

高等数学（上册）

王耀革　郭从洲　崔国忠　主编

科 学 出 版 社

北　京

内 容 简 介

本书依据理工类本科高等数学课程教学基本要求，并结合教学实践经验编写而成. 融入了课程思政元素，且将"结构分析-形式统一法" 贯穿于教材，相比于同类教材，本书增加了部分内容，调整了一些内容的讲述顺序，内容更丰富，系统性更强.

本书在定理的证明和例题的求解之前增加了结构分析环节，展现了思路形成和解题方法设计的过程，突出了数学理性分析的特点；在重要的定义和知识点之后，增加了信息挖掘和抽象总结，优化学生的认知结构；增加了例题和习题的难度，并增加了结构分析的习题题型，突出分析和解决问题的培养和训练.

本书分上、下两册. 上册共 4 章，主要内容有：高等数学基础知识(数列和函数的极限、极限的运算、函数的连续性)、一元函数微分学及其应用、一元函数积分学及其应用、微分方程. 下册共 5 章，主要内容有：向量代数与空间解析几何、多元函数微分学及其应用、多元数量值函数积分学、向量值函数积分学、无穷级数.

本书可作为高等院校理工类非数学类专业高等数学课程教材，也可作为青年教师教学使用的参考书，同时也是一套学生自学的"学案".

图书在版编目(CIP)数据

高等数学（全二册）/王耀革，郭从洲，崔国忠主编.—北京：科学出版社，2022.10

ISBN 978-7-03-073323-8

Ⅰ. ①高… Ⅱ. ①王… ②郭… ③崔… Ⅲ. ①高等数学–高等学校–教材 Ⅳ. ①O13

中国版本图书馆 CIP 数据核字(2022)第 180827 号

责任编辑：张中兴　梁　清　孙翠勤 / 责任校对：杨聪敏
责任印制：赵　博 / 封面设计：蓝正设计

科学出版社 出版
北京东黄城根北街 16 号
邮政编码：100717
http://www.sciencep.com
天津市新科印刷有限公司印刷
科学出版社发行　各地新华书店经销
*
2022 年 10 月第 一 版　开本：720 × 1000　1/16
2024 年 6 月第四次印刷　印张：49
字数：988 000

定价：169.00 元 (上下册)
(如有印装质量问题，我社负责调换)

前　言

2020 年教育部印发《高等学校课程思政建设指导纲要》(以下简称《纲要》),《纲要》指出理学、工学类专业课程“要在课程教学中把马克思主义立场观点方法的教育与科学精神的培养结合起来, 提高学生正确认识问题、分析问题和解决问题的能力”. 《纲要》指明了理学类课程如何进行课程思政以及课程思政的目标. 如果把马克思主义立场观点方法的教育与科学精神的培养结合起来、掌握解决问题的数学思想、培养学生的数学素养和专业素养为目的的教学内容体系设计理解为是一种课程思政隐性教育的话, 那么在具体的教学实施过程中, 通过融入课程思政元素, 以提升学生学习兴趣、活跃课堂气氛为目的的教学设计就是属于课程思政显性教育.

高等数学理论体系庞大, 课程内容丰富, 授课学时长, 章节模块之间关联度非常高, 累积效应非常强; 再加上数学课程自身的特点: 理论性强、高度抽象、逻辑严谨、应用广泛, 为课程的教与学带来很大困难. 因此, 如何教好又如何让学生学好这门课, 是我们长期从事该课程教学的教师面临的亟待解决的重大问题. 我们从事高等数学的教学已有二十余年, 一直致力于课程教学研究, 特别是在教育和教学改革的时代背景下, 我们对高等数学的教与学进行了一系列的改革实践, 从教学理念、教学内容、教学方法和数学手段、课程考核评价等进行了深入的探索与实践, 取得了丰富的研究成果, 提出了独创的结构分析教学方法, 这套教材正是基于结构分析方法而编写的特色鲜明的教材.

本教材有如下特点:

1. 融入课程思政元素的课程思政显性教育.

高等数学的很多概念都包含着丰富哲学原理和人生道理, 这些典型的案例在塑造学生人生观、价值观和世界观上有着很好的引导作用. 中华文明中蕴含的数学内涵既有助于提升我们的文化自信, 还可以加深学生对数学概念的理解. 但是这些内容不可能在课堂教学中过多地占用讲授时间, 只能在恰当的时机 "点到为止", 这种时机的把握与老师的教学经验密切相关. 本书根据我们长期的教学实践, 适当引入中华文明中蕴含的数学内涵、哲学原理等内容, 作为一种尝试, 能否体现好课程思政效果, 见仁见智, 此处算抛砖引玉, 如能有些许作用, 作者团队便觉欣慰.

2. "结构分析–形式统一法" 的课程思政隐性教育.

"结构分析–形式统一法" 是我们在教学过程中总结提炼出来的解决实际问题的一般性研究方法, 是科学研究理论在教学中的具体应用. 任何问题的解决都要经历两个阶段: 第一阶段, 利用 "结构分析法", 分析待解问题的结构, 确立题目特点, 类比已知知识, 形成 "解决问题的思路"; 第二阶段, 利用 "形式统一法", 将题目的条件或结论, 转化为相关已知知识的形式, 寻找解决问题的方法和技巧, 完成解决问题的具体过程. 思路确立阶段主要解决 "用什么" 的问题, 明确解决问题的方向, 即确立利用哪个已知的定理或理论解决问题, 由此确立解决问题的思路; 技术路线设计阶段主要解决 "怎么用" 的问题, 即利用已经确立的已知理论设计具体的解题方法, 完成问题的求解.

所有的工程技术问题、理论研究问题, 甚至生活中的问题的解决都需要经历上述两个阶段, 只是由于大多数问题的求解相对简单, 可以直接进行求解, 忽略了思路确立阶段, 或者是基于经验主义或认知没有达到相应的高度, 忽视了思路确立阶段. 以前的不少高等数学教材都是只呈现 "怎么用" 的解题阶段, 而没有体现出 "为什么这样做" 的思路确立阶段, 这对大学阶段的数学课程, 特别是高等数学课程而言是非常遗憾的事情.

高等数学的定义 (定理或结论) 很多, 学生记住这些结论并不难, 看懂教材给出的解题过程也不难, 但是, 真正透彻理解解题过程 (为何要用此定理解题? 每一步中蕴藏着什么?) 很难, 将其推而广之, 解决更广泛的问题更难, 而让学生形成正确地分析问题、准确地选择知识、恰当地运用结论、合理地解决问题的数学思维和能力, 更是难上加难. 我们提出的 "结构分析–形式统一法" 就是针对教与学双方在教与学过程中所面对的这一难题而提出的破解方法.

我们通过挖掘每个定义 (定理或结论) 的结构特点, 明确定义 (定理或结论) 能够作用的对象. 当我们面对需要解决的问题时, 先对问题的结构作分析, 找到结构特点, 与已知的定义 (定理或结论) 处理对象的结构特点作类比, 由此确定使用什么定义 (定理或结论); 而在具体的求解过程中, 求解的核心思想是建立已知和未知的联系, 我们类比思路确立中所确定的已知定义 (定理或结论), 分析应用过程中要解决的重点和难点, 先从形式上入手, 将待求解的问题从形式上转化为已经确立使用的已知定理或结论的形式, 或建立已知和未知的联系, 使 “待求解的未知” 和要使用 “解决问题的已知” 在形式上进行统一, 进一步形成解决问题的具体方法. 这就是 “结构分析–形式统一法” 的核心内容. 可以将这种方法总结为 24 字: 分析结构, 挖掘特点, 类比已知, 确立思路, 形式统一, 设计方法.

在本教材中, 对大部分定义、定理和题目都给出了分析过程, 在分析过程中利用 “结构分析–形式统一法” 给出解题的思路和具体的方法设计. 教材从始至终使用这种方式对学生进行数学思维训练, 优化学生的认知结构, 使学生养成良好的解决数学问题的方式和习惯, 培养坚实的数学素养.

3. 教材增加了部分内容. 在基础部分增加了实数系及其性质, 以便较为深入地介绍极限理论; 增加了无穷小阶的概念, 为无穷小的比较做铺垫; 积分部分增加了特殊结构的积分的计算; 微分方程部分增加了微分方程的数值解, 强化高等数学的应用思想.

4. 适当融入了作者教学团队教学中的研究心得. 如在应用数列极限定义证明数列极限时, 给出了放大法; 在介绍单调有界数列必有极限准则的应用时, 给出了预判法; 在介绍五类基本初等函数的求导公式时, 从结构视角分析求导对函数结构的影响, 为后续分部积分方法提供思考方向的理论支撑.

5. 局部章节内容进行了调整. 如将数列极限的性质和函数极限的性质统一讲解, 避免知识重复; 在一元函数积分学中, 先讲定积分的定义, 重视定积分解决问题的思想, 将不定积分和积分方法作为定积分的计算工具随后引入; 在多元函数积分学中, 把重积分、对弧长的曲线积分、对面积的曲面积分归结为求非均匀变化的不同几何形体的质量, 统一为数量值函数的积分, 把对坐标的曲线 (曲面) 积分统一为有向曲线 (曲面) 上的向量值函数的积分, 以弥补学生对向量值函数认知上的不足, 更利于后续大学物理课程的理解和学习.

6. “学案式” 的编排理念. 将数学思维的培养 (即如何想) 和解决问题的实际能力的培养 (即如何做) 融入教材, 将理论知识的传授与能力的培养、数学思维和素养的熏陶相结合, 突出以学为主, 为学生提供一套 “学案”, 而不仅仅是教师所用的教材或教案.

信息工程大学基础部数学教研室在多年教学改革的基础上, 组织编写了这套 “大学数学教学丛书, 本书就是其中的一本. 本书是在崔国忠主编的《数学分析》

基础上编写而成, 第 1~5 章和第 9 章由王耀革撰稿, 第 6~8 章由郭从洲撰稿. 除此之外, 张冬燕、孙铭娟、刘倩参与课件制作工作, 李可、文生兰、李瑞瑞提供课后习题答案. 全书由王耀革、郭从洲统稿、定稿. 尽管我们对这套教材倾注了极大的心血, 但书中还存在着不足. 经过两年使用, 每次使用后我们都有新的感悟, 都要增加新的内容, 总想在表达的准确性、逻辑性上做进一步的精雕细琢, 这个过程是无止境的. 任何事物总是在发展、在前进, 没有终结篇, 我们只能给出阶段性的成果, 也希望通过阶段性成果的出版, 接受同行、学生的检验、批评和指正, 以改进我们的工作.

本书的编写参阅了大连理工大学应用数学系组编的《工科数学分析》, 同济大学数学系编的《高等数学》, 浙江大学吴迪光、张彬编著的《微积分学》, 国防科学技术大学李建平、朱健民主编的《高等数学》, 以及其他兄弟院校的资料, 由于篇幅有限, 不再一一列出, 这些优秀的教材和丰富的资料给我们的编写带来诸多的启示, 提供了大量可引用的素材, 在此特别对参考文献和资料的作者表示衷心的感谢!

这套教材的编写得到了信息工程大学基础部领导的大力支持, 学校教务处为教学试点提供有利条件, 教研室的其他同事也给予了大力支持和鼓励, 正是这些支持和鼓励, 使得高等数学教材建设得以顺利进行. 科学出版社的张中兴编辑对本书的选题和成书给予大量的指导, 在此表示衷心的感谢!

作 者
于信息工程大学
2021 年 11 月

目　录

第 1 章 高等数学基础知识

1.1 实 数 系

1.1.1 映射

在中学, 我们学习了集合, 有了集合的概念之后, 就可以在集合间建立联系了. 映射是两集合间基本的对应关系.

定义 1-1 设 X, Y 是两个给定的集合, 若按照某种对应法则 f, 使对任意的 $x \in X$, 存在唯一的 $y \in Y$ 与之对应, 称对应法则 f 是集合 X 到集合 Y 的一个映射, 记为 $f: X \to Y$ 或 $x \mapsto y = f(x)$, 其中, y 称为在映射 f 下 x 的像, 对应的 x 称为映射 f 下 y 的一个原像; 集合 X 称为映射 f 的定义域, 记为 $D_f = X$, 集合 $R_f = \{y\colon y \in Y$ 且 $y = f(x), x \in X\} \subset Y$ 称为映射 f 的值域.

简单地说, 映射 f 是一个规律、一个关系, 建立了两集合间的联系, 因此, 构成映射的要素为两个集合 (定义域、值域) 和对应规则 f.

我们这里定义的映射, 要求像是唯一的, 原像不一定唯一, 即都是单值映射, 且并不是 Y 中每个元素都有原像.

定义 1-2 若映射的原像唯一, 即不同的原像, 像也不同, 此时称映射为单射; 若映射满足 $R_f = Y$, 即 Y 中每个元素都有原像, 称映射 f 为满射; 既是单射又是满射的映射称为双射, 也称为可逆映射.

映射建立了集合间的对应关系和联系, 而作为高等数学研究对象的函数, 就是一种简单的、特殊的映射, 即建立在实数集合上的映射.

1.1.2 函数的概念

函数, 对我们来说并不是一个陌生的数学概念. 在中学数学中, 就学习过函数的概念, 并接触了大量的具体函数, 初步研究了一些具体函数的性质.

我们先简单回顾一下学习过的函数概念. 函数就是建立在两个实数集合之间的对应法则 (或实数集合到实数系的对应法则), 如 $f(x) = x^2$ 就是通过对应法则 $f: x \mapsto x^2$ 建立了如下两个集合间的映射 $f: \mathbf{R} \to \mathbf{R}^+$, 其中 $\mathbf{R}$ 表示全体实数的集合, $\mathbf{R}^+$ 表示全体非负实数的集合; $f(x) = \ln x$ 就是通过对应法则 $f: x \mapsto \ln x$ 建立了全体正实数集合 $\mathbf{R}_+$ 到实数集的映射 $f: \mathbf{R}_+ \to \mathbf{R}$; 而

$f(x)=\dfrac{1}{\sqrt{x}}+\sqrt{1-x}$ 就是通过对应法则 $f: x \mapsto \dfrac{1}{\sqrt{x}}+\sqrt{1-x}$ 建立了如下两个集合间的映射 $f:(0,1] \rightarrow \mathbf{R}_{+}$, 这几个具体的函数例子中, 都是通过一个映射, 使两个实数集合之间建立了关系, 由此我们可以得出函数的概念.

定义 1-3 设集合 D 是实数集合, $Y=\mathbf{R}^{1}$ 为实数系, 则称集合 D 到实数系 $\mathbf{R}^{1}$ 的映射 f 为定义在 D 上的函数.

若以 x 表示 D 的元素, y 表示 Y 中与之对应的像, 映射为 f, 函数可以简记为

$$y=f(x), \quad x \in D,$$

其中, 原像 x 称为自变量, 像 y 称为因变量. D 称为定义域, 对于每个 $x \in D$, 按对应法则 f, 总有唯一确定的值 y 与之对应, 这个值称为 f 在 x 处的函数值, 记为 $f(x)$, 即 $y=f(x)$, 因变量 y 与自变量 x 之间的这种依赖关系, 通常称为函数关系. 所有函数值 $f(x)$ 的全体构成的集合称为函数 f 的值域, 记为 R_{f} 或 $f(D)$, 显然 $R_{f} \subset Y$.

抽象总结 对应法则、定义域和值域也称为构成函数的三个基本概念. 这三个基本概念中, 关键是对应法则, 就我们现阶段所遇到的大部分函数而言, 对应法则就是由变量 x 构成的关系式 (表达式), 我们也通常把这个表达式称为函数.

由于这里定义的函数的自变量只有一个, 因此, 这样的函数称为一元函数, 这是我们上册研究的对象. 如果自变量有两个或两个以上, 对应的函数称为多元函数, 我们将在下册研究.

函数的定义域和值域都是实数集合, 因此, 函数概念是建立在实数系的基础上的, 所以, 要了解和研究函数, 必须从了解函数建立的基础——实数系开始.

1.1.3 实数系

实数系的建立经历了非常漫长的历史阶段. 从古人类为辨别一只羊、两只羊等数量上的区别 (正整数意识的形成), 到结绳记数、刻痕记数等表达形式的形成, 直到五千年前正整数的记数系统的形成, 数——这里特指正整数, 正式进入了人类的实践活动, 并伴随着劳动成果的记数、物与物交换的贸易活动等实践形成了记数系统. 这个系统使得数与数之间的书写与运算成为可能, 在此基础上产生了算术, 这是最早的数学理论. 因此, 人类在认识数的历史上, 首先认识的是正整数, 悠久的数的历史, 实际上是正整数的历史. 伴随着人类生产实践活动的深入, 统计、分配、丈量、贸易 (交换) 以及对天象、地理等现象的观察的大量的实践活动广泛开展, 对正整数的一些简单的运算便由此开始, 一些新型的数逐渐被认识. 正整数之后, 首先被人类认识的数是正分数. 四千多年前, 古埃及人就有单分数的记载 (分子为 1 的分数为单分数), 两千六百年前, 中国开始出现把两个整数相除

的商看作分数的认识, 两千多年前的《周髀算经》就有分数的运算, 其后《九章算术》有了分数完整的运算法则. 继分数之后被发现的数是无理数. 两千五百年前, 毕达哥拉斯学派在研究勾股数时发现了无理数 $\sqrt{2}$, 但在当时, 这样的数只是被认为是不可公约数而不被认可. 但是, 随着数字及其运算的发展, 求方程的根、数的开方运算、对数运算等涉及越来越多的无限不循环小数, 这些原来不被认可、不能表示为 $\dfrac{m}{n}$ $(m, n$ 为正整数) 的数, 越来越多地与人类的活动联系在一起, 迫使人们必须承认这些数. 到了十五世纪, 这些数更多地被应用于各种运算. 十六世纪, 有了记号 "$\sqrt{}$", 当然, 到十九世纪, 才有无理数的严格的数学定义 (用到了极限). 相比于正数人们对负数的认识就又晚了一些, 负数产生的直接原因应该是数的运算, 包括求方程的根. 我国刘徽首先提出负数概念并将负数引入运算, 印度在七世纪才使用负数, 欧洲直到十七世纪还不承认负数是数, 认为负数是假数、荒谬的数. 而特殊的数——零, 首先作为空白位置的表示符号进入数学, 在古巴比伦人的数学里可以找到记录; 七世纪的印度数学家使用零作为一个数字, 并给出了与零有关的一些运算法则 (加, 减), 零作为一个特殊的数字与符号逐渐进入了数学. 这样, 虽然作为数字系统组成部分的各种数逐渐为人类认识而熟知, 但是, 严谨、完整的实数系的建立是在十九世纪为解决微积分的基础时完成的, 换句话说, 直到十九世纪, 完整的实数系理论才建立起来.

定义 1-4　实数系是指由全体实数构成的集合, 记作 $\mathbf{R}$ (或 $\mathbf{R}^1$), 表示为

$$\mathbf{R} = \{x : x \text{ 为实数}\}.$$

实数系是一个庞大而复杂的系统, 可以根据实数不同的性质进行不同的分类.

1. 实数系的分类

按无限小数表示法可将实数分为无限循环小数 (有理数) 和无限不循环小数 (无理数) 两部分. 若记有理数集合和无理数集合分别为

$$\mathbf{Q} = \{x : x \text{ 为无限循环小数 (有理数)}\},$$
$$\mathbf{Q}_c = \{x : x \text{ 为无限不循环小数 (无理数)}\},$$

则有

$$\mathbf{R} = \mathbf{Q} \cup \mathbf{Q}_c, \quad \mathbf{Q} \cap \mathbf{Q}_c = \varnothing.$$

有理数集合也可以表示为

$$\mathbf{Q} = \left\{x = \frac{m}{n} : m, n \in \mathbf{Z} \text{ 互质}, n > 0\right\},$$

其中 $\mathbf{Z}$ 为整数集合, $\varnothing$ 表示空集. 整数和有限小数可以看成后面略去的部分全为 0 的无限循环小数.

按是否为整数可将实数系分为整数和非整数两部分.

若记 $\mathbf{Z}_c=\{x : x \text{ 为非整数}\}$, 则

$$\mathbf{R}=\mathbf{Z}\cup\mathbf{Z}_c,\quad \mathbf{Z}\cap\mathbf{Z}_c=\varnothing.$$

常用的一些集合符号还有

$$\mathbf{Z}^+=\{x : x \text{ 为正整数}\}, \text{称为正整数集};$$

$$\mathbf{N}=\{x : x \text{ 为非负整数集}\}, \text{称为自然数集};$$

$$\mathbf{R}^+=\{x : x \text{ 为非负实数, 即 } x\geqslant 0\};$$

$$\mathbf{R}_+=\{x : x \text{ 为正实数, 即 } x>0\}.$$

我们再从运算的角度看实数系建立的必要性. 首先给出一个系统对运算的封闭性的概念. 所谓系统对运算是封闭的, 是指系统中的元素经过此运算后, 仍属于此系统. 显然, 如果系统对运算封闭, 此运算对系统来说是一个好的运算.

对正整数构成的集合 (系统), 只对加法和乘法运算封闭; 正整数集合加入零和负整数之后, 对减法运算也封闭; 再加入分数后, 对除法运算也封闭, 再加入无理数之后, 对更复杂的幂数、指数、对数运算也封闭了. 因此, 完整的实数系的建立, 使得在实数系内进行各种运算有了意义, 也正因为如此, 实数系的建立为整个数学理论, 当然也包括高等数学, 奠定坚实的基础. 正因为如此, 我们有必要掌握实数系的一些简单性质.

2. 实数系的简单性质

经过漫长的发展至十九世纪才形成的系统的、严谨的实数系, 不仅具备最基本的四则运算所要求的简单性质, 满足了初等数学的需要, 还具有更高级的性质, 满足高等数学对实数系的更高要求. 下面, 我们不加证明地引入一些实数系的性质.

性质 1-1 实数系对基本的四则运算是封闭的. 进行除法运算时, 0 不能作为除数.

这个性质保证了在实数系中进行四则运算是有意义的, 这是整个数学的基础.

性质 1-2 (实数的有序性) 对任意的两个实数 a,b, 下面三个关系式:

$$a<b,\quad a=b,\quad a>b$$

有且仅有一个成立.

这个性质保证了每个实数在整个实数系中的秩序的确定性.

下面几个性质从不同角度说明了实数系的完备性, 而这正是微积分建立的基础.

性质 1-3 (实数系的完备性)　实数系是完备的, 实数和数轴上的点一一对应, 即任给一个实数, 都可以在数轴上找到一点和它对应; 反之, 也成立, 数轴上的点都表示对应的一个实数. 因而, 实数充满了整个数轴.

这个性质从几何角度说明了实数系是一个完备的系统, 实数充满了整个数轴, 在数轴上没有空隙.

定义 1-5　设 A, B 是 $\mathbf{R}$ 的两个子集, 满足

$$A \cup B = \mathbf{R}, \quad A \cap B = \varnothing, \quad A \neq \varnothing, \quad B \neq \varnothing,$$

且对任意 $a \in A, b \in B$, 都有 $a < b$, 称 (A, B) 是 $\mathbf{R}$ 的一个戴德金 (Dedekind, 德国, 1831~1916) 分割.

定理 1-1 (戴德金连续性公理)　对于 $\mathbf{R}$ 的任意一个戴德金分割 (A, B), 都存在唯一的 $x_0 \in \mathbf{R}$, 使得

$$a \leqslant x_0 \leqslant b, \quad \forall a \in A, b \in B.$$

符号 $\forall$ 表示 "对任意的".

直观上看, 戴德金分割就是将实数轴从某点处一分为二, 定理 1-1 中的 x_0 就是分点, 如取 $x_0 = 1, A = (-\infty, 1), B = [1, +\infty)$, 则 (A, B) 就是 $\mathbf{R}$ 的一个戴德金分割. 此性质同样表明实数系是没有空隙的, 因此, 实数系的完备性和连续性是等价的. 定义 1-5 和定理 1-1 都很明显, 易于理解, 本书将以定理 1-1 作为公理.

定理 1-1 的结构分析　从结论看, 定理的结论是确定一个点, 使得此点为分割的分界点. 我们把这类确定 "满足某种性质的点" 的定理称为 "点定理", 这是此类定理的结构特征.

还经常用到实数系的另一重要概念——稠密性.

性质 1-4 (实数系是稠密的)　任意两个不同的实数间都含有另外一个实数, 也即任意给定的两个不同实数 a, b, 不妨设 $a < b$, 至少存在一个实数 c, 使得 $a < c < b$.

性质 1-5　有理数集 $\mathbf{Q}$ 是实数系 $\mathbf{R}$ 的稠密子集, 即有理数在实数中是稠密的, 也即任意给定的两个不同实数 a, b, 不妨设 $a < b$, 至少存在一个有理数 q, 使得 $a < q < b$.

注　无理数集 $\mathbf{Q}_\mathrm{c}$ 也是实数系 $\mathbf{R}$ 的稠密子集.

从直观上理解, 所谓 "稠密性" 就是 "密密麻麻地分布于" 之意. 从这个意义上说, 有理数密密麻麻地分布在实数系中. 因而, 在实数系 (轴) 上, 找不到一个区间 (数轴上一段) 使得这个区间 (段) 内不含有理数, 对无理数也是如此. 因此, 从稠密性看, 有理数和无理数都有无限多个, 但是, 尽管如此, 这二者在 "数量" 上还是有本质差别的.

性质 1-6 有理数集和正整数集之间存在一一对应, 因而, 有理数集是无限可列数集.

性质 1-6 涉及一类无限集——无限可列集. 我们称与正整数集存在一一对应的数集为无限可列集, 因而, 无限可列集的元素有无限多个, 但可以用正整数的下标标号, 将元素用正整数的标号进行一一列出. 所有的正偶数的集合就是无限可列集, 可以表示为 $\{x_n = 2n : n \in \text{正整数}\}$. 性质 1-6 还表明, 在一一对应的意义下, 有理数和正整数 "个数相等", 这似乎是个矛盾, 因为正整数集是有理数集的一个真子集. 我们知道, 对有限集来说, 一个真子集的元素个数一定小于其母集的元素个数, 由此看来, 这个结论推广到无限集不成立. 一个简单的解释是: 对有限集来说, 其子集和母集的元素个数都是确定的数, 两个确定的数之间总可以比较大小; 而对一个无限集来说, 如果其一个真子集也是无限集, 则两个集合的元素个数都是无穷 (无限), 无穷不是一个确定的数, 仅是一个符号, 两个不确定的 "无穷数"(两个符号) 无法在通常意义下比较大小, 因而, 性质 1-6 所体现的这种现象确实存在, 其结论并不矛盾, 这正体现了 "有限" 和 "无限" 的差别. 因此, 对有限对象成立的性质, 对无限对象不一定成立, 在本书的后续教学内容中, 经常会遇到将某种运算的法则从 "有限" 情形推广到 "无限" 情形, 此时要十分小心, 需要验证成立的条件.

性质 1-6 还表明, 正整数和有理数在数量的级别上是没有差别的, 在同一数量级上, 二者的 "个数是相等的"(在测度意义下), 这似乎和有理数的稠密性相矛盾, 因为正整数在实数系并不稠密, 有空隙地分布于数轴上, 而有理数却是稠密地分布于数轴上, 二者 "个数" 又是一样多, 这种现象仍是由无限的不确定性质所造成的.

举一个简单的例子:

$$f(n) = \begin{cases} \dfrac{n}{2}, & n = 2k, \\ -\dfrac{n-1}{2}, & n = 2k-1, \end{cases} \quad k = 1, 2, \cdots .$$

这是一个正整数到整数的映射, 因此, 在一一对应的意义下, 正整数和整数 "个数相等".

性质 1-7 无理数集是无限不可列数集.

我们把不是无限可列集的无限集称为无限不可列集. 性质 1-7 表明, 无理数要比有理数多. 事实上, 在实变函数课程中将揭示: 无理数要比有理数多得多, 或者换一种说法, 虽然二者都有无限多个, 都在实数集中稠密, 但是, 相对于无理数, 有理数的 "个数" 可以忽略不计. 借用现代数学概念——测度, 可以很好地说明这一点: 简单来说, 测度是现实世界中的距离、区间的长度、区域的面积 (体积) 等概念的抽象推广, 用来度量更抽象的集合的元素个数的多少、区间长度的大小等,

这里, 我们用测度表示实数集合 (区间) 在数轴上所占据的长度的大小以度量元素个数的多少. 如令 $A=[0,10]$, $B=\{x\in\mathbf{Q}:x\in A\}$, $C=A\backslash B$, 则 A 的测度 $|A|$ 就是区间的长度 10, B 的测度 $|B|$ 为 0, C 的测度 $|C|$ 为 10, 与 $|A|$ 相等, 若记 $D=\{x\in A:x\text{ 是正整数}\}$, 则 $|D|=0$, 因此, 从测度的角度看, A 中的实数和无理数 "一样多", 正整数和有理数 "一样多", 无理数比有理数多得多, 有理数的 "个数" 相对于无理数的 "个数" 可以忽略不计.

本节最后, 给出一些常用的实数集合 (区间) 的表示. 设 a,b 为两个给定的实数, 且 $a<b$, $+\infty$ 表示正无穷大, $-\infty$ 表示负无穷大, ∞ 表示无穷大, 引入如下记号: 记 $[a,b]=\{x\in\mathbf{R}:a\leqslant x\leqslant b\}$, 称为闭区间; $(a,b]=\{x\in\mathbf{R}:a<x\leqslant b\}$, 称为半开半闭区间 (左开右闭区间); 类似可以引入如下的区间: $[a,b)$, (a,b), $[a,+\infty)$, $(a,+\infty)$, $(-\infty,b)$, $(-\infty,b]$, 整个实数系也可以用区间表示为 $\mathbf{R}=(-\infty,+\infty)$.

邻域也是实数集合中一个常用的概念. 设 x_0 是给定的实数, $\delta>0$ 为某个正数. 称开区间 $(x_0-\delta,x_0+\delta)$ 为以 x_0 为心、δ 为半径的邻域, 或简称为 x_0 的 δ 邻域, 记为 $U(x_0,\delta)$, 即 $U(x_0,\delta)=\{x:x_0-\delta<x<x_0+\delta\}$; $\mathring{U}(x_0,\delta)$ 称为 x_0 的去心 δ 邻域, 即 $\mathring{U}(x_0,\delta)=\{x:x_0-\delta<x<x_0+\delta,\text{ 且 }x\neq x_0\}$; 有时也称 $(x_0-\delta,x_0)$ 为 x_0 的左 δ 空心邻域, $(x_0,x_0+\delta)$ 称为 x_0 的右 δ 空心邻域.

3. 数集的有界性

高等数学是研究函数分析性质的一门学科, 分析性质的研究又大致分为两个方面: 定性分析和定量分析. 定性分析就是对函数的 "质" 进行研究, 了解函数具有什么样的属性; 定量分析就是对函数的 "量" 进行研究, 从数量关系上揭示函数的性质. 从数学角度看, 定量分析要优于定性分析. 而有界性的 "界" 正是函数最简单的定量性质, 是函数研究的内容之一; 函数的有界性实质上是函数值域这个实数集合的有界性. 因此, 为研究函数的有界性, 我们先研究实数集合的有界性.

定义 1-6　设 A 是一个给定的实数集合, 若存在实数 M, 使得 $x\leqslant M\ (M\leqslant x)$, $\forall x\in A$, 称 M 是集合 A 的一个上 (下) 界, 同时称 A 是有上 (下) 界的集合. 若 A 既有上界, 又有下界, 则称 A 是有界集合.

信息挖掘　(1) 界的不唯一性. 由定义可以看出, 若 M 是 A 的一个上 (下) 界, 则任何比 M 大 (小) 的数, 都是 A 的一个上 (下) 界, 因而, 上 (下) 界不具备唯一性.

(2) 不唯一性的缺陷. 这种不唯一性也反映出, 作为集合 A 的一种控制量, 上 (下) 界不是一个精确或准确的控制量, 因此, 定义中 "$\leqslant$ ($\geqslant$)" 可换为 "$<$ ($>$)".

正是由于上 (下) 界只是对数集的粗略的控制, 因此, 更多的时候是采用如下更简便的定义, 特别是没有明确要求找上、下界时.

定义 1-7 设 A 是一个给定的实数集合, 若存在 $M>0$, 使得对所有 $x\in A$ 都成立 $|x|\leqslant M$, 称 M 是 A 的一个界, 集合 A 称为有界集.

当然, 并不是所有的数集都有界, 有些数集是无界的, 因此, 有必要给出无界性的定义, 这就涉及了数学概念从肯定式到否定式的转变, 即根据肯定式的定义, 给出否定式的定义, 完成由肯定到否定的转化.

有界定义的结构分析 在有界的肯定式定义中, 需要证明存在 M, 对所有元素都成立一个相应的结论; 转化成否定式时, 只需说明那样的 M 不存在, 即对任意的 M, 找到一个元素否定相应的结论或使结论不成立, 这就是无界的定义.

定义 1-8 若对任意的实数 M, 都存在 $x_0\in A$, 使得

$$M<x_0\,(x_0<M),$$

称 A 是一个无上 (下) 界的集合. 无上 (下) 界的集合称为无界集合.

肯定式和否定式的结构对比 分析肯定式和否定式的定义, 相当于进行如下形式的对应翻译:

肯定式	否定式
$\exists M$	$\forall M$
$\forall x\in A$	$\exists x_0\in A$
对所有 $x\in A$, 成立性质 P	对 x_0, 性质 P 不成立

因此, 否定式中就是对相应肯定式中各条进行否定. 当然, 肯定式也是对否定式的各条进行否定. (这里, 符号 " $\exists$" 表示 "存在", "$\forall$" 表示 "任意的", 这是常用的数学符号.)

例 1 讨论下列集合的有界性. 如果有上、下界, 将其求出, 如果没有上、下界, 请证明.

(1) $A=\left\{\dfrac{1}{n}:n=1,2,\cdots\right\}$;

(2) $A=\{1+q+\cdots+q^n:n=1,2,\cdots\}\;(|q|<1)$;

(3) $A=\{x_n:x_1=\sqrt{2},x_n=\sqrt{2+x_{n-1}},n=2,3,\cdots\}$.

题目的求解可以分为两个阶段. 第一阶段: **确立解题思路**, 所谓思路就是解决问题的方向, 确定用什么理论或哪个定理 (结论) 解决问题, 即解决 "用什么的问题". 确立思路是解决问题过程中最关键的一步, 本教材中, 我们提出 **"结构分析法" 解决 "思路确立" 问题**. 结构分析就是对题目的结构 (题目中的条件和结论) 进行分析, 发现并确立结构特点, 类比已知的理论 (定理或结论), 通过对比条件和结论的结构特点, 择其相似或相近的已知理论, 用于解决问题, 形成解决问题的思路. 结构分析法可以概括为: **分析结构, 确立特点, 类比已知, 形成思路**. 具体地,

分析结构是指分析题目的结构, 分析的内容包含题目的类型、条件结构和要证明的结论的结构; 分析的方法可以采用逐次分析法, 从大到小逐次分析, 即先对题目整体分析, 然后逐次进行细节分析, 从而可以全面挖掘题目中隐藏的信息, 从各个方面揭示题目的特点. 当然, 分析的越全面, 抓到的特点也越多, 就能为思路的形成提供更多的有益的线索. 第二阶段: 设计**解题的具体的技术路线**, 确定解题的具体方法. 即在已经确定的思路下, 设计具体的解决方法, 利用已知的某个定理或结论完成具体的解题过程和步骤, 本阶段主要解决 "如何用的问题". 本教材中, 我们提出 **"形式统一法"** 来完成技术路线的设计. 形式统一法就是将题目中的条件或要证明的结论, 通过与已知的定理或结论的对应形式作类比, 将研究对象向已知定理或结论的标准形式进行转化, 通过形式统一化为标准化形式, 从而可以用已知的定理或结论进行求解. 形式统一法可以概括为: **形式统一, 设计路线**. 结构分析法和形式统一法是本课程中使用的研究、分析和求解问题的重要方法, 要认真领会和掌握.

对结构进行简化是求解过程中的重要步骤, 简化的目的是使结构最简. 结构越简单, 越容易发现其结构特点, 越容易确定解题思路和设计路线; 简化的主要思想是保留主要的结构特征, 主要方法通常有保留主项, 甩掉无关项或次要项, 化未知为已知, 化不定为确定; 简化结构是结构分析中的重要步骤.

下面, 从例 1 开始, 我们利用结构分析法和形式统一法对题目进行分析和求解, 以培养分析问题和解决问题的能力, 并从中感受科学研究的一些思想和方法. 在熟悉了结构分析法之后, 为避免重复, 有时我们进行简化的结构分析.

(1) **结构分析**　题型: 集合的有界性研究. 集合的元素结构: $x_n=\dfrac{1}{n}$, 主要构成因子涉及正整数 n. 类比已知: 有界性的定义 (目前为止, 关于有界性只有定义) 和正整数的性质, 由此确定解题思路——用有界性的定义来研究, 进一步形成方法: 利用正整数的性质来证明.

解　由于 $0<\dfrac{1}{n}\leqslant 1, \forall n\in\mathbf{Z}^+$, 故, A 是有界集, 0 是 A 的一个下界, 1 是 A 的一个上界.

(2) **结构分析**　题型: 有界性研究. A 的元素结构是 $n+1$ 项有限和结构, n 是不确定的序数, 因此, 称这类结构为**有限不定和结构**. 结构特点: 具有等比结构特点, 因此, 可以先利用等比数列的求和公式进行结构简化, 再利用有界性定义进行论证.

解　由于

$$1+q+\cdots+q^n=\frac{1-q^{n+1}}{1-q},\quad \forall n\in\mathbf{Z}^+,$$

而 $0<\dfrac{1-q^{n+1}}{1-q}<\dfrac{2}{1-q}$, 故, A 是有界集, 0 是 A 的一个下界, $\dfrac{2}{1-q}$ 是 A 的一个上界.

(3) **结构分析** 题型: 有界性研究. A 的元素结构: 给出了相邻两项的一个关系式, 称之为迭代结构. 常用方法: ① 迭代出结果或归纳论证结论; ② 利用单调性迭代得到一个仅含 x_n 的不等式, 求解不等式即可.

解 由于 $x_n>0$, 故, A 有下界, 0 就是其一个下界.

$$x_1=\sqrt{2},$$
$$x_2=\sqrt{2+x_1}<\sqrt{2+2}=2,$$

假设对任一正整数 n, 都有 $x_n<2$, 则 $x_{n+1}=\sqrt{2+x_n}<2$ 成立. 由数学归纳法知 $\forall n\in\mathbf{Z}^+$, $x_n<2$, 因此, A 有上界, 2 为其一个上界.

例 2 讨论下列集合的有界性:

(1) $A=\left\{\dfrac{x}{x^2+2x-1}:x\in[1,2]\right\}$;

(2) $A=\left\{\dfrac{x^2-x+3}{x(x+2)}:x\in(0,1)\right\}$.

结构分析 题型结构: 有界性证明 (不必确定具体的上、下界). 类比已知: 有界性的定义. 确立思路: 用有界性的定义进行验证, 只需对元素的绝对值进行估计. 方法设计: 根据定义, 对研究对象进行放大处理, 通过化简确定界. 确定界的化简原则: 去掉绝对值号, 甩掉次要项和未知项, 多项简化为一项, 由此简化结构.

注 论证无界性时进行反向缩小, 处理的思想是相同的, 即简化为最简结构再论证处理.

解 (1) 由于对任意的 $x\in[1,2]$, 有

$$\left|\frac{x}{x^2+2x-1}\right|=\frac{x}{x^2+2x-1}\leqslant\frac{2}{x^2}\leqslant 2,$$

故, A 有界.

(2) 由于对任意的 $x\in(0,1)$, 有

$$\left|\frac{x^2-x+3}{x(x+2)}\right|=\frac{x^2-x+3}{x(x+2)}=\frac{\left(x-\dfrac{1}{2}\right)^2+\dfrac{11}{4}}{x(x+2)}\geqslant\frac{\dfrac{11}{4}}{x(x+2)}>\frac{1}{x(x+2)}>\frac{1}{3x},$$

因而, 对任意的 $M>1$, 取 $x_0=\dfrac{1}{6M}$, 则 $x_0\in(0,1]$ 且

$$\left|\frac{x_0^2-x_0+3}{x_0\,(x_0+2)}\right|\geqslant\frac{1}{3x_0}=2M>M,$$

故, A 无界.

分析例 1 和例 2 的结构, 可以看出, 二者要求不同, 例 1 要求研究集合的上下界, 例 2 仅要求研究集合的界, 因此, 例 2 采用了简化结构的处理方法, 对集合的元素的绝对值进行估计.

习　题　1-1

1. 讨论下列实数集合的有界性. 如果有上、下界, 将其求出, 如果没有上、下界, 请证明.

(1) $A=\left\{\dfrac{\sin x}{x}:x\in[1,+\infty)\right\}$;

(2) $A=\left\{\dfrac{1}{\sqrt{n^2+1}}+\cdots+\dfrac{1}{\sqrt{n^2+n}}:n=1,2,\cdots\right\}$;

(3) $A=\left\{x_n:x_0=1,x_n=\dfrac{1}{2}\left(x_{n-1}+\dfrac{3}{x_{n-1}}\right),n\in\mathbf{Z}^+\right\}$;

(4) $A=\left\{\dfrac{x}{x^2+x-2}:x\in(1,2]\right\}$;

(5) $A=\{\mathrm{e}^x:x\in\mathbf{R}\}$;

(6) $A=\left\{\dfrac{1}{x}\cdot\sin\dfrac{1}{x}:x>0\right\}$.

1.2节课件

1.2　函数的运算与初等性质

1.2.1　函数的运算

中学已经学习过函数的四则运算, 函数除了简单的四则运算, 还有两种重要的运算: 反函数运算和复合函数运算.

1. *反函数*

作为逆映射的特例, 我们有以下反函数的概念.

定义 1-9　设映射 $f:D\to f(D)$ 是单射, 即对任意的 $y\in f(D)$, 存在唯一的 $x\in D$, 使得 $y=f(x)$, 由此确定了一个逆映射 $f^{-1}:f(D)\to D$, 称此映射 f^{-1} 为函数 $y=f(x)$ 的反函数, 记为 $x=f^{-1}(y)$.

习惯上, 常用 x 表示自变量, y 表示函数, 因此, 反函数常写为 $y=f^{-1}(x)$. 如 $y=x^2,x>0$ 的反函数为 $y=\sqrt{x},x>0$; $y=\mathrm{e}^x$ 与 $y=\ln x$, $x>0$ 互为反函数. 因此, 反函数的计算很简单, 在存在的条件下, 就是从 $y=f\ (x)$ 的表达式中求出 x, 用 y 表示.

在中学阶段, 已经学习过几类常见的函数及其反函数的性质, 在现阶段, 我们仍然经常用到这些结论, 请自行总结这些结论.

函数和反函数对应的几何曲线关系: 首先函数 $y=f(x)$ 和 $x=f^{-1}(y)$ 的几何图形是同一曲线; 其次函数 $y=f(x)$ 和 $y=f^{-1}(x)$ 的几何图形关于直线

$y=x$ 对称 (如图 1-1), 即若点 (x, y) 在曲线 $y=f(x)$ 上, 则点 (y, x) 在曲线 $y=f^{-1}(x)$ 上; 反之也成立. 事实上, 若 (x_0, y_0) 满足 $y_0=f(x_0)$, 则 $x_0=f^{-1}(y_0)$, 故点 (y_0, x_0) 在曲线 $y=f^{-1}(x)$ 上.

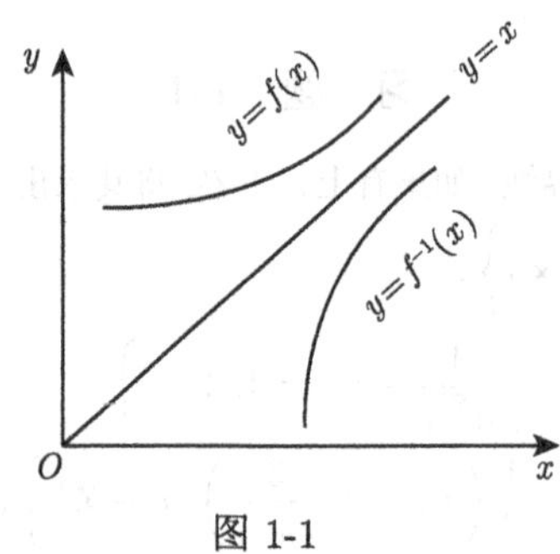

图 1-1

2. 复合函数

给定两个函数: $y=f(u),\ u\in I_1$; $u=g(x),\ x\in I_2$. 假设函数 u 的值域 $R_u\subset I_1$, 则对任意 $x\in I_2$, 存在唯一的 $u=g(x)\in I_1$, 进而, 存在唯一的 $y=f(u)$ 与之对应, 由此, 借助于 u, 我们在变量 x 和 y 之间建立了联系:

$$x\to u=g(x)\to y=f(u),$$

可以验证, 变量 x 和 y 之间建立了对应的函数的关系.

定义 1-10 把在上述条件下确定的 x 和 y 的函数关系称为函数 $y=f(u)$ 和 $u=g(x)$ 的复合函数, 记为 $y=f(g(x)),\ x\in I_2$.

例 3 设 $f(x)=\dfrac{1}{1+x}$, $g(x)=x^2+1$, 求 $f(g(x))$ 和 $g(f(x))$.

解 函数 $u=g(x)$ 的值域为 $R_g=\{u: u\geqslant 1\}$, 而函数 $f(x)$ 的定义域为 $\{x: x\neq -1\}$, 故, 复合函数为

$$f(g(x))=\frac{1}{1+(x^2+1)}=\frac{1}{2+x^2},\quad x\in\mathbf{R}.$$

同样可得, $g(f(x))=1+\dfrac{1}{(1+x)^2}$, $x\neq -1$.

复合函数的计算很简单, 只需将外层函数表达式中的变量换成内层函数的关系式即可.

1.2.2 函数的初等性质

给定函数 $y=f(x),\ x\in I,\ -x\in I$, 讨论函数的下述性质.

1. 函数的奇偶性

定义 1-11 若对任意的 $x \in I$, $-x \in I$, 都有

$$f(-x) = f(x) \quad (f(-x) = -f(x)),$$

则称函数 $f(x)$ 为 I 上的偶函数 (奇函数).

在讨论函数的奇偶性时, 函数通常定义在对称区间 $(-a, a)$, 且当 $f(x)$ 为奇函数时, 成立 $f(0) = 0$.

从几何上看, 奇函数的图形关于原点对称 (如图 1-2), 偶函数的图形关于 y 轴对称 (如图 1-3).

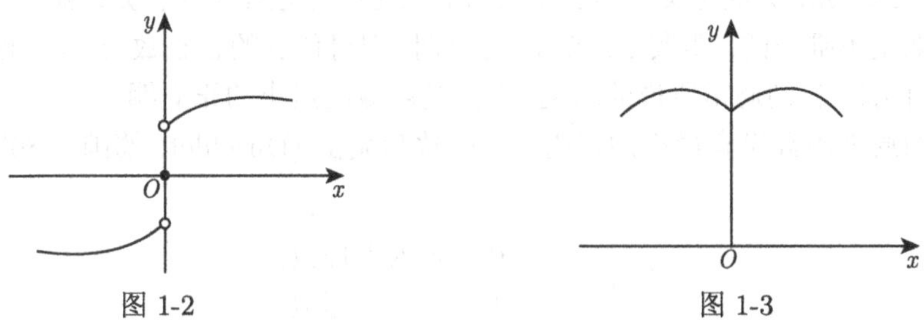

图 1-2　　图 1-3

定理 1-2 对任意的 $f(x)$, 则 $f(x) + f(-x)$ 为偶函数, $f(x) - f(-x)$ 为奇函数.

2. 函数的单调性

定义 1-12 若对于任意的 $x_1, x_2 \in I$ 且 $x_1 \leqslant x_2$, 都有

$$f(x_1) \leqslant f(x_2) \quad (f(x_1) \geqslant f(x_2)),$$

则称函数 $f(x)$ 为 I 上的单调递增 (递减) 函数.

若定义中 "$\leqslant$ ($\geqslant$)" 改为严格的 "$<$ ($>$)" 时, 对应地函数称为严格递增 (递减) 函数.

函数的单调性和其定义的区间有关. 如 $y = x^2$ 在整个定义域 $\mathbf{R}^1$ 上是偶函数, 但是, 在区间 $(-\infty, 0)$ 上讨论该函数时, 它是单调递减函数, 而在区间 $(0, +\infty)$ 上讨论该函数时, 它是单调递增函数.

定理 1-3 设 $y = f(x)$ 在某个区间 I 内严格单调递增 (减), 又设和 I 对应的值域为 Y, 则在 Y 内必存在反函数 $x = f^{-1}(y)$, 且反函数也是严格单增 (减) 的.

证明 根据定义, 映射 f 是满射, 而由严格单调性可得 f 为单射, 故, f 存在反函数. 设 $y_1, y_2 \in Y$ 且 $y_1 < y_2$, 记 $x_1 = f^{-1}(y_1)$, $x_2 = f^{-1}(y_2)$, 则

$$y_1 = f(x_1), \quad y_2 = f(x_2),$$

因此, 若 $x_1 \geqslant x_2$, 由单调性, $y_1 \geqslant y_2$, 矛盾, 故

$$x_1 = f^{-1}(y_1) < x_2 = f^{-1}(y_2),$$

因而, $x = f^{-1}(y)$ 是单调递增的.

3. 函数的周期性

定义 1-13 若存在实数 T, 使得对任意的 x, 都有

$$f(x+T) = f(x),$$

则称 $f(x)$ 为周期函数, T 为其周期.

通常, 周期函数的定义域是整个实数轴, 或周期延拓到整个实数轴.

周期是不唯一的. 事实上, 若 T 为周期, 则对任意的正整数 n, nT 也为函数的周期, 因此, 我们通常所说的周期, 指的是函数的最小的正周期.

有的周期函数没有最小的正周期. 如狄利克雷 (Dirichlet, 德国, 1805~1859) 函数

$$D(x) = \begin{cases} 0, & x \text{ 为无理数}, \\ 1, & x \text{ 为有理数}. \end{cases}$$

任何有理数都是该函数的周期, 显然, $D(x)$ 没有最小的正周期.

4. 函数的有界性

定义 1-14 若存在实数 $M > 0$, 使得对任意的 $x \in I$, 都有

$$|f(x)| \leqslant M,$$

则称 $f(x)$ 为有界函数, M 为函数 $f(x)$ 的界.

函数的界本质上是函数的值域集合的界, 显然, 有界函数的界也不唯一, 界只是刻画函数有界性的一个较为粗略的概念.

函数的无界性也是一个常用的概念, 我们给出相应的定义.

定义 1-15 若对任意的 $M > 0$, 都存在 $x_M \in I$, 使得

$$|f(x_M)| > M,$$

则称 $f(x)$ 在区间 I 上无界.

有界和无界是一对肯定和否定的定义, 对这样一对对应的概念, 可以通过其中一个定义, 推出另一个对应的定义, 前面已经给出了转化方法. 再次强调: 即在肯定式的定义中, 将条件 “存在一个” 改为对应的 “对任意的”, 将 “对任意的” 改为 “存在一个”, 将结论否定, 则肯定式的定义就转化为否定式的定义, 反之, 也成立.

1.2.3　基本初等函数与初等函数

最后给出最基本的五类函数，我们称之为基本初等函数.

1. 幂函数

函数表达式为 $y = x^a$. 幂函数的定义域与 a 有关. 当 a 为正整数时，其定义域为整个实数轴 $(-\infty, +\infty)$; 当 a 为负整数时，定义域为所有非零的实数 $\mathbf{R}^1/\{0\} = (-\infty, 0) \cup (0, +\infty)$; 当 a 为分数时，定义域还和分子和分母的奇偶性有关. 一般，我们总认为，$a > 0$ 时函数的定义域为 $[0, +\infty)$, $a<0$ 时函数的定义域为 $(0, +\infty)$. 当然，幂函数的奇偶性也和 a 有关. 常用的幂函数为 $a = -1, \frac{1}{2}, 2, 3$ 时对应的幂函数，如图 1-4 所示.

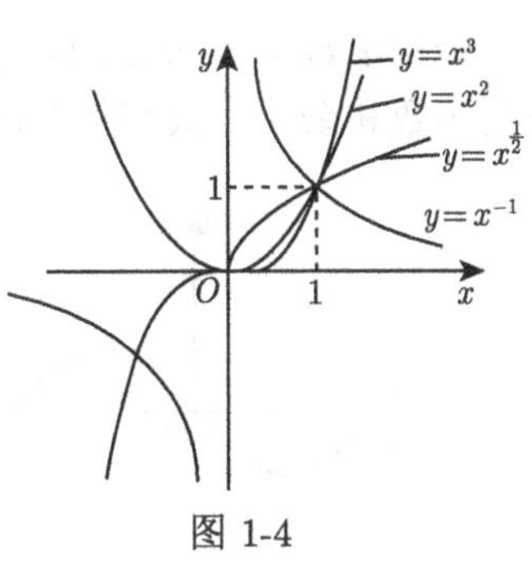

图 1-4

2. 指数函数

函数表达式为 $y = a^x$, 其定义域和 a 的取值有关. 特别，$a > 0$ 时的指数函数的定义域为整个实数轴，如图 1-5. 常用的指数函数 $y = \mathrm{e}^x$.

3. 对数函数

函数表达式为 $y = \log_a x$, 其中 $a > 0$ 且 $a \neq 1$, 定义域为 $(0, +\infty)$, 如图 1-6. 常用的对数函数为 $y = \ln x$.

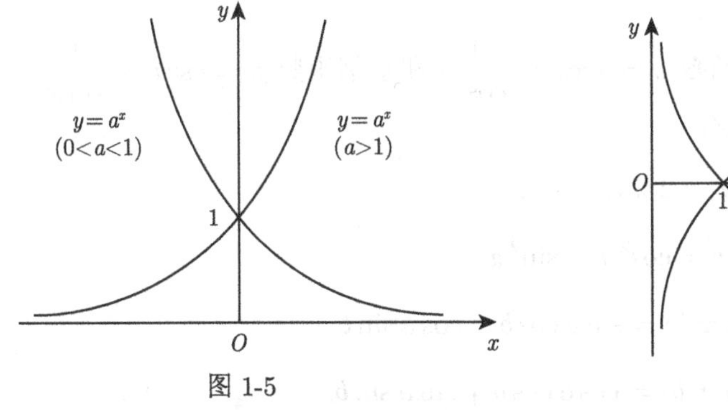

图 1-5

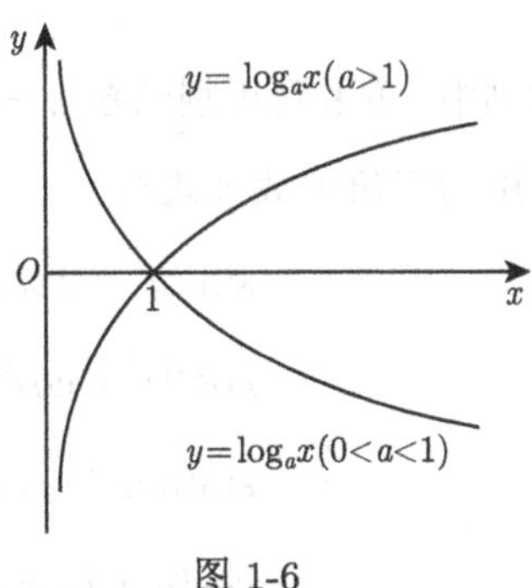

图 1-6

当 $a > 0$ 时，指数函数和对数函数都是严格单调的函数; $a > 1$ 时，都是严格递增的，$0 < a < 1$ 时，都是严格递减的，因而，反函数都存在，事实上，它们互为反函数.

4. 三角函数

常见的三角函数有

正弦函数 $y = \sin x$, 余弦函数 $y = \cos x$, 定义域都是整个实数轴, 都以 2π 为周期, 最大值为 1, 最小值为 -1;

正切函数 $y = \tan x$, 周期为 π, 定义域为 $\left(k\pi - \dfrac{\pi}{2}, k\pi + \dfrac{\pi}{2}\right)$, $k \in \mathbf{Z}$;

余切函数 $y = \cot x$, 周期为 π, 定义域为 $(k\pi, (k+1)\pi)$, $k \in \mathbf{Z}$.
正切函数和余切函数都是单调的无界函数. 三角函数的图像见图 1-7.

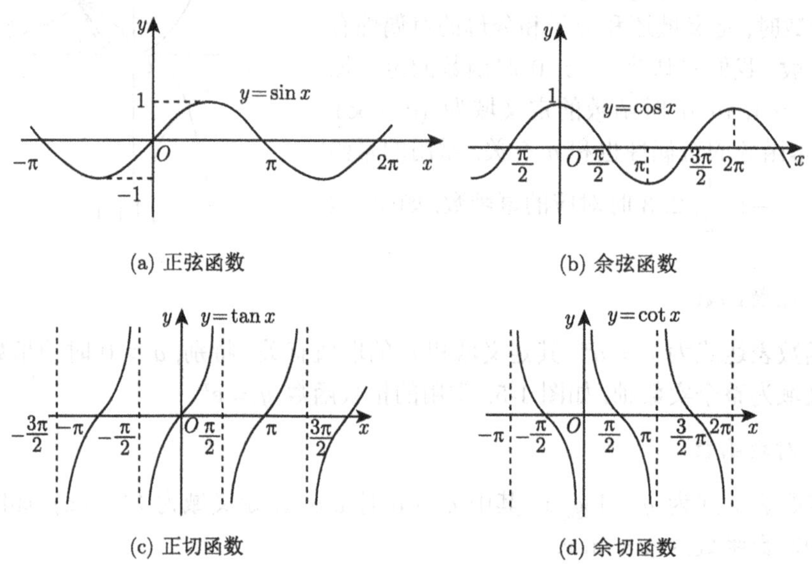

(a) 正弦函数 (b) 余弦函数

(c) 正切函数 (d) 余切函数

图 1-7

本书中, 还用到正割函数 $y = \sec x = \dfrac{1}{\cos x}$ 和余割函数 $y = \csc x = \dfrac{1}{\sin x}$.

常用的三角函数公式有

$$\sin 2x = 2\sin x\cos x,$$

$$\cos 2x = \cos^2 x - \sin^2 x,$$

$$\sin(a \pm b) = \sin a\cos b \pm \cos a\sin b,$$

$$\cos(a \pm b) = \cos a\cos b \mp \sin a\sin b,$$

$$\sin a + \sin b = 2\sin\frac{a+b}{2}\cos\frac{a-b}{2},$$

$$\sin a - \sin b = 2\cos\frac{a+b}{2}\sin\frac{a-b}{2},$$

$$\cos a+\cos b=2\cos\frac{a+b}{2}\cos\frac{a-b}{2},$$

$$\cos a-\cos b=-2\sin\frac{a+b}{2}\sin\frac{a-b}{2},$$

$$\sin a\sin b=-\frac{1}{2}[\cos(a+b)-\cos(a-b)],$$

$$\cos a\cos b=\frac{1}{2}[\cos(a+b)+\cos(a-b)],$$

$$\sin a\cos b=\frac{1}{2}[\sin(a+b)+\sin(a-b)],$$

$$\sin^2 x+\cos^2 x=1,$$

$$1+\tan^2 x=\sec^2 x.$$

5. 反三角函数

反正弦函数 $y=\arcsin x$ 的定义域是 $[-1,1]$, 值域为 $\mathbf{R}$. 一般使用时, 会取值为 $\left[-\frac{\pi}{2},\frac{\pi}{2}\right]$, 此时 $y=\arcsin x$ 与 $y=\sin x$ 互为反函数, 且 $y=\arcsin x$ 是单调递增的. 反余弦函数 $y=\arccos x$ 的定义域是 $[-1,1]$, 值域为 $\mathbf{R}$, 取值域为 $[0,\pi]$ 时, $y=\arccos x$ 与 $y=\cos x$ 互为反函数, 且 $y=\arccos x$ 是单调递减的. 如图 1-8 所示.

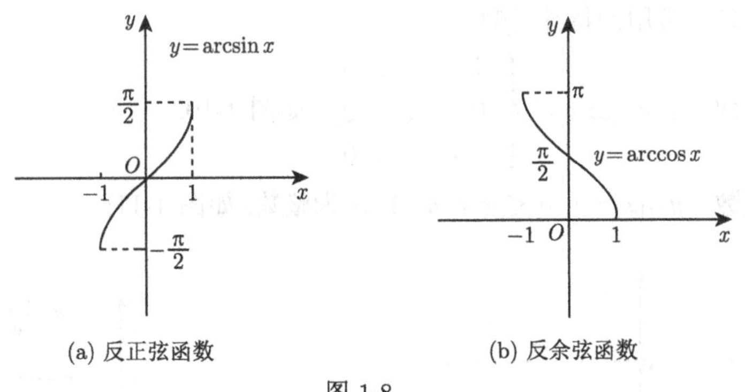

(a) 反正弦函数　　(b) 反余弦函数

图 1-8

反正切函数 $y=\arctan x$ 的定义域为 $\mathbf{R}$, 值域为 $\left\{y:y\neq k\pi\pm\frac{\pi}{2},k\in\mathbf{Z}\right\}$. 反余切函数 $y=\operatorname{arccot} x$ 的定义域为 $\mathbf{R}$, 值域为 $\{y:y\neq k\pi,k\in\mathbf{Z}\}$. 如图 1-9 所示.

注　三角函数与反三角函数互为反函数时, 其定义域、值域取相应的范围.

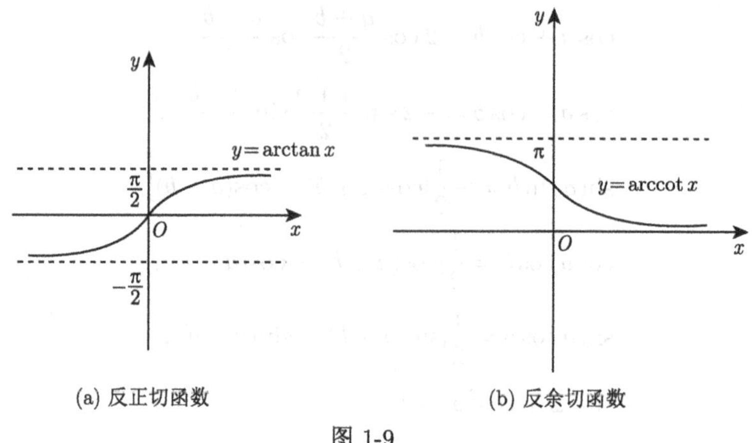

(a) 反正切函数

(b) 反余切函数

图 1-9

常用的反三角函数恒等公式如下:

$$\arcsin(-x) = -\arcsin x; \quad \arccos(-x) = \pi - \arccos x;$$

$$\arctan(-x) = -\arctan x; \quad \operatorname{arccot}(-x) = \pi - \operatorname{arccot} x;$$

$$\arcsin x + \arccos x = \frac{\pi}{2}; \quad \arctan x + \operatorname{arccot} x = \frac{\pi}{2}.$$

上述给出的是基本初等函数, 经过基本初等函数的有限次四则运算和有限次复合所得到的函数, 统称为初等函数. 高等数学中研究的对象主要是初等函数.

再给出几个常用的特殊函数.

符号函数 $y = \operatorname{sgn} x = \begin{cases} 1, & x > 0, \\ 0, & x = 0, \\ -1, & x < 0, \end{cases}$ 如图 1-10;

取整函数 $y=[x]=n$, $n \leqslant x < n+1$, n 为整数, 如图 1-11;

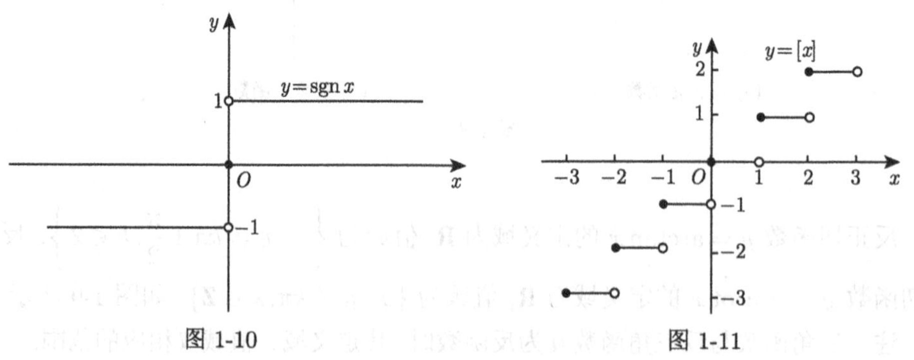

图 1-10

图 1-11

黎曼函数 (黎曼, Riemann, 1826~1866)

$$R(x)=\begin{cases}\dfrac{1}{p}, & x=\dfrac{q}{p}\text{ 为有理数},\\ 0, & x\text{ 为 }0,1\text{ 或无理数},\end{cases}\quad x\in[0,1],\text{其中 }p,q\in\mathbf{Z}^{+},p,q\text{ 互质}.$$

习 题 1-2

1. 设 $f(x)=\ln(x+1)$, 求其反函数.
2. 设 $f(x)=\dfrac{1}{x}$, 求 $f(f(x))$ 和 $f(f(f(x)))$.
3. 设 $f(x)=\dfrac{x+1}{x^2+1},g(x)=\dfrac{1}{x^2}$, (1) 求函数的定义域; (2) 计算 $f(g(x))$.
4. 设 $f(x)=\begin{cases}x+1, & x\geqslant 0,\\ x^2, & x<0,\end{cases}$ $g(x)=\begin{cases}x^2, & x\geqslant 0,\\ x, & x<0,\end{cases}$ 计算 $f(g(x))$.
5. 证明两个奇函数的积是偶函数.
6. 总结五类基本初等函数的初等性质, 包括单调性、有界性、最值, 并画出图形.
7. 判断下列函数的有界性:

(1) $y=\dfrac{x}{1+x^2}$; (2) $y=\mathrm{e}^{\frac{1}{x}}$.

1.3 极 限

函数概念从数量方面反映了变量之间的相互依赖关系, 但在一些问题的研究中, 仅仅知道函数关系是不够的, 常常需要考察当自变量按某种方式变化时, 相应的函数值的变化趋势, 而这种变化趋势已不能在初等数学范围内通过有限次运算获得, 需要引入新的数学方法.

回顾数学的发展, 对几何图形及其面积的认识是数学研究的重要内容之一. 人类最先得到的是一些简单规则的图形如正方形、矩形、三角形、梯形等的面积, 随之而来的问题自然是: 更复杂的图形如圆、特殊曲线所围的图形等的面积的计算问题. 下面以圆的面积的主要研究进程为例, 挖掘研究过程中抽象形成的数学理论和思想.

早在我国先秦时期, 《墨经》中就已经给出了圆的定义 "圆, 一中同长也." 认识了圆, 人们也就开始了关于圆的种种计算, 特别是圆面积的计算. 我国古代数学经典《九章算术》在第一章《方田》章中写到 "半周半径相乘得积步 (面积)", 也就是我们现在所熟悉的面积公式. 为了证明这个公式, 我国魏晋时期数学家刘徽于公元 263 年撰写《九章算术注》时, 在圆面积公式后面写了一篇注记, 这篇注记就是数学史上著名的 "割圆术".

根据刘徽的记载, 在刘徽之前, 人们求证圆面积公式时, 是用圆内接正十二边形的面积来代替圆面积. 应用出入相补原理, 将圆内接正十二边形拼补成一个长方形, 借用长方形的面积公式来论证《九章算术》中的圆面积公式. 刘徽指出, 这个长方形是以圆内接正六边形周长的一半作为长, 以圆半径作为高的长方形, 它的面积是圆内接正十二边形的面积. 这种论证 "合径率一而弧周率三也", 即后来常说的 "周三径一", 取 "周三径一" (即取 $\pi = 3$) 的数值来进行有关圆的计算误差很大. 东汉的张衡不满足于这个结果, 他从研究圆与它的外切正方形的关系着手, 得到圆周率 $\pi \approx 3.1622$. 这个数值比 "周三径一" 要好些, 但刘徽认为其计算出来的圆周长必然要大于实际的圆周长, 也不精确. 他认为, 圆内接正多边形的面积与圆面积都有一个差, 用有限次数的分割、拼补是无法证明《九章算术》中的圆面积公式的. 因此, 刘徽大胆地将现在称为极限的思想和无穷小分割引入了数学证明, 提出用 "割圆术" 来求圆周率, 既大胆创新, 又严密论证, 从而为圆周率的计算指出了一条科学的道路, 刘徽也开创了逻辑推理和论证的先河. 按照这样的思路, 刘徽把圆内接正多边形的面积一直算到了正 3072 边形, 并由此而求得了圆周率的近似数值为 3.14159. 这个结果是当时世界上圆周率计算最精确的数据. 刘徽对自己创造的这个 "割圆术" 新方法非常自信, 把它推广到有关圆形计算的各个方面, 从而使汉代以来的数学发展大大向前推进了一步.

"割圆术" 主要思想是: 在圆内作内接正六边形, 每边边长均等于半径 (这是作内接正六边形的原因); 再作正十二边形, 从勾股定理出发, 求得正十二边形的边长, 如此类推, 求得内接正 $2^n \times 6$ 边形的边长和周长, 用此周长近似为圆的周长, 利用出入相补原理计算出内接正 $2^n \times 6$ 边形的面积, 以此面积作为圆面积的近似, 且当 n 逐渐增大时, 此面积就越接近圆的面积.

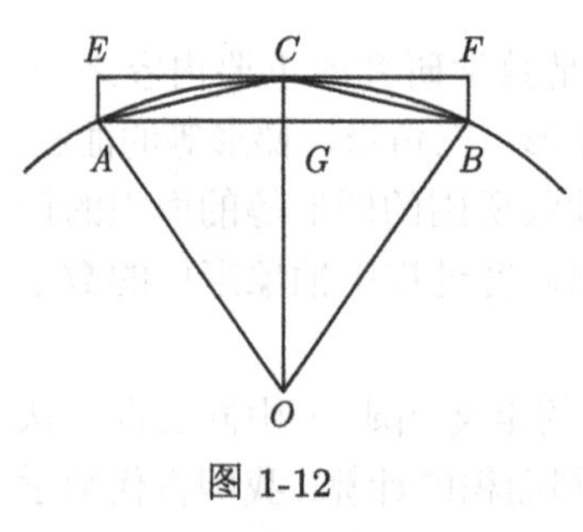

图 1-12

其关键的步骤是当边数加倍时, 如何计算边长. 如下是一个由正 $2n$ 边形的边长计算加倍后的正 $4n$ 边形的边长的过程. 如图 1-12.

$OA = OB = OC = r$ (r 为圆的半径);

$AB = l_{2n}$, $OG = \sqrt{r^2 - (l_{2n}/2)^2}$, $CG = r - OG$;

$AC = BC = l_{4n}$,

$l_{4n} = ([r - \sqrt{r^2 - (l_{2n}/2)^2}]^2 + (l_{2n}/2)^2)^{1/2}$.

利用上述思想可以由内接正六边形的边长开始, 计算任意的正 $2^n \times 6$ 边形的边长 l_n, 进一步求得其周长 c_n, 近似为圆的周长, 利用出入相补原理, 可以算出用正 $2^{n+1} \times 6$ 边形近似的圆的面积为

$$S \approx S_{n+1} = \frac{1}{2} r c_n.$$

利用这种方法, 刘徽从内接正六边形开始, 计算了内接正六边形、内接正十二边形、内接正 96 边形、内接正 192 边形, 直到内接正 3072 边形 ($n=9$) 的面积, 由此, 近似得到 $\pi \approx 3.14159$, 这个结果在当时是最好的结果.

将刘徽的思想抽象出来: 刘徽先得到了内接正六边形周长为 $6r$, 依此计算内接正十二边形的面积和周长, 记其面积为 $a_1=S_{2\times 6}$, 再计算内接正 24 边形的面积和周长, 记其面积为 $a_2=S_{2^2\times 6}$, 直到计算出任意的内接正 $2^n\times 6$ 边形的面积, 记为 $a_n=S_{2^n\times 6}$, 当 n 越来越大时, a_n 就近似于所求的圆的面积, 这样, 从近似的角度得到了圆的面积. 当然, 取不同的 n, 就得到不同的圆的面积, 因此, 可能需要研究一系列这样的数 $a_1, a_2, a_3, \cdots, a_n, \cdots$, 而为了获得更精确的值, 需要考察当 n 充分大时 a_n 的变化趋势, 因此, 上述的过程用数学语言抽象出来, 就是已知 $a_1, a_2, a_3, \cdots, a_n, \cdots$, 考察当 n 增大时, a_n 的变化趋势, 这种问题就是我们将要介绍的数列及其极限.

这种数列极限的思想在现代科学和工程技术领域得到广泛的推广和应用, 如复杂的非线性问题用一系列简单的线性问题来近似逼近; 方程根的计算实际上就是计算一系列的交点, 利用这些交点的坐标逼近方程的根, 这仍然是数列的极限问题, 因此, 引入并研究数列及其极限问题, 不仅有历史背景, 也有现实意义.

1.3.1 数列的极限

中学所学得数列概念是按次序一个个排列下去的无穷 (可列) 个数或按正整数编号排列的可列无穷个数. 如 $1, \dfrac{1}{2}, \dfrac{1}{3}, \cdots, \dfrac{1}{n}, \cdots$ 和 $2, 4, 6, \cdots, 2n, \cdots$ 都是数列.

现在用函数的观点来理解数列的概念. 通常把定义域为正整数集合 $\mathbf{Z}^+$ 的函数 $x_n=f(n)$, 称为**整标函数**. 把整标函数的函数值按正整数 n 的顺序排列出来:

$$x_1, x_2, x_3, \cdots, x_n, \cdots.$$

这样得到的可列无穷个数称为**数列**, 记为 $\{x_n\}$ 或数列 x_n. 数列中的每一个数称为数列的项, 第 n 项称为数列的**通项或一般项**. 通俗地说, 数列的通项就是数列规律的表示. 如前面给出的两个数列可以分别记为 $\left\{\dfrac{1}{n}\right\}$ 和 $\{2n\}$. 对数列, 我们最关心的是数列最终的逼近结果——数列的变化趋势及趋势的可控性问题, 所谓趋势可控是指控制了某个数, 就可以实现对数列的控制. 那么, 数列的变化趋势是什么? 数列能否控制? 先看下述几个数列: 当 n 无限增大时,

$\left\{\dfrac{1}{n}\right\}$: 显然 $\dfrac{1}{n}\to 0$, 数列的趋势明确, 确定且可控.

$\{n\}$: 数列的趋势明确, 但不确定, 趋势不可控, 因为 ∞ 不是确定的数.

$\{(-1)^n\}$: 就整个数列来讲, 数列是跳跃性的, 没有明确的趋势, 更谈不上趋势的可控性, 或者说趋势不可控.

从上述具体数列中可知, 有些数列趋势明确, 且趋势可以控制, 有些数列虽有明确的趋势, 但是趋势不可控, 还有些数列, 变化趋势不明确, 更谈不上趋势的可控性. 显然, 第一种是“好数列”, 是我们将要研究的主要对象, 趋势及其可控性是研究的主要内容, 在数学上, 我们将“好数列”的趋势抽象并引入“极限”概念来表示, 于是, 数列的极限是否存在? 判断极限存在即数列收敛的方法有哪些? 如何计算数列的极限? 便是我们研究的主要内容. 而首要解决的问题就是如何用数学语言给出极限的定义.

极限并不是一个陌生的概念, 在中学阶段, 我们已经学习了极限的概念, 首先回顾一下中学的定义: a 是数列 $\{x_n\}$ 的极限是指当 n 充分大时, x_n 越来越接近于 a. 这是一个描述性的定义, 是定性的语言, 容易理解但存在很大的缺陷: 只能处理非常简单的数列极限问题, 而且不严谨, 缺乏定量的刻画, 缺乏可操作性. 因此, 为给出极限概念的严谨的数学表达, 必须用定量的数学语言刻画两个过程: ① n 充分大; ② x_n 越来越接近于 a. 仔细分析①和②, 其本质是相同的, 都是充分接近的意思. 事实上, 若将 $+\infty$ 视为一个广义意义下确定的量, 则①的含义是 n 充分接近于 $+\infty$. 因此, 极限定义的定量表示, 关键在于如何用定量的关系式表示出两个量的充分接近. 我们知道: 两个量的远近通常用二者之间的距离表示, 因此, 我们可以借助距离的概念将二者充分接近的含义表达出来. 从字面上理解, 充分接近就是二者之间的距离非常小, 距离是一个实量 (数), 因此, 问题最终归结为“用什么样的实量 (数) 表示距离充分小”. 首先要明确的是, 任何一个确定的实数都不能表示出“充分小”的含义, 因为**充分接近、充分小表示的是一个变化着的动态的过程**, 一个确定的实数是一个静态的量, 从这种属性上可以看出, 任何一个确定的量都不能表示充分接近、充分小的含义, 因此, 引入的量必须具备某种**任意性**, 用于体现动态变化的过程. 比如, $\dfrac{1}{100}$ 是一个小的量, $|a-1|<\dfrac{1}{100}$ 表示 a 接近于 1 及其接近的确定的程度, $|b-1|<\dfrac{1}{1000}$ 表示 b 也接近于 1, 且 b 比 a 更接近于 1, 但是, a, b 都表示不出无限接近或充分接近的意思. 其次, 还需要明确的是, 引入的量既要表示出充分小、充分接近的意思, 还必须具有**确定性或给定性**, 因为只有具有确定性, 才有可控性, 才具有可操作性, 才能进行证明或计算. 因此, 要引入的量必须是一个具有任意性和给定性的充分小的量, 暂且记这个量为 ε, 在给定之前, 它具有任意性, 要多小有多小, 用以刻画接近的程度, 一旦给定, 它又是确定的, 便于数学上的研究与论证, 这就是**量的二重性**; 借助于这个 ε 就可以刻画 x_n 充分接近于 a, 用数学表达式表示为 $|x_n-a|<\varepsilon$, 比如, 若取 $\varepsilon=10^{-4}$, 表明

x_n 充分接近于 a 的一种接近程度, 若取 $\varepsilon = 10^{-5}$, 表示 x_n 充分接近于 a 的另一种接近程度, 取更小的 ε, 表示 x_n 更接近于 a, 这就是 ε 给定前的任意性, 可以根据需要而选取, 当然, 一旦选定, 它就确定下来了, 就可以将其视为一个量进行计算或论证. 剩下的问题就是如何刻画 n 充分大或 n 充分接近于 $+\infty$ 这个过程, 如果借用符号 $+\infty$ 和上述表示, 这个过程可以表示为 $|n-(+\infty)| < \varepsilon$, 但是, 由于 $+\infty$ 仅仅是一个符号, 因此, 这个表示并不合适, 为此, 将上述表示进行等价转化, 分离出 n, 可以表示为

$$(+\infty) - \varepsilon < n < (+\infty) + \varepsilon,$$

该式右半部分显然成立, 因此, 关键在于刻画左半部分. 注意到 $+\infty$ 和 ε 的含义, 此部分的含义是 "n 是一个充分大的量", 要多么大就有多么大, 从这个意义上讲, 这个量与 ε 有相同的性质, 因此, 为将其转化为可以控制的量, 类似于 ε 的引入, 我们引入一个确定的充分大的量 N, N 和 ε 一样具有双重属性——任意性和确定性, 在给定前是任意的, 因此, 可以取得充分大, 以刻画 n 充分大的性质要求; 一旦取定, 它又是确定的, 便于运算和控制. 因此, "n 充分大" 用数学语言就可以表示为: 对任意充分大的 N, $n > N$ 都成立. 注意到①和②的逻辑关系, n 充分大的程度决定了 x_n 充分接近于 a 的程度, 换句话说, 要使 $|x_n - a| < \varepsilon$ 成立, 必须有条件, 即必须有一个 N, 当 $n > N$ 时 $|x_n - a| < \varepsilon$ 才成立, 因而, 从逻辑关系上, N 是一个由 ε 确定的充分大的量, 这样, 基本问题就解决了. 将上述分析过程中的思想用严谨的数学语言表达出来, 并注意到逻辑关系, 就可以给出如下极限的严格的数学定义了.

定义 1-16　设有数列 $\{x_n\}$ 和常数 a, 如果对于任意给定的正数 ε, 总存在正整数 N, 使得当 $n > N$ 时, 恒有不等式

$$|x_n - a| < \varepsilon$$

成立, 则称 a 是数列 $\{x_n\}$ 的**极限**, 也称数列 $\{x_n\}$ 收敛于 a, 记为

$$\lim_{n \to \infty} x_n = a$$

或简记为

$$x_n \to a \quad (n \to +\infty).$$

如果不存在这样的常数 a, 就说数列 $\{x_n\}$ 没有极限, 或者说数列 $\{x_n\}$ 是发散的, 习惯上说极限不存在.

为了表达方便, 引入记号 “$\forall$” 表示 “对于任意给定的”, 记号 “$\exists$” 表示 “存在”, 于是数列极限 $\lim\limits_{n\to\infty} x_n = a$ 的定义可表达为

$$\lim_{n\to\infty} x_n = a \Leftrightarrow \forall\varepsilon > 0, \exists N \in \mathbf{Z}^+, \text{ 当 } n > N \text{时, 有 } |x_n - a| < \varepsilon.$$

极限是本课程最重要的概念之一, 我们从不同角度对涉及的量和定义的结构作进一步分析与理解.

信息挖掘 (1) 从概念的**属性**看, 上述定义既是定性的, 也是定量的. 定性是指对性质的描述, 如本定义中定义的 “数列 $\{x_n\}$ 收敛” 就是定性的; 此定义还是定量的, 定量是指定义中涉及定量关系的刻画, 如本定义中的 “$\{x_n\}$ 收敛于 a” 就是定量的.

(2) 从**逻辑关系**上看, 定义中的量 ε 和 N 的逻辑关系是, 先给定 ε, 才能确定 N, N 由 ε 确定, 事实上, N 是由通过求解一个与 ε 有关的不等式所得到的, 因此, N 是由数列本身和其极限及给定的 ε 确定的一个量, 不唯一且与 ε 有关. 定义中两个式子的逻辑关系是: “$n > N$” 是 “$|x_n - a| < \varepsilon$” 成立的条件.

(3) 从极限表达式 $\lim\limits_{n\to\infty} x_n = a$ 的**结构**看, 此表达式也反映出刻画极限的两个过程: 一是自变量 (下标变量) 的变化过程, 即 $n \to \infty$; 二是数列的变化过程, 即 $x_n \to a$. 因此, $\lim\limits_{n\to\infty} x_n = a$ 有时也简写为 $x_n \to a(n \to \infty)$. 了解极限的结构对利用定义证明简单数列的极限是非常重要, 也是非常必要的.

要熟悉从多角度对定义和定理进行分析, 以便了解和掌握其结构, 为进一步的应用作准备.

再对极限定义中所涉及的量进行进一步的分析总结.

抽象总结 (1) 从定义看出, 数列的极限就是数列充分接近的量, 用极限揭示出了数列的最终变化趋势, 即数列 x_n 充分接近并趋向于 a; 而 ε 就是用来表明接近程度的量, 是一个要多小就有多小的充分小的量. 量 ε 是数列极限定义中的核心量, 是极限定义的灵魂, 具有双重属性, 既有任意性又有确定性, 在给定前它是任意的, 可以任意取值, 以便于表示充分接近或无限逼近的程度, 但是, 一旦给定, 它又是一个确定的数, 以便使得相关的过程或相关的量都是确定的、可操作的或可控的.

(2) ε 的任意性还有一个含义. 从理论上讲, 要验证 x_n 充分接近于 a, 等价于验证 $|x_n - a|$ 要多小就有多小, 需要验证对所有小的数 ε, 都有 $|x_n - a| < \varepsilon$, 这是一个无限验证的过程, 是无法一一验证的, 因此, 借助于具有任意属性的量 ε 将一个无限的验证过程转化为一个可以进行的确定的过程, 隐藏着类似于数学归纳法中的思想.

(3) 由 ε 的任意性, 定义中的表达式 $|x_n - a| < \varepsilon$ 可以写为

$$|x_n - a| < M\varepsilon,$$

或

$$|x_n - a| < M\varepsilon^k,$$

或更一般的形式

$$|x_n - a| < f(\varepsilon),$$

其中 $M > 0, k > 0$ 为常数, $f(\varepsilon)$ 是正的函数且当 ε 任意小时 $f(\varepsilon)$ 也任意小. 同样的道理, 上式中的 "$<$" 也可以换为 "$\leqslant$".

(4) 数列的收敛性与数列的前面有限项无关, 这也反映了数列最重要的是 "趋势" 的特性.

(5) 数列极限的**几何意义**: $\lim\limits_{n\to\infty} x_n = a$ 等价于对任意 $\varepsilon > 0$, 存在 $N \in \mathbf{Z}^+$, 当 $n > N$ 时, $a - \varepsilon < x_n < a + \varepsilon$. 将它用数轴上区间的形式表示就得到极限的几何意义: 即数列的第 N 项以后的元素 $\{x_n\}(n > N)$ 都落在区间 $(a - \varepsilon, a + \varepsilon)$ 内, 区间 $(a - \varepsilon, a + \varepsilon)$ 外至多有数列的有限项, 如图 1-13.

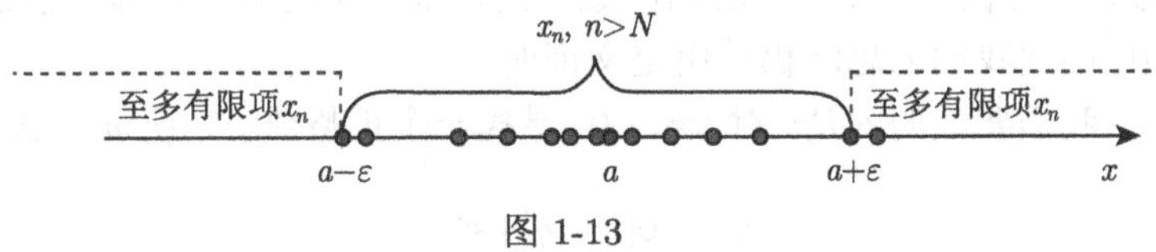

图 1-13

(6) 从定义形式看, 通过 N, 将数列分为具有不同性质的两段: $n > N$ 时, 具有性质 $|x_n - a| < \varepsilon$; 当 $n \leqslant N$ 时, $x_1, x_2, \cdots, x_N$ 视为确定的常数. 这为后续研究中的分段处理方法提供了依据. 如果把最小的 N 视为是 n 的分界值, 那么凡是比 n 的分界值大的正整数都可以作为 N, N 不唯一.

总之, 极限的定义将中学学习的描述性的、定性的定义转化为定量的定义, 所有的过程都用确定的量来表示, 非常严谨又易于操作, 便于研究, 这正是数学理论的特征.

有了数列极限的 "ε-N" 定义, 就可以利用 "ε-N" 定义, 从定量的角度验证或计算一些简单的具体数列的极限.

例 4 证明 $\lim\limits_{n\to\infty} \dfrac{n}{n+1} = 1$.

结构分析 题型: 数列的极限结论的验证. 类比已知: 只有定义可用. 确立思路: 用定义证明. 由定义, 我们要证明的是: 对给定一个任意的 $\varepsilon > 0$, 寻找一个正

整数 N, 使 $n>N$ 时, 成立 $\left|\dfrac{n}{n+1}-1\right|=\dfrac{1}{n+1}<\varepsilon$. 由此可见, 证明的关键点 (重点/难点) 是 N **的确定**. 如何确定 N? 从形式上看, 我们要确定的是 N, 尽可能把不等式转化为关于 N 的式子 (不等式或等式), 因此, 只需借助于条件 $n>N$ 将 n 的表达式 $\dfrac{1}{n+1}<\varepsilon$ 转化为 N 的表达式, $\dfrac{1}{n+1}<\dfrac{1}{N+1}<\varepsilon$, 即可解出 $N>\dfrac{1}{\varepsilon}-1$, 又 N 是自然数, 因此, 取 $N\geqslant\left[\dfrac{1}{\varepsilon}-1\right]$ 即可, 在这个解集中选择一个就确定了 N, 如取 $N=\left[\dfrac{1}{\varepsilon}\right]$.

证明 对 $\forall\varepsilon>0$, 取 $N=\left[\dfrac{1}{\varepsilon}\right]$, 则 $n>N$ 时,

$$\left|\frac{n}{n+1}-1\right|=\frac{1}{n+1}<\varepsilon,$$

故 $\lim\limits_{n\to\infty}\dfrac{n}{n+1}=1$.

例 5 证明 $\lim\limits_{n\to+\infty}q^n=0$, 其中 $|q|<1$.

结构分析 与例 4 一样, 本题同属数列的极限结论的验证问题, 类比已知: 只有定义可用, 因此我们的思路仍是用定义证明.

由定义, 我们要证明的是: 对 $\forall\varepsilon>0$, 寻找一个正整数 N, 使 $n>N$ 时, 成立

$$|q^n-0|=|q^n|<\varepsilon,$$

要确定 N, 与例 4 类似, 需要借助于条件 $n>N$ 将 n 的表达式转化为 N 的表达式, 对本例来说, 由于 $|q|<1$, 则 $|q|^n$ 关于 n 单调递减, 故 $n>N$ 时, $|q|^n<|q|^N$, 因此, 要使 $|q|^n<\varepsilon$, 只需 $|q|^N\leqslant\varepsilon$, 等价于 $N\ln|q|\leqslant\ln\varepsilon$, 注意到 $\ln|q|<0,\ln\varepsilon<0$, 求解上述不等式得 $N\geqslant\left[\dfrac{\ln\varepsilon}{\ln|q|}\right]+1$, 在这个解集中选择一个就确定了 N.

证明 对 $\forall\varepsilon>0$, 取 $N=\left[\dfrac{\ln\varepsilon}{\ln|q|}\right]+1$, 则 $n>N$ 时,

$$|q^n-0|=|q^n|<\varepsilon,$$

故 $\lim\limits_{n\to+\infty}q^n=0$.

从上述两个例子可以总结出这类极限的证明步骤为**三步法**:

第一步, 先给定一个任意的 $\varepsilon>0$;

第二步, 寻找或确定正整数 N;

第三步, 验证当 $n>N$ 时, 成立 $|x_n-a|<\varepsilon$.

可以看出, 证明过程严格遵循了极限的定义, 体现了定义中各量之间和表达式之间的严谨的**逻辑关系**; 证明的关键点是 N **的确定**, 可由不等式 $|x_n-a|<\varepsilon$ 解出. 由于 N 不唯一, 凡是比 n 的分界值大的正整数都可以作为 N, 因此在求解不等式 $|x_n-a|<\varepsilon$ 时, 为了简化计算, 我们往往对 $|x_n-a|$ 进行放大处理, 这也是利用极限定义证明具体数列极限的基本方法——**放大法**, 我们将这种方法的核心步骤**抽象总结**如下.

(1) 放大过程: 对刻画数列极限的控制对象 $|x_n-a|$ 进行放大处理, 从中分离出刻画自变量变化过程中的自变量的控制形式的量 n, 即

$$|x_n-a|<\cdots<G(n),$$

其中 $G(n)$ 满足以下原则.

(i) $G(n)$ 应是单调递减的, 因而, $n>N$ 时, 成立 $|x_n-a|\leqslant G(n)\leqslant G(N)$, 这样, 可以将自变量的形式由 n 转化为 N;

(ii) $G(n)\to 0$, 因而, 成立当 n 充分大时有 $G(n)<G(N)<\varepsilon$;

(iii) $G(n)$ 尽可能简单, 以便求解 $G(N)<\varepsilon$.

(2) 求解 $G(N)<\varepsilon$, 得到 N 的解集, 从中取出一个作为 N, 然后按定义中的逻辑关系, 给出严谨的证明过程即可.

这里放大法的**主要思路**是: 通过对刻画数列极限的控制对象 $|x_n-a|$ 的放大, 把复杂结构的控制对象放大为较简单的结构, 以便求解不等式 $G(N)<\varepsilon$ 以确定 N. 在放大过程中, 放大的目标是用以刻画自变量变化过程的变量 n, 得到 n 的最简单的表达式 $G(n)$, 因此, 在放大过程中, 要分析 $|x_n-a|$ 的结构, 去掉绝对值号, 确定结构中的主要因子和次要因子 (以分离的变量为参考), 不断甩掉次要因子, 保留主要因子以简化结构, 这也是矛盾分析方法在数学中的应用.

下面, 利用上述方法再处理几个例子, 体会这种方法的应用.

例 6　证明 $\lim\limits_{n\to+\infty}\dfrac{n^2+10000}{-n^3+n^2+n}=0$.

结构分析　放大对象为 $|x_n-0|=\left|\dfrac{n^2+10000}{-n^3+n^2+n}-0\right|$, 先去掉绝对值号, 显然, $n>3$ 时, $|x_n-0|=\dfrac{n^2+10000}{n^3-n^2-n}$. 要使上式尽可能地简单, 在放大过程中, 必须使分子和分母同时**达到最简**——多项简化到一项, 只保留最关键的、起最重要作用的项, 即**主要因子**——n 的最高次幂项 (对 $n^k(k>0)$, k 越大, 当 n 充分大时 n^k 变化越大 (快)). 达到这一目的的方法也很简单: 用最高次幂项控制其余

项 (**主项控制副项, 主要因子控制次要因子**). 因此, 分子要保留最高次幂 n^2 项, 就必须去掉常数项 10000, 或用最高次幂 n^2 来控制此常数, 显然要使 $10000 \leqslant n^2$, 只需 $n > 100$, 此时可得 $n^2+10000 \leqslant 2n^2$, 达到分子最简且保留主项的目的. 当然, 化简方法形式和结果都不是唯一的, 如还可以限制 $10000 < 100n^2$, 此时只需 $n > 10$, 分子简化为 $n^2 + 10000 < 101n^2$. 由于化简结果的不唯一性, 可以寻求相对简单的化简.

对分母的化简. 为保证整个分式的放大, 我们必须以缩小的方式处理分母, 为此, 我们采用分项的方式来处理, 即从最高的主项中分离出一部分用以控制其余项, 如从 n^3 分出一半 $\frac{1}{2}n^3$, 则

$$n^3 - n^2 - n = \frac{1}{2}n^3 + \frac{1}{2}n^3 - n^2 - n.$$

由于 $n > 4$ 时, 有 $\frac{1}{2}n^3 - n^2 - n > 0$, 因而, 有

$$n^3 - n^2 - n = \frac{1}{2}n^3 + \frac{1}{2}n^3 - n^2 - n > \frac{1}{2}n^3,$$

达到了使分母最简的目的.

故, 当 $n > \max\{100, 4\} = 100$ 时, 同时成立 $10000 \leqslant n^2$ 和 $\frac{1}{2}n^3 - n^2 - n > 0$, 分子和分母同时达到最简, 此时

$$|x_n - 0| = \frac{n^2 + 10000}{n^3 - n^2 - n} \leqslant \frac{2n^2}{2^{-1}n^3} = \frac{4}{n},$$

因而, $n > N$ 时,

$$|x_n - 0| \leqslant \frac{4}{n} < \frac{4}{N},$$

故, 要使 $|x_n - 0| < \varepsilon$, 只需 $\frac{4}{N} < \varepsilon$, 求解不等式得 $N > \frac{4}{\varepsilon}$.

要使上述过程同时成立, 条件必须同时得到满足, 即 N 必须同时满足 $N > 100$ 和 $N > \frac{4}{\varepsilon}$, 为此, 取 $N = \max\left\{\left[\frac{4}{\varepsilon}\right], 100\right\}$ 即可, 或者直接取 $N = \left[\frac{4}{\varepsilon}\right] + 100$, 当然 N 选取方法不唯一.

注意放大过程中的放大思想: 分析各个部分的结构, 确定主要因子 (关键要素), 用主要因子控制次要因子, 用 “合” 或 “并” 的思想达到简化结构的目的, 这也是抓主要矛盾的解决问题的哲学方法的具体应用. 将上述分析过程用严谨的数学语言表达出来就是具体的证明过程.

证明　对任意的 $\varepsilon>0$, 取 $N=\left[\frac{4}{\varepsilon}\right]+100$, 则当 $n>N$ 时有

$$|x_n-0|=\frac{n^2+10000}{n^3-n^2-n}\leqslant\frac{2n^2}{2^{-1}n^3}=\frac{4}{n}<\frac{4}{N}<\varepsilon,$$

故 $\lim\limits_{n\to+\infty}\frac{n^2+10000}{-n^3+n^2+n}=0$.

从最终给出的证明过程看, 证明过程非常简洁, 但是, 我们给出的简洁的证明过程源于分析过程, 上述分析过程说明了如何产生 N, 初学者严格遵守上述过程, 逐渐熟悉 N 的寻找方法, 熟练掌握放大过程中的处理技术, 更要去掌握分析问题、解决问题的思想方法.

例 7　证明 $\lim\limits_{n\to+\infty}\frac{n^2-n+2}{3n^2+2n-4}=\frac{1}{3}$.

结构分析　先对 $\left|x_n-\frac{1}{3}\right|$ 进行放大处理, 则

$$\begin{aligned}\left|x_n-\frac{1}{3}\right|&=\left|\frac{-5n+10}{3(3n^2+2n-4)}\right|\\&=\frac{1}{3}\frac{5n-10}{3n^2+2n-4}\quad(n>2)\\&\leqslant\frac{1}{3}\frac{5n}{3n^2+2n-4}\leqslant\frac{1}{3}\frac{5n}{3n^2}=\frac{5}{9n}<\frac{1}{n}\quad(n>2).\end{aligned}$$

当 $n>N$ 时,

$$\left|x_n-\frac{1}{3}\right|\leqslant\frac{1}{n}<\frac{1}{N},$$

故, 要使 $\left|x_n-\frac{1}{3}\right|<\varepsilon$, 只需 $\frac{1}{N}<\varepsilon$, 等价于 $N>\frac{1}{\varepsilon}$, 我们可取 $N=\left[\frac{1}{\varepsilon}\right]+1$, 又因为放大处理不等式过程中要求的 $n>2$, 因此取 $N=\left[\frac{1}{\varepsilon}\right]+2$ 即可.

证明　对 $\forall\varepsilon>0$, 取 $N=\left[\frac{1}{\varepsilon}\right]+2$, 则当 $n>N$ 时,

$$\left|x_n-\frac{1}{3}\right|\leqslant\frac{5}{9n}<\frac{1}{n}<\frac{1}{N}<\varepsilon,$$

故 $\lim\limits_{n\to+\infty}\frac{n^2-n+2}{3n^2+2n-4}=\frac{1}{3}$.

例 8 设 $x_n \geqslant 0$, 若 $\lim\limits_{n\to\infty} x_n = a(a \geqslant 0)$, 证明: $\lim\limits_{n\to\infty} \sqrt{x_n} = \sqrt{a}$.

结构分析 题型: 抽象数列的极限结论的验证. 类比已知: 只有定义可用. 确立思路: 用定义证明. 方法设计: 利用形式统一法.

由定义, 需要研究的对象是 $\left|\sqrt{x_n} - \sqrt{a}\right|$, 已知的条件形式是 $|x_n - a|$, 因此, 处理的思路是如何建立二者的联系, 即用已知条件 $|x_n - a|$ 来控制要研究的对象 $\left|\sqrt{x_n} - \sqrt{a}\right|$, 或从 $\left|\sqrt{x_n} - \sqrt{a}\right|$ 中分离出 $|x_n - a|$, 转化为用 $|x_n - a|$ 来控制的量. 这是具体方法设计的总体思路. 类比二者的结构, 问题转化为如何把未知的要控制的量 $\left|\sqrt{x_n} - \sqrt{a}\right|$ 转化为已知的量 $|x_n - a|$ 或用已知的量 $|x_n - a|$ 来控制, 也即如何去掉量中的根号? 显然, 有理化正是去掉根号、解决这类问题的一个有效方法. 事实上, 通过有理化得到

$$\left|\sqrt{x_n} - \sqrt{a}\right| = \frac{|x_n - a|}{\sqrt{x_n} + \sqrt{a}},$$

这个表达式中, 已经出现了我们想要的已知量 $|x_n - a|$, 建立了已知和未知的联系, 但是, 观察上式结构, 除了需要的已知项 (包括常数) 外, 还有不确定或不明确的项 $\sqrt{x_n}$, 因此, 下一步要甩掉无关的、不确定的项, 即控制分母, 此时, 为了对整体进行放大处理, 需要对分母进行缩小, 即寻找它的一个确定的已知的正下界. 显然, 当 $a > 0$ 时, 问题得到解决. 那么, 当 $a = 0$ 时怎么解决? 事实上, 此时问题更加简单, 因为此时已知和未知的联系更加容易建立. 通过上述分析, 证明分两种情况来处理.

证明 当 $a = 0$ 时, 由于 $\lim\limits_{n\to\infty} x_n = 0$, 对任意的 $\varepsilon > 0$, ε^2 也是一个给定的数, 由定义, 存在 N, 使得当 $n > N$ 时,

$$|x_n - 0| = |x_n| < \varepsilon^2,$$

因而, 有

$$\left|\sqrt{x_n} - 0\right| = \left|\sqrt{x_n}\right| < \sqrt{\varepsilon^2} = \varepsilon,$$

故 $\lim\limits_{n\to\infty} \sqrt{x_n} = 0$, 即 $a = 0$ 时结论成立.

当 $a > 0$ 时, 由于 $\lim\limits_{n\to\infty} x_n = a$, 则由定义, 对任意的 ε, 存在 N, 使得当 $n > N$ 时,

$$|x_n - a| < \sqrt{a}\varepsilon,$$

因而, 当 $n > N$ 时,

$$\left|\sqrt{x_n} - \sqrt{a}\right| = \frac{|x_n - a|}{\sqrt{x_n} + \sqrt{a}} < \frac{|x_n - a|}{\sqrt{a}} < \varepsilon,$$

故 $\lim\limits_{n\to\infty}\sqrt{x_n}=\sqrt{a}$.

注意理解和体会上述解题过程中, 为何要用 ε^2 和 $\sqrt{a}\varepsilon$ 代替 ε, 这是具体的技术问题.

上述证明过程用到了**科学研究的一般方法**. 我们知道, 科学研究中, 解决问题的一般方法就是从简单到复杂、从特殊到一般的求解思路, 上述分两步的求解方法正是这种思想的体现, 即第一步处理了简单情形, 第二步将第一步的结果进行了推广, 处理了复杂的情形. 在后面的学习过程中, 我们会经常用到这种解题思想.

1.3.2　函数的极限

下面将数列极限的定义推广到函数的极限定义.

因为数列也是一种函数: $x_n=f(n),n\in\mathbf{N}^+$, 所以数列 $\{x_n\}$ 的极限为 a 就是: 当自变量 n 取正整数且无限增大 (即 $n\to+\infty$) 时, 对应的因变量 $f(n)$ 无限接近于确定的数 a. 把数列极限概念中的函数为 $f(n)$ 和自变量变化过程为 $n\to+\infty$ 等特殊性撇开, 就可以引出函数极限的一般概念: 在自变量的某个变化过程中, 如果对应的因变量无限接近于某一个确定的数, 那么这个确定的数叫做这一变化过程中函数的极限. 这个极限与自变量的变化过程紧密相关, 对函数 $y=f(x)$ 而言, 自变量 x 通常取自一个连续的点集——区间, 而区间可以是有限的, 也可以是无限的, 可以是开的, 也可以是闭的或半开半闭的. 又由于实数具有连续性和稠密性, 对任何一个点, 不管是有限的点, 还是无限的 "点", 都可以有一个无限接近的过程, 而且, 可以以不同的方式趋近, 或从其中的一侧逼近, 或从两侧逼近, 因而, 自变量的无限变化的过程有多种形式, 表示为: $x\to x_0$, $x\to x_0^+$, $x\to x_0^-$, $x\to+\infty$, $x\to-\infty$, $x\to\infty$ 的变化过程等, 在这些变化过程中, 都可以研究相应的函数的变化的趋势, 构成相应的极限. 我们把它分作两大类: 第一类, 函数在有限点处的极限问题, 即自变量趋于有限值 x_0 时的极限问题, 包含 $\lim\limits_{x\to x_0}f(x)$, $\lim\limits_{x\to x_0^+}f(x)$ 和 $\lim\limits_{x\to x_0^-}f(x)$ 这三种极限形式; 第二类, 函数在无穷远处的极限问题, 即自变量趋于无穷大时函数的极限问题, 包含 $\lim\limits_{x\to+\infty}f(x)$, $\lim\limits_{x\to-\infty}f(x)$ 和 $\lim\limits_{x\to\infty}f(x)$ 这三种极限形式.

回顾数列极限的 "ε-N" 定义, 定义中的核心语言可以分为两部分: ① 存在正整数 N, 对任意的 $n>N$; ② 成立 $|x_n-a|<\varepsilon$. 这两部分分别刻画了两个变量的变化过程, 即 $n\to+\infty$ 和 $x_n\to a$, 把这种语言移植到函数, 就得到函数极限的定义, 另外, 还有一个细节需要注意到: 正如数列中的自变量 n 取不到 $n=+\infty$ 一样, 在讨论函数极限时, 在自变量的极限点处, 不要求函数在此点有定义.

利用上述分析, 就可以把数列的极限定义推广到函数, 形成各种形式的函数极限.

1. 函数在有限点处的极限

——**形如 $\lim\limits_{x\to x_0} f(x)=A$, $\lim\limits_{x\to x_0^+} f(x)=A$, $\lim\limits_{x\to x_0^-} f(x)=A$ 的极限**

类比数列的极限定义, 要定义极限 $\lim\limits_{x\to x_0} f(x)=A$ 需要刻画两个变化过程: $x\to x_0$ 和 $f(x)\to A$ 及二者的逻辑关系, 因此, 将数列极限的定义进行类比修改即可给出函数此类极限的定义.

定义 1-17 设 $y=f(x)$ 在 x_0 的某个去心邻域 $x\in \mathring{U}(x_0,r)$ 内有定义, A 是给定的实数. 若对任意的 $\varepsilon>0$, 存在 $\delta: 0<\delta<r$, 使得对任意满足 $0<|x-x_0|<\delta$ 的 x, 都成立

$$|f(x)-A|<\varepsilon,$$

称当 x 趋近于 x_0 时, 函数 $f(x)$ 在 x_0 点存在极限, A 称为函数 $f(x)$ 在点 x_0 处的极限, 也称当 x 趋近于 x_0 时, 函数 $f(x)$ 收敛于 A, 记为

$$\lim_{x\to x_0} f(x)=A \quad 或 \quad f(x)\to A(x\to x_0).$$

函数极限是数列极限的平行推广, 定义中各个量的含义和数列极限定义中的含义相同.

由定义知, 考察函数 $f(x)$ 在 x_0 点的极限时, 函数 $f(x)$ 在 x_0 点不一定有定义.

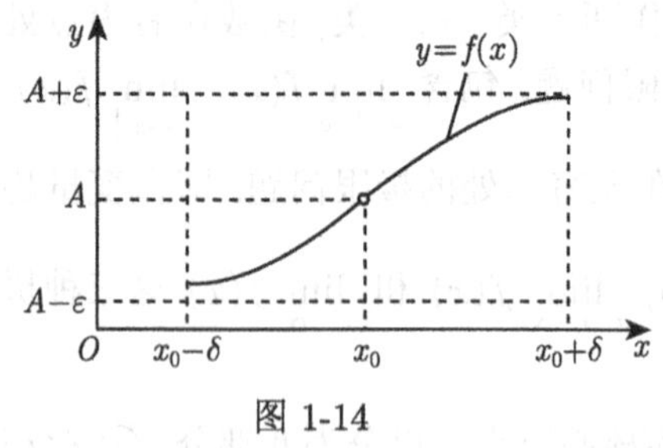

图 1-14

定义 1-17 的**几何解释**是: 对于任意给定的 $\varepsilon>0$, 作直线 $y=A-\varepsilon$ 和 $y=A+\varepsilon$, 这两条直线形成一横条区域, 对于上述 ε, 总存在 x_0 的一个去心 δ 邻域, 使得区间 $(x_0-\delta,x_0)$ 和 $(x_0,x_0+\delta)$ 内函数曲线 $y=f(x)$ 完全落在这一横条区域内, 如图 1-14 所示.

类似数列极限, 函数极限的定义也可用于证明一些简单函数的极限.

例 9 证明 $\lim\limits_{x\to x_0} x=x_0$.

结构分析 题型: 函数的正常极限结论的验证. 类比已知: 只有定义可用. 确定思路: 用定义验证.

由 $\lim\limits_{x\to x_0} f(x)=A$ 定义, 描述函数极限的控制项为 $|f(x)-A|$, 刻画自变量变化过程的量为 $|x-x_0|$, 我们要证明的是: 对给定一个任意的 $\varepsilon>0$, 寻找一个 $\delta(\delta>0)$, 使满足 $0<|x-x_0|<\delta$ 的所有 x, 都成立 $|f(x)-A|<\varepsilon$.

由此可见, 证明的关键点 (重点/难点) 是 δ **的确定**. 如何确定 δ? 从形式上看, 我们要确定 δ, 需要把不等式转化为关于 δ 的式子 (不等式或等式), 因此, 借助于条件 $0<|x-x_0|<\delta$, 即需要将 x 的表达式 $|f(x)-A|<\varepsilon$ 转化为 $|x-x_0|$ 的表达式, 对本题而言 $|f(x)-A|=|x-x_0|$, 要使 $|f(x)-A|<\varepsilon$ 成立, 只需 $|f(x)-A|=|x-x_0|<\delta\leqslant\varepsilon$ 即可, 因此, 取 $\delta\leqslant\varepsilon$ 或者直接取 $\delta=\varepsilon$.

证明　对 $\forall\varepsilon>0$, 取 $\delta=\varepsilon$, 则 $0<|x-x_0|<\delta$ 时,

$$|f(x)-A|=|x-x_0|<\varepsilon$$

成立, 故 $\lim\limits_{x\to x_0} x=x_0$.

例 10　证明 $\lim\limits_{x\to 1}\dfrac{x(x-1)}{x^2-1}=\dfrac{1}{2}$.

结构分析　题型仍为函数的正常极限结论的验证. 类比已知: 只有定义可用. 确定思路: 用定义验证.

我们要证明的仍然是: 对给定一个任意的 $\varepsilon>0$, 寻找一个 $\delta(\delta>0)$, 使满足 $0<|x-x_0|<\delta$ 的 x, 成立 $|f(x)-A|<\varepsilon$.

需要对描述函数极限的控制项 $|f(x)-A|=\left|\dfrac{x(x-1)}{x^2-1}-\dfrac{1}{2}\right|$ 进行处理, 从中分离出刻画自变量变化过程的量 $|x-x_0|=|x-1|$, 目的是寻找 δ.

对 $|f(x)-A|=\left|\dfrac{x(x-1)}{x^2-1}-\dfrac{1}{2}\right|$ 的处理方法, 与数列极限的应用类似, 也用放大法. 放大过程中, 仍然要注意去掉绝对值号、化简等要求, 要注意利用预控制技术甩掉无关因子等. 具体过程, 由于 $\left|\dfrac{x(x-1)}{x^2-1}-\dfrac{1}{2}\right|=\dfrac{|x-1|}{2|x+1|}$, 因此, 要从右端分离因子 $|x-1|$, 必须处理分母, 即要求 $|x+1|$ 有严格正下界. 为达到此目的, 用到和数列理论中相同的**预控制技术**, 需预先控制变量 x, 如可以预控制 $0<|x-1|<1$, 相当于定义中取 $\delta=1$, 此时, $0<x<2$, 相应地, $1<|x+1|<3$, 分母取小则分式增大, 因此取 $|x+1|>1$, 因而 $\dfrac{1}{2|x+1|}<\dfrac{1}{2}$, 则

$$\left|\frac{x(x-1)}{x^2-1}-\frac{1}{2}\right|=\frac{|x-1|}{2|x+1|}<\frac{1}{2}|x-1|,$$

达到分离因子 $|x-1|$ 的目的, 因此欲使 $\left|\dfrac{x(x-1)}{x^2-1}-\dfrac{1}{2}\right|<\varepsilon$, 只需 $\dfrac{1}{2}|x-1|<\varepsilon$,

即 $|x-1| < 2\varepsilon$, 结合预控制变量 x 时限制的 $\delta = 1$, 可以得出 δ 可取为 $\delta = \min\{1, 2\varepsilon\}$.

证明 对 $\forall\varepsilon > 0$, 取 $\delta = \min\{1, 2\varepsilon\}$, 则当 x 满足 $0 < |x-1| < \delta$ 时, 有

$$\left|\frac{x(x-1)}{x^2-1} - \frac{1}{2}\right| = \frac{|x-1|}{2|x+1|} < \frac{1}{2}|x-1| < \varepsilon,$$

故 $\lim\limits_{x\to 1}\dfrac{x(x-1)}{x^2-1} = \dfrac{1}{2}$.

在证明过程中, 对 x 的限制要保证 x 落在函数的定义域内.

上述 $x \to x_0$ 时函数 $f(x)$ 的极限概念中, x 是既从 x_0 的左侧也从 x_0 的右侧趋于 x_0 的. 但有时只能或只需考虑 x 仅从 x_0 的左侧趋于 x_0 (记作 $x \to x_0^-$), 或 x 仅从 x_0 的右侧趋于 x_0 (记作 $x \to x_0^+$), 得到函数在有限点处的单侧极限.

定义 1-18 设函数 $f(x)$ 在 $(x_0, x_0 + r)$ 内有定义, A 是给定的实数, 若对任意的 $\varepsilon > 0$, 存在 $\delta: 0 < \delta < r$, 使得对任意的 $x: 0 < x - x_0 < \delta$, 都成立

$$|f(x) - A| < \varepsilon,$$

称 A 为 $f(x)$ 在 x_0 点的右极限, 记为 $\lim\limits_{x\to x_0^+} f(x) = A$ ($f(x_0+0) = A$ 或 $f(x_0+) = A$ 或 $f(x) \to A(x \to x_0^+)$), 此时也称 $f(x)$ 在 x_0 点的右极限存在.

类似可以定义左极限 $\lim\limits_{x\to x_0^-} f(x) = A$ ($f(x_0 - 0) = A$ 或 $f(x_0-) = A$ 或 $f(x) \to A(x \to x_0^-)$). 函数的左、右极限统称为单侧极限.

根据 $x \to x_0$ 时函数 $f(x)$ 的极限的定义, 以及左极限和右极限的定义, 很容易得到函数极限和单侧极限的关系:

定理 1-4 $\lim\limits_{x\to x_0} f(x) = A$ 等价于 $\lim\limits_{x\to x_0^+} f(x) = \lim\limits_{x\to x_0^-} f(x) = A$.

推论 1-1 若 $\lim\limits_{x\to x_0^+} f(x) = A \neq \lim\limits_{x\to x_0^-} f(x) = B$, 则 $\lim\limits_{x\to x_0} f(x)$ 不存在.

例 11 计算下列函数在 x_0 点的左极限和右极限, 并判断函数在 x_0 点的极限是否存在. 其中,

(1) $f(x) = \dfrac{|x|}{x}, x_0 = 0$;

(2) $f(x) = \begin{cases} \ln x, & x > 1, \\ \mathrm{e}^x - \mathrm{e}, & x < 1, \end{cases}$ $x_0 = 1$.

解 (1) 由于

$$\lim_{x\to 0^+} f(x) = \lim_{x\to 0^+}\frac{x}{x} = 1,$$

$$\lim_{x\to 0^-} f(x)=\lim_{x\to 0^-}\frac{-x}{x}=-1,$$

因为 $\lim\limits_{x\to 0^+} f(x)\neq \lim\limits_{x\to 0^-} f(x)$, 故 $\lim\limits_{x\to 0} f(x)$ 不存在.

(2) 由于

$$\lim_{x\to 1^+} f(x)=\lim_{x\to 1^+}\ln x=0,$$

$$\lim_{x\to 1^-} f(x)=\lim_{x\to 1^-}(\mathrm{e}^x-\mathrm{e})=0,$$

因为 $\lim\limits_{x\to 1^+} f(x)=\lim\limits_{x\to 1^-} f(x)=0$, 故 $\lim\limits_{x\to 1} f(x)$ 存在, 且 $\lim\limits_{x\to 1} f(x)=0$.

2. *函数在无穷远处的极限*

——形如 $\lim\limits_{x\to+\infty} f(x)=A$, $\lim\limits_{x\to-\infty} f(x)=A$, $\lim\limits_{x\to\infty} f(x)=A$ 的极限

若函数的定义域是一个无限的区间, 还可以定义函数在无穷远处的极限. 先给出函数在正无穷远处的极限.

定义 1-19　设函数 $f(x)$ 在 $(a,+\infty)$ 内有定义, A 为给定的实数, 若对任意的 $\varepsilon>0$, 存在 $X>0$, 当 $x>X$ 时, 成立

$$|f(x)-A|<\varepsilon,$$

称 A 为 $f(x)$ 在正无穷远处的极限, 记为 $\lim\limits_{x\to+\infty} f(x)=A$ 或 $f(x)\to A(x\to+\infty)$, 此时也称 $f(x)$ 在正无穷远处的极限存在.

类似, 可以定义 $\lim\limits_{x\to-\infty} f(x)=A$.

定义 1-20　设函数 $f(x)$ 在 $(-\infty,a)$ 内有定义, A 为给定的实数, 若对任意的 $\varepsilon>0$, 存在 $X>0$, 当 $x<-X$ 时, 成立

$$|f(x)-A|<\varepsilon,$$

称 A 为 $f(x)$ 在负无穷远处的极限, 记为 $\lim\limits_{x\to-\infty} f(x)=A$ 或 $f(x)\to A(x\to-\infty)$, 此时也称 $f(x)$ 在负无穷远处的极限存在.

除了上述两种形式的无穷远处的极限定义外, 还有一种无穷远处的极限定义, 即函数 $f(x)$ 的定义域为 $(-\infty,+\infty)$, 此时可以考虑 $|x|\to+\infty$ 时函数的极限过程.

定义 1-21　设函数 $f(x)$ 在 $(-\infty,+\infty)$ 内有定义, A 为给定的实数, 若对任意的 $\varepsilon>0$, 存在 $X>0$, 当 $|x|>X$ 时, 成立

$$|f(x)-A|<\varepsilon,$$

称 A 为 $f(x)$ 在无穷远处的极限, 记为 $\lim\limits_{x\to\infty} f(x)=A$ 或 $f(x)\to A(x\to\infty)$, 此时也称 $f(x)$ 在无穷远处的极限存在.

如果这样的常数不存在, 则称 $x\to\infty$ 时, $f(x)$ 的极限不存在.

类似于函数极限和单侧极限的关系, 成立如下结论.

定理 1-5 $\lim\limits_{x\to\infty} f(x)=A$ 等价于 $\lim\limits_{x\to+\infty} f(x)=\lim\limits_{x\to-\infty} f(x)=A$.

推论 1-2 若 $\lim\limits_{x\to-\infty} f(x)=A\neq\lim\limits_{x\to+\infty} f(x)=B$, 则 $\lim\limits_{x\to\infty} f(x)$ 不存在.

定义 1-21 的**几何解释**是: 作直线 $y=A-\varepsilon$ 和 $y=A+\varepsilon$, 总存在 $X>0$, 当 $x<-X$ 或 $x>X$ 时, 函数 $y=f(x)$ 的曲线完全落在这两条直线之间, 如图 1-15 所示.

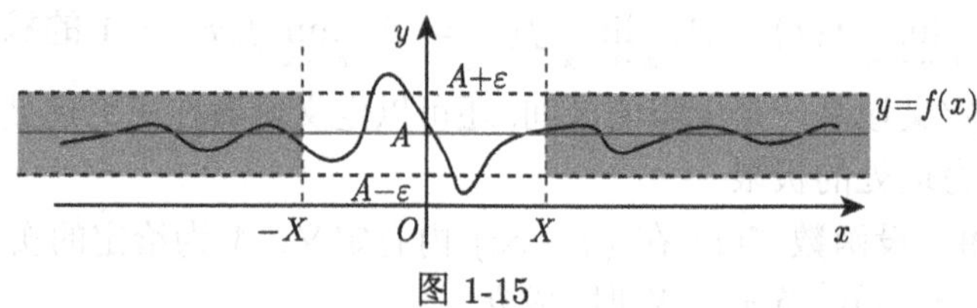

图 1-15

根据 ε 的任意性, 直线 $y=A-\varepsilon$ 和 $y=A+\varepsilon$ 的距离趋于 0, 说明当 $x<-X$ 或 $x>X$ 时, 函数 $y=f(x)$ 的曲线与直线 $y=A$ 的距离也趋于 0. 一般地, 若 $\lim\limits_{x\to\infty} f(x)=A$, 则称直线 $y=A$ 为函数 $y=f(x)$ 图形的**水平渐近线**.

例 12 用定义证明 $\lim\limits_{x\to\infty}\dfrac{2x+1}{3x+1}=\dfrac{2}{3}$.

结构分析 题型为无穷远处的正常极限验证, 仍用放大法, 由于自变量的变化趋势为 $x\to\infty$, 类比定义, 放大过程中分离的变量因子形式为 $|x|$.

由于 $|f(x)-A|=\left|\dfrac{2x+1}{3x+1}-\dfrac{2}{3}\right|=\dfrac{1}{3\cdot|3x+1|}$, 要分离出因子 $|x|$, 必须处理分母, 由于 $3|x|-1\leqslant|3x+1|\leqslant 3|x|+1$, 所以 $\dfrac{1}{3\cdot|3x+1|}\leqslant\dfrac{1}{3}\cdot\dfrac{1}{3|x|-1}$, 继续放大处理, 缩小分母 $3|x|-1>2|x|$, 分离出因子 $|x|$.

证明 对 $\forall\varepsilon>0$, 取 $X=\dfrac{1}{6\varepsilon}$, 则当 $|x|>X$ 时, 有

$$\left|\frac{2x+1}{3x+1}-\frac{2}{3}\right|=\frac{1}{3}\cdot\frac{1}{|3x+1|}\leqslant\frac{1}{3}\cdot\frac{1}{3|x|-1}\leqslant\frac{1}{3}\cdot\frac{1}{2|x|}=\frac{1}{6|x|}<\varepsilon,$$

故 $\lim\limits_{x\to\infty}\dfrac{2x+1}{3x+1}=\dfrac{2}{3}$.

1.3.3　无穷小与无穷大

1. 无穷小的定义

以零为极限的函数在极限理论中起着十分重要的作用, 许多极限问题的讨论都与这样的函数有关.

例如, 根据极限的定义不难证明 $\lim\limits_{x\to x_0} f(x)=A$ 和 $\lim\limits_{x\to x_0}[f(x)-A]=0$ 是等价的.

如果令 $\alpha(x)=f(x)-A$, 那么讨论 $\lim\limits_{x\to x_0} f(x)=A$ 就转化为讨论 $\lim\limits_{x\to x_0}\alpha(x)=0$.

定义 1-22　如果函数 $\alpha(x)$ 当 $x\to x_0$ (或 $x\to\infty$) 时的极限为零, 称函数 $\alpha(x)$ 为 $x\to x_0$ (或 $x\to\infty$) 时的无穷小.

例如, 因为 $\lim\limits_{x\to 1}(x-1)=0$, 所以 $\alpha(x)=x-1$ 是 $x\to 1$ 时的无穷小.

又如, $\lim\limits_{x\to-\infty}\dfrac{1}{\sqrt{1-x}}=0$, 所以 $\alpha(x)=\dfrac{1}{\sqrt{1-x}}$ 是 $x\to-\infty$ 时的无穷小.

注　不要把无穷小和很小的常数混为一谈, 因为无穷小是变量, 很小的常数 (如百万分之一) 是常数, 二者有本质的差别. 不过数 “0” 可以认为是一个特殊的无穷小, 因为在自变量的任一变化趋势下, 0 的极限都是 0. 除 0 以外任何很小的常数都不是无穷小!

数列是一种特殊的函数, 因而以零为极限的数列 $\{x_n\}$ 称为 $n\to\infty$ 时的无穷小.

无穷小的严格定义可用 “ε-δ” “ε-X” 和 “ε-N” 的说法加以叙述. 例如 $x\to x_0$ 的情况:

对于任意给定的正数 ε, 若总存在正数 δ, 当 $0<|x-x_0|<\delta$ 时, 恒有 $|\alpha(x)-0|<\varepsilon$ 成立, 则称函数 $\alpha(x)$ 为 $x\to x_0$ 时的无穷小.

2. 无穷小与函数极限的关系

定理 1-6　当 $x\to x_0$ 时, 函数 $f(x)$ 的极限为 A 的充分必要条件是 $f(x)=A+\alpha(x)$, 其中 $\alpha(x)$ 是当 $x\to x_0$ 时的无穷小.

结构分析　这是一个充分必要条件的证明, 它的推理过程分两个环节, 一是充分性的证明, 二是必要性的证明, 即由条件到结论和由结论到条件的两次证明.

定理的结论转化为量化关系式为 $|f(x)-A|$; 定理的条件是 $f(x)=A+\alpha(x)$ 形式. 类比二者的结构形式, 结论形式中需要去掉绝对值号, 条件形式需要转化为 $f(x)-A=\alpha(x)$, 借助无穷小的定义, 很容易建立相应的关系.

证明　必要性　设 $\lim\limits_{x\to x_0} f(x)=A$, 则对于任意给定的 $\varepsilon>0$, 总存在 $\delta>0$, 当 $0<|x-x_0|<\delta$ 时, 恒有 $|f(x)-A|<\varepsilon$ 成立.

令 $\alpha(x)=f(x)-A$, 则 $|f(x)-A|=|\alpha(x)|<\varepsilon$, 即 $\alpha(x)$ 是当 $x\to x_0$ 时的无穷小. 所以, $f(x)=A+\alpha(x)$.

充分性 设 $f(x)=A+\alpha(x)$, 即 $f(x)-A=\alpha(x)$, 由于 $\alpha(x)$ 是当 $x\to x_0$ 时的无穷小, 故对任意给定的 $\varepsilon>0$ 总存在 $\delta>0$, 当 $0<|x-x_0|<\delta$ 时, 恒有 $|\alpha(x)|<\varepsilon$ 成立, 即 $|f(x)-A|<\varepsilon$.

这就证明了当 $x\to x_0$ 时, 函数 $f(x)$ 的极限为 A.

抽象总结 上述定理将抽象函数 $f(x)$ 在 x_0 点附近进行了分解, 给出了抽象函数确定的表达式, 因此, 该定理也称**函数极限的局部表达定理**. 起到了化不定 (抽象函数 $f(x)$) 为确定 (确定的表达式) 的目的. 在研究函数在 x_0 点附近的局部性质 (如极限计算) 时, 这种表示非常有用, 特别是对复杂结构的函数.

3. 无穷小的性质

性质 1-8 有限个无穷小之和仍是无穷小.

证明 先考虑两个无穷小的情形, 设 $\alpha(x)$ 和 $\beta(x)$ 均为 $x\to x_0$ 时的无穷小, 记 $\gamma(x)=\alpha(x)+\beta(x)$.

对于任意给定的 $\varepsilon>0$, 因为 $\lim\limits_{x\to x_0}\alpha(x)=0$, 所以总存在 $\delta_1>0$, 当 $0<|x-x_0|<\delta_1$ 时, 恒有 $|\alpha(x)|<\dfrac{\varepsilon}{2}$.

又因为 $\lim\limits_{x\to x_0}\beta(x)=0$, 所以总存在 $\delta_2>0$, 当 $0<|x-x_0|<\delta_2$ 时, 恒有 $|\beta(x)|<\dfrac{\varepsilon}{2}$.

取 $\delta=\min\{\delta_1,\delta_2\}$, 则对于上述 $\varepsilon>0$, 当 $0<|x-x_0|<\delta$ 时, 恒有 $|\alpha(x)|<\dfrac{\varepsilon}{2}$ 和 $|\beta(x)|<\dfrac{\varepsilon}{2}$ 同时成立, 从而

$$|\gamma(x)|=|\alpha(x)+\beta(x)|\leqslant|\alpha(x)|+|\beta(x)|<\frac{\varepsilon}{2}+\frac{\varepsilon}{2}=\varepsilon,$$

故, $\gamma(x)=\alpha(x)+\beta(x)$ 也是 $x\to x_0$ 时的无穷小, 即两个无穷小之和是无穷小.

类似可证有限个无穷小之和仍是无穷小.

性质 1-9 有界函数与无穷小之积仍是无穷小.

设函数 $f(x)$ 在 x_0 的某去心邻域内有界, 即存在 $M>0$ 和 $\delta_1>0$, 当 $0<|x-x_0|<\delta_1$ 时, 恒有 $|f(x)|\leqslant M$ 成立.

又 $\alpha(x)$ 是 $x\to x_0$ 时的无穷小, 即对任意给定的 $\varepsilon>0$, 总存在 $\delta_2>0$, 当 $0<|x-x_0|<\delta_2$ 时, 恒有 $|\alpha(x)|<\dfrac{\varepsilon}{M}$ 成立.

取 $\delta=\min\{\delta_1,\delta_2\}$, 则对于上述 $\varepsilon>0$, 当 $0<|x-x_0|<\delta$ 时, 恒有

$$|f(x)\cdot\alpha(x)|<M\cdot\frac{\varepsilon}{M}=\varepsilon$$

成立. 即 $f(x)\cdot\alpha(x)$ 是 $x\to x_0$ 时的无穷小.

由于常数和无穷小都是有界的, 所以由性质 1-9 立即得到如下推论.

推论 1-3　常数与无穷小之积是无穷小.

推论 1-4　有限个无穷小之积是无穷小.

例 13　计算 $\lim\limits_{x\to0}x\sin\dfrac{1}{x^2}$.

解　由于当 $x\to0$ 时, $f(x)=x$ 为无穷小量, $\sin\dfrac{1}{x^2}$ 为 $x=0$ 去心邻域内的有界函数, 因而, $\lim\limits_{x\to0}x\sin\dfrac{1}{x^2}=0$.

4. 无穷大的定义

定义 1-23　如果当 $x\to x_0$ (或 $x\to\infty$) 时, 函数 $f(x)$ 的绝对值无限增大, 就称 $f(x)$ 是 $x\to x_0$ (或 $x\to\infty$) 时的无穷大.

无穷大的严格定义可用 "M-δ" "M-X" 和 "M-N" 的说法加以叙述. 例如 $x\to x_0$ 的情况:

设函数 $f(x)$ 在 x_0 的某去心邻域内有定义. 如果对于任意给定的正数 M (不论它多么大), 总存在正数 δ, 当 $0<|x-x_0|<\delta$ 时, 恒有

$$|f(x)|>M,$$

则称 $f(x)$ 是 $x\to x_0$ 时的无穷大.

当 $x\to x_0$ 时, 若 $f(x)$ 是无穷大, 按照函数极限的定义, $f(x)$ 的极限是不存在的, 是非正常极限. 但为了便于叙述函数的这一性态, 我们也说 "函数的极限是无穷大量", 并记作

$$\lim_{x\to x_0}f(x)=\infty.$$

如果在无穷大的定义中, 把 $|f(x)|>M$ 换成 $f(x)>M$, 就得到 $f(x)$ 是正无穷大量的定义, 记作 $\lim\limits_{x\to x_0}f(x)=+\infty$. 如果把 $|f(x)|>M$ 换成 $f(x)<-M$, 就得到 $f(x)$ 是负无穷大量的定义, 记作 $\lim\limits_{x\to x_0}f(x)=-\infty$.

必须注意, 无穷大不是数, 不可与很大的数 (如一千万、一亿等) 混为一谈.

例 14　证明 $\lim\limits_{x\to1}\dfrac{1}{x-1}=\infty$ (图 1-16).

结构分析　从结构看, 这是一个非正常极限——无穷大; 类比已知, 只有无穷大定义可用; 确定思路, 用无穷大定义验证.

分析无穷大定义中条件和结论, 我们要证明的是: 对于任意给定的正数 M, 寻找一个 $\delta(\delta>0)$, 使满足 $0<|x-1|<\delta$ 的 x, 成立 $|f(x)|=\left|\dfrac{1}{x-1}\right|>M$.

由此可见, 证明的关键点 (重点/难点) 是 δ 的确定. 如何确定 δ? 从形式上看, 要确定的是 δ, 根据条件 $0<|x-1|<\delta$ 可知, 需要对描述函数极限的控制项 $|f(x)|=\left|\dfrac{1}{x-1}\right|$ 进行处理, 从中分离出刻画自变量变化过程的量 $|x-x_0|=|x-1|$, 以寻找 δ.

由于 $|f(x)|=\left|\dfrac{1}{x-1}\right|=\dfrac{1}{|x-1|}$, 要使 $|f(x)|>M$, 只需 $\dfrac{1}{|x-1|}>M$, 即 $|x-1|<\dfrac{1}{M}$, 所以只需取 $\delta=\dfrac{1}{M}$.

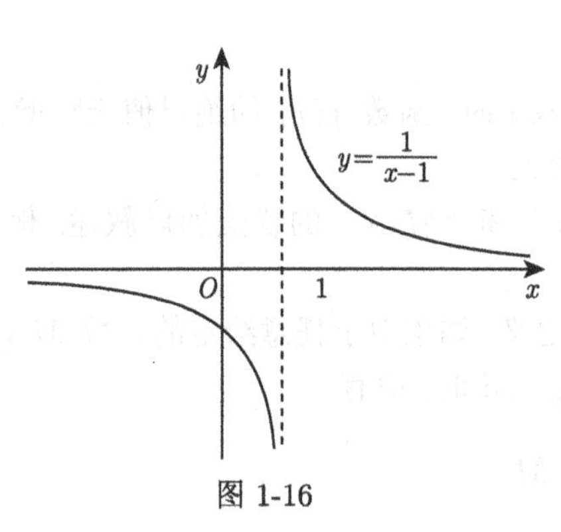

图 1-16

证明 $\forall M>0$, 取 $\delta=\dfrac{1}{M}$, 当 $0<|x-1|<\delta$ 时, 恒有

$$|f(x)|=\left|\frac{1}{x-1}\right|>M,$$

故, $\lim\limits_{x\to1}\dfrac{1}{x-1}=\infty$.

由图 1-16 可以看出, 直线 $x=1$ 是函数 $y=\dfrac{1}{x-1}$ 图形的一条铅直渐近线.

一般地, 如果 $\lim\limits_{x\to x_0}f(x)=\infty$, 则直线 $x=x_0$ 是函数 $y=f(x)$ 图形的**铅直渐近线**.

5. 无穷大与无穷小的关系

无穷大反映了在自变量变化过程中, 函数的绝对值可以无限增大; 而无穷小则反映了在自变量变化过程中, 函数的绝对值可以无限减小. 显然, 在自变量的同一变化过程中, **若 $f(x)$ 为无穷大, 则其倒数 $\dfrac{1}{f(x)}$ 为无穷小; 若 $f(x)$ 为无穷小, 且 $f(x)\neq0$, 则其倒数 $\dfrac{1}{f(x)}$ 为无穷大**. 因此, 关于无穷大的问题都可转化为无穷小来讨论.

例 15 求极限 $\lim\limits_{x\to1}\dfrac{2x-3}{x^2-5x+4}$.

解 分母极限为零, 分子极限不为零, 根据无穷大与无穷小的关系

$$\lim_{x\to1}\frac{x^2-5x+4}{2x-3}=\frac{1^2-5\cdot1+4}{2\cdot1-3}=0,$$

故 $\lim\limits_{x\to1}\dfrac{2x-3}{x^2-5x+4}=\infty$.

1.3.4　极限的性质

我们已经讨论了函数极限的六种形式, 即 $x\to x_0$, $x\to x_0^+$, $x\to x_0^-$, $x\to+\infty$, $x\to-\infty$ 和 $x\to\infty$. 以下在叙述极限性质和运算法则时, 仅针对 $x\to x_0$ 的情形. 其他情形, 读者可自行写出相应的结果. 由于数列是整标函数, 它的极限可以看成是 $x\to+\infty$ 时的特殊情况 (取正整数无限增大), 因而本节的结论对数列也是成立的.

1. 唯一性

引理 1-1　A,B 是两个实数, 若对任意的 $\varepsilon>0$, 有 $|A-B|<\varepsilon$, 则必有 $A=B$.

证明　反证法　设 $A\neq B$, 不妨设 $A>B$, 取 $\varepsilon=\dfrac{A-B}{2}$, 则

$$|A-B|=A-B>\varepsilon,$$

与条件矛盾, 同样, $A<B$ 也不成立, 故, $A=B$.

抽象总结　引理 1-1 区别与初等的证明方法给出了利用一个动态的量证明两个实数相等的又一方法.

性质 1-10　若 $f(x)$ 在 x_0 点的极限存在, 则极限必唯一.

即假设 $\lim\limits_{x\to x_0}f(x)=A$, 且还有 $\lim\limits_{x\to x_0}f(x)=B$, 则 $A=B$.

结构分析　要证明的结论是 $A=B$, 即两个实数相等; 类比已知, 已经建立了证明两个实数相等的高等工具 (引理 1-1), 由此确立用引理 1-1 来证明的思路; 因而, 需要研究量 $|A-B|$, 类比已知条件的相应形式, 相当于已知 $|f(x)-A|$ 和 $|f(x)-B|$, 因此, 要求建立三者的关系, 即用已知的 $|f(x)-A|$ 和 $|f(x)-B|$ 来控制 $|A-B|$, 类比三者的形式, 利用形式统一的思想可以设计具体的插项方法建立三者的关系, 实现用已知控制未知的目标, 由此确定了具体的方法, 设计具体的技术路线.

证明　由于 $\lim\limits_{x\to x_0}f(x)=A$, $\lim\limits_{x\to x_0}f(x)=B$, 由定义, 对任意的 $\varepsilon>0$, 存在 $\delta_1>0$, 当 $0<|x-x_0|<\delta_1$ 时, 成立

$$|f(x)-A|<\frac{\varepsilon}{2}.$$

存在 $\delta_2>0$, 当 $0<|x-x_0|<\delta_2$ 时, 成立

$$|f(x)-B|<\frac{\varepsilon}{2}.$$

取 $\delta=\min\{\delta_1,\delta_2\}$, 则对任意的 $\varepsilon>0$, 当 $0<|x-x_0|<\delta$ 时, 同时成立

$$|f(x)-A|<\frac{\varepsilon}{2} \text{ 和 } |f(x)-B|<\frac{\varepsilon}{2},$$

故

$$|A-B|=|A-f(x)+f(x)-B|\leqslant|A-f(x)|+|f(x)-B|<\frac{\varepsilon}{2}+\frac{\varepsilon}{2}=\varepsilon,$$

由 ε 的任意性得 $A=B$, 故极限唯一.

抽象总结 本定理证明的方法是插项方法, 利用插项建立两个或多个量的联系, 或建立已知和未知的联系是常用的方法.

类似可得, 函数 $f(x)$ 在无穷远处的极限若存在, 也唯一. 数列 $\{x_n\}$ 的极限若存在, 也唯一.

2. 有界性

由于函数 $f(x)$ 在有限点 x_0 处的极限, 只能表示函数值在 x_0 点附近的变化趋势, 因而函数值的有界性仅指在 x_0 点附近是否有界, 是局部的.

性质 1-11 (局部有界性) 若 $\lim\limits_{x\to x_0}f(x)=A$, 则函数 $f(x)$ 在 x_0 的某去心邻域内有界.

结构分析 由函数有界性的定义, 要证明函数 $f(x)$ 在 x_0 的某去心邻域内有界, 只需确定 M, 对于 x_0 的某去心邻域内的任意 x, 对应的函数值 $f(x)$ 都满足 $|f(x)|\leqslant M$, 即要研究的对象是 $|f(x)|$; 条件分析: 已知条件 $\lim\limits_{x\to x_0}f(x)=A$, 即对于任意 $\varepsilon>0$, 存在 $\delta>0$, 当 $0<|x-x_0|<\delta$ 时, 成立 $|f(x)-A|<\varepsilon$, 意味着存在 x_0 的某去心邻域, 且有与要研究的对象 $|f(x)|$ 有关的量化关系式 $|f(x)-A|$, 因此, 从结构看, 解题的具体方法的设计思想是如何建立 $|f(x)|$ 和 $|f(x)-A|$ 的联系, 因此, 具体的方法还是插项方法 $|f(x)|=|f(x)-A+A|\leqslant|f(x)-A|+|A|$. 但是, 还有注意具体的技术要求: 由于界必须是一个确定的常数, 已知条件中只有任意的数 ε, 因此, 必须将其定量化, 比如取 $\varepsilon=1$.

证明 由于 $\lim\limits_{x\to x_0}f(x)=A$, 根据极限定义, 对于 $\varepsilon=1$, 必存在 $\delta>0$, 当 $0<|x-x_0|<\delta$ 时, x 对应的所有函数值 $f(x)$ 都满足 $|f(x)-A|<1$, 由于

$$|f(x)|=|f(x)-A+A|\leqslant|f(x)-A|+|A|<1+|A|,$$

取 $M=1+|A|$, 则 $|f(x)|<M$ 成立.

注 定理只给出了局部有界性, 不能保证函数在整个定义域上的有界性.

数列的极限 $\lim\limits_{n\to\infty} x_n = a$ 定义是对于任意给定的正数 ε, 总存在正整数 N, 除去数列前面的 N 项, $n > N$ 之后的无穷多项 x_n, 都满足不等式 $|x_n - a| < \varepsilon$. 若给定 $\varepsilon = 1$, 则 $n > N$ 之后的无穷多项 x_n, 都满足 $|x_n| = |x_n - a + a| < 1+|a|$. 而数列前面的 N 项 $x_1, x_2, \cdots, x_N$ 都是确定的常数, 所以取 $M = \max\{|x_1|, |x_2|, \cdots, |x_N|, 1 + |a|\}$, 则对所有的 n, 数列的各项 x_n 都有 $|x_n| \leqslant M$, 故收敛数列必有界, 且是整体有界的.

分析总结　上述过程中为何取 $\varepsilon = 1$? 因为要寻找函数 (或数列) 的界, 界必须是一个确定的数, 因此, 必须将 ε 取定, 当然, 取定的方法不唯一, 任何一个确定的正数都可以. 通过取特定的 ε 得到函数 (或数列) 的一些性质是常用的技术手段, 也是化不定为确定的思想体现.

注　收敛数列必有界, 其逆命题不成立, 如 $\{(-1)^n\}$.

3. 保序性

性质 1-12 (局部保序性)　设 $\lim\limits_{x\to x_0} f(x) = A$, $\lim\limits_{x\to x_0} g(x) = B$, 且 $A > B$, 则存在 $\delta > 0$, 当 $0 < |x - x_0| < \delta$ 时, $f(x) > g(x)$.

结构分析　已知条件: 转化为量化关系式为已知形式 $|f(x) - A|$, $|g(x) - B|$. 要证结论: 形式是 $f(x) > g(x)$, 因此, 从结构形式上看, 要证结论必须从已知形式中去掉绝对值号, 分离出 $f(x), g(x)$, 并借助 A, B 的序 $A > B$ 进一步建立二者的关系. 类比已知和未知的形式, 很容易利用 ε 的任意性建立相应的关系.

证明　由 $\lim\limits_{x\to x_0} f(x) = A$ 和 $\lim\limits_{x\to x_0} g(x) = B$, 对 $\varepsilon = \dfrac{A-B}{2}$.

存在 $\delta_1 > 0$, 当 $0 < |x - x_0| < \delta_1$ 时,

$$A - \varepsilon < f(x) < A + \varepsilon, \text{从而 } f(x) > A - \frac{A-B}{2} = \frac{A+B}{2}.$$

存在 $\delta_2 > 0$, 当 $0 < |x - x_0| < \delta_2$ 时,

$$B - \varepsilon < g(x) < B + \varepsilon, \text{从而 } g(x) < B + \frac{A-B}{2} = \frac{A+B}{2}.$$

取 $\delta = \min\{\delta_1, \delta_2\}$, 当 $0 < |x - x_0| < \delta$ 时, 就有

$$g(x) < \frac{A+B}{2} < f(x).$$

抽象总结　此定理说明, 若函数的极限具有某种顺序, 则对应的函数从某一时刻后也保持相应的顺序.

推论 1-5 若 $\lim\limits_{x\to x_0} f(x)=A>B$, 则存在 $\delta>0$, 当 $0<|x-x_0|<\delta$ 时, $f(x)>B$.

推论 1-6 (函数极限的局部保号性) 若 $\lim\limits_{x\to x_0} f(x)=A>0$, 则存在 $\delta>0$, 对任意满足条件 $0<|x-x_0|<\delta$ 的 x, 成立 $f(x)>\dfrac{A}{2}>0$.

证明 因为 $\lim\limits_{x\to x_0} f(x)=A>0$, 所以, 取 $\varepsilon=\dfrac{A}{2}>0$, 则存在 $\delta>0$, 当 $0<|x-x_0|<\delta$ 时, 有

$$|f(x)-A|<\frac{A}{2}, \text{从而 } f(x)>A-\frac{A}{2}=\frac{A}{2}>0.$$

从推论 1-6 的证明中可知, 在推论 1-6 的条件下, 可得出下面更强的结论.

推论 1-7 若 $\lim\limits_{x\to x_0} f(x)=(A\neq 0)$, 则存在 x_0 的某一去心邻域 $\mathring{U}(x_0)$, 当 $x\in\mathring{U}(x_0)$ 时, 就有 $|f(x)|>\dfrac{|A|}{2}$.

性质 1-12 给出了函数保持了极限的次序, 保序性还有另一种表现形式, 即极限也"基本"保持函数的次序.

性质 1-13 设 $\lim\limits_{x\to x_0} f(x)=A$, $\lim\limits_{x\to x_0} g(x)=B$, 且存在 x_0 的某去心邻域, 在此邻域内有 $f(x)>g(x)$, 则 $A\geqslant B$.

4. 函数极限与数列极限的关系

因为数列极限是函数极限的特殊情形, 但又不完全相同, 二者之间的关系可用下面的定理概括.

定理 1-7 (海涅 (Heine) 定理) 极限 $\lim\limits_{x\to x_0} f(x)=A$ 存在的充分必要条件是对函数 $f(x)$ 的定义域内任一收敛于 x_0 的数列 $\{x_n\}$, 且 $x_n\neq x_0(n\in\mathbf{N}^+)$, 都有相应的函数值数列 $\{f(x_n)\}$ 收敛, 且 $\lim\limits_{n\to\infty} f(x_n)=A$.

结构分析 必要性的证明是显然的. 我们分析对充分性的证明, 此时条件中含有**任意性**条件结构, 因此考虑用反证法. 通过反证假设, 利用否定定义中的任意性构造能够造成矛盾的数列. 要注意, 反证假设不能写为"设 $\lim\limits_{x\to x_0} f(x)\neq A$", 因为此式的含义是"$f(x)$ 在 x_0 的极限存在但不等于 A", 没有包含极限不存在的情形. 因此, "$\lim\limits_{x\to x_0} f(x)=A$" 的否定形式是"$x\to x_0$ 时 $f(x)$ 不收敛于 A". 整体的证明思想体现出部分与整体逻辑关系的验证.

证明　必要性　由 $\lim\limits_{x\to x_0} f(x)=A$, 则对于任意给定的 $\varepsilon>0$, 总存在 $\delta>0$, 当 $0<|x-x_0|<\delta$ 时, 有 $|f(x)-A|<\varepsilon$.

又因 $\lim\limits_{n\to\infty} x_n=x_0$, 故对 $\delta>0$, 存在 N, 当 $n>N$ 时, 有 $|x_n-x_0|<\delta$.

由假设 $x_n\neq x_0$, 故当 $n>N$ 时, 有 $0<|x_n-x_0|<\delta$, 从而 $|f(x_n)-A|<\varepsilon$, 即 $\lim\limits_{n\to\infty} f(x_n)=A$.

充分性 (反证法)　假设 $x\to x_0$ 时 $f(x)$ 不收敛于 A, 则存在 ε_0, 使得对 $\forall\delta>0$, 存在 x_δ, 满足

$$0<|x_\delta-x_0|<\delta, \text{且 } |f(x_\delta)-A|>\varepsilon_0.$$

反证的目的是构造 $\{x_n\}: x_n\to x_0$, 而 $\lim\limits_{x_n\to x_0} f(x_n)\neq A$. 下面, 我们利用 δ 的任意性, 构造上述数列.

取 $\delta_1=1$, 则存在 x_1 满足

$$0<|x_1-x_0|<\delta_1,\quad |f(x_1)-A|>\varepsilon_0;$$

取 $\delta_2=\min\left\{\dfrac{1}{2},|x_1-x_0|\right\}$, 则存在 x_2, 满足

$$0<|x_2-x_0|<\delta_2,\quad |f(x_2)-A|>\varepsilon_0;$$

如此下去, 对任意的 n, 取 $\delta_n=\min\left\{\dfrac{1}{n},|x_{n-1}-x_0|\right\}$, 则存在 x_n 满足

$$0<|x_n-x_0|<\delta_n,\quad |f(x_n)-A|>\varepsilon_0.$$

如此构造 $\{x_n\}$ 满足 $x_n\to x_0$, 但是, 由于对任意 n, 都有

$$|f(x_n)-A|>\varepsilon_0,$$

因而, $\{f(x_n)\}$ 不收敛于 A, 与条件矛盾, 故 $\lim\limits_{x\to x_0} f(x)=A$.

抽象总结　从定理结构中所体现的思想看, 由于 $x_n\to x_0$ 只是 $x\to x_0$ 的特殊情况, 因此, 定理揭示的是全体和部分的逻辑关系. 即全体所满足的性质, 其中的个体肯定满足, 但是, 一旦某个个体不满足某性质, 则全体肯定也不满足此性质, 从而达到否定个体进而否定全体的目的, 这正揭示了此定理的作用, 即此定理的作用并不是通过对每一个满足 $x_n\to x_0$ 的数列 $\{x_n\}$ 去验证 $f(x_n)\to A$, 从而

得到 $\lim\limits_{x\to x_0} f(x)=A$; 而是通过对某一个满足 $x_n\to x_0$ 的数列 $\{x_n\}$ 得到否定的结论 “$\{f(x_n)\}$ 不收敛于 A”, 进而否定结论 $\lim\limits_{x\to x_0} f(x)=A$, 即如下推论.

推论 1-8 若存在 $x_n\to x_0$, 但 $\{f(x_n)\}$ 不收敛于 A, 则 $x\to x_0$ 时, $f(x)$ 也不收敛于 A.

推论 1-9 若存在两个点列 $x_n^{(i)}\to x_0(i=1,2)$, 使

$$\lim_{n\to+\infty} f(x_n^{(1)})\neq \lim_{n\to+\infty} f(x_n^{(2)}),$$

则 $\lim\limits_{x\to x_0} f(x)$ 不存在.

推论 1-10 若存在 $x_n\to x_0$, 但 $\{f(x_n)\}$ 不收敛, 则 $\lim\limits_{x\to x_0} f(x)$ 也不存在.

由此可知, 上述定理和推论在具体函数极限中的作用主要是用来证明函数极限的不存在性.

例 16 证明 $\lim\limits_{x\to 0}\sin\dfrac{1}{x}$ 不存在.

结构分析 题型结构: 函数极限不存在性的证明. 理论工具: 定理 1-7 及其推论. 具体方法: 只需构造一个点列 $x_n\to x_0$, 而 $\{f(x_n)\}$ 不存在极限, 或者构造两个点列 $x_n^{(i)}\to x_0(i=1,2)$, 而 $\{f(x_n^{(1)})\}$ 和 $\{f(x_n^{(2)})\}$ 收敛于不同的极限. 这也是解决问题的难点与重点. 难点的解决: 充分考虑具体的函数特性, 由于涉及的函数是周期函数, 在构造点列时必须考虑利用函数的周期性来构造.

证明 记 $f(x)=\sin\dfrac{1}{x}$, 分别取点列

$$x_n^{(1)}=\frac{1}{2n\pi},\quad x_n^{(2)}=\frac{1}{2n\pi+\dfrac{\pi}{2}},$$

则当 $n\to\infty$ 时, $x_n^{(i)}\to 0(i=1,2)$, 此时有

$$\lim_{n\to\infty}\sin\frac{1}{x_n^{(1)}}=\lim_{n\to\infty}\sin 2n\pi=0,$$

$$\lim_{n\to\infty}\sin\frac{1}{x_n^{(2)}}=\lim_{n\to\infty}\sin\left(2n\pi+\frac{\pi}{2}\right)=1,$$

由海涅定理知, $\lim\limits_{x\to 0}\sin\dfrac{1}{x}$ 不存在 (振荡不存在).

抽象总结 $\lim\limits_{x\to 0}\sin\dfrac{1}{x}$ 不存在的原因在于函数 $y=\sin\dfrac{1}{x}$ 在 $x=0$ 点附近的振荡特性. $y=\sin\dfrac{1}{x}$ 的图像如图 1-17.

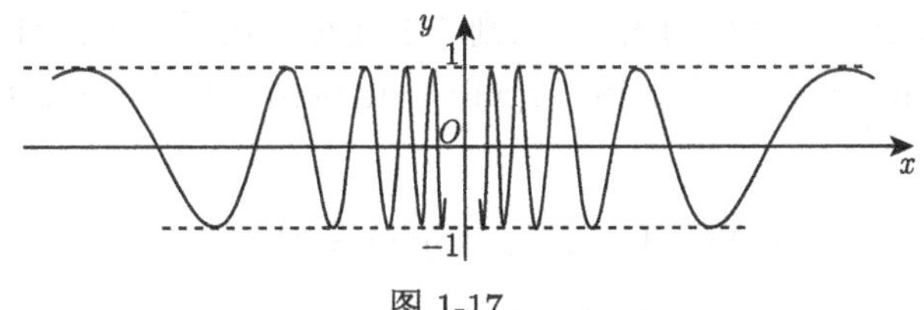

图 1-17

定理 1-7 (海涅定理) 也给出了数列极限计算的又一种计算方法——连续化方法, 即将数列的离散变量 n 用一个适当的连续变量代替, 因而, 将数列极限转化为函数极限, 通过求解函数极限, 利用海涅定理, 得到相应的数列极限. 实现这样转化的优点是能充分利用函数的各种高级的研究工具, 如无穷小等价代换、求导数等. 在学习微分理论之后, 我们将在后面给出这样的应用举例.

1.3.5 极限的运算法则

用极限的定义可以验证某个常数是否为某简单函数的极限, 但不能解决函数极限的计算问题, 为了方便极限计算, 下面介绍极限的运算法则.

1. 极限的四则运算法则

法则 1-1 (和、差的运算法则) 设 $\lim\limits_{x\to x_0} f(x)=A$, $\lim\limits_{x\to x_0} g(x)=B$, 则

$$\lim_{x\to x_0}[f(x)\pm g(x)]=\lim_{x\to x_0} f(x)\pm\lim_{x\to x_0} g(x)=A\pm B.$$

结构分析 方法一: 已知的量为 $|f(x)-A|<\varepsilon$ 和 $|g(x)-B|<\varepsilon$, 要证的结论是 $|[f(x)\pm g(x)]-[A\pm B]|<\varepsilon$. 因此, 定理证明的思想就是如何从要证明的量中分离出已知项 $|f(x)-A|$, $|g(x)-B|$.

证明　法一 对于任意给定的 $\varepsilon>0$, 由 $\lim\limits_{x\to x_0} f(x)=A$ 知, 总存在 $\delta_1>0$, 当 $0<|x-x_0|<\delta_1$ 时, 恒有 $|f(x)-A|<\dfrac{\varepsilon}{2}$.

由 $\lim\limits_{x\to x_0} g(x)=B$ 知, 总存在 $\delta_2>0$, 当 $0<|x-x_0|<\delta_2$ 时, 恒有 $|g(x)-B|<\dfrac{\varepsilon}{2}$, 取 $\delta=\min\{\delta_1,\delta_2\}$, 则对于上述 $\varepsilon>0$, 当 $0<|x-x_0|<\delta$ 时, $|f(x)-A|<\dfrac{\varepsilon}{2}$ 和 $|g(x)-B|<\dfrac{\varepsilon}{2}$ 同时成立.

又由于

$$|[f(x)\pm g(x)]-(A\pm B)|\leqslant|f(x)-A|+|g(x)-B|<\frac{\varepsilon}{2}+\frac{\varepsilon}{2}=\varepsilon,$$

故 $\lim\limits_{x\to x_0}[f(x)\pm g(x)]=A\pm B=\lim\limits_{x\to x_0} f(x)\pm\lim\limits_{x\to x_0} g(x)$.

根据函数极限与无穷小的关系, 法则 1-1 还可以由以下方法证明.

法二 因 $\lim\limits_{x\to x_0} f(x)=A$, $\lim\limits_{x\to x_0} g(x)=B$, 则由定理 1-6 (无穷小与函数极限的关系) 有

$$f(x)=A+\alpha(x),\quad g(x)=B+\beta(x),$$

其中 $\alpha(x)$ 和 $\beta(x)$ 是 $x\to x_0$ 时的无穷小. 于是

$$f(x)\pm g(x)=[A+\alpha(x)]\pm[B+\beta(x)]=(A\pm B)+[\alpha(x)\pm\beta(x)],$$

由无穷小的运算性质: 两个无穷小的和仍为无穷小知, $\alpha(x)\pm\beta(x)$ 也是无穷小, 再由定理 1-6 即可得到

$$\lim_{x\to x_0}[f(x)\pm g(x)]=A\pm B.$$

显然本法则可以推广到有限个函数代数和的情形.

法则 1-2 (乘的运算法则) 设 $\lim\limits_{x\to x_0} f(x)=A$, $\lim\limits_{x\to x_0} g(x)=B$, 则

$$\lim_{x\to x_0}[f(x)\cdot g(x)]=\lim_{x\to x_0} f(x)\cdot\lim_{x\to x_0} g(x)=A\cdot B.$$

请读者作为练习自己证明. 根据法则 1.2 很容易得到以下推论.

推论 1-11 设 $\lim\limits_{x\to x_0} f(x)=A$ 存在, k 为常数, 则有

$$\lim_{x\to x_0}[kf(x)]=k\lim_{x\to x_0} f(x)=kA.$$

综合法则 1-1 和推论 1-11 可以得到极限运算的线性性质, 即若 $\lim\limits_{x\to x_0} f(x)=A$, $\lim\limits_{x\to x_0} g(x)=B$, λ 和 μ 是两个常数, 则有

$$\lim_{x\to x_0}[\lambda f(x)\pm\mu g(x)]=\lambda A\pm\mu B.$$

显然法则 1-2 也可以推广到有限个函数相乘的情形.

推论 1-12 设 $\lim\limits_{x\to x_0} f(x)=A$ 存在, n 为正整数, 则有

$$\lim_{x\to x_0}[f(x)]^n=[\lim_{x\to x_0} f(x)]^n=A^n.$$

法则 1-3 (商的运算法则) 设 $\lim\limits_{x\to x_0} f(x)=A$, $\lim\limits_{x\to x_0} g(x)=B\neq 0$, 则

$$\lim_{x\to x_0}\frac{f(x)}{g(x)}=\frac{\lim\limits_{x\to x_0} f(x)}{\lim\limits_{x\to x_0} g(x)}=\frac{A}{B}.$$

证明　因 $\lim\limits_{x\to x_0} f(x)=A$, $\lim\limits_{x\to x_0} g(x)=B\neq 0$, 故可设

$$f(x)=A+\alpha(x),\quad g(x)=B+\beta(x),$$

其中 $\alpha(x)$ 和 $\beta(x)$ 是 $x\to x_0$ 时的无穷小. 再考虑

$$\begin{aligned}\frac{f(x)}{g(x)}-\frac{A}{B}=\frac{A+\alpha(x)}{B+\beta(x)}-\frac{A}{B}&=\frac{B\cdot\alpha(x)-A\cdot\beta(x)}{B\cdot[B+\beta(x)]}\\&=\frac{1}{B\cdot[B+\beta(x)]}\cdot[B\cdot\alpha(x)-A\cdot\beta(x)],\end{aligned}$$

可以看成两个函数相乘, 由于 $x\to x_0$ 时 $B\cdot\alpha(x)-A\cdot\beta(x)$ 为无穷小. 下面证明另一个函数 $\dfrac{1}{B\cdot[B+\beta(x)]}$ 在点 x_0 的某一邻域内有界.

根据推论 1-7, 由于 $\lim\limits_{x\to x_0} g(x)=B\neq 0$, 存在 x_0 的某一去心邻域 $\mathring{U}(x_0)$, 当 $x\in\mathring{U}(x_0)$ 时, 就有 $|g(x)|>\dfrac{|B|}{2}$, 从而 $\dfrac{1}{|g(x)|}<\dfrac{2}{|B|}$, 于是

$$\left|\frac{1}{B\cdot[B+\beta(x)]}\right|=\left|\frac{1}{B\cdot g(x)}\right|=\frac{1}{|B|}\cdot\frac{1}{|g(x)|}<\frac{1}{|B|}\cdot\frac{2}{|B|}=\frac{2}{|B|^2}.$$

这就证明函数 $\dfrac{1}{B\cdot[B+\beta(x)]}$ 在点 x_0 的某一邻域内有界.

因此 $\dfrac{1}{B\cdot[B+\beta(x)]}\cdot[B\cdot\alpha(x)-A\cdot\beta(x)]=\gamma(x)$ 是一个无穷小量. 故 $\dfrac{f(x)}{g(x)}=\dfrac{A}{B}+\gamma(x)$, 由定理 1-6 (无穷小与函数极限的关系) 知

$$\lim_{x\to x_0}\frac{f(x)}{g(x)}=\frac{A}{B}=\frac{\lim\limits_{x\to x_0} f(x)}{\lim\limits_{x\to x_0} g(x)}.$$

抽象总结　极限的四则运算法则适用于结构较简单的确定型极限, 即函数的极限能够由组成因子的极限通过计算法则唯一确定.

运用函数极限的性质和运算法则可以给出一些简单的具体函数的极限, 主要的方法就是在有意义条件下的代入法——代入计算相应的函数值.

例 17　计算 $\lim\limits_{x\to 1}\dfrac{x^2-1}{2x-1}$.

解 这里分母的极限不为零, 利用极限商的运算法则, 则

$$\lim_{x\to 1}\frac{x^2-1}{2x-1}=\frac{\lim\limits_{x\to 1}(x^2-1)}{\lim\limits_{x\to 1}(2x-1)}=0.$$

相当于直接将 $x=1$ 代入函数得到的函数值, 而不必用定义再证明. 但是, 代入法使用的前提条件是函数在此点有定义, 否则, 需先对函数变形再用代入法.

事实上, 设多项式

$$f(x)=a_0x^n+a_1x^{n-1}+\cdots+a_n,$$

则

$$\begin{aligned}\lim_{x\to x_0}f(x)&=\lim_{x\to x_0}(a_0x^n+a_1x^{n-1}+\cdots+a_n)\\&=\lim_{x\to x_0}(a_0x^n)+\lim_{x\to x_0}(a_1x^{n-1})+\cdots+\lim_{x\to x_0}a_n\\&=a_0\left(\lim_{x\to x_0}x\right)^n+a_1\left(\lim_{x\to x_0}x\right)^{n-1}+\cdots+a_n\\&=a_0x_0^n+a_1x_0^{n-1}+\cdots+a_n\\&=f(x_0);\end{aligned}$$

又设有理分式函数

$$F(x)=\frac{P(x)}{Q(x)},$$

其中 $P(x),Q(x)$ 都是多项式, 于是

$$\lim_{x\to x_0}P(x)=P(x_0),\quad \lim_{x\to x_0}Q(x)=Q(x_0);$$

如果 $Q(x_0)\neq 0$, 则

$$\lim_{x\to x_0}F(x)=\lim_{x\to x_0}\frac{P(x)}{Q(x)}=\frac{\lim\limits_{x\to x_0}P(x)}{\lim\limits_{x\to x_0}Q(x)}=\frac{P(x_0)}{Q(x_0)}=F(x_0).$$

但必须注意: 若 $Q(x_0)=0$, 则关于商的极限的运算法则不能用, 需要特别考虑.

例 18 计算 $\lim\limits_{x\to 1}\dfrac{\sqrt{x}-1}{x-1}$.

结构分析　当 $x \to 1$ 时分母的极限为零, 不能直接用极限商的运算法则. 因分子及分母有共同的零因子, 约去这个零因子, 本题约去零因子方法可以利用分子有理化, 也可以将分母 $x-1$ 因式分解, 分解成 $(\sqrt{x}+1)(\sqrt{x}-1)$, 消去零因子 $\sqrt{x}-1$ 就可以计算极限了.

解　法一　利用分子有理化, 消去零因子, 再利用极限运算法则, 则

$$\lim_{x\to 1}\frac{\sqrt{x}-1}{x-1}=\lim_{x\to 1}\frac{x-1}{(x-1)(\sqrt{x}+1)}=\lim_{x\to 1}\frac{1}{\sqrt{x}+1}=\frac{1}{2}.$$

注　这种求解极限的方法称为**分子有理化法**. 类似的还有分母有理化法.

法二　将分母 $x-1$ 因式分解, 分解成 $(\sqrt{x}+1)(\sqrt{x}-1)$, 消去零因子, 再利用极限运算法则, 则

$$\lim_{x\to 1}\frac{\sqrt{x}-1}{x-1}=\lim_{x\to 1}\frac{\sqrt{x}-1}{(\sqrt{x}+1)(\sqrt{x}-1)}=\lim_{x\to 1}\frac{1}{\sqrt{x}+1}=\frac{1}{2}.$$

此例不能直接代入, 因为函数在 $x=1$ 点没有定义, 因此, 我们先用有理化或因式分解方法对函数进行变形后再代入.

例 19　计算 $\lim\limits_{x\to 3}\dfrac{x^2-4x+3}{x^2-9}$.

结构分析　当 $x \to 3$ 时分母的极限为零, 不能直接用极限商的运算法则. 因分子及分母有共同的零因子 $x-3$, 约去这个零因子, 就可以计算极限了.

解

$$\begin{aligned}\lim_{x\to 3}\frac{x^2-4x+3}{x^2-9}&=\lim_{x\to 3}\frac{(x-1)(x-3)}{(x+3)(x-3)}=\lim_{x\to 3}\frac{x-1}{x+3}\\&=\frac{\lim\limits_{x\to 3}(x-1)}{\lim\limits_{x\to 3}(x+3)}=\frac{2}{6}=\frac{1}{3}.\end{aligned}$$

注　这种求解极限的方法称为**消零因子法**.

例 20　计算 $\lim\limits_{x\to 1}\left(\dfrac{1}{x-1}-\dfrac{2}{x^2-1}\right)$.

结构分析　已知形式为两个函数之差的极限问题, 但是 $x \to 1$ 时, $\dfrac{1}{x-1}$ 和 $\dfrac{2}{x^2-1}$ 的极限都是 ∞, 极限不存在, 不满足极限和差的运算法则条件. 属于 $\infty-\infty$ 型极限问题, 一般先通分, 转化成一个函数的极限问题.

解　先通分, 然后求极限, 得

$$\lim_{x\to 1}\left(\frac{1}{x-1}-\frac{2}{x^2-1}\right)=\lim_{x\to 1}\frac{x+1-2}{x^2-1}=\lim_{x\to 1}\frac{x-1}{x^2-1}=\lim_{x\to 1}\frac{1}{x+1}=\frac{1}{2}.$$

注 这种求解极限的方法称为**通分法**.

例 21 计算 $\lim\limits_{x\to\infty}\dfrac{4x^2-3x+9}{5x^2+2x-1}$.

结构分析 当 $x\to\infty$ 时, 分子和分母的极限不存在, 都是 ∞, 属于 $\dfrac{\infty}{\infty}$ 型极限问题, 不满足极限商的运算法则条件. 分析式子的结构, 分子和分母中起关键作用的 x 的最高次幂是相同的, 意味着分子的无穷大和分母的无穷大的量级是一样的, 所差的无非是系数不同. 而无穷大实际上是极限不存在, 我们是无法讨论的, 根据无穷大与无穷小的关系, 将分子、分母同除以 x 的最高次幂, 将无穷大转化成无穷小, 即将极限不存在转化成极限存在的量进行讨论.

解 分子、分母同除以 x^2, 然后求极限, 得

$$\lim_{x\to\infty}\frac{4x^2-3x+9}{5x^2+2x-1}=\lim_{x\to\infty}\frac{4-\dfrac{3}{x}+\dfrac{9}{x^2}}{5+\dfrac{2}{x}-\dfrac{1}{x^2}}=\frac{\lim\limits_{x\to\infty}\left(4-\dfrac{3}{x}+\dfrac{9}{x^2}\right)}{\lim\limits_{x\to\infty}\left(5+\dfrac{2}{x}-\dfrac{1}{x^2}\right)}=\frac{4}{5}.$$

一般地, 当 $x\to\infty$ 时, 两个多项式相除有如下结果:

$$\lim_{x\to\infty}\frac{a_0x^m+a_1x^{m-1}+\cdots+a_m}{b_0x^n+b_1x^{n-1}+\cdots+b_n}=\begin{cases}\dfrac{a_0}{b_0}, & \text{当 } m=n,\\ 0, & \text{当 } m<n,\\ \infty, & \text{当 } m>n,\end{cases}$$

其中 $a_0\neq 0, b_0\neq 0, m$ 和 n 为非负整数.

2. 极限的复合运算法则

函数的运算有复合运算, 相应的函数的极限也有极限复合运算法则.

定理 1-8 设 $\lim\limits_{u\to a}f(u)=A$, $\lim\limits_{x\to x_0}g(x)=a$, 函数的复合运算能够进行, 则 $\lim\limits_{x\to x_0}f[g(x)]=\lim\limits_{u\to a}f(u)=A$.

证明 由于 $\lim\limits_{u\to a}f(u)=A$, 则对任意的 $\varepsilon>0$, 存在 $\delta_1>0$, 当 $0<|u-a|<\delta_1$ 时,

$$|f(u)-A|<\varepsilon.$$

又由于 $\lim\limits_{x\to x_0}g(x)=a$, 对上述 δ_1, 存在 $\delta>0$, 使当 $0<|x-x_0|<\delta$ 时,

$$|g(x)-a|<\delta_1.$$

因而, 对满足 $0<|x-x_0|<\delta$ 的所有 x, 有 $|g(x)-a|<\delta_1$, 故

$$|f[g(x)]-A|<\varepsilon,$$

因而, $\lim\limits_{x\to x_0} f[g(x)] = A$.

极限复合运算法则实际上是一种重要的求极限方法——**变量代换法**, 即若 $\lim\limits_{x\to x_0} g(x) = a$, 则

$$\lim_{x\to x_0} f[g(x)] \xlongequal{u=g(x)} \lim_{u\to a} f(u) = A.$$

在求较复杂函数的极限时, 若能恰当地使用变量代换, 往往可以简化极限的运算.

例 22　证明 (1) $\lim\limits_{x\to a} \ln x = \ln a$, 其中 $a>0$;

(2) $\lim\limits_{x\to a} \mathrm{e}^x = \mathrm{e}^a$.

证明　利用极限的四则运算法则和复合运算法则, 则

(1) $\lim\limits_{x\to a}(\ln x - \ln a) = \lim\limits_{x\to a} \ln \dfrac{x}{a} \xlongequal{t=\frac{x}{a}} \lim\limits_{t\to 1} \ln t = 0$, 故

$$\lim_{x\to a} \ln x = \ln a.$$

(2) $\lim\limits_{x\to a}(\mathrm{e}^x - \mathrm{e}^a) = \lim\limits_{x\to a} \mathrm{e}^a(\mathrm{e}^{x-a} - 1) \xlongequal{t=x-a} \mathrm{e}^a \lim\limits_{t\to 0}(\mathrm{e}^t - 1) = \mathrm{e}^a \cdot 0 = 0$, 故

$$\lim_{x\to a} \mathrm{e}^x = \mathrm{e}^a.$$

函数极限的运算法则可推广到一般形式的指数函数和对数函数.

推论 1-13　设 $a>0$, 函数 $f(x)$ 在 x_0 的某去心邻域 $\mathring{U}(x_0)$ 内有定义. 若 $\lim\limits_{x\to x_0} f(x) = A$, 则

(1) $A>0$ 时, $\lim\limits_{x\to x_0} \ln f(x) = \ln A$;

(2) $\lim\limits_{x\to x_0} a^{f(x)} = a^A$.

推论 1-14　设函数 $f(x)$ 在 x_0 的某去心邻域 $\mathring{U}(x_0)$ 内有定义, 且 $f(x)>0$, $A>0$, 若 $\lim\limits_{x\to x_0} \ln f(x) = \ln A$, 则 $\lim\limits_{x\to x_0} f(x) = A$.

证明　由推论 1-13 和对数函数的性质, 则

$$\lim_{x\to x_0} f(x) = \lim_{x\to x_0} \mathrm{e}^{\ln f(x)} = \mathrm{e}^{\ln A} = A.$$

有了上述两个结论, 就可以处理一类结构更复杂的函数——幂指函数 $(f(x))^{g(x)}(f(x)>0, f(x)\neq 1)$ 的极限了.

推论 1-15　设函数 $f(x)$, $g(x)$ 在 x_0 的某去心邻域 $\mathring{U}(x_0)$ 内有定义, 若

$$\lim_{x\to x_0} f(x) = A > 0, \quad \lim_{x\to x_0} g(x) = B,$$

则

$$\lim_{x\to x_0}(f(x))^{g(x)}=A^B.$$

证明 由条件和推论 1-13, 则 $\lim\limits_{x\to x_0}\ln f(x)=\ln A$, 利用极限运算法则, 有

$$\lim_{x\to x_0}g(x)\ln f(x)=B\ln A,$$

再次利用推论 1-13, 则

$$\lim_{x\to x_0}(f(x))^{g(x)}=\lim_{x\to x_0}\mathrm{e}^{g(x)\ln f(x)}=\mathrm{e}^{B\ln A}=A^B.$$

上述过程隐藏着幂指函数的对数法处理思想. 事实上, 记 $h(x)=(f(x))^{g(x)}$, 则

$$\ln h(x)=g(x)\ln f(x),$$

若计算得到 $\lim\limits_{x\to x_0}\ln h(x)=\lim\limits_{x\to x_0}g(x)\ln f(x)=C$, 则

$$\lim_{x\to x_0}h(x)=\lim_{x\to x_0}(f(x))^{g(x)}=\mathrm{e}^C,$$

或

$$\lim_{x\to x_0}h(x)=\lim_{x\to x_0}\mathrm{e}^{g(x)\ln f(x)}=\mathrm{e}^C.$$

由此, 将幂指函数 $(f(x))^{g(x)}$ 的极限通过对数法转化为乘积函数 $g(x)\ln f(x)$ 的极限进行计算, 体现了化未知为已知, 化繁为简的计算思想, 这种方法称为幂指函数的对数方法, 这种计算方法是处理幂指函数的有效方法, 要熟练掌握. 上述例题的结果都可以做结论使用.

1.3.6 极限存在准则与两个重要极限

准则 I (夹逼准则) 若在 x_0 的某个去心邻域, 函数 $f(x),g(x),h(x)$ 满足 $g(x)\leqslant f(x)\leqslant h(x)$, 且 $\lim\limits_{x\to x_0}g(x)=\lim\limits_{x\to x_0}h(x)=A$, 则 $\lim\limits_{x\to x_0}f(x)=A$.

结构分析 已知条件转化为量化关系式为 $|g(x)-A|<\varepsilon$, $|h(x)-A|<\varepsilon$ 和 $g(x)\leqslant f(x)\leqslant h(x)$. 要证结论: 转化为量化形式是 $|f(x)-A|<\varepsilon$. 从结构形式上看, 要证结论首先需要将条件和结论中绝对值号去掉, 并借助 A,ε 和三个函数的序 $g(x)\leqslant f(x)\leqslant h(x)$, 建立条件和结论的关系.

证明 由 $\lim\limits_{x\to x_0}g(x)=\lim\limits_{x\to x_0}h(x)=A$, 根据极限定义, 对于任意给定的 $\varepsilon>0$, 存在 $\delta_1>0$, 当 $0<|x-x_0|<\delta_1$ 时,

$$|g(x)-A|<\varepsilon, \text{从而 } A-\varepsilon<g(x),$$

存在 $\delta_2>0$, 当 $0<|x-x_0|<\delta_2$ 时,

$$|h(x)-A|<\varepsilon,$$

从而 $h(x)<A+\varepsilon$, 取 $\delta=\min\{\delta_1,\delta_2\}$, 当 $0<|x-x_0|<\delta$ 时, 就有 $A-\varepsilon<g(x)$ 和 $h(x)<A+\varepsilon$ 同时成立, 又 $g(x)\leqslant f(x)\leqslant h(x)$, 因而有

$$A-\varepsilon<g(x)\leqslant f(x)\leqslant h(x)<A+\varepsilon,$$

即对于任意给定的 $\varepsilon>0$, 当 $0<|x-x_0|<\delta$ 时, 恒有 $|f(x)-A|<\varepsilon$ 成立. 这就证明了 $\lim\limits_{x\to x_0}f(x)$ 存在, 且 $\lim\limits_{x\to x_0}f(x)=A$.

由函数极限的夹逼准则, 可以证明下述重要极限:

$$\lim_{x\to 0}\frac{\sin x}{x}=1.$$

结构分析　从结构看, 要证明结论, 需要建立两类不同因子 $\sin x$ (三角函数) 和 x (幂函数) 的联系, 这是困难的事情, 这里利用三角形和扇形的面积关系, 建立两类因子间的联系. 以后掌握了更多的工具, 再处理这类问题就相对简单了.

又注意到函数 $\dfrac{\sin x}{x}$ 对于 $x\neq 0$ 的一切 x 都有定义, 而且当 x 改变符号时, 函数值不变, 所以只需要讨论 $x\to 0^+$ 的情形, 为讨论方便, 不妨假设 $0<x<\dfrac{\pi}{2}$. 对 $x\to 0^-$ 的情形, 即 $-\dfrac{\pi}{2}<x<0$ 的情形, 只需要做变量代换 $x=-t$ 即可证明.

证明　先证明不等式 $\sin x<x<\tan x,\ 0<x<\dfrac{\pi}{2}$.

如图 1-18, 作单位圆, 原点为点 O, 作水平射线 OA, A 为射线与单位圆的交点; 从 O 点再作一条射线, 与射线 OA 的夹角为 x, 交单位圆于点 B, 从 A 点作 OA 的垂线交 OB 于点 C, 并由此作 $\triangle AOB$、扇形 AOB 和 $\mathrm{Rt}\triangle AOC$.

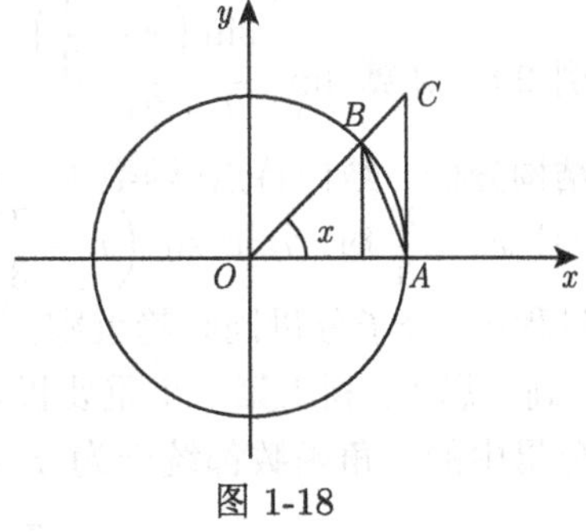

图 1-18

由面积计算公式, 三者面积分别为

$$S_{\triangle AOB}=\frac{1}{2}\sin x,\quad S_{\text{扇形}\,AOB}=\frac{1}{2}x,\quad S_{\mathrm{Rt}\triangle AOC}=\frac{1}{2}\tan x,$$

由于

$$S_{\triangle AOB} < S_{\text{扇形}\,AOB} < S_{\mathrm{Rt}\triangle AOC},$$

故

$$\sin x < x < \tan x \quad \left(0 < x < \frac{\pi}{2}\right),$$

因而,

$$1 < \frac{x}{\sin x} < \frac{1}{\cos x},$$

从而

$$\cos x < \frac{\sin x}{x} < 1 \quad \left(0 < x < \frac{\pi}{2}\right).$$

又 $\lim\limits_{x\to 0^+}\cos x = 1$, 因而根据夹逼准则, 可得 $\lim\limits_{x\to 0^+}\dfrac{\sin x}{x} = 1$.

当 $-\dfrac{\pi}{2} < x < 0$ 时, 做变量代换 $x = -t$, 可得 $\lim\limits_{x\to 0^-}\dfrac{\sin x}{x} = \lim\limits_{t\to 0^+}\dfrac{\sin t}{t} = 1$.

综上可得 $\lim\limits_{x\to 0}\dfrac{\sin x}{x} = 1$.

这一结果被称作**第一个重要极限**, 在以后的极限计算中经常用到.

例 23 计算 $\lim\limits_{x\to 0}\dfrac{\tan x}{x}$.

结构分析 结构特点: 所求极限的函数结构涉及两类因子——三角函数因子和幂因子. 类比已知: 这个结构特点是第一个重要极限所处理的对象特点. 确立思路: 利用第一个重要极限求解. 方法设计: 利用形式统一法. 将所求极限的函数转化为第一个重要极限的形式, 即利用形式统一法将分子中的 $\tan x$ 统一到 $\sin x$ 的形式, 这就需要利用三角函数关系式建立二者间的关系.

解 $\lim\limits_{x\to 0}\dfrac{\tan x}{x} = \lim\limits_{x\to 0}\left(\dfrac{\sin x}{x}\cdot\dfrac{1}{\cos x}\right) = \lim\limits_{x\to 0}\dfrac{\sin x}{x}\cdot\lim\limits_{x\to 0}\dfrac{1}{\cos x} = 1.$

例 24 计算 $\lim\limits_{x\to \frac{\pi}{3}}\dfrac{\sin\left(x-\frac{\pi}{3}\right)}{1-2\cos x}$.

结构分析 结构特点: 函数为三角函数的分式结构, 分子和分母是不同的三角函数, 且 $x\to\dfrac{\pi}{3}$ 时, 分子 $\sin\left(x-\dfrac{\pi}{3}\right)\to 0$, 分母 $1-2\cos x\to 0$. 类比已知: 在自变量过程中, 分子分母同时趋近零, 且与三角函数有关, 已知的极限是第一个重要极限. 确立思路: 利用第一个重要极限求解. 方法设计: 利用形式统一法, 首先, 将分子分母中的三角函数都统一为 $x-\dfrac{\pi}{3}$ 的函数, 其次, 第一个重要极限的自变量变化过程是 $x\to 0$, 本题是 $x\to\dfrac{\pi}{3}$, 因此可用变量代换将形式统一到第一个重要极限的形式, 再利用第一个重要极限求解.

解

$$\lim_{x\to\frac{\pi}{3}}\frac{\sin\left(x-\frac{\pi}{3}\right)}{1-2\cos x}=\lim_{x\to\frac{\pi}{3}}\frac{\sin\left(x-\frac{\pi}{3}\right)}{1-2\cos\left(x-\frac{\pi}{3}+\frac{\pi}{3}\right)}$$

$$=\lim_{x\to\frac{\pi}{3}}\frac{\sin\left(x-\frac{\pi}{3}\right)}{1-\cos\left(x-\frac{\pi}{3}\right)+\sqrt{3}\sin\left(x-\frac{\pi}{3}\right)}$$

$$\xlongequal{t=x-\frac{\pi}{3}}\lim_{t\to 0}\frac{\sin t}{1-\cos t+\sqrt{3}\sin t}$$

$$=\lim_{t\to 0}\frac{\frac{\sin t}{t}}{\frac{1-\cos t}{t}+\sqrt{3}\frac{\sin t}{t}},$$

而

$$\lim_{t\to 0}\frac{1-\cos t}{t}=\lim_{t\to 0}\frac{2\sin^2\frac{t}{2}}{t}=\lim_{t\to 0}\frac{t}{2}\cdot\frac{\sin^2\frac{t}{2}}{\left(\frac{t}{2}\right)^2}=0,$$

故

$$\lim_{x\to\frac{\pi}{3}}\frac{\sin\left(x-\frac{\pi}{3}\right)}{1-2\cos x}=\frac{1}{0+\sqrt{3}}=\frac{\sqrt{3}}{3}.$$

例 25　计算 $\lim\limits_{x\to 1}(x-1)\tan\frac{\pi x}{2}$.

解　令 $x-1=t$, 则 $x\to 1$ 时, $t\to 0$, 于是

$$\lim_{x\to 1}(x-1)\tan\frac{\pi x}{2}=\lim_{t\to 0}t\cdot\tan\left(\frac{\pi}{2}+\frac{\pi t}{2}\right)=\lim_{t\to 0}\frac{t\cdot\cos\frac{\pi t}{2}}{-\sin\frac{\pi t}{2}}$$

$$=-\frac{2}{\pi}\lim_{t\to 0}\frac{\frac{\pi t}{2}}{\sin\frac{\pi t}{2}}\cdot\cos\frac{\pi t}{2}=-\frac{2}{\pi}.$$

上述函数极限的夹逼准则同样适用于数列极限.

准则 I′　若数列 $\{x_n\},\{y_n\},\{z_n\}$ 满足 $x_n\leqslant y_n\leqslant z_n$, $n>N$ 且 $\lim\limits_{n\to\infty}x_n=a$, $\lim\limits_{n\to\infty}z_n=a$ 则 $\lim\limits_{n\to\infty}y_n=a$.

结构分析　从定理的结构看, 与**准则 I** 的结构类似, 可以类似分析其证明的思路和方法.

证明 由于 $\lim\limits_{n\to\infty} x_n = \lim\limits_{n\to\infty} z_n = a$, 则对任意的 $\varepsilon > 0$, 存在 N, 使得 $n>N$ 时,

$$a-\varepsilon < x_n < a+\varepsilon, \quad a-\varepsilon < z_n < a+\varepsilon,$$

故

$$a-\varepsilon < x_n < y_n < z_n < a+\varepsilon,$$

即 $|y_n - a| < \varepsilon$, 因而 $\lim\limits_{n\to\infty} y_n = a$.

总结 考察某数列 $\{y_n\}$ 的极限, 可将其适当放大和缩小, 使**放大**和**缩小**后的两个数列有共同的极限, 利用准则 I′ 可以得到数列 $\{y_n\}$ 的极限.

例 26 证明 $\lim\limits_{n\to\infty}\left(\dfrac{1}{\sqrt{n^2+1}}+\dfrac{1}{\sqrt{n^2+2}}+\cdots+\dfrac{1}{\sqrt{n^2+n}}\right)=1$.

结构分析 数列结构的特点: n 项不定和结构, 由于 n 又是极限变量, 在极限过程中是不确定的量, 又称为有限不定和, 有限不定和的极限属于不定型极限, 因此, 本题不能利用四则运算法则进行计算, 因为四则运算法则只适用于确定项的运算. 这就体现了有限与无限的区别. 由此, 确定求解的思路: 对本题极限的计算不能用四则运算法则, 只能对不定和简化为一个确定的项后, 再利用运算法则进行计算. 解题方法: 对简单的不定和 (如等比、等差等能够对其求和的不定和), 可以先求和, 再计算极限. 对较复杂的不定和, 一般不能直接求和, 必须对其进行放大或缩小, 简化后再进行求和, 以化有限不定和为确定的一项, 利用运算法则计算确定项的极限, 然后再利用夹逼准则进行求解. 这是这类题目的一般处理方法. 当然, 在放大和缩小过程中, 一般要注意不定和中特殊的项, 如最大项、最小项等.

证明 由于

$$\frac{n}{\sqrt{n^2+n}} \leqslant \frac{1}{\sqrt{n^2+1}}+\frac{1}{\sqrt{n^2+2}}+\cdots+\frac{1}{\sqrt{n^2+n}} \leqslant \frac{n}{\sqrt{n^2+1}},$$

且

$$\lim_{n\to\infty}\frac{n}{\sqrt{n^2+n}}=\lim_{n\to\infty}\frac{n}{\sqrt{n^2+1}}=1,$$

由数列极限的夹逼准则, 则结论成立.

抽象总结 (1) 在上述有限不定和的处理中也体现了“合而为一”的化简思想. 最简单直接的“合”是求和, 当然, 这只能对简单结构 (有求和公式能用, 如等比、等差以及其他特殊的结构) 有效, 对一般结构需要利用估计方法进行合并, 这就需要考虑结构中的特殊项.

(2) 如果直接利用极限的四则运算法则, 则得到错误的结论:

$$\lim_{n\to\infty}\left(\frac{1}{\sqrt{n^2+1}}+\frac{1}{\sqrt{n^2+2}}+\cdots+\frac{1}{\sqrt{n^2+n}}\right)$$

$$= \lim_{n\to\infty}\frac{1}{\sqrt{n^2+1}}+\lim_{n\to\infty}\frac{1}{\sqrt{n^2+2}}+\cdots+\lim_{n\to\infty}\frac{1}{\sqrt{n^2+n}}$$

$$=0+0+\cdots+0=0,$$

因此, 对有限不定和的处理不能像处理有限确定和那样利用有限确定和的运算法则, 运算法则不能随意由有限确定和推广到有限不定和及无限和, 这正是不定和确定有限和无限的区别之一.

例 27　计算 $\lim\limits_{p\to+\infty}\left[\left(\sum\limits_{i=1}^{n}a_i^p\right)^{\frac{1}{p}}+\left(\sum\limits_{i=1}^{n}a_i^{-p}\right)^{\frac{1}{p}}\right]$, 其中 $a_i>0(i=1,2,\cdots,n)$.

结构分析　主结构仍是不定和结构, 处理思想仍是“合”的简化思想, 通过要证明的结论形式可知, 证明的关键 (思想) 是如何从左端待求极限的数列表达式中将右端的项分离出来, 此项正是不定和中的特殊项, 具体的分离过程实际很简单.

解　记 $a=\min\{a_1,a_2,\cdots,a_n\}, A=\max\{a_1,a_2,\cdots,a_n\}$, 则

$$(A^p)^{\frac{1}{p}}+(a^{-p})^{\frac{1}{p}}\leqslant\left(\sum_{i=1}^{n}a_i^p\right)^{\frac{1}{p}}+\left(\sum_{i=1}^{n}a_i^{-p}\right)^{\frac{1}{p}}\leqslant(nA^p)^{\frac{1}{p}}+(na^{-p})^{\frac{1}{p}},$$

由于

$$\lim_{p\to+\infty}\left[(A^p)^{\frac{1}{p}}+(a^{-p})^{\frac{1}{p}}\right]=A+a^{-1},\quad \lim_{p\to+\infty}\left[(nA^p)^{\frac{1}{p}}+(na^{-p})^{\frac{1}{p}}\right]=A+a^{-1},$$

由夹逼准则, 可得 $\lim\limits_{p\to+\infty}\left[\left(\sum\limits_{i=1}^{n}a_i^p\right)^{\frac{1}{p}}+\left(\sum\limits_{i=1}^{n}a_i^{-p}\right)^{\frac{1}{p}}\right]=A+a^{-1}.$

如果数列 $\{x_n\}$ 满足条件:

$$x_1\leqslant x_2\leqslant x_3\leqslant\cdots\leqslant x_n\leqslant x_{n+1}\leqslant\cdots$$

或

$$x_1\geqslant x_2\geqslant x_3\geqslant\cdots\geqslant x_n\geqslant x_{n+1}\geqslant\cdots,$$

则称数列 $\{x_n\}$ 是单调增加的或单调减少的. 单调增加的和单调减少的数列统称为单调数列.

准则 II (单调有界数列必收敛)　若单调增加数列 $\{x_n\}$ 有上界, 即存在数 M, 使得 $x_n\leqslant M\,(n=1,2,\cdots)$, 则极限 $\lim\limits_{n\to\infty}x_n$ 存在, 且不大于 M;

若单调减少数列 $\{x_n\}$ 有下界, 即存在数 M, 使得 $x_n\geqslant M(n=1,2,\cdots)$, 则极限 $\lim\limits_{n\to\infty}x_n$ 存在, 且不小于 M.

这一定理的证明超出本教材的范围, 在此从略. 不过它的几何意义十分明显. 以单调增加数列为例, 如果数列 $\{x_n\}$ 单调增加, 则 $x_n(n=1,2,\cdots)$ 在数轴上的点将随着 n 的增大, 依次向数轴的正向移动, 又由于 $\{x_n\}$ 有上界 M, x_n 永远不会出现在 M 的右侧. 于是点列 $x_n(n=1,2,\cdots)$ 在无限增大的过程中必然无限逼近某一定点 $a(a\leqslant M)$, 且 "凝聚" 在 a 的左侧, 数 a 就是数列 $\{x_n\}$ 的极限 (图 1-19).

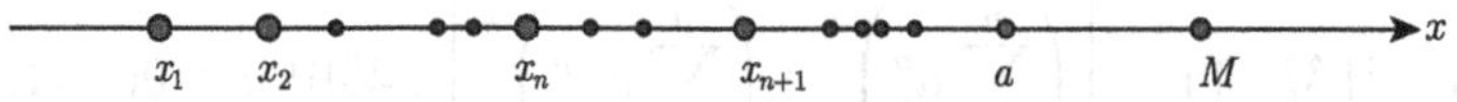

x_1 x_2 x_n x_{n+1} a M x

图 1-19

利用这个准则可以判断某些数列极限的存在.

例 28 设 $x_{n+1}=\dfrac{1}{2}\left(x_n+\dfrac{a}{x_n}\right)(n=1,2,\cdots)$, 且 $x_1>0$, $a>0$, 计算 $\lim\limits_{n\to\infty}x_n$.

解 由于

$$x_{n+1}=\frac{1}{2}\left(x_n+\frac{a}{x_n}\right)\geqslant\sqrt{x_n\cdot\frac{a}{x_n}}=\sqrt{a},$$

故数列有下界 $\sqrt{a}$.

又由于

$$\frac{x_{n+1}}{x_n}=\frac{1}{2}\left(1+\frac{a}{x_n^2}\right)\leqslant\frac{1}{2}\left(1+\frac{a}{a}\right)=1,$$

故数列单调减少.

由于数列单调减少有下界, 所以 $\lim\limits_{n\to\infty}x_n$ 存在, 不妨设 $\lim\limits_{n\to\infty}x_n=b$, 则 $x_{n+1}=\dfrac{1}{2}\left(x_n+\dfrac{a}{x_n}\right)$ 两端同时取极限, 得 $b=\dfrac{1}{2}\left(b+\dfrac{a}{b}\right)$, 解得 $b=\sqrt{a}$.

故 $\lim\limits_{n\to\infty}x_n=\sqrt{a}$.

例 29 设数列 $\{x_n\}$ 满足 $x_1=\sqrt{3}$, $x_{n+1}=\sqrt{3+x_n}$, 证明: $\{x_n\}$ 收敛, 并计算 $\lim\limits_{n\to\infty}x_n$.

证明 $x_1=\sqrt{3}, x_2=\sqrt{3+\sqrt{3}}$, 显然 $x_1<x_2$, 假设 $x_{k-1}<x_k$, 则

$$\sqrt{3+x_{k-1}}<\sqrt{3+x_k}, \text{即 } x_k<x_{k+1},$$

由数学归纳法知数列 $\{x_n\}$ 是单调增加的数列.

再证有界性 (上界). 由单调递增性质, 可知, 当 $n>1$ 时,

$$x_n \geqslant x_1 = \sqrt{3},$$

由已知条件得

$$x_n^2 = 3 + x_{n-1} \leqslant 3 + x_n,$$

故

$$x_n \leqslant \frac{3}{x_n} + 1 \leqslant \sqrt{3} + 1,$$

因而, $\{x_n\}$ 有界.

因此 $\{x_n\}$ 收敛. 设 $\lim\limits_{n\to\infty} x_n = a$, 则由 $x_{n+1} = \sqrt{3+x_n}$, 利用极限的运算性质得 $a=\sqrt{3+a}$, 求解并舍去负根解得

$$a = \frac{1+\sqrt{13}}{2}.$$

注 将数列放大为关于通项的不等式后, 也可以通过不等式的求解得到有界, 如本例, 得到

$$x_n^2 = 3 + x_{n-1} \leqslant 3 + x_n,$$

求解不等式可知

$$x_n \leqslant \frac{1+\sqrt{13}}{2},$$

得到数列的上界.

抽象总结 本例中的数列, 给出了初始项和数列的构造规则, 不断用变量的旧值递推新值, 由此构造出整个数列, 这类数列也称迭代数列.

证明迭代数列的收敛性并计算极限, 既要进行定性分析, 又要进行定量计算, 这是对迭代数列常见的解题要求. 单调有界收敛定理是研究迭代数列收敛性的有效工具, 换句话说, 对迭代数列, 研究其收敛性时, 首选工具是单调有界收敛定理.

在应用单调有界收敛定理时, 必须解决两个问题:

其一, 单调性.

数列的单调性有单调递增和单调递减, 因此, 研究单调性时首先要明确研究方向, 是证明单调递增, 还是证明单调递减. 那么, 如何明确单调方向? 我们引入一种被称为预判的方法——“**预判法**”: 利用已知的数学不等式确定单调性; 或者通过前几项的具体的计算和比较, 初步分析并确定单调性; 或者首先在假设极限存在的条件下, 利用迭代公式计算极限, 通过比较极限和数列前几项的大小关系, 预判单调性; 其次, 在“预判”基础上的严格证明. 通过第一步的预判, 明确了证明的

方向, 接下来的工作自然是严格证明预判的结果. 证明的具体方法也有多种, 常见的有: ① 观察法——直接通过观察数列的结构给出单调性的证明; ② 差值法——考察任意相邻两项的差, 通过差的符号得到单调性, 即若对任意 n, $x_{n+1}-x_n \geqslant 0$, 则 $\{x_n\}$ 单调递增, 否则, 数列单调递减; ③ 比值法——对正数列, 可以通过考察相邻两项的比值得到单调性结论, 即若对任意的 n 满足 $\dfrac{x_{n+1}}{x_n} \geqslant 1$, 则数列单调递增, 否则, 收敛单调递减. 这样, 基本上解决了单调性问题.

其二, 有界性.

预判法也是研究有界性的一个有效方法, 即借助于预判的单调性和极限首先预判出要证明的界是什么, 然后再严格证明. 对这类题目, 由于知道了数列的结构, 因此, 假设数列收敛, 则可以通过数列迭代结构计算极限, 因此, 若数列单调递增, 则此极限值应该是一个上界; 若数列单调递减, 则此极限值应该是其下界. 这样就确定了数列的界, 明确了界的方向, 因此, 剩下的工作就是证明极限就是数列的上界或下界. 证明的方法通常有**数学归纳法**和**估计方法**, 估计方法是利用一些不等式进行放大或缩小 (要求技巧性强), 也可以利用单调性代入迭代关系式, 得到关于通项的不等式, 通过不等式的求解得到有界性.

注 (1) 由于预判时都需要利用极限, 因此, 分析时先把极限计算出来.

(2) 有些例子需用有界性证明单调性, 这就需要先证明有界性, 再证明单调性; 有些例子需要用单调性证明有界性, 这时, 就需要先证明单调性, 再证明有界性. 要具体题目具体分析.

例 30 设 $x_1=\sqrt{2}$, $x_{n+1}=\sqrt{3+2x_n}(n=1,2,\cdots)$, 计算 $\lim\limits_{n\to\infty} x_n$.

结构分析 数列结构: 迭代数列. 类比已知: 符合单调有界收敛定理作用对象的特征. 思路确立: 确定用单调有界收敛定理处理.

方法设计: 利用预判法, 先计算极限, 设 $\lim\limits_{n\to\infty} x_n=a$, 则必有 $a=\sqrt{3+2a}$, 得 $a=3$.

单调性预判: 计算前 3 项, 发现

$$x_1=\sqrt{2},\quad x_2=\sqrt{3+2\sqrt{2}}\approx\sqrt{5.8},\quad x_3\approx\sqrt{7.8},\quad x_4\approx\sqrt{8.6},$$

或由于 $a=3$ 大于前几项, 因而, 预判单调性为单调递增.

有界性预判: 由于极限为 3, 预判数列有上界 3.

因此, 证明过程就是验证预判的结果, 至于先验证有界性还是先验证单调性, 必须具体问题具体分析.

解 (1) 有界性.

由于 $0 < x_1 = \sqrt{2} < 3$, 假设 $0 < x_k < 3$, 则 $0 < x_{k+1} = \sqrt{3+2x_k} < 3$, 由数学归纳法, 可得 $0 < x_n < 3(n = 1, 2, \cdots)$.

(2) 单调性

由于

$$x_{n+1} - x_n = \sqrt{3+2x_n} - x_n = \frac{(3-x_n)(1+x_n)}{\sqrt{3+2x_n}+x_n} > 0,$$

故, $\{x_n\}$ 单调增加.

由单调有界数列必有极限, 知 $\lim\limits_{n\to\infty} x_n$ 存在, 不妨设 $\lim\limits_{n\to\infty} x_n = a$, 则 $a = \sqrt{3+2a}$, 解得 $a = 3$.

注　单调性的验证也可用下述方法

$$\frac{x_{n+1}}{x_n} = \sqrt{\frac{3}{x_n^2} + \frac{2}{x_n}} \geqslant \sqrt{\frac{3}{9} + \frac{2}{3}} = 1,$$

由此得到数列是单调增加的.

由准则 II 可以证明下述重要极限:

$$\lim_{x\to\infty}\left(1+\frac{1}{x}\right)^x = \mathrm{e}.$$

先给出一个已知的结论.

平均值不等式: 对任意 n 个正数 $a_1, a_2, \cdots, a_n$, 成立

$$\frac{n}{\dfrac{1}{a_1} + \dfrac{1}{a_2} + \cdots + \dfrac{1}{a_n}} \leqslant \sqrt[n]{a_1 a_2 \cdots a_n} \leqslant \frac{a_1 + a_2 + \cdots + a_n}{n},$$

即, 调和平均值 $\leqslant$ 几何平均值 $\leqslant$ 算术平均值. 当且仅当 $a_1 = a_2 = \cdots = a_n$ 时等号成立.

首先研究 $\left\{\left(1+\dfrac{1}{n}\right)^n\right\}$ 和 $\left\{\left(1+\dfrac{1}{n}\right)^{n+1}\right\}$ 的敛散性.

证明　记 $x_n = \left(1+\dfrac{1}{n}\right)^n$, $y_n = \left(1+\dfrac{1}{n}\right)^{n+1}$, 利用平均值不等式, 有

$$x_n = \left(1+\frac{1}{n}\right)^n \cdot 1 = \underbrace{\left(1+\frac{1}{n}\right)\cdot\left(1+\frac{1}{n}\right)\cdot\cdots\cdot\left(1+\frac{1}{n}\right)}_{n}\cdot 1$$

$$\leqslant \left[\frac{n\left(1+\dfrac{1}{n}\right)+1}{n+1}\right]^{n+1} = x_{n+1},$$

类似地,

$$\frac{1}{y_n} = \frac{1}{\left(1+\dfrac{1}{n}\right)^{n+1}}\cdot 1 = \frac{1}{1+\dfrac{1}{n}}\cdot\frac{1}{1+\dfrac{1}{n}}\cdot\cdots\cdot\frac{1}{1+\dfrac{1}{n}}\cdot 1$$

$$= \frac{n}{1+n}\cdot\frac{n}{1+n}\cdot\cdots\cdot\frac{n}{1+n}\cdot 1$$

$$\leqslant \left[\frac{(n+1)\dfrac{n}{n+1}+1}{n+2}\right]^{n+2} = \left(\frac{1}{1+\dfrac{1}{n+1}}\right)^{n+2} = \frac{1}{y_{n+1}},$$

故 $\{x_n\}$ 单调递增, $\{y_n\}$ 单调递减.

又由于 $2 = x_1 < x_n < y_n < y_1 = 4$, 因而, $\{x_n\}$, $\{y_n\}$ 有界, 故 $\{x_n\}$ 和 $\{y_n\}$ 都收敛.

由于

$$y_n = \left(1+\frac{1}{n}\right)^{n+1} = x_n\left(1+\frac{1}{n}\right),$$

因而, $\lim\limits_{n\to+\infty} x_n = \lim\limits_{n\to+\infty} y_n$, 记这个共同的极限为 e, 即

$$\lim_{n\to\infty}\left(1+\frac{1}{n}\right)^n = \mathrm{e},\quad \lim_{n\to\infty}\left(1+\frac{1}{n}\right)^{n+1} = \mathrm{e}.$$

再证明 $\lim\limits_{x\to\infty}\left(1+\dfrac{1}{x}\right)^x = \mathrm{e}$.

事实上, 对于任何大于 1 的数 x, 设 $n = [x]$, 则 $n \leqslant x < n+1$, 从而

$$\left(1+\frac{1}{n}\right)^n \leqslant \left(1+\frac{1}{x}\right)^x < \left(1+\frac{1}{n}\right)^{n+1},$$

当 $x \to +\infty$ 时, 随之 $n \to \infty$, 根据夹逼准则可得

$$\lim_{x\to\infty}\left(1+\frac{1}{x}\right)^x = \mathrm{e}.$$

这个极限公式被称作**第二个重要极限**. 该公式的结构特点是幂指函数, 且指数趋近于无穷大, 底趋近于 1, 也称为 1^∞ 型极限问题.

由上述证明过程可知: $\left\{\left(1+\frac{1}{n}\right)^n\right\}$ 单调递增收敛于 e, $\left\{\left(1+\frac{1}{n}\right)^{n+1}\right\}$ 单调递减收敛于 e, 因而成立

$$\left(1+\frac{1}{n}\right)^n < \mathrm{e} < \left(1+\frac{1}{n}\right)^{n+1},$$

取对数得

$$n\ln\frac{n+1}{n} < 1 < (n+1)\ln\frac{n+1}{n},$$

故

$$\frac{1}{n+1} < \ln\left(1+\frac{1}{n}\right) < \frac{1}{n},$$

这是一个重要的关系式, 一方面给出了对数函数的估计, 另一方面将对数函数结构转化为有理结构, 起到化繁为简的作用 (这个关系式也可以用后续的中值定理来证明), 此外, 注意到 $\ln\left(1+\frac{1}{n}\right)$ 为常用的无穷小量, 此关系式也给出了关于此无穷小量的收敛速度. 利用这个关系式还可以得到欧拉 (Euler) 常数和后续无穷级数学习中调和级数的前 n 项部分和有关的一个重要结论.

若记 $\gamma_n = 1+\frac{1}{2}+\cdots+\frac{1}{n}-\ln n$, 则 $\{\gamma_n\}$ 收敛.

事实上, 由上述关系式 $\frac{1}{n+1} < \ln\left(1+\frac{1}{n}\right) < \frac{1}{n}$ 得

$$\frac{1}{n+1} < \ln(n+1)-\ln n < \frac{1}{n},$$

显然,

$$\gamma_{n+1}-\gamma_n = \frac{1}{n+1}-\ln(n+1)+\ln n < 0,$$

故, $\{\gamma_n\}$ 单调递减.

为证明 $\{\gamma_n\}$ 的收敛性, 只需证明其有下界, 利用 $\ln\left(1+\frac{1}{n}\right) < \frac{1}{n}$, 则

$$\gamma_n = 1+\frac{1}{2}+\cdots+\frac{1}{n}-\ln n$$

$$
\begin{aligned}
&> \ln\frac{2}{1} + \ln\frac{3}{2} + \cdots + \ln\frac{n+1}{n} - \ln n \\
&= \ln(n+1) - \ln n > 0,
\end{aligned}
$$

故 $\{\gamma_n\}$ 有下界, 因而其收敛.

记 $\gamma = \lim\limits_{n\to+\infty} \gamma_n \approx 0.57721566490\cdots$, 称为欧拉常数.

进一步分析: 由此例我们不仅得到 $1+\frac{1}{2}+\cdots+\frac{1}{n} \to +\infty$, 而且还掌握了其趋于正无穷的速度和 $\ln n$ 趋于无穷的速度是同阶的. 这才是这个结论的重点所在, 后续无穷级数学习中, 涉及因子 $1+\frac{1}{2}+\cdots+\frac{1}{n}$ 的相关问题中, 要联想到这个结论.

将第二个重要极限公式 $\lim\limits_{x\to\infty}\left(1+\frac{1}{x}\right)^x = \mathrm{e}$ 作变量代换 $t=\frac{1}{x}$, 还可以得到第二个重要极限的另一种形式

$$
\lim_{t\to 0}(1+t)^{\frac{1}{t}} = \mathrm{e}.
$$

例 31 计算 $\lim\limits_{x\to\infty}\left(1-\frac{1}{x}\right)^x$.

解 $\lim\limits_{x\to\infty}\left(1-\frac{1}{x}\right)^x = \lim\limits_{x\to\infty}\left[\left(1+\frac{1}{-x}\right)^{-x}\right]^{-1} = \mathrm{e}^{-1}$.

例 32 计算 $\lim\limits_{x\to\infty}\left(\frac{2x+3}{2x+1}\right)^{x+1}$.

结构分析 结构特点: 1^∞ 型极限问题. 类比已知: 这个结构特点是第二个重要极限所处理的对象特点. 确立思路: 利用第二个重要极限求解. 方法设计: 利用形式统一法, 将函数形式统一成第二个重要极限中的函数形式.

解
$$
\begin{aligned}
\lim_{x\to\infty}\left(\frac{2x+3}{2x+1}\right)^{x+1} &= \lim_{x\to\infty}\left(1+\frac{2}{2x+1}\right)^{\frac{2x+1}{2}\cdot\frac{2(x+1)}{2x+1}} \\
&= \mathrm{e}^{\lim\limits_{x\to\infty}\frac{2(x+1)}{2x+1}\ln\left(1+\frac{2}{2x+1}\right)^{\frac{2x+1}{2}}} \\
&= \mathrm{e}^{\ln \mathrm{e}} = \mathrm{e}.
\end{aligned}
$$

例 33 计算 $\lim\limits_{x\to\frac{\pi}{4}} \tan x^{\tan 2x}$.

结构分析 结构特点: 1^∞ 型极限问题. 类比已知: 这个结构特点是第二个重要极限所处理的对象特点. 确立思路: 利用第二个重要极限求解. 方法设计: 利用

形式统一法. 将所求极限的函数转化为第二个重要极限的形式, 即利用形式统一法将 $\tan x$ 统一到 $1+\alpha(x)$ 的标准形式, 其中 $\alpha(x)$ 是无穷小, 只需将 $\tan x$ 写成 $1+(\tan x-1)$ 的形式, 其中 $\tan x-1$ 就是无穷小. 指数也要做相应的处理, 处理为 $\tan x-1$ 的倒数形式.

解
$$\begin{aligned}\lim_{x\to\frac{\pi}{4}}\tan x^{\tan 2x}&=\lim_{x\to\frac{\pi}{4}}(1+\tan x-1)^{\frac{2\tan x}{1-\tan^2 x}}\\&=\lim_{x\to\frac{\pi}{4}}(1+\tan x-1)^{\frac{1}{-(1-\tan x)}\cdot\frac{-2\tan x}{1+\tan x}}\\&=\mathrm{e}^{\lim\limits_{x\to\frac{\pi}{4}}-\frac{2\tan x}{\tan x+1}\ln(1+\tan x-1)^{\frac{1}{\tan x-1}}}\\&=\mathrm{e}^{-1}.\end{aligned}$$

例 34 计算 $\lim\limits_{x\to\infty}\left(\sin\dfrac{1}{x}+\cos\dfrac{1}{x}\right)^x$.

结构分析 结构特点仍为 1^∞ 型极限问题. 因而利用第二个重要极限求解. 方法仍为形式统一法. 即利用形式统一法将 $\sin\dfrac{1}{x}+\cos\dfrac{1}{x}$ 统一到 $1+\alpha(x)$ 的形式, 其中 $\alpha(x)$ 是无穷小. 根据三角函数基本公式, 将 $\sin\dfrac{1}{x}+\cos\dfrac{1}{x}$ 作平方处理, 即得 $\left(\sin\dfrac{1}{x}+\cos\dfrac{1}{x}\right)^2=1+\sin\dfrac{2}{x}, 1+\sin\dfrac{2}{x}$ 就是 $1+\alpha(x)$ 的形式. 当然指数也要做相应的处理.

解
$$\begin{aligned}\lim_{x\to\infty}\left(\sin\frac{1}{x}+\cos\frac{1}{x}\right)^x&=\lim_{x\to\infty}\left[\left(\sin\frac{1}{x}+\cos\frac{1}{x}\right)^2\right]^{\frac{x}{2}}=\lim_{x\to\infty}\left(1+\sin\frac{2}{x}\right)^{\frac{x}{2}}\\&=\lim_{x\to\infty}\left[\left(1+\sin\frac{2}{x}\right)^{\frac{1}{\sin\frac{2}{x}}}\right]^{\frac{\sin\frac{2}{x}}{\frac{2}{x}}}\\&=\mathrm{e}^{\lim\limits_{x\to\infty}\frac{\sin\frac{2}{x}}{\frac{2}{x}}\cdot\ln\left(1+\sin\frac{2}{x}\right)^{\frac{1}{\sin\frac{2}{x}}}}\\&=\mathrm{e}^{1\cdot\ln\mathrm{e}}=\mathrm{e}.\end{aligned}$$

1.3.7 无穷小的比较

在 1.3.4 节和 1.3.5 节中, 极限的性质和运算法则解决了简单的确定型的函数极限的计算; 1.3.6 节的两个重要极限又在极限理论中建立了其他基本初等函数与最简单的基本初等函数间的联系, 利用化繁为简的思想给出了待定型极限求解的初步的方法.

待定型极限是一类结构复杂的极限, 是极限理论中研究的重点和难点, 本节我们将这种化繁为简的思想进行抽象, 挖掘待定型极限中的结构特征, 形成更一般的理论以研究更复杂的函数极限.

1. 无穷小的阶

无穷小虽然都是以零为极限的函数, 但它们趋于零的 "快慢" 程度却可能有很大差异. 例如当 $x \to 0$ 时, 显然 $\alpha(x) = x, \beta(x) = \sin x, \gamma(x) = x^2$ 都是无穷小, 它们趋于零的 "快慢" 却不一样, 列表如下:

$\alpha(x) = x$	$\beta(x) = \sin x$	$\gamma(x) = x^2$
0.1	0.099	0.01
0.01	0.009999	0.0001
0.001	0.000999999	0.000001
0.0001	0.000099999999	0.00000001
$\vdots$	$\vdots$	$\vdots$

可见 $\beta(x)$ 和 $\alpha(x)$ 相比, 趋于零的 "速度" 基本是一样的, 这与第一个重要极限 $\lim\limits_{x\to 0}\dfrac{\sin x}{x} = 1$ 的结论是一致的. 而 $\gamma(x)$ 和 $\alpha(x)$ 相比, 趋于零的 "速度" 就有着 "数量级" 的差异. 为了比较在同一变化过程中两个无穷小趋于零的快慢, 引入无穷小阶的概念.

所谓的 "阶" 就是对无穷小趋于零的速度的量化指标, 为此, 先给出用于对比的标准. 由于在基本初等函数类中, 幂函数的结构最简单, 因此采用幂函数为定义标准.

定义 1-24 设 $k > 0$, 称 $|x|^k$ 是 $x \to 0$ 时的 k 阶无穷小; 称 $|x - x_0|^k$ 是 $x \to x_0$ 时的 k 阶无穷小.

抽象总结 定义 1-24 对无穷小趋于零的速度给出了量化标准, 用 k 阶速度表示 $x \to x_0$ 时 $|x - x_0|^k$ 趋于 0 的速度, 且函数 $|x - x_0|^k$ 的结构简单清晰, 适合用于做对比的标准. 以此为标准将阶的概念推广到任意函数的其他极限形式.

定义 1-25 设 $\alpha(x)$ 为 $x \to x_0$ 时的无穷小量, 若 $\lim\limits_{x\to x_0}\dfrac{\alpha(x)}{|x - x_0|^k} = c \neq 0$, 称 $\alpha(x)$ 为 $x \to x_0$ 时的 k 阶无穷小.

阶的概念对无穷小趋于零的速度进行了定义. 函数极限计算中经常需要处理两个无穷小的比值的极限问题, 即 $\dfrac{0}{0}$ 型极限, 这是重要的不定型极限, 解决这类极限问题, 实际上是比较两个无穷小趋于零的速度关系, 因此进一步将无穷小阶的定义推广到两个无穷小的比较.

2. 两个无穷小的比较

定义 1-26　设 $\alpha(x)$ 和 $\beta(x)$ 都是 $x \to x_0$ 时的无穷小.

(1) 若 $\lim\limits_{x \to x_0} \dfrac{\beta}{\alpha} = 0$, 则称 β 是比 α 高阶的无穷小, 记作 $\beta = o(\alpha)$;

(2) 若 $\lim\limits_{x \to x_0} \dfrac{\beta}{\alpha} = c\ (c \neq 0$, 常数), 则称 β 与 α 同阶无穷小;

(3) 特别地, 若 $\lim\limits_{x \to x_0} \dfrac{\beta}{\alpha} = 1$, 则称 β 与 α 等价无穷小, 记作 $\beta \sim \alpha$;

(4) 若 $\lim\limits_{x \to x_0} \dfrac{\beta}{\alpha^k} = c\ (c \neq 0, k > 0)$, 则称 β 是 α 的 k 阶无穷小.

注　由定义, 若 $\beta(x)$ 是 $x \to x_0$ 时比 $\alpha(x)$ 高阶的无穷小, 则 $\beta(x)$ 趋于 0 的速度比 $\alpha(x)$ 趋于 0 的速度快; 而同阶无穷小量表示二者趋于 0 的速度是同一量级, 等价无穷小量表示二者趋于 0 的速度相同.

例如, 由于 $\lim\limits_{x \to 0} \dfrac{\sin x}{x} = 1$, 所以 $x \to 0$ 时, $\sin x$ 与 x 是等价无穷小, 二者趋于 0 的速度相同;

由于 $\lim\limits_{x \to 0} \dfrac{x^2}{x} = 0$, 所以 $x \to 0$ 时, x^2 是比 x 高阶的无穷小, x^2 趋于 0 的速度比 x 趋于 0 的速度快.

关于等价无穷小, 有下列定理.

定理 1-9　设 β 与 α 是自变量同一变化过程中的无穷小, β 与 α 是等价无穷小的充分必要条件为 $\beta = \alpha + o(\alpha)$.

证明　**必要性**　设 $\alpha \sim \beta$, 则

$$\lim \frac{\beta - \alpha}{\alpha} = \lim \left(\frac{\beta}{\alpha} - 1 \right) = \lim \frac{\beta}{\alpha} - 1 = 0,$$

因此 $\beta - \alpha = o(\alpha)$, 即 $\beta = \alpha + o(\alpha)$.

充分性　设 $\beta = \alpha + o(\alpha)$, 则

$$\lim \frac{\beta}{\alpha} = \lim \frac{\alpha + o(\alpha)}{\alpha} = \lim \left(1 + \frac{o(\alpha)}{\alpha} \right) = 1,$$

因此 $\alpha \sim \beta$.

如果 $\beta = \alpha + o(\alpha)$, 则称 α 是 β 的**主要部分**. 例如, $x \to 0$ 时, $\sin x \sim x$, 故有 $\sin x = x + o(x)$, 因而 x 是 $\sin x$ 的主要部分.

例 35　证明: 当 $x \to 0$ 时, $\arcsin x \sim x, \arctan x \sim x$.

结构分析　题型为无穷小量间等价关系的讨论, 其本质是极限结论的论证. 所求极限的函数结构涉及反三角函数因子和幂因子. 类比已知: 第一个重要极限所

处理的对象特点. 确立思路: 利用变量代换, 将反三角函数转化为三角函数, 再利用第一个重要极限求解.

证明 利用变换 $t=\arcsin x$, 则

$$\lim_{x\to 0}\frac{\arcsin x}{x}=\lim_{t\to 0}\frac{t}{\sin t}=1,$$

故 $\arcsin x\sim x(x\to 0)$.

类似可证 $\arctan x\sim x(x\to 0)$.

例 36 证明: 当 $x\to 0$ 时, $1-\cos x\sim\frac{1}{2}x^2$.

证明 $\lim\limits_{x\to 0}\dfrac{1-\cos x}{x^2}=\lim\limits_{x\to 0}\dfrac{2\sin^2\frac{x}{2}}{x^2}=\dfrac{1}{2}\cdot\lim\limits_{x\to 0}\dfrac{\sin^2\frac{x}{2}}{\left(\frac{x}{2}\right)^2}=\dfrac{1}{2}\cdot 1^2=\dfrac{1}{2}.$

例 37 证明: 当 $x\to 0$ 时, $\mathrm{e}^x-1\sim x$.

证明 作变换 $y=\mathrm{e}^x-1$, 则 $x=\ln(1+y)$, 且 $x\to 0$ 时, $y\to 0$, 因此

$$\lim_{x\to 0}\frac{\mathrm{e}^x-1}{x}=\lim_{y\to 0}\frac{y}{\ln(1+y)}=\lim_{y\to 0}\frac{1}{\frac{1}{y}\ln(1+y)}=\lim_{y\to 0}\frac{1}{\ln(1+y)^{\frac{1}{y}}}=\frac{1}{\ln\mathrm{e}}=1.$$

即有等价关系: $\mathrm{e}^x-1\sim x(x\to 0)$.

说明 上述证明过程也给出了等价关系: $\ln(1+x)\sim x(x\to 0)$.

类似可证: 当 $x\to 0$ 时, $a^x-1\sim x\ln a(a>0)$.

例 38 证明: 当 $x\to 0$ 时, $(1+x)^\alpha-1\sim\ln(1+x)^\alpha$, 因而还有 $(1+x)^\alpha-1\sim\alpha x$.

证明 作变换 $(1+x)^\alpha-1=t$, 则

$$\lim_{x\to 0}\frac{(1+x)^\alpha-1}{\ln(x+1)^\alpha}=\lim_{t\to 0}\frac{t}{\ln(1+t)}=1,$$

故

$$\begin{aligned}\lim_{x\to 0}\frac{(1+x)^\alpha-1}{\alpha x}&=\lim_{x\to 0}\frac{(1+x)^\alpha-1}{\alpha\ln(x+1)}\cdot\frac{\ln(1+x)}{x}\\&=\lim_{x\to 0}\frac{(1+x)^\alpha-1}{\ln(x+1)^\alpha}\cdot\frac{\ln(1+x)}{x}\\&=\lim_{x\to 0}\frac{(1+x)^\alpha-1}{\ln(x+1)^\alpha}\cdot\lim_{x\to 0}\frac{\ln(1+x)}{x}=1.\end{aligned}$$

将前面的极限结论用“阶”表示, 可以得到一些常用的 $x \to 0$ 时的等价无穷小:

$$
\begin{aligned}
&\sin x \sim x;\\
&\tan x \sim x;\\
&\arcsin x \sim x;\\
&\arctan x \sim x;\\
&1-\cos x \sim \frac{1}{2}x^2;\\
&\ln(1+x) \sim x;\\
&\mathrm{e}^x - 1 \sim x;\\
&a^x - 1 \sim x\ln a(a>0);\\
&(1+x)^\alpha - 1 \sim \alpha x.
\end{aligned}
$$

上述等价关系表明: **基本初等函数的其他类型都可以和最简单的幂函数等价, 因而, 在相应的问题研究中, 都可以将其他的函数转化为最简单的幂函数, 体现化繁为简的思想.** 这一思想体现在下面的定理中.

3. 利用等价无穷小求极限

定理 1-10 (等价无穷小替换定理)　设 $\alpha(x), \beta(x), \tilde{\alpha}(x), \tilde{\beta}(x)$ 都是 $x \to x_0$ 的无穷小, 且 $\alpha(x) \sim \tilde{\alpha}(x), \beta(x) \sim \tilde{\beta}(x)$, 若 $\lim\limits_{x\to x_0}\dfrac{\tilde{\alpha}(x)}{\tilde{\beta}(x)}$ 存在, 则 $\lim\limits_{x\to x_0}\dfrac{\alpha(x)}{\beta(x)}$ 也存在, 且 $\lim\limits_{x\to x_0}\dfrac{\alpha(x)}{\beta(x)} = \lim\limits_{x\to x_0}\dfrac{\tilde{\alpha}(x)}{\tilde{\beta}(x)}$.

证明　$\lim\dfrac{\beta}{\alpha} = \lim\left(\dfrac{\beta}{\tilde{\beta}}\cdot\dfrac{\tilde{\beta}}{\tilde{\alpha}}\cdot\dfrac{\tilde{\alpha}}{\alpha}\right) = \lim\dfrac{\beta}{\tilde{\beta}}\cdot\lim\dfrac{\tilde{\beta}}{\tilde{\alpha}}\cdot\lim\dfrac{\tilde{\alpha}}{\alpha} = \lim\dfrac{\tilde{\beta}}{\tilde{\alpha}}$.

抽象总结　此定理所体现的思想是将复杂的研究对象 $\alpha(x), \beta(x)$ 用简单的对象 $\tilde{\alpha}(x), \tilde{\beta}(x)$ 替代, 体现了**化繁为简**的思想.

由于**基本初等函数的其他类型都可以和最简单的幂函数等价**, 因此利用**等价无穷小替换定理**, 通过幂函数, 建立各种不同的复杂函数间的联系, 可以得到更多的复杂极限结论.

例 39　计算 $\lim\limits_{x\to 0}\dfrac{\sqrt[3]{1+x^2}-1}{\cos x - 1}$.

解 由于 $x\to 0$ 时, $\sqrt[3]{1+x^2}-1\sim\frac{1}{3}x^2$, $\cos x-1\sim-\frac{1}{2}x^2$, 故

$$原式=\lim_{x\to 0}\frac{\frac{1}{3}x^2}{-\frac{1}{2}x^2}=-\frac{2}{3}.$$

例 40 计算 $\lim\limits_{x\to 0}\dfrac{e^{\frac{x}{3}}-1}{\ln(1+2x)}$.

解 由于 $x\to 0$ 时, $e^{\frac{x}{3}}-1\sim\frac{1}{3}x$, $\ln(1+2x)\sim 2x$, 故

$$原式=\lim_{x\to 0}\frac{\frac{1}{3}x}{2x}=\frac{1}{6}.$$

例 41 计算 $\lim\limits_{x\to 0}\dfrac{\sqrt{1+2x^2}-1}{\arcsin\frac{x}{2}\cdot\arctan\frac{x}{3}}$.

解 由于 $x\to 0$ 时, $\arcsin x\sim x$, $\arctan x\sim x$, 则

$$原式=\lim_{x\to 0}\frac{\frac{1}{2}\cdot 2x^2}{\frac{x}{2}\cdot\frac{x}{3}}=6.$$

例 42 计算 $\lim\limits_{x\to 0}\dfrac{\sin x-\tan x}{\sin x^3}$.

解

$$\begin{aligned}原式&=\lim_{x\to 0}\frac{\sin x\left(1-\frac{1}{\cos x}\right)}{x^3}\\&=\lim_{x\to 0}\frac{\sin x}{x}\cdot\lim_{x\to 0}\frac{\cos x-1}{x^2}\cdot\lim_{x\to 0}\frac{1}{\cos x}=-\frac{1}{2}.\end{aligned}$$

注 等价无穷小替换对乘除能进行, 但不一定适用于加减. 因而, 若按下面的方法计算则是错误的:

$$原式=\lim_{x\to 0}\frac{x-x}{x^3}=0.$$

原因 $\sin x$ 和 $\tan x$ 有相同的主部, 二者相减, 主部抵消, 因此, 起作用的是主部后面的更高阶的无穷小量, 而使用等价替换时, 只保留了主项, 起作用的、主项后面的高阶无穷小量也省略了, 造成了错误. 因此, 在遇到主部能相互抵消的

量的运算中, 要谨慎运用阶的替换, 或者说, 对加减运算的因子, 尽量不要用等价替换.

利用函数极限理论, 可以将数列极限转换为函数极限处理.

例 43　计算 $\lim\limits_{n\to\infty}\left(\dfrac{2^{\frac{1}{n}}+3^{\frac{1}{n}}}{2}\right)^n$.

结构分析　这是一个 1^∞ 形式的数列极限, 可以考虑用第二个重要极限 e 的公式来处理, 为了利用阶的理论简化极限运算, 我们将数列极限转换为函数极限.

解　考虑对应的函数极限 $\lim\limits_{x\to 0}\left(\dfrac{2^x+3^x}{2}\right)^{\frac{1}{x}}$. 记

$$h(x)=\left(\frac{2^x+3^x}{2}\right)-1,$$

则 $h(x)$ 是 $x\to 0$ 时的无穷小, 且 $h(x)=\dfrac{1}{2}(2^x-1+3^x-1)\sim\dfrac{1}{2}(x\ln 2+x\ln 3)$, 利用第二个重要极限的结论, 则

$$\lim_{x\to 0}\left(\frac{2^x+3^x}{2}\right)^{\frac{1}{x}}=\lim_{x\to 0}\left[(1+h(x))^{\frac{1}{h(x)}}\right]^{\frac{h(x)}{x}}=\mathrm{e}^{\lim\limits_{x\to 0}\frac{x\ln 2+x\ln 3}{2x}}=\mathrm{e}^{\frac{\ln 6}{2}}=\sqrt{6},$$

利用海涅定理, 则

$$\lim_{n\to\infty}\left(\frac{2^{\frac{1}{n}}+3^{\frac{1}{n}}}{2}\right)^n=\lim_{x\to 0}\left(\frac{2^x+3^x}{2}\right)^{\frac{1}{x}}=\sqrt{6}.$$

在涉及研究 $x\to\infty$ 时函数的极限时, 由于 ∞ 不是确定的量, 只是一个符号, 因此, 利用变量代换 $t=\dfrac{1}{x}$, 将 $x\to\infty$ 转换为另一变量 $t\to 0$ 的过程, 可以利用 $t\to 0$ 时的一些无穷小量的阶的关系简化计算, 体现了化不定为确定的思想.

例 44　设 $\lim\limits_{x\to 0}\dfrac{1}{x}\ln\left(1+x+\dfrac{f(x)}{x}\right)=2$, 计算 $\lim\limits_{x\to 0}\dfrac{f(x)}{x^2}$.

结构分析　题型为含有抽象函数的极限计算, 难点也正是函数 $f(x)$ 是抽象的, 表达式是未知的, 类比已知, 条件结构是含有 $f(x)$ 的极限结论, 因此, 处理的思想方法是利用函数极限的局部表示定理, 给出 $f(x)$ 的局部表达式, 解决 $f(x)$ 的抽象性问题.

解　由条件, 利用函数极限的局部表示定理, 则

$$\frac{1}{x}\ln\left(1+x+\frac{f(x)}{x}\right)=2+\alpha(x)\quad(x\to 0),$$

其中 $\alpha(x)\to 0(x\to 0)$, 因此

$$\frac{f(x)}{x}=\mathrm{e}^{2x+x\alpha(x)}-1-x,\quad x\to 0,$$

故

$$\lim_{x\to 0}\frac{f(x)}{x^2}=\lim_{x\to 0}\frac{\mathrm{e}^{2x+x\alpha(x)}-1-x}{x}=\lim_{x\to 0}\frac{2x+x\alpha(x)-x}{x}=\lim_{x\to 0}(1+\alpha(x))=1.$$

4. 无穷大量的阶

对 $\dfrac{\infty}{\infty}$ 待定型极限涉及两个无穷大量的速度关系, 因此, 类似无穷小量的阶, 可以引入无穷大量的阶.

定义 1-27 设 $f(x)$ 与 $g(x)$ 为 $x\to x_0$ 时的无穷大量.

(1) 若 $\lim\limits_{x\to x_0}\dfrac{f(x)}{g(x)}=0$, 则称 $f(x)$ 是 $x\to x_0$ 时比 $g(x)$ 低阶的无穷大量, 记为 $f(x)=o(g(x))(x\to x_0)$;

(2) 若 $\lim\limits_{x\to x_0}\dfrac{f(x)}{g(x)}=c\neq 0$, 则称 $f(x)$ 是 $x\to x_0$ 时 $g(x)$ 的同阶无穷大; 特别, $c=1$ 时, 称 $f(x)$ 是 $g(x)$ 的等价无穷大量, 记为 $f(x)\sim g(x)(x\to x_0)$.

我们知道, 若 $f(x)$ 为无穷小量, $f(x)\neq 0$, 则 $\dfrac{1}{f(x)}$ 为无穷大量; 反之, 若 $f(x)$ 为无穷大量, 则 $\dfrac{1}{f(x)}$ 为无穷小量; 即无穷大量和无穷小量可以相互转化, 因此, 关于无穷大量的替换定理及其相关的其他应用和无穷小量完全相同, 此处略去.

习 题 1-3

1. 根据数列极限的定义证明:

(1) $\lim\limits_{n\to\infty}\dfrac{1}{n^2}=0$;　　(2) $\lim\limits_{n\to\infty}\dfrac{3n+1}{2n+1}=\dfrac{3}{2}$.

2. 设 $\{a_n\}$, $\{b_n\}$, $\{c_n\}$ 均为非负数列, 且 $\lim\limits_{n\to\infty}a_n=0$, $\lim\limits_{n\to\infty}b_n=1$, $\lim\limits_{n\to\infty}c_n=\infty$, 则必有 (　　).

(A) $a_n<b_n$ 对任意 n 成立;　　(B) $b_n<c_n$ 对任意 n 成立;

(C) 极限 $\lim\limits_{n\to\infty}a_nc_n$ 不存在;　　(D) 极限 $\lim\limits_{n\to\infty}b_nc_n$ 不存在.

3. 若 $\lim\limits_{n\to\infty}u_n=a$, 证明 $\lim\limits_{n\to\infty}|u_n|=|a|$, 并举例说明反过来未必成立.

4. 设数列 $\{x_n\}$ 有界, 又 $\lim\limits_{n\to\infty}y_n=0$, 证明 $\lim\limits_{n\to\infty}x_ny_n=0$.

5. 若 $\lim\limits_{x\to x_0} f(x)=A$, 则 (　　).

(A) $f(x_0)$ 存在, 且 $f(x_0)=A$;

(B) $f(x_0)$ 存在, 但不一定有 $f(x_0)=A$;

(C) $f(x)$ 在 x_0 点可以无定义.

6. 以下三个说法:

① "$\forall\varepsilon>0, \exists\delta>0$, 当 $0<|x-a|<\delta$ 时, 恒有 $|f(x)-A|<\mathrm{e}^{\frac{\varepsilon}{10}}$" 是 $\lim\limits_{x\to x_0} f(x)=A$ 的充要条件;

② "对任意正整数 N, 存在正整数 K, 当 $0<|x-a|\leqslant\dfrac{1}{K}$ 时, 恒有 $|f(x)-A|\leqslant\dfrac{1}{2N}$" 是 $\lim\limits_{x\to x_0} f(x)=A$ 的充要条件;

③ "$\forall\varepsilon\in(0,1)$, 存在正整数 N, 当 $n\geqslant N$ 时, 恒有 $|x_n-a|\leqslant 2\varepsilon$" 是 $\lim\limits_{n\to\infty} x_n=a$ 的充要条件. 正确的个数为 (　　).

(A) 0;　　(B) 1;　　(C) 2;　　(D) 3.

7. 根据函数极限的定义证明:

(1) $\lim\limits_{x\to 2}(5x+2)=12$;　　(2) $\lim\limits_{x\to\infty}\dfrac{1+x^3}{2x^3}=\dfrac{1}{2}$.

8. 求函数 $f(x)=\dfrac{x}{x}, \varphi(x)=\dfrac{|x|}{x}$ 当 $x\to 0$ 时的左、右极限, 并说明它们在 $x\to 0$ 时的极限是否存在.

9. 根据定义证明: (1) $y=\dfrac{x^2-9}{x+3}$ 当 $x\to 3$ 时为无穷小;

(2) $y=x\sin\dfrac{1}{x}$ 当 $x\to 0$ 时为无穷小.

10. 求极限并说明理由:

(1) $\lim\limits_{x\to 0} x^2\sin\dfrac{1}{x}$;　　(2) $\lim\limits_{x\to\infty}\dfrac{\arctan x}{x}$.

11. 证明: 函数 $y=\dfrac{1}{x}\sin\dfrac{1}{x}$ 在区间 $(0,1]$ 上无界, 但这函数不是 $x\to 0^+$ 时的无穷大.

12. 计算下列极限:

(1) $\lim\limits_{x\to 1}\dfrac{x^2-2x+1}{x^2-1}$;　　(2) $\lim\limits_{h\to 0}\dfrac{(x+h)^2-x^2}{h}$;

(3) $\lim\limits_{x\to\infty}\left(2-\dfrac{1}{x}+\dfrac{1}{x^2}\right)$;　　(4) $\lim\limits_{x\to\infty}\dfrac{x^2+x}{x^4-3x^2+1}$;

(5) $\lim\limits_{x\to 4}\dfrac{x^2-6x+8}{x^2-5x+4}$;　　(6) $\lim\limits_{x\to\infty}\left(1+\dfrac{1}{x}\right)\left(2-\dfrac{1}{x^2}\right)$;

(7) $\lim\limits_{n\to\infty}\left(1+\dfrac{1}{2}+\dfrac{1}{4}+\cdots+\dfrac{1}{2^n}\right)$;　　(8) $\lim\limits_{x\to 1}\left(\dfrac{1}{1-x}-\dfrac{3}{1-x^3}\right)$.

13. 计算下列极限:

(1) $\lim\limits_{x\to 0}\dfrac{\tan 3x}{x}$;

(2) $\lim\limits_{x\to 0}x\cot x$;

(3) $\lim\limits_{x\to 0}\dfrac{1-\cos 2x}{x\sin x}$;

(4) $\lim\limits_{n\to\infty}2^n\sin\dfrac{x}{2^n}$ (x 为不等于零的常数);

(5) $\lim\limits_{x\to 0}\dfrac{\sqrt{2+\tan x}-\sqrt{2+\sin x}}{x^3}$;

(6) $\lim\limits_{x\to 0}(1-x)^{\frac{1}{x}}$;

(7) $\lim\limits_{x\to\infty}\left(\dfrac{1+x}{x}\right)^{2x}$;

(8) $\lim\limits_{x\to\infty}\left(1-\dfrac{1}{x}\right)^{kx}$ (k 为正整数);

(9) $\lim\limits_{x\to\infty}\left(\dfrac{x^2-1}{x^2+1}\right)^{x^2}$;

(10) $\lim\limits_{n\to\infty}n[\ln(n-1)-\ln n]$.

14. 利用极限存在准则求解下列极限:

(1) $\lim\limits_{n\to\infty}\sqrt[n]{1+a^n}\ (a\geqslant 0)$;

(2) $\lim\limits_{n\to\infty}n\left(\dfrac{1}{n^2+\pi}+\dfrac{1}{n^2+2\pi}+\cdots+\dfrac{1}{n^2+n\pi}\right)$;

(3) $\lim\limits_{n\to\infty}\sum\limits_{k=1}^{n}\dfrac{n+k}{n^2+k}$;

(4) 设 $a_1=\sqrt{2}, a_n=\sqrt{2+a_{n-1}}$, 求 $\lim\limits_{n\to\infty}a_n$;

(5) 设 $x_1=2, x_n+(x_n-4)x_{n-1}=3(n=2,3,\cdots)$, 求 $\lim\limits_{n\to\infty}x_n$.

15. 利用等价无穷小的性质, 求下列极限:

(1) $\lim\limits_{x\to 0}-\dfrac{\tan 3x}{2x}$;

(2) $\lim\limits_{x\to 0}\dfrac{\sin(x^n)}{(\sin x)^m}$ (n,m 为正整数);

(3) $\lim\limits_{x\to 0}\dfrac{\tan x-\sin x}{\sin^3 x}$;

(4) $\lim\limits_{x\to 0}\dfrac{\sin x-\tan x}{\left(\sqrt[3]{1+x^2}-1\right)\left(\sqrt{1+\sin x}-1\right)}$;

(5) $\lim\limits_{x\to 0^+}\dfrac{1-\sqrt{\cos x}}{x(1-\cos\sqrt{x})}$.

16. 将下列的无穷小 (当 $x\to 0^+$ 时) 按低阶到高阶的次序排列起来:

(1) $\arcsin\sqrt{x}$; (2) $(1+x^2)^{\frac{1}{2}}-1$; (3) $\cos(x^2)-1$; (4) $\tan(x^3)$.

17. 求下列无穷小 (当 $x\to 0$ 时) 的阶和主部.

(1) $f(x)=x^2+\sin x^3$;

(2) $f(x)=\mathrm{e}^{\sin x^2}-1$;

(3) $f(x)=(1+2\ln(1+x))^3-1$;

(4) $f(x)=2^x+x^2-1$.

18. 求下列无穷大量 $(x\to+\infty)$ 的阶和主部.

(1) $f(x)=x^2+x^3+x^4$;

(2) $f(x)=\sqrt{x+\sqrt{x+\sqrt{x}}}$.

19. 计算下列极限并完成下列要求: 分析结构, 给出结构特点; 类比已知, 给出相应的用于计算的已知定理或结论.

(1) $\lim\limits_{x\to 0}\dfrac{\sqrt{1+x^2}-\cos 2x}{\ln(1+x^2)}$;

(2) $\lim\limits_{x\to 0}\dfrac{3^{x^2}-2^{x^2}}{x^2}$;

(3) $\lim\limits_{x\to+\infty}\left(\dfrac{2}{\pi}\arctan x\right)^x$;

(4) $\lim\limits_{x\to 0}\dfrac{\ln(\sin x^2+\cos x)}{\ln(x^2+\mathrm{e}^{2x})-2x}$;

(5) $\lim\limits_{x\to0}\dfrac{\sqrt{1+x}-\sqrt[6]{1+x}}{\sqrt[4]{1+x}-1}$;

(6) $\lim\limits_{x\to0}\dfrac{\sqrt[m]{1+ax}\,\sqrt[n]{1+bx}-1}{x}, m>0, n>0$;

(7) $\lim\limits_{n\to\infty}\left(\mathrm{e}^{\frac{1}{n}}+\sin\dfrac{1}{n}\right)^n$;

(8) $\lim\limits_{n\to\infty}\dfrac{\sqrt[3]{1+\dfrac{1}{3n}}-\sqrt[4]{1+\dfrac{1}{4n}}}{1-\sqrt{1-\dfrac{1}{2n}}}$.

20. 已知 $\lim\limits_{x\to2}\dfrac{x^2+ax+b}{x^2-x-2}=2$, 求常数 a,b 的值.

21. 设 $\lim\limits_{x\to0}\dfrac{\cos x+f(x)}{x^2}=0$, 计算 $\lim\limits_{x\to0}f(x)$, $\lim\limits_{x\to0}\dfrac{1+f(x)}{x^2}$.

1.4节课件

1.4 连续函数

函数 $y=f(x)$ 是平面曲线的解析表达式, 在平面坐标系内, 函数的几何图形是一条曲线. 对函数的研究, 从几何角度上看是了解和掌握曲线的各种特征, 这些特征就是从不同角度对曲线的光滑性的刻画, 而最简单、最基本的光滑性就是连续性. 本节, 我们以极限为工具, 从解析结构上研究函数的连续性, 给出函数连续性的解析特征, 即用函数表达式刻画的特征.

1.4.1 连续函数的概念

定义 1-28 设函数 $f(x)$ 在 $U(x_0,U)$ 内有定义, 若 $\lim\limits_{x\to x_0}f(x)=f(x_0)$, 则称函数 $f(x)$ 在 x_0 点连续.

信息挖掘 第一, 从形式看, 函数的连续性是利用函数的极限来定义的, 体现了极限理论的工具性和重要性.

第二, 借助极限的概念, 定义了函数在一点的连续性, 体现了连续概念的局部属性——是一个 “点概念”. 因此, 函数在一点处的连续性也称函数的点连续性.

第三, 连续性是定性的性质, 它是通过极限的定量关系式来刻画的.

第四, 上述定义有三层含义:

(1) 函数在此点有定义;

(2) 函数在此点不仅有定义, 而且在此点存在极限;

(3) 函数在此点不仅存在极限, 而且极限值等于此点的函数值.

第五, 连续性定义的不同结构形式.

(1) 差值结构: $\lim\limits_{x\to x_0}f(x)=f(x_0)$, 等价于 $\lim\limits_{x\to x_0}(f(x)-f(x_0))=0$, 也等价于对任意的 $\varepsilon>0$, 存在 $\delta>0$, 当 $|x-x_0|<\delta$ 时成立 $|f(x)-f(x_0)|<\varepsilon$;

(2) 增量结构: 即函数 $f(x)$ 在 x_0 的增量为 $\Delta f(x_0)=f(x_0+\Delta x)-f(x_0)$ 或 $\Delta f(x_0)=f(x)-f(x_0)$, 则 $\lim\limits_{x\to x_0}f(x)=f(x_0)$ 等价于 $\lim\limits_{\Delta x\to 0}\Delta f(x_0)=0$, 或等价于对任意的 $\varepsilon>0$, 存在 $\delta>0$, 当 $|x-x_0|<\delta$ 时成立 $|\Delta f(x_0)|<\varepsilon$.

为了定义函数在区间上的连续性, 需要考虑端点处连续性的定义, 为此, 利用左、右极限给出左、右连续性.

定义 1-29 若 $f\left(x_0^+\right)=f(x_0)$ $\left(\text{即}\lim\limits_{x\to x_0^+}f(x)=f(x_0)\right)$, 则称 $f(x)$ 在 x_0 点右连续; 若 $f\left(x_0^-\right)=f(x_0)$ $\left(\text{即}\lim\limits_{x\to x_0^-}f(x)=f(x_0)\right)$, 则称 $f(x)$ 在 x_0 点左连续.

利用函数极限和其左、右极限的关系, 自然可以得到

性质 1-14 $f(x)$ 在 x_0 点连续的充分必要条件是 $f(x)$ 在 x_0 点既左连续, 又右连续.

继续将函数的点连续推广到区间连续.

定义 1-30 若 $f(x)$ 在 (a,b) 内的每一点都连续, 称 $f(x)$ 在 (a,b) 内连续. 若 $f(x)$ 在 (a,b) 内的每一点都连续, 在 $x=a$ 点右连续, 在 $x=b$ 左连续, 称 $f(x)$ 在 $[a,b]$ 上连续, 此时, 也称 $f(x)$ 为 $[a,b]$ 上的连续函数.

通过定义 1-30, 我们将函数的连续性由 "点" 推广到 "区间", 得到函数的区间连续性, 由于连续性是局部性概念, 函数在区间上的连续性等价于在区间上每一点都连续. 因此, 验证函数的区间连续性时, 只需验证点点连续即可. 为以后运用方便, 引入记号: $f(x)$ 在区间 I 连续, 简记为 $f(x)\in C(I)$.

考察几个基本初等函数的连续性.

例 45 证明 $\sin x\in C\left(\mathbf{R}^1\right)$.

证明 设 x_0 是区间 $(-\infty,+\infty)$ 内任意取定的一点. 当 x 有增量 $\Delta x(\Delta x\neq 0)$ 时, 对应的函数的增量为

$$\Delta y=\sin(x_0+\Delta x)-\sin x_0=2\sin\frac{\Delta x}{2}\cos\left(x_0+\frac{\Delta x}{2}\right),$$

由于 $\left|\cos\left(x_0+\dfrac{\Delta x}{2}\right)\right|\leqslant 1$. 故 $|\Delta y|\leqslant 2\left|\sin\dfrac{\Delta x}{2}\right|$. 又因为 $|\sin x|<|x|(x\neq 0)$, 所以

$$0\leqslant|\Delta y|\leqslant 2\left|\sin\frac{\Delta x}{2}\right|<|\Delta x|.$$

因此, 当 $\Delta x\to 0$ 时, 由夹逼准则得 $|\Delta y|\to 0$. 因而 $\sin x$ 对于任意一点 $x_0\in(-\infty,+\infty)$ 是连续的, 由点 x_0 的任意性可知, $\sin x$ 在 $\mathbf{R}^1$ 上连续.

例 46 证明 $\mathrm{e}^x \in C\left(\mathbf{R}^1\right)$.

证明 利用结论 $\lim\limits_{x \to 0} \mathrm{e}^x = 1$. 对任意非零实数 x_0, 则

$$\lim_{x \to x_0}\left(\mathrm{e}^x - \mathrm{e}^{x_0}\right) = \lim_{x \to x_0} \mathrm{e}^{x_0}\left(\mathrm{e}^{x - x_0} - 1\right) = 0,$$

故 $\lim\limits_{x \to x_0} \mathrm{e}^x = \mathrm{e}^{x_0}$, 由 x_0 点的任意性, 则 e^x 在 $\mathbf{R}^1$ 连续.

类似例 45 和例 46, 利用前述建立的结论就可以建立基本初等函数的连续性, 不再一一验证. 综合起来得到: 基本初等函数在其定义域内都是连续的.

1.4.2 连续函数的运算性质

将极限的运算性质进行推广就得到函数连续的运算性质. 设函数 $f(x), g(x)$ 在 $U\left(x_0, r\right)$ 内有定义.

定理 1-11 若 $f(x), g(x)$ 都在 x_0 点连续, 则 $f(x) \pm g(x), f(x)g(x)$ 在 x_0 点连续; 如果还有 $g\left(x_0\right) \neq 0$, 则 $\dfrac{f(x)}{g(x)}$ 在 x_0 点连续.

利用函数极限的复合运算法则可以得到复合函数的连续性.

定理 1-12 若 $u = g(x)$ 在 x_0 点连续, $y = f(u)$ 在 $u_0 = g\left(x_0\right)$ 点连续, 则复合函数 $y = f(g(x))$ 在 x_0 点连续.

抽象总结 首先从定性角度看, 给出了复合函数的连续性; 其次从定量角度看, 给出了两种运算的可换序性质:

$$\lim_{x \to x_0} f(g(x)) = f\left(g\left(x_0\right)\right) = f\left(\lim_{x \to x_0} g(x)\right),$$

即极限和复合运算可以交换运算次序.

在函数运算中还有反函数运算, 下面定理给出了反函数连续性.

定理 1-13 设 $y = f(x)$ 在 $[a, b]$ 上连续且严格单调增, 且 $f(a) = \alpha, f(b) = \beta$, 则反函数 $x = f^{-1}(y)$ 在 $[\alpha, \beta]$ 上连续且严格单调增.

证明从略.

由此我们建立了连续函数的各种运算, 利用这些结论就可以分析初等函数的连续性. 虽然前述例子已经建立了基本初等函数的连续性, 利用运算法则, 我们还可以从较简单的指数函数和正弦函数的连续性得到基本初等函数的连续性. 事实上, 在基本初等函数中, 由于 $\ln x$ 是 e^x 的反函数, 幂函数可以通过指数函数和对数函数的复合运算得到, 如 $x^a = \mathrm{e}^{a \ln x}(x > 0)$, 因而, 利用指数函数的连续性可以得到对数函数和幂函数的连续性, 利用幂函数和正弦函数的连续性, 可以得到余弦函数的连续性, 进一步利用运算法则得到其他三角函数的连续性, 最后, 利用定理 1-13 得到反三角函数的连续性. 因此, 基本初等函数在定义域内是连续的.

定理 1-14 基本初等函数在其定义域内都是连续的; 初等函数在其定义区间内是连续的.

1.4.3 间断点及其类型

连续性是函数最基本的性质, 但是, 并不是所有的函数都具有连续性, 因此, 讨论函数的不连续性同样有意义. 那么, 如何定义不连续性? 我们从分析连续性的条件入手, 引入各种间断点的概念.

我们知道, $f(x)$ 在 x_0 点连续必须同时满足

(1) $f(x)$ 在 x_0 点有定义;

(2) $\lim\limits_{x\to x_0} f(x)=f\left(x_0\right)$, 此条件还可以进一步分解为

$$\lim_{x\to x_0^-} f(x)=\lim_{x\to x_0^+} f(x)=f\left(x_0\right).$$

因此, 否定上述任一条, 都将破坏连续性.

定义 1-31 设函数 $f(x)$ 在 I 上有定义. 如果函数 $f(x)$ 有下列三种情形之一:

(1) $x_0 \notin I$;

(2) $x_0 \in I$, 但 $\lim\limits_{x\to x_0} f(x)$ 不存在;

(3) $x_0 \in I$ 且 $\lim\limits_{x\to x_0} f(x)$ 存在, 但 $\lim\limits_{x\to x_0} f(x)\neq f\left(x_0\right)$,

则函数 $y=f(x)$ 在点 x_0 为不连续, 点 x_0 称为函数 $f(x)$ 的不连续点或间断点.

为了区分间断的不同情形, 我们将间断点进行分类.

定义 1-32 设点 x_0 为函数 $f(x)$ 的间断点, 若 $\lim\limits_{x\to x_0^-} f(x)$ 和 $\lim\limits_{x\to x_0^+} f(x)$ 都存在, 则称点 x_0 为 $f(x)$ 的第一类间断点; $\lim\limits_{x\to x_0^-} f(x)$ 或 $\lim\limits_{x\to x_0^+} f(x)$ 只要有一个不存在, 则称点 x_0 为 $f(x)$ 的第二类间断点.

对于第一类间断点, 若 $\lim\limits_{x\to x_0^-} f(x)=\lim\limits_{x\to x_0^+} f(x)$, 称 x_0 为 $f(x)$ 的可去间断点; 若 $\lim\limits_{x\to x_0^-} f(x)\neq\lim\limits_{x\to x_0^+} f(x)$, 称 x_0 为 $f(x)$ 的跳跃间断点.

对于第二类间断点, 若 $\lim\limits_{x\to x_0} f(x)=\infty$, 称点 x_0 为 $f(x)$ 的无穷间断点; 若 $f(x)$ 在点 x_0 没有定义, 但当趋近时, 函数值在某个有界区间内变动无限多次, 此时称点 x_0 为 $f(x)$ 的振荡间断点.

注 (1) 对于跳跃间断点, 在间断点处, 函数发生跳跃, 跃度为 $f\left(x_0^+\right)-f\left(x_0^-\right)$, 如 $\lim\limits_{x\to N^-}[x]=N-1$, $\lim\limits_{x\to N^+}[x]=N$, 跃度为 1, 其中 N 为大于 1 的正整数.

(2) 对可去间断点, 可以重新定义或补充定义函数在此点的函数值, 使其在此点连续, 这也是把此类不连续点称为可去不连续点的原因. 如 $f(x)=\dfrac{\sin x}{x}$ 在其定义域 $\mathbf{R}\backslash\{0\}$ 内连续, 但是, 补充定义 $f(0)=1$ 后, 就得到在整个实数系 $\mathbf{R}$ 都连续的函数 $\tilde{f}(x)=\begin{cases}\dfrac{\sin x}{x}, & x\neq 0,\\ 1, & x=0,\end{cases}$ 因而, $x=0$ 为 $f(x)$ 的可去不连续点.

例 47　设函数 $f(x)=\begin{cases}x\sin\dfrac{1}{x}, & x\neq 0,\\ 0, & x=0,\end{cases}$ 证明函数在 $x=0$ 处连续.

结构分析　题型为分段函数在分界点处的连续性; 类比已知: 一点处连续的定义, 即通过求该点处的极限值与函数值, 验证二者是否相等即可.

解　由于 $\lim\limits_{x\to 0}f(x)=\lim\limits_{x\to 0}x\sin\dfrac{1}{x}=0$, 而 $f(0)=0$, 所以 $\lim\limits_{x\to 0}f(x)=f(0)$, 即 $f(x)$ 在 $x=0$ 处连续.

例 48　讨论函数 $f(x)=\begin{cases}\dfrac{\sin x}{x}, & x>0,\\ x+1, & x\leqslant 0\end{cases}$ 的连续性, 若有间断, 讨论间断点的类型.

结构分析　题型为分段函数在整个定义域上的连续性的讨论. 类比已知: 仍然是连续性的定义, 但是连续是一个 "点概念", 要讨论整个定义域上函数的连续性, 不可能将定义域内每一点都讨论到, 需要将其特殊点 (如分界点) 利用点的连续性讨论, 其他的任意点处的连续性的讨论, 需将任意点处转化为给定点, 然后就可以利用点的连续性定义进行研究.

解　当 $x_0=0$ 时, $\lim\limits_{x\to 0^+}f(x)=\lim\limits_{x\to 0^+}\dfrac{\sin x}{x}=1$, $\lim\limits_{x\to 0^-}f(x)=\lim\limits_{x\to 0^-}(x+1)=1$, 故 $\lim\limits_{x\to 0}f(x)=f(0)=1$, 所以, $f(x)$ 在 $x_0=0$ 点连续.

当 $x>0$ 时, 存在 $\delta>x$, 对任意 $x_0\in(x,\delta)$, $\lim\limits_{x\to x_0}f(x)=f(x_0)=\dfrac{\sin x_0}{x_0}$, 所以, $f(x)$ 在 x_0 点连续.

当 $x<0$ 时, 存在 $\delta>-x$ 对任意 $x_0\in(-\delta,x)$, $\lim\limits_{x\to x_0}f(x)=f(x_0)=x_0+1$, 所以, $f(x)$ 在 x_0 点连续.

由 x_0 点的任意性, $f(x)$ 为连续函数.

抽象总结　通过例 48 总结讨论函数连续性的一般方法: 分类讨论. 首先是对特殊点处的连续性的讨论, 如函数的分界点或区间的端点, 因为在分界点的左、右两侧, 函数的表达式往往不同, 需要利用左、右极限进行讨论, 而在端点处, 函数

仅在此点的右 (或左) 邻域有定义, 只需通过研究端点处的右 (或左) 极限, 即只研究端点处的右连续性 (或左连续性) 即可; 其次是对区间内任意点处的连续性的讨论, 由于内点存在此点的某个邻域, 使得在此邻域内函数有统一的表达式, 利用初等函数的连续性可得相应的结论.

例 49 设函数 $f(x)=\lim\limits_{n\to\infty}\dfrac{x^{2n-1}+ax^2+bx}{x^{2n}+1}$ 在 $(-\infty,+\infty)$ 内连续, 求 a,b.

结构分析 题型为已知函数的连续性, 求解未知常量. 类比已知: 连续性的定义. 难点是函数的形式没有明确给出, 需要先求解极限得到函数的确切形式, 再利用函数的连续性求解未知常数.

解 当 $|x|>1$ 时, $f(x)=\lim\limits_{n\to\infty}\dfrac{x^{2n-1}+ax^2+bx}{x^{2n}+1}=\dfrac{1}{x}$, 得

$$f\left(1^{+}\right)=\lim_{x\to1^{+}}\frac{1}{x}=1,\quad f\left(-1^{-}\right)=\lim_{x\to-1^{-}}\frac{1}{x}=-1,$$

当 $|x|<1$ 时, $f(x)=\lim\limits_{n\to\infty}\dfrac{x^{2n-1}+ax^2+bx}{x^{2n}+1}=ax^2+bx$, 得

$$f\left(1^{-}\right)=\lim_{x\to1^{-}}\left(ax^2+bx\right)=a+b,\quad f\left(-1^{+}\right)=\lim_{x\to-1^{+}}\left(ax^2+bx\right)=a-b,$$

当 $|x|=1$ 时, 得 $f(1)=\dfrac{a+b+1}{2},f(-1)=\dfrac{a-b-1}{2}$. 由于在 $(-\infty,+\infty)$ 内函数连续, 因此

$$f\left(-1^{-}\right)=f\left(-1^{+}\right)=f(-1),\quad f\left(1^{-}\right)=f\left(1^{+}\right)=f(1),$$

即得 $a-b=-1,a+b=1$, 解得 $a=0,b=1$.

1.4.4 闭区间上连续函数的性质

函数在一点的连续性只能告诉我们函数在该点的局部性质, 而有界闭区间对极限运算具有封闭性, 在有界闭区间上连续的函数将具有一些很好的整体性质.

1. 最值定理

我们曾经对实数集合引入过最值的定义, 由此知道最值是刻画集合的界的一个非常精确的量. 在研究函数性质时, 我们同样可以引入最值的概念.

定义 1-33 设 $f(x)$ 在 I 上有定义, 若存在 $x_0\in I$, 使

$$f(x)\leqslant f\left(x_0\right),\quad \forall x\in I,$$

称 $f\left(x_0\right)$ 为 $f(x)$ 在 I 上的最大值, x_0 为最大值点, 也称 $f(x)$ 在 x_0 点取得最大值.

根据定义, 最大值若存在, 则必唯一; 但最大值点不一定唯一. 如 $y = \sin x$, 其中 $x \in [-2\pi, 2\pi]$, 则函数有多个最大值点. 类似, 可引入最小值 (点).

最值, 在理论研究中可以用来刻画函数的性质, 如有界性, 在实际应用中更具有强烈的实际应用背景. 因此, 对最值研究非常有意义. 问题是最值是否存在? 下面定理给出函数最大值和最小值存在的充分条件.

定理 1-15 (最大值和最小值定理)　若函数 $f(x)$ 有界闭区间 $[a,b]$ 上连续, 则 $f(x)$ 在 $[a,b]$ 上必达到最大值和最小值.

从上述定理可以看出, 有界闭区间上的连续函数必有界.

最值定理的证明需要利用确界定理, 有界性的证明需要利用有限开覆盖定理, 超出本书知识范围, 证明从略.

注　定理 1-15 中的条件缺一不可, 即对于开区间上的连续函数或闭区间上不连续的函数来说, 定理的结论可能不成立. 例如, 函数 $f(x) = \dfrac{1}{x}$ 在 $(0,1)$ 内连续, 但不存在最大值和最小值, 是无界的函数, 这反映了连续函数仅在闭区间上具有好的性质.

再如函数 $f(x) = \begin{cases} x, & 0 \leqslant x < 1, \\ x-2, & 1 \leqslant x \leqslant 2, \end{cases}$ 在闭区间 $[0,2]$ 上有定义, 但 $x=1$ 为 (跳跃) 间断点, 函数在该闭区间上取不到最大值.

例 50　设 $f(x) \in C[0,+\infty)$, 且 $\lim\limits_{x\to+\infty} f(x) = a$ (a 为有限值), 证明: $f(x)$ 在 $[0,+\infty)$ 有界.

结构分析　题型是证明连续函数在无限区间上的有界性. 类比已知的相关结论是: 有限闭区间上的连续函数有界, 由此确立了证明思路. 又注意到条件有两个: 连续性和无限远处的极限存在性, 由此确定具体的处理方法是**分段处理方法**, 从一个充分远的点将整个无限区间分成**充分远的部分和剩下有限的闭区间**部分, 在充分远的部分, 用无穷远处函数的极限控制函数的界, 在有限的闭区间上用连续有界性定理. 当然, 由无穷远处的极限决定分段的方法 (确定分段点的位置).

证明　由于 $\lim\limits_{x\to+\infty} f(x) = a$, 对 $\varepsilon = 1$, 存在 $K > 0$, 当 $x > K$ 时, 有

$$|f(x) - a| < 1,$$

因而,

$$|f(x)| \leqslant |f(x) - a| + |a| < 1 + |a\,|, \quad \forall x > K,$$

故, $f(x)$ 在 $[K+1,+\infty)$ 上有界, 记 $M_1 = 1 + |a|$, 则

$$|f(x)| \leqslant M_1, \quad x \in [K+1,+\infty).$$

由于 $f(x) \in C[0, K+1]$, 根据闭区间上连续函数有界性定理, 存在 $M_2 > 0$ 使得

$$|f(x)| \leqslant M_2, \quad x \in [0, K+1].$$

故, 取 $M = \max\{M_1, M_2\}$, $|f(x)| \leqslant M, x \in [0, +\infty)$.

总结 将性质由有限区间推导到无限区间时, 通常需要利用分段的方法处理, 可以通过上述证明过程总结分段的思想和方法.

2. 方程的根或函数零点存在定理

在工程技术领域, 经常遇到方程的根或函数零点的求解问题, 那么, 方程的根是否存在? 什么条件能保证方程根的存在性? 这是必须首先要解决的问题. 下面, 我们用函数的连续性研究方程根或函数零点的存在性问题.

定理 1-16 设函数 $f(x)$ 闭区间 $[a, b]$ 上连续, 且 $f(a) \cdot f(b) < 0$, 则存在 $x_0 \in (a, b)$ 使 $f(x_0) = 0$, 即方程 $f(x) = 0$ 在 (a, b) 内有解 x_0.

定理证明需要利用闭区间套定理和确界定理, 超出本书知识范围, 证明略.

抽象总结 ① 定理的结论表明了定理作用对象的特征, 用于研究方程的根或函数的零点, 要验证的条件相对简单, 定性条件为连续性, 定量条件是两个异号的点;

② 方程的根或函数的零点问题是函数分析性质研究的重要内容, 此定理是解决这类问题的第一个重要工具;

③ 定理只给出了零点的存在性, 没有唯一性;

④ $f(a), f(b)$ 同号时, 不能否定根的存在性.

由上述定理, 可以得到更一般的介值定理.

3. 介值定理

定理 1-17 若函数 $f(x)$ 闭区间 $[a, b]$ 上连续, 则 $f(x)$ 在 $[a, b]$ 一定能取到介于最大值和最小值之间的任何数.

结构分析 从要证明的定理的结论看仍是方程根的问题, 类比已知, 和定理 1-16 结构相同, 因此, 证明的思路是将其转化为方程的零点, 然后用定理 1-16 的零点存在定理来证明.

证明 $f(x) \in C[a, b]$, 则 $f(x)$ 存在最大值 M 和最小值 m. 若 $M = m$, 则 $f(x)$ 为常数函数, 结论显然成立.

现设 $M > m$, 由于 $f(x) \in C[a, b]$, 由最值存在性定理, 则存在 $\xi, \eta \in [a, b]$, 使 $f(\xi) = m, f(\eta) = M$, 不妨设 $\xi < \eta, \forall c : m < c < M$, 令 $\varphi(x) = f(x) - c$, 则 $\varphi(x) \in C[\xi, \eta]$, 且 $\varphi(\xi) \cdot \varphi(\eta) < 0$, 因而, 存在 $x_0 \in (\xi, \eta)$, 使 $\varphi(x_0) = 0$, 即 $f(x_0) = c$.

抽象总结　① 从定理的结构看, 这类问题也称为介值问题, 是函数零点或方程根的问题的推广, 其本质是相同的, 后续内容中还会涉及更复杂的介值问题, 因此, 介值问题是此定理作用对象的特征. ② 进一步还可以得到: 若 $f(x) \in C[a,b]$, 则 $R(f)=[m,M]$.

例 51　设 $f(x) \in C[a,b]$, 且 $R_f \subseteq [a,b]$, 证明: 存在 $\xi \in [a,b]$, 使 $f(\xi)=\xi$.

结构分析　结论分析: 通常, 把满足 $f(x)=x$ 的点称为函数 $f(x)$ 的不动点, 因此, 本题要证明的是不动点的存在性, 从结构看仍然是方程根的存在性问题或方程的零点问题或更一般的介值问题. 思路确立: 类比已知连续函数的零点 (或介值) 定理, 因此, 确定用定理 1-16 或定理 1-17 证明. 难点: 确定两个异号点, 这些点通常从特殊的点中确定, 这些特殊点通常为区间端点或具有某些特殊性质的点.

证明　记 $g(x)=f(x)-x$, 则由于 $R_f \subseteq [a,b]$, 因而,

$$f(a) \geqslant a, \quad f(b) \leqslant b,$$

故 $g(a) \geqslant 0, g(b) \leqslant 0$.

若 $g(a)=0$ 或 $g(b)=0$, 结论自然成立; 否则, $g(b)\cdot g(a)<0$, 由零点存在定理, 存在 $\xi \in (a,b)$, 使得 $g(\xi)=0$, 即 $f(\xi)=\xi$.

例 52　设 $f(x) \in C[0,1], f(0) \geqslant 0, f(1) \leqslant 1$, 则 $\forall n \in \mathbf{N}^{+}$, 存在 $x_0 \in [0,1]$, 使 $f(x_0)=x_0^n$.

证明　若 $f(0)=0$ 或 $f(1)=1$, 则结论成立. 否则, 记 $F(x)=f(x)-x^n$, 则

$$F(0)=f(0)>0, \quad F(1)=f(1)-1<0,$$

故存在 $x_0 \in (0,1)$, 使得 $F(x_0)=0$, 即 $f(x_0)=x_0^n$.

习　题　1-4

1. 函数 $f(x)$ 的图形如下图, 试指出 $f(x)$ 的间断点及其类型. 并指出函数图形的渐近线.

2. 讨论下列函数间断点的类型.

(1) $f(x)=\dfrac{x+1}{x^2-x-2}$;

(2) $f(x)=x-[x]$;

(3) $f(x)=\mathrm{e}^{\frac{1}{x}}$;

(4) $f(x)=\sin\dfrac{1}{x}$.

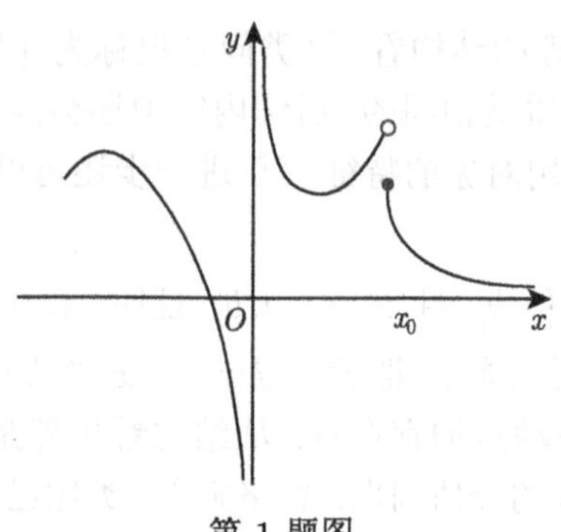

第 1 题图

3. 讨论函数 $f(x)=\begin{cases}\dfrac{\ln(1+x)}{(2+x)^{x^{-1}}}, & x>0,\\ 1, & x=0,\\ 2^{x^{-1}}, & x<0\end{cases}$ 的连续性, 若有间断点, 讨论间断点的类型.

4. 讨论函数 $f(x)=\begin{cases}\mathrm{e}^{\frac{1}{x}}+1, & x<0,\\ 2, & x=0,\\ 1+x\sin\dfrac{1}{x}, & x>0\end{cases}$ 的连续性, 若有间断点, 讨论间断点的类型.

5. 设函数 $f(x)=\dfrac{\mathrm{e}^x-b}{(x-a)(x-1)}$ 有无穷间断点 $x=0$ 及可去间断点 $x=1$, 试确定常数 a 及 b.

6. 讨论函数 $f(x)=\dfrac{x\arctan\dfrac{1}{x-1}}{\sin\dfrac{\pi}{2}x}$ 的连续性, 若有间断点, 讨论间断点的类型.

7. 求函数 $f(x)=\lim\limits_{n\to\infty}\dfrac{x^{n+2}-x^{-n}}{x^n+x^{-n}}$ 的间断点并指出其类型.

8. 讨论函数 $f(x)=\lim\limits_{n\to\infty}\dfrac{1-\mathrm{e}^{nx}}{1+\mathrm{e}^{nx}}$ 的连续性.

9. 设 $f(x)$ 连续, 证明 $|f(x)|$ 和 $f^2(x)$ 也连续. 反之成立吗?

10. 设 $f(x)\in C(a,b)$ 且 $\lim\limits_{x\to a^+}f(x)=\lim\limits_{x\to b^-}f(x)=A$, 证明 $f(x)$ 在 (a,b) 内达到最大值或最小值.

11. 证明 $x^5-4x^4+x+1=0$ 至少有两个实根.

12. 设 $f(x)$ 在 (a,b) 内非负连续, 且 $x_1,x_2,\cdots,x_n\in(a,b)$, 证明: 存在 $\xi\in(a,b)$ 使 $f(\xi)=\sqrt[n]{f(x_1)f(x_2)\cdots f(x_n)}$.

13. 设 $f(x)$ 在 $[0,1]$ 上非负连续, 且 $f(0)=f(1)=0$. 求证: 存在 $\xi\in[0,1]$ 使 $f(\xi)=f(\xi+l)$, 其中 $0<l<1$.

14. 设 $f(x)$ 在 $[0,1]$ 上连续, 且 $f(0)=f(1)$. 求证: 存在 $\xi \in [0,1]$, 使 $f(\xi)=f\left(\xi+\frac{1}{4}\right)$.

本题进一步思考: 对任意正整数 $n(n \geqslant 2)$, 必存在 $\xi \in [0,1)$, 使 $f\left(\xi+\frac{1}{n}\right)=f(\xi)$.

15. 设 $f(x) \in C[0,1], f(1)=2, \lim\limits_{x \to 0^+} \frac{f(x)}{x}=-1$, 证明: (1) $f(0)=0$; (2) $f(x)=0$ 在 $(0,1)$ 内至少有一个实根.

16. 设 $f(x) \in C[a,b]$, 任取 $x_1, x_2, \cdots, x_n \in [a,b]$ 和满足 $\sum\limits_{i=1}^{n} \lambda_i=1$ 的正数 $\lambda_1, \lambda_2, \cdots, \lambda_n$, 证明存在 $x_0 \in [a,b]$, 使得 $f\left(x_0\right)=\sum\limits_{i=1}^{n} \lambda_i f\left(x_i\right)$.

第 2 章　一元函数微分学及其应用

在第 1 章中, 我们学习了函数的最简单、最基本的性质——连续性. 函数的连续性只是表明函数的曲线是连续不断的, 因而, 函数的连续性只给出了函数最为基本粗略的刻画. 本章, 我们更加深入地研究函数的性质, 给出函数更加细腻的刻画, 它也是高等数学的核心内容——导数与微分.

2.1　导数的概念

2.1节课件

2.1.1　导数概念的背景

历史上, 导数的产生源于下述实际问题的求解.

引例 1　速度问题: 计算变速直线运动物体的瞬时速度 (速率).

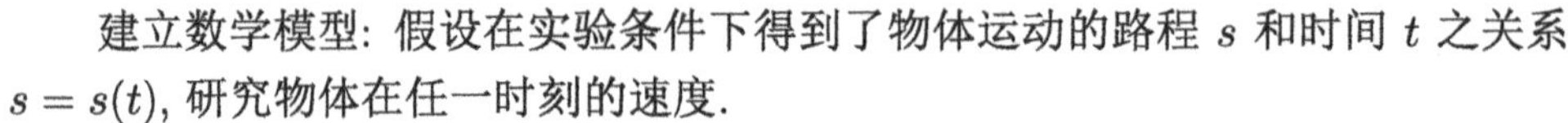

建立数学模型: 假设在实验条件下得到了物体运动的路程 s 和时间 t 之关系 $s=s(t)$, 研究物体在任一时刻的速度.

问题的分析: 问题求解前, 先明确与待求解问题关联最紧密的已知理论或结论.

从认识论或人类的认知规律看, 对事物或规律的认识总是遵循着从简单到复杂, 从特殊到一般的过程, 因此对运动物体的速度的认识也应该是从最简单的情形开始的. 故可以合理设想, 现在已知匀速直线运动物体的速度的计算, 抽象成数学问题为: 假设物体在时刻 t 以匀速直线运动移动距离为 s, 则物体运动的速度 v 为 $v=\dfrac{s}{t}$.

在上述已知的基础上, 研究变速直线运动问题. 解决的关键问题是: 如何建立已知和未知的联系, 或化未知为已知. 速度是一个相对概念, 反映物体在某一时刻运动的快慢. 从历史上看, 人类对物体运动的认识, 仍是遵循从简单到复杂的认识规律, 因此首先认识了匀速直线运动. 对匀速直线运动, 物体在任一时刻运动的快慢都可以用常数 $v=\dfrac{s}{t}$ 来刻画. 对于变速直线运动. 我们必须引入一个刻画物体运动快慢的量——(瞬时) 速度并希望能够把它计算出来, 当然, 这个过程是非常漫长的. 在新的计算工具产生之前, 瞬时速度是无法准确计算的.

人类的认知规律表明, 对事物的认识遵循从模糊、近似到精确直至准确的一个过程, 因此, 在得到准确解之前, 获得近似解也是研究解决问题的一种方式, 这就是数学中的近似思想, 这种思想也贯穿高等数学的始终.

因此, 为了认识变速直线运动在任一时刻的瞬时速度, 人们从近似的角度出发对速度问题进行研究, 这是问题求解的思路. 要计算在 t_0 时刻的瞬时速度 $v(t_0)$, 先选择一个时间段 $[t_0, t_0+\Delta t]$, 将此时间段的运动近似看作匀速直线运动, 利用已知的匀速直线运动的速度计算公式, 此时间段内的平均速度为 $\overline{v}(t_0,\Delta t)=\dfrac{s(t_0+\Delta t)-s(t_0)}{\Delta t}$, 于是可以得到 $v(t_0)\approx\overline{v}(t_0,\Delta t)$, 这样就用近似思想初步解决了瞬时速度的计算问题. 并且, 当 Δt 越小时, 近似精度就越高, 这是人类早期对瞬时速度的近似认识阶段.

当然, 无论取 Δt 怎么小, 用 $\overline{v}(t_0,\Delta t)$ 表示 $v(t_0)$ 只能是近似, 必须发展一种新的理论, 完成由近似到准确的过程. 这种理论就是极限理论. 因此, 直到极限理论产生之后, 瞬时速度问题才得以解决, 现在, 我们利用极限理论给出瞬时速度的求解.

问题的求解: 假设物体的运动方程为 $S(t)$, 取定时刻 t_0, 任给时段 Δt, 则在时段 $[t_0, t_0+\Delta t]$ 物体运动的路程为 $S(t_0+\Delta t)-S(t_0)$, 因此, 在时段 $[t_0, t_0+\Delta t]$ 内, 物体运动的平均速度为 $\overline{v}(t_0,\Delta t)=\dfrac{s(t_0+\Delta t)-s(t_0)}{\Delta t}$, 故

$$v(t_0)=\lim_{\Delta t\to 0}\overline{v}(t_0,\Delta t)=\lim_{\Delta t\to 0}\frac{\Delta s}{\Delta t}=\lim_{\Delta t\to 0}\frac{s(t_0+\Delta t)-s(t_0)}{\Delta t},$$

这样, 利用路程函数和极限工具, 瞬时速度问题就解决了.

引例 2　切线问题: 求平面曲线上一点处的切线.

建立数学模型: 已知平面曲线 $y=f(x)$, 计算曲线上点 $P(x_0,y_0)$ 处的切线.

这是一类从实际问题中抽象出来的数学问题. 在 17 世纪, 科学技术领域中有很多亟待求解的问题本质上都是此问题. 如光的反射与折射、物体曲线运动的速度、曲线的交角等问题. 笛卡儿甚至说, 切线问题是他所知道的, 甚至也是他一直想要知道的最有用、最一般的问题. 但是, 历史上, 切线的定义的形成也经历了相当长的时期. 从最初的欧几里得 (Euclid, 约公元前 330~ 公元前 275) 定义的圆的切线、阿波罗尼奥斯 (Apollonius, 约公元前 262 ~ 公元前 190) 定义的圆锥曲线 (抛物线、双曲线等) 的切线, 到 17 世纪笛卡儿 (Descartes, 1596~1650) 的作圆求切线的方法、罗泊瓦尔 (Roberval, 1602~1675) 从运动角度定义切线为合速度方向的直线, 费马 (Fermat, 1601~1665)、巴罗 (Barrow, 1630

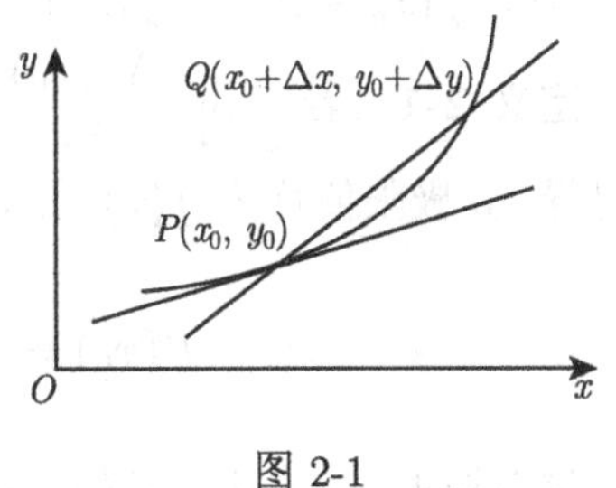

图 2-1

$\sim$1677) 提出的把切线视为两交点重合的割线, 直至笛卡儿把切线明确定义为割线的极限位置 (图 2-1), 至此, 切线的定义才形成.

模型的研究与求解: 研究求解的思想与引例 1 类似, 我们给出简单的过程. 由切线的定义: 曲线上一点处的切线就是过此定点的曲线的割线的极限位置, 因此, 在极限理论产生之前, 对切线的认识也体现了近似思想, 用割线近似代替切线. 极限理论产生后, 利用极限工具就可以得到切线. 现在, 假设我们已经知道了直线方程, 就很容易计算割线方程. 取曲线上定点为 $P(x_0, y_0)$, 在曲线上任取异于点 P 的一点 $Q(x_0+\Delta x, y_0+\Delta y)$, 则过曲线上定点 P 的割线 PQ 的方程为

$$y=\frac{f(x_0+\Delta x)-f(x_0)}{x_0+\Delta x-x_0}(x_0+\Delta x-x_0)+y_0,$$

这里用到了 $\Delta y=f(x_0+\Delta x)-f(x_0)$. 因此, 割线斜率的极限就是切线的斜率, 即 P 点处的切线斜率 $k(P)$ 为

$$\lim_{\Delta x\to 0}\frac{\Delta y}{\Delta x}=\lim_{\Delta x\to 0}\frac{f(x_0+\Delta x)-f(x_0)}{\Delta x},$$

有了切线的斜率, 就很容易得到切线的方程, 曲线的切线问题得到解决.

抽象总结 观察引例 1 和引例 2, 问题的最终解决需要计算一类极限, 抛开具体问题的实际背景, 抽象为数学语言, 从结构看, 这类极限就是函数的自变量发生变化时, 所引起函数的改变量与自变量改变量的比值的极限. 这类问题不是孤立的, 在现代科学研究及工程技术领域, 很多问题都可以归结为这类极限问题, 很多实际问题的研究也最终转化为这类极限的计算, 研究这类极限的计算及其相关理论具有很大的意义, 因此, 我们抛开具体问题的背景, 将其思想抽象出来, 形成数学概念和理论, 就是我们将要引入的函数的导数概念和微分学理论.

2.1.2 导数的定义

给定在 $U(x_0)$ 内有定义的函数 $y=f(x)$, 记 Δx 为自变量在 x_0 处的改变量, $\Delta y(x_0)=f(x_0+\Delta x)-f(x_0)$ 为相应的函数在 x_0 点的改变量.

定义 2-1 若 $\lim\limits_{\Delta x\to 0}\dfrac{\Delta y(x_0)}{\Delta x}=\lim\limits_{\Delta x\to 0}\dfrac{f(x_0+\Delta x)-f(x_0)}{\Delta x}$ 存在, 称 $f(x)$ 在 x_0 点可导, 其极限值称为 $f(x)$ 在 x_0 点的导数, 记为 $f'(x_0)$, 即

$$f'(x_0)=\lim_{\Delta x\to 0}\frac{f(x_0+\Delta x)-f(x_0)}{\Delta x}.$$

信息挖掘 (1) 从定义的结构看, 函数在某点处的导数就是函数在此点处的增量比的极限, 再次体现了极限的重要性;

(2) 由于导数是由极限定义的, 因此, 导数是局部性概念——是一个“点概念”. 导数的计算实际就是极限的计算, 而导数是微分学中的核心概念, 就此体现出极限理论是微分学的基础;

(3) 定义既是定性的——函数在此点可导, 也是定量的——给出导数值的计算公式;

(4) 有了导数的定义, 引例 1 和引例 2 中的问题就得到彻底解决, 即利用导数, 瞬时速度可以表示为 $v(t_0)=s'(t_0)$, 切线斜率可以表示为 $k(P)=f'(x_0)$;

(5) 从定义 2-1、引例 1 和引例 2 中还可以看出, 函数在某点处的导数就是函数在此点的变化率, 因而, 在应用领域, 涉及变化率的问题都可以表示为导数问题, 如传导率、增长率、扩散率等, 这也反映出导数这一数学概念具有强烈的现实背景和应用背景;

(6) 引例 2 也体现了导数的**几何意义**: **函数在某点处的导数等于函数曲线在此点处的切线斜率**;

(7) 从应用角度看, 定义式有如下不同形式:

$$f'(x_0)=\lim_{\Delta x\to 0}\frac{f(x_0+\Delta x)-f(x_0)}{\Delta x},\quad f'(x_0)=\lim_{x\to x_0}\frac{f(x)-f(x_0)}{x-x_0},$$

这些形式中涉及函数的增量结构 $f(x_0+\Delta x)-f(x_0)$ 或差值结构 $f(x)-f(x_0)$, 因此, 定义中建立了导数和函数增量结构或差值结构的联系, 当研究对象具有上述特征时可以考虑用导数进行研究.

2.1.3 导数存在的条件

由导数的定义知道, 导数是通过极限来定义的, 因而, 利用左、右极限给出左、右导数的定义.

定义 2-2 若极限 $\lim\limits_{\Delta x\to 0^+}\dfrac{f(x_0+\Delta x)-f(x_0)}{\Delta x}$ 存在, 称 $f(x)$ 在 x_0 点右可导, 其极限值称为 $f(x)$ 在 x_0 点的右导数, 记为 $f'_+(x_0)$, 即

$$f'_+(x_0)=\lim_{\Delta x\to 0^+}\frac{f(x_0+\Delta x)-f(x_0)}{\Delta x}.$$

类似可定义函数在点 x 处的左导数 $f'_-(x_0)$.

左导数和右导数统称单侧导数. 根据函数极限与左右极限的关系, 可得下述定理.

定理 2-1 $f(x)$ 在 x_0 点可导的充要条件是 $f'_+(x_0)$ 和 $f'_-(x_0)$ 存在且相等.

例 1 研究函数 $f(x)=|x|$ 在 $x=0$ 处的可导性.

解 因为

$$f'_-(0)=\lim_{\Delta x\to 0^-}\frac{f(0+\Delta x)-f(0)}{\Delta x}=\lim_{\Delta x\to 0^-}\frac{|\Delta x|}{\Delta x}=\lim_{\Delta x\to 0^-}\frac{-\Delta x}{\Delta x}=-1,$$

$$f'_+(0)=\lim_{\Delta x\to 0^+}\frac{f(0+\Delta x)-f(0)}{\Delta x}=\lim_{\Delta x\to 0^+}\frac{|\Delta x|}{\Delta x}=\lim_{\Delta x\to 0^+}\frac{\Delta x}{\Delta x}=1,$$

即函数 $f(x)=|x|$ 在 $x=0$ 处的左、右导数分别为 -1 和 1, 由定理 2-1 知该函数在 $x=0$ 处不可导.

2.1.4 导函数

有了左、右导数, 就可以将导数的定义拓展至区间, 进而引出一类新的函数——导函数.

定义 2-3 设函数 $y=f(x)$ 在 (a,b) 内有定义, 且对 $\forall x\in(a,b)$, $f(x)$ 在 x 点可导, 称 $f(x)$ 在 (a,b) 内可导.

定义 2-4 设函数 $y=f(x)$ 在 $[a,b]$ 上有定义, 若 $f(x)$ 在 (a,b) 内可导, 在 $x=a$ 点右可导, 在 $x=b$ 点左可导, 称 $f(x)$ 在 $[a,b]$ 上可导.

当 $f(x)$ 在 (a,b) 内可导时, 在任一点 $x\in(a,b)$ 处, 由极限的唯一性, 其导数 $f'(x)$ 由 x 唯一确定, 由此确定一个从 (a,b) 到实数系 $\mathbf{R}^1$ 的对应 $x\mapsto f'(x)$, 因而可以确定一个变量为 x 的函数 $f'(x)$, 称为 $f(x)$ 的导函数, 仍记为 $f'(x)$. 因此, 函数在一点处的导数也是其导函数在此点处的函数值, 故, 有时也将导函数简称导数. 同样, 当 $f(x)$ 在 $[a,b]$ 上可导时, 可以在 $[a,b]$ 上确定导函数 $f'(x)$.

上述导数也称为变量 y 对变量 x 的导数, 也可以表示为 $f'(x)=\dfrac{\mathrm{d}y}{\mathrm{d}x}$ 或 $f'(x)=\dfrac{\mathrm{d}f}{\mathrm{d}x}$, 这种表示更清楚地表明了导数是变量之间的变化关系, 即 x 的变化引起了变量 y 的改变, 这种表达式也称为导数的微分表达式, 反映了导数与微分之间的关系, 后面我们将进一步介绍二者的关系.

2.1.5 导数概念的基本应用

按定义求导, 可以按以下三步进行.

(1) 求函数的增量: $\Delta y=f(x+\Delta x)-f(x)$;

(2) 算比值: $\dfrac{\Delta y}{\Delta x}=\dfrac{f(x+\Delta x)-f(x)}{\Delta x}$;

(3) 求极限: $\lim\limits_{\Delta x\to 0}\dfrac{\Delta y}{\Delta x}=\lim\limits_{\Delta x\to 0}\dfrac{f(x+\Delta x)-f(x)}{\Delta x}$.

用定义可以计算如下几个基本初等函数的导数.

例 2 求函数 $f(x)\equiv C$ (C 为常数) 的导数.

解　$f'(x)=\lim\limits_{\Delta x\to 0}\dfrac{f(x+\Delta x)-f(x)}{\Delta x}=\lim\limits_{\Delta x\to 0}\dfrac{C-C}{\Delta x}=0$, 即 $(C)'=0$.

抽象总结　常数的导数等于零.

例 3　求函数 $f(x)=\sin x$ 的导数.

解　
$$f'(x)=\lim_{\Delta x\to 0}\frac{f(x+\Delta x)-f(x)}{\Delta x}=\lim_{\Delta x\to 0}\frac{\sin(x+\Delta x)-\sin x}{\Delta x}$$
$$=\lim_{\Delta x\to 0}\frac{2\cos\dfrac{2x+\Delta x}{2}\sin\dfrac{\Delta x}{2}}{\Delta x}=\cos x.$$

即 $(\sin x)'=\cos x$.

用类似的方法, 可以求得 $(\cos x)'=-\sin x$.

抽象总结　正弦函数的导数是余弦函数, 余弦函数的导数是负的正弦函数.

例 4　求函数 $f(x)=\ln x$ 的导数.

解　
$$f'(x)=\lim_{\Delta x\to 0}\frac{f(x+\Delta x)-f(x)}{\Delta x}=\lim_{\Delta x\to 0}\frac{\ln(x+\Delta x)-\ln x}{\Delta x}$$
$$=\lim_{\Delta x\to 0}\frac{\ln\left(1+\dfrac{\Delta x}{x}\right)}{\Delta x}=\lim_{\Delta x\to 0}\frac{\dfrac{\Delta x}{x}}{\Delta x}=\frac{1}{x}.$$

即 $(\ln x)'=\dfrac{1}{x}(x>0)$.

更一般地, $y=\log_a x$, 则 $y'=\dfrac{1}{x}\log_a \mathrm{e}=\dfrac{1}{x\ln a}$.

例 5　求函数 $f(x)=x^a$ 的导数.

解　$x\neq 0$ 时, 利用 $\left(1+\dfrac{\Delta x}{x}\right)^a-1\sim a\dfrac{\Delta x}{x}$,

$$f'(x)=\lim_{\Delta x\to 0}\frac{f(x+\Delta x)-f(x)}{\Delta x}$$
$$=\lim_{\Delta x\to 0}\frac{(x+\Delta x)^a-x^a}{\Delta x}=\lim_{\Delta x\to 0}x^a\frac{\left(1+\dfrac{\Delta x}{x}\right)^a-1}{\Delta x}$$
$$=x^a\lim_{\Delta x\to 0}\frac{a\cdot\dfrac{\Delta x}{x}}{\Delta x}=ax^{a-1}.$$

即 $(x^a)'=ax^{a-1}$.

注　$x=0$ 时, 须 $a>1$, 此时 $f'(0)=\lim\limits_{\Delta x\to 0}\dfrac{(\Delta x)^a}{\Delta x}=0$, 仍有 $f'(x)=ax^{a-1}$.

特别地, $(x^n)'=nx^{n-1}$.

例 6 求函数 $f(x)=a^x$ 的导数.

解 $f'(x)=\lim\limits_{\Delta x\to 0}\dfrac{f(x+\Delta x)-f(x)}{\Delta x}=\lim\limits_{\Delta x\to 0}\dfrac{a^{x+\Delta x}-a^x}{\Delta x}=a^x\lim\limits_{\Delta x\to 0}\dfrac{a^{\Delta x}-1}{\Delta x}$

$$\xlongequal{a^{\Delta x}-1=t} a^x\lim_{t\to 0}\frac{t}{\dfrac{\ln(t+1)}{\ln a}}$$

$$=a^x\ln a\lim_{t\to 0}\frac{t}{\ln(t+1)}=a^x\ln a.$$

即 $(a^x)'=a^x\ln a(a>0)$.

例 7 (1) 若 $f'(a)$ 存在, 求 $\lim\limits_{h\to 0}\dfrac{f(a+h)-f(a-h)}{h}$;

(2) 反之, 若 $\lim\limits_{h\to 0}\dfrac{f(a+h)-f(a-h)}{h}$ 存在, 问 $y=f(x)$ 在 $x=a$ 处是否可导?

结构分析 (1) 和 (2) 都涉及一点处的导数问题, 因此考虑用导数的定义进行研究. 具体地,

(1) 结论分析: 已知条件涉及一点处的导数, 研究对象含有函数差值结构, 且函数差值和自变量增量之间是商的关系. 类比已知: 这与导数定义的结构类似. 确定思路: 利用导数的定义求解, 且 (1) 的条件 $f'(a)$ 是存在, 因此, 利用函数 $f(x)$ 在 $x=a$ 处可导的定义.

(2) 结论分析: 研究对象是函数在一点处是否可导. 类比已知: 导数的定义, 进一步的挖掘, 导数是由极限定义的, 因此做题过程中必须注意导数的定义是建立在极限的性质基础之上的.

解 (1) $\lim\limits_{h\to 0}\dfrac{f(a+h)-f(a-h)}{h}$

$$=\lim_{h\to 0}\left[\frac{f(a+h)-f(a)}{h}+\frac{f(a-h)-f(a)}{-h}\right]$$

$$=\lim_{h\to 0}\frac{f(a+h)-f(a)}{h}+\lim_{h\to 0}\frac{f(a-h)-f(a)}{-h}=2f'(a).$$

(2) 不一定. 因为, 只有 $\lim\limits_{h\to 0}\dfrac{f(a+h)-f(a)}{h}$ 与 $\lim\limits_{h\to 0}\dfrac{f(a-h)-f(a)}{-h}$ 同时存在时, 才有 $\lim\limits_{h\to 0}\dfrac{f(a+h)-f(a-h)}{h}=\lim\limits_{h\to 0}\dfrac{f(a+h)-f(a)}{h}+\lim\limits_{h\to 0}\dfrac{f(a-h)-f(a)}{-h}$, 根据题目的条件, $\lim\limits_{h\to 0}\dfrac{f(a+h)-f(a)}{h}$ 与 $\lim\limits_{h\to 0}\dfrac{f(a-h)-f(a)}{-h}$ 的存在性未知, 故不一定.

例 8　设 $f(2)=a, f'(2)=2$, 计算:

(1) $a=0$ 时, 求 $\lim\limits_{n\to+\infty} nf\left(\dfrac{2n+1}{n}\right)$;

(2)$a\neq 0$ 时, 求 $\lim\limits_{n\to+\infty}\left[\dfrac{1}{a}f\left(\dfrac{2n+1}{n}\right)\right]^n$.

结构分析　从题目的条件看, 只有导数的定义和题型关联紧密, 思路是利用导数的定义进行计算, 方法是形式统一法. 但是, 注意到 (2) 中的极限结构是 1^∞ 形式的幂指结构.

解　(1) 由导数的定义, 则

$$\lim_{n\to+\infty} nf\left(\frac{2n+1}{n}\right)=\lim_{n\to+\infty}\frac{f\left(2+\dfrac{1}{n}\right)-f(2)}{n^{-1}}=f'(2)=2.$$

(2) 利用导数的定义和第二个重要极限, 则

$$\begin{aligned}
&\lim_{n\to+\infty}\left[\frac{1}{a}f\left(\frac{2n+1}{n}\right)\right]^n\\
=&\lim_{n\to+\infty}\left[\frac{f\left(\dfrac{2n+1}{n}\right)-a}{a}+1\right]^n\\
=&\lim_{n\to+\infty}\left[1+\frac{f\left(\dfrac{2n+1}{n}\right)-f(2)}{f(2)}\right]^{\frac{f(2)}{f\left(\frac{2n+1}{n}\right)-f(2)}\frac{f\left(\frac{2n+1}{n}\right)-f(2)}{f(2)}n}\\
=&\lim_{n\to+\infty}\left\{\left[1+\frac{f\left(\dfrac{2n+1}{n}\right)-f(2)}{f(2)}\right]^{\frac{f(2)}{f\left(\frac{2n+1}{n}\right)-f(2)}}\right\}^{\frac{f\left(\frac{2n+1}{n}\right)-f(2)}{f(2)}n}\\
=&\lim_{n\to+\infty}\left\{\left[1+\frac{f\left(\dfrac{2n+1}{n}\right)-f(2)}{f(2)}\right]^{\frac{f(2)}{f\left(\frac{2n+1}{n}\right)-f(2)}}\right\}^{\frac{f\left(\frac{2n+1}{n}\right)-f(2)}{n^{-1}}\frac{1}{f(2)}}\\
=&\,\mathrm{e}^{\frac{f'(2)}{f(2)}}.
\end{aligned}$$

2.1.6 可导与连续的关系

导数和连续都是函数的分析性质, 下面考察两者之间的关系.

定理 2-2 函数 $f(x)$ 在 x_0 点可导, 则 $f(x)$ 在 x_0 点必连续.

证明 法一 用极限的性质证明.

由于 $f(x)$ 在 x_0 点可导, 则

$$f'(x_0)=\lim_{x\to 0}\frac{f(x_0+x)-f(x_0)}{x},$$

故, 由极限性质,

$$\frac{f(x_0+x)-f(x_0)}{x}=f'(x_0)+\alpha(x),$$

其中 $\lim\limits_{x\to 0}\alpha(x)=0$, 因而,

$$f(x_0+x)-f(x_0)=xf'(x_0)+o(x),$$

故

$$\lim_{x\to 0}(f(x_0+x)-f(x_0))=0,$$

即 $\lim\limits_{x\to 0}f(x_0+x)=f(x_0)$ 或 $\lim\limits_{x\to x_0}f(x)=f(x_0)$.

法二 用导数的定义和形式统一法证明.

由于

$$\begin{aligned}\lim_{x\to 0}(f(x_0+x)-f(x_0))&=\lim_{x\to 0}\frac{f(x_0+x)-f(x_0)}{x}x\\&=\lim_{x\to 0}\frac{f(x_0+x)-f(x_0)}{x}\lim_{x\to 0}x\\&=f'(x_0)\lim_{x\to 0}x=0,\end{aligned}$$

故 $\lim\limits_{x\to x_0}f(x)=f(x_0)$, 因而, $f(x)$ 在 x_0 点连续.

由定理 2-2 可知, **不连续函数必不可导.**

抽象总结 定理 2-2 的逆不成立, 即 $f(x)$ 在 x_0 点连续, $f(x)$ 在 x_0 点不一定可导. 因此, 可导是比连续更高级的光滑性, 连续只保证函数曲线的连续性, 可导则要求函数不仅要连续, 更进一步还是更光滑的. 在不可导点处, 函数曲线出现尖点等 "不好" 的分析性质, 曲线在此处变得不那么光滑. 当然, 还有例子表明, 在不可导点处, 函数曲线出现振荡. 尖点和振荡是函数在不可导点处两种常见的几何特征.

例 9　证明：函数 $f(x)=\sqrt[3]{x}$ 在 $(-\infty,+\infty)$ 内连续, 但在 $x=0$ 处不可导.

证明　由于 $f(x)=\sqrt[3]{x}$ 是初等函数, 在其定义域 $(-\infty,+\infty)$ 内都连续. 而

$$f'(0)=\lim_{h\to 0}\frac{f(0+h)-f(0)}{h}=\lim_{h\to 0}\frac{\sqrt[3]{h}}{h}=\lim_{h\to 0}\frac{1}{h^{2/3}}=+\infty,$$

即导数为无穷大, 所以函数 $f(x)=\sqrt[3]{x}$ 在 $x=0$ 处不可导.

例 10　讨论函数 $f(x)=\begin{cases}x\sin\dfrac{1}{x}, & x\neq 0,\\ 0, & x=0\end{cases}$ 在 $x=0$ 处的连续性与可导性.

解　因为 $\lim\limits_{x\to 0}f(x)=\lim\limits_{x\to 0}x\sin\dfrac{1}{x}=0=f(0)$, 所以 $f(x)$ 在 $x=0$ 处连续.

而 $f'(0)=\lim\limits_{x\to 0}\dfrac{f(x)-f(0)}{x}=\lim\limits_{h\to 0}\dfrac{x\sin\dfrac{1}{x}}{x}=\lim\limits_{x\to 0}\sin\dfrac{1}{x}$, 此极限不存在, 即 $f(x)$ 在 $x=0$ 处不可导.

由例 9 和例 10 可以看出, 函数在某点连续是函数在该点可导的必要条件, 而不是充分条件.

例 11　研究函数 $f(x)=x+|\sin x|$ 在 $x=0$ 处的连续性与可导性.

解　因为 $\lim\limits_{x\to 0}f(x)=\lim\limits_{x\to 0}(x+|\sin x|)=0=f(0)$, 所以 $f(x)$ 在 $x=0$ 处连续.

由 $\lim\limits_{x\to 0^-}\dfrac{f(x)-f(0)}{x}=\lim\limits_{x\to 0^-}\dfrac{x+|\sin x|}{x}=1-\lim\limits_{x\to 0^-}\dfrac{\sin x}{x}=1-1=0$ 得 $f'_-(0)=0$;

由 $\lim\limits_{x\to 0^+}\dfrac{f(x)-f(0)}{x}=\lim\limits_{x\to 0^+}\dfrac{x+|\sin x|}{x}=1+\lim\limits_{x\to 0^+}\dfrac{\sin x}{x}=1+1=2$ 得 $f'_+(0)=2$, 因为 $f'_-(0)\neq f'_+(0)$, 所以 $f(x)$ 在 $x=0$ 处不可导.

例 12　设函数 $f(x)=\begin{cases}\ln(1+ax)+b, & x>0,\\ \mathrm{e}^{2x}, & x\leqslant 0,\end{cases}$ 且 $f'(0)$ 存在, 求 a,b 的值.

结构分析　题目仅涉及 $x=0$ 处可导, 因此用到一点处导数的定义, 又 $f(x)$ 在 $x=0$ 的左右两侧的表达式不同, 故用到 0 点处的左右导数相等, 而要求的是两个未知量, 仅有 0 点处的左右导数相等这一个等式是不够的, 进一步挖掘信息, 函数在 $x=0$ 处可导, 那么它必然在 $x=0$ 处连续, 必有该点处的左右极限相等, 据此, 又可以得到一个等式, 则可求解两个未知量.

解　由于函数 $f(x)$ 在 $x=0$ 处可导, 所以 $f(x)$ 在 $x=0$ 处连续, 故 $f(0+0)=$

$f(0-0)=f(0)$, 而

$$f(0+0)=\lim_{x\to0^+}[\ln(1+ax)+b]=b,$$

$$f(0-0)=\lim_{x\to0^-}\mathrm{e}^{2x}=1$$

$$f(0)=\mathrm{e}^0=1,$$

故 $b=1$, 即 $f(x)=\begin{cases}\ln(1+ax)+1, & x>0,\\ \mathrm{e}^{2x}, & x\leqslant 0.\end{cases}$

因为 $f(x)$ 在 $x=0$ 处可导, 故 $f'_-(0)=f'_+(0)$, 而

$$f'_-(0)=\lim_{x\to0^-}\frac{f(x)-f(0)}{x}=\lim_{x\to0^-}\frac{\mathrm{e}^{2x}-1}{x}=2,$$

$$f'_+(0)=\lim_{x\to0^+}\frac{f(x)-f(0)}{x}=\lim_{x\to0^+}\frac{\ln(1+ax)+1-1}{x}=a,$$

故 $a=2$.

习 题 2-1

1. 用定义计算函数在给定点处的导数.

(1) $f(x)=\ln(1+x)$, $x_0=0$;

(2) $f(x)=x^2+(x-1)\arcsin\sqrt{\dfrac{x}{x+1}}$, $x_0=1$;

(3) $f(x)=|x^3|$, $x_1=1$, $x_2=-1$.

2. 设 $f(x)$ 在 x_0 点可导, 类比导数定义, 你能挖掘出哪些信息? 用形式统一法指出下列各题中 A 分别表示什么?

(1) $\displaystyle\lim_{\Delta x\to0}\frac{f(x_0-\Delta x)-f(x_0)}{\Delta x}=A$;

(2) $\displaystyle\lim_{x\to0}\frac{f(x)}{x}=A$, 其中 $f(0)=0$, 且 $f'(0)$ 存在;

(3) $\displaystyle\lim_{h\to0}\frac{f(x_0+h)-f(x_0-h)}{h}=A$;

(4) $\displaystyle\lim_{n\to\infty}n\left[f\left(x_0+\frac{2}{n}\right)-f\left(x_0+\frac{1}{n}\right)\right]=A$.

3. 设 $f(0)=0$, 则 $f(x)$ 在 $x=0$ 处可导的充要条件为 (　　).

(A) $\displaystyle\lim_{h\to0}\frac{1}{h^2}f(1-\cos h)$ 存在;

(B) $\displaystyle\lim_{h\to0}\frac{1}{h}f(1-\mathrm{e}^h)$ 存在;

(C) $\displaystyle\lim_{h\to0}\frac{1}{h^2}f(h-\sin h)$ 存在;

(D) $\displaystyle\lim_{h\to0}\frac{1}{h}[f(2h)-f(h)]$ 存在.

4. 计算下列函数在给定点的左、右导数, 并判断在此点的可导性.

(1) $f(x)=x^{\frac{2}{3}}$, $x_0=0$;

(2) $f(x)=\begin{cases}\dfrac{x}{1+\mathrm{e}^{\frac{1}{x}}}, & x\neq 0,\\ 0, & x=0,\end{cases}$ $x_0=0$.

5. 已知函数 $f(x)=\begin{cases}\sin x, & x<0,\\ x, & x\geqslant 0,\end{cases}$ 求 $f'(x)$.

6. 设函数 $f(x)=\begin{cases}\dfrac{1-\cos x}{\sqrt{x}}, & \forall x>0,\\ x^2g(x), & x\leqslant 0,\end{cases}$ 其中 $g(x)$ 是有界函数, 判断 $f(x)$ 在 $x=0$ 处的可导性.

7. 设 $f(x)$ 在 x_0 点可导, 且 $f(x)>0, x\in U(x_0)$, 计算 $\lim\limits_{n\to\infty}\left(\dfrac{f\left(x_0+\dfrac{1}{n}\right)}{f(x_0)}\right)^n$; 要求: 分析极限的结构, 给出结构特点, 根据不同的结构特点给出两种不同的计算方法, 说明思路是如何形成的.

8. 设 $f(x)=\begin{cases}x^2, & x\leqslant 1,\\ ax+b, & x>1,\end{cases}$ 为了使函数 $f(x)$ 在 $x=1$ 处连续且可导, a, b 应取什么值?

9. 确定 a, b 的值, 使得 $f(x)=\begin{cases}\mathrm{e}^x+1+x^2\sin\dfrac{1}{x^3}, & x>0,\\ ax+b, & x\leqslant 0\end{cases}$ 在 $x_0=0$ 点可导.

10. 设 $f(x)=\begin{cases}x^k\sin\dfrac{1}{x}, & x\neq 0,\\ 0, & x=0,\end{cases}$ 问:

(1) 当 k 为何值时, $f(x)$ 在 $x=0$ 处连续但不可导;

(2) 当 k 为何值时, $f(x)$ 在 $x=0$ 处可导, 但导函数不连续;

(3) 当 k 为何值时, $f(x)$ 在 $x=0$ 处的导函数连续.

11. 已知函数 $f(x)$ 在 $x=x_0$ 处连续, 且 $\lim\limits_{x\to x_0}\dfrac{f(x)}{x-x_0}=A$($A$ 为常数), 问 $f'(x_0)$ 是否存在?

2.2　导数的计算

2.2节课件

2.1 节我们介绍了导数的概念, 并利用定义计算了几个简单函数的导数, 但是要计算更复杂函数的导数, 利用定义计算相当繁琐, 为了更好地利用导数来研究函数的性质和解决与变化率有关的实际问题, 我们需要掌握更进一步的计算法则.

2.2.1 导数的四则运算法则

由于导数是用极限定义的一个概念, 因此可利用极限的运算法则建立导数运算法则.

定理 2-3(导数的四则运算) 设 $u(x)$ 与 $v(x)$ 都可导, 则

(1)$(u(x)\pm v(x))'=u'(x)\pm v'(x)$;

(2)$(u(x)v(x))'=u'(x)v(x)+u(x)v'(x)$;

(3)$\left[\dfrac{u(x)}{v(x)}\right]'=\dfrac{u'v-uv'}{v^2}\ (v\neq 0)$.

证明 (1) 直接用导数的定义和极限的运算性质即可.

(2) 由导数定义,

$$
\begin{aligned}
[uv]'&=\lim_{\Delta x\to 0}\frac{u(x+\Delta x)v(x+\Delta x)-u(x)v(x)}{\Delta x}\\
&=\lim_{\Delta x\to 0}\frac{u(x+\Delta x)v(x+\Delta x)-u(x)v(x+\Delta x)+u(x)v(x+\Delta x)-u(x)v(x)}{\Delta x}\\
&=\lim_{\Delta x\to 0}\left[\frac{u(x+\Delta x)-u(x)}{\Delta x}v(x+\Delta x)+u(x)\frac{v(x+\Delta x)-v(x)}{\Delta x}\right]\\
&=u'v+uv',
\end{aligned}
$$

上式用到了可导函数的连续性.

(3) 由导数定义, 类似可得

$$
\begin{aligned}
\left[\frac{u}{v}\right]'&=\lim_{\Delta x\to 0}\frac{\dfrac{u(x+\Delta x)}{v(x+\Delta x)}-\dfrac{u(x)}{v(x)}}{\Delta x}\\
&=\lim_{\Delta x\to 0}\frac{v(x)u(x+\Delta x)-u(x)v(x+\Delta x)}{v(x)v(x+\Delta x)\Delta x}\\
&=\lim_{\Delta x\to 0}\frac{v(x)[u(x+\Delta x)-u(x)]+u(x)[v(x)-v(x+\Delta x)]}{v(x)v(x+\Delta x)\Delta x}\\
&=\frac{u'v-uv'}{v^2}.
\end{aligned}
$$

例 13 求正切函数 $y=\tan x$ 的导数.

解 由商的求导法则得

$$
(\tan x)'=\left(\frac{\sin x}{\cos x}\right)'=\frac{(\sin x)'\cos x-\sin x(\cos x)'}{\cos^2 x}
$$

$$= \frac{\cos^2 x + \sin^2 x}{\cos^2 x} = \frac{1}{\cos^2 x} = \sec^2 x.$$

类似可得余切函数的导数: $(\cot x)' = -\csc^2 x$.

例 14　求正割函数 $y = \sec x$ 的导数.

解　由商的求导法则得

$$(\sec x)' = \left(\frac{1}{\cos x}\right)' = \frac{-(\cos x)'}{\cos^2 x} = \frac{\sin x}{\cos^2 x} = \sec x \tan x.$$

类似可得余割函数的导数: $(\csc x)' = -\csc x \cot x$.

例 15　求下列函数的导数:

(1) $y = \sqrt{x}\,(x^3 - 4\cos x - \sin 1)$;　　(2) $y = \mathrm{e}^x \sin x + \dfrac{1}{\ln x}$.

解　利用求导数的四则运算法则, 可得

(1) $$y' = (\sqrt{x})'(x^3 - 4\cos x - \sin 1) + \sqrt{x}(x^3 - 4\cos x - \sin 1)'$$
$$= \frac{1}{2\sqrt{x}}(x^3 - 4\cos x - \sin 1) + \sqrt{x}(3x^2 + 4\sin x);$$

(2) $$y' = (\mathrm{e}^x \sin x)' + \left(\frac{1}{\ln x}\right)' = (\mathrm{e}^x)'\sin x + \mathrm{e}^x(\sin x)' + \frac{-(\ln x)'}{(\ln x)^2}$$
$$= \mathrm{e}^x \sin x + \mathrm{e}^x \cos x - \frac{1}{x\ln^2 x}.$$

2.2.2　反函数求导法则

定理 2-4　设 $y = f(x)$ 在区间 (a, b) 内连续、严格单调且 $f'(x) \neq 0$, 则其反函数 $x = f^{-1}(y)$ 在 (α, β) 上可导且

$$[f^{-1}(y)]' = \frac{1}{f'(x)},$$

其中, $(\alpha, \beta) = R_f$, $\alpha = \min\{f(a^+), f(b^-)\}$, $\beta = \max\{f(a^+), f(b^-)\}$.

证明　首先, 由反函数存在定理, $x = f^{-1}(y)$ 在 (α, β) 存在且连续.

对 $\forall y_0 \in (\alpha, \beta)$, 存在唯一 $x_0 \in (a, b)$, 使得 $y_0 = f(x_0)$ 或 $x_0 = f^{-1}(y_0)$, 设给增量 Δx, 引起改变量 Δy, 即 $\Delta y = f(x_0 + \Delta x) - f(x_0) = f(x_0 + \Delta x) - y_0$, 则

$$y_0 + \Delta y = f(x_0 + \Delta x),$$

故

$$f^{-1}(y_0 + \Delta y) = x_0 + \Delta x,$$

因而,

$$\Delta x=f^{-1}(y_0+\Delta y)-x_0=f^{-1}(y_0+\Delta y)-f^{-1}(y_0),$$

这表明, 相对于 $f^{-1}(y)$, 给定自变量增量 Δy, 引起函数增量为 Δx.

因此, 对函数 $y=f(x)$, 在 x_0 给定自变量增量 Δx, 引起函数改变量 Δy, 相当于对反函数 $f^{-1}(y)$, 给定自变量增量 Δy, 引起函数增量为 Δx. 因此, 由导数定义,

$$\begin{aligned}[f^{-1}(y_0)]'&=\lim_{\Delta y\to 0}\frac{f^{-1}(y_0+\Delta y)-f^{-1}(y_0)}{\Delta y}\\&=\lim_{\Delta y\to 0}\frac{\Delta x}{f(x_0+\Delta x)-f(x_0)},\end{aligned}$$

又由连续性, $\Delta y\to 0$ 时, $\Delta x=f^{-1}(y_0+\Delta y)-f^{-1}(y_0)\to 0$, 故

$$[f^{-1}(y_0)]'=\lim_{\Delta x\to 0}\frac{\Delta x}{f(x_0+\Delta x)-f(x_0)}=\frac{1}{f'(x_0)},$$

由 y_0 的任意性, 则 $[f^{-1}(y)]'=\dfrac{1}{f'(x)}$.

抽象总结 公式 $[f^{-1}(y)]'=\dfrac{1}{f'(x)}$ 中, 左端的导数是函数 $f^{-1}(y)$ 对变量 y 的导数, 右端是 $f(x)$ 对变量 x 的导数.

例 16 求反正弦函数 $y=\arcsin x$ 的导数.

解 因为 $y=\arcsin x(-1\leqslant x\leqslant 1)$ 是 $x=\sin y\left(-\dfrac{\pi}{2}\leqslant y\leqslant\dfrac{\pi}{2}\right)$ 的反函数, 而 $x=\sin y$ 在 $\left(-\dfrac{\pi}{2},\dfrac{\pi}{2}\right)$ 内单调、可导, 且 $(\sin y)'=\cos y>0$, 于是

$$y'=(\arcsin x)'=\frac{1}{(\sin y)'}=\frac{1}{\cos y}=\frac{1}{\sqrt{1-\sin^2 y}}=\frac{1}{\sqrt{1-x^2}},$$

所以

$$(\arcsin x)'=\frac{1}{\sqrt{1-x^2}}\quad(-1<x<1).$$

类似可得反余弦函数的导数

$$(\arccos x)'=-\frac{1}{\sqrt{1-x^2}}\quad(-1<x<1).$$

例 17　求反正切函数 $y=\arctan x$ 的导数.

解　因为 $y=\arctan x(-\infty \leqslant x \leqslant +\infty)$ 是 $x=\tan y\left(-\frac{\pi}{2} \leqslant y \leqslant \frac{\pi}{2}\right)$ 的反函数, 而 $x=\tan y$ 在 $\left(-\frac{\pi}{2}, \frac{\pi}{2}\right)$ 内单调、可导, 且 $(\tan y)'=\sec^2 y>0$, 于是

$$y'=(\arctan x)'=\frac{1}{(\tan y)'}=\frac{1}{\sec^2 y}=\frac{1}{1+\tan^2 y}=\frac{1}{1+x^2},$$

所以

$$(\arctan x)'=\frac{1}{1+x^2} \quad (-\infty<x<+\infty).$$

类似可得反余切函数的导数

$$(\operatorname{arccot} x)'=-\frac{1}{1+x^2} \quad (-\infty<x<+\infty).$$

至此, 我们已求出了基本初等函数的导数. 基本初等函数的导数如下所示:

(1) $(C)'=0$, 即常数函数的导数为 0;

(2) $(x^a)'=ax^{a-1}$, $a \neq 0$, 特别, $\left(\frac{1}{x}\right)'=-\frac{1}{x^2}$, $(\sqrt{x})'=\frac{1}{2\sqrt{x}}$;

(3)$(a^x)'=a^x \ln a$,$(a>0, a \neq 1)$, 特别, $(\mathrm{e}^x)'=\mathrm{e}^x$;

(4)$(\log_a x)'=\frac{1}{x \ln a}$, $(a>0, a \neq 1)$, 特别, $(\ln x)'=\frac{1}{x}$;

(5)$(\sin x)'=\cos x$;

(6)$(\cos x)'=-\sin x$;

(7)$(\tan x)'=\sec^2 x$;

(8)$(\cot x)'=-\csc^2 x$;

(9)$(\sec x)'=\tan x \sec x$;

(10)$(\csc x)'=-\cot x \csc x$;

(11)$(\arcsin x)'=\frac{1}{\sqrt{1-x^2}}$;

(12)$(\arccos x)'=-\frac{1}{\sqrt{1-x^2}}$;

(13)$(\arctan x)'=\frac{1}{1+x^2}$;

(14)$(\operatorname{arccot} x)'=-\frac{1}{1+x^2}$.

结构分析　上述公式给出了基本初等函数的求导公式, 从结构角度观察, 可以发现求导对函数结构的影响. 即幂函数、指数函数和三角函数的求导不改变原

来的结构, 求导后还是幂函数、指数函数和三角函数结构; 对数函数和反三角函数的求导彻底改变了函数的结构, 结构变得更简单了, 这些结构的变化为后续研究函数性质提供研究思想和方法的理论支撑.

从结构看, 基本初等函数共五类: 幂函数、指数函数、对数函数、三角函数和反三角函数. 这五类基本初等函数中, 又以幂函数结构最简单, 因此在各种运算和研究中, 若能利用各种方法简化函数结构必将有利于计算和研究. 通过求导来简化结构为函数研究又提供了一种解决思路.

更复杂的函数的导数计算, 还需要复合函数的求导法则.

2.2.3 复合函数的求导法则

定理 2-5 设 $y=f(u)$ 在 u 点可导, $u=g(x)$ 在对应 x 点可导, 则复合函数 $y=f(g(x))$ 在 x 点可导且

$$y'=(f(g(x)))'=f'(g(x))\cdot g'(x),$$

或

$$\frac{\mathrm{d}y}{\mathrm{d}x}=\frac{\mathrm{d}y}{\mathrm{d}u}\cdot\frac{\mathrm{d}u}{\mathrm{d}x}=f'(u)\cdot g'(x)=f'(g(x))\cdot g'(x).$$

证明 给定 x 的改变量 Δx, 则它首先引起 $u=g(x)$ 的改变量 Δu, 即 $\Delta u=g(x+\Delta x)-g(x)=g(x+\Delta x)-u$ 且 $\Delta u\to 0(\Delta x\to 0)$, 而 u 产生的改变量又进一步影响到 $y=f(u)$, 产生改变量 Δy, 即 $\Delta y=f(u+\Delta u)-f(u)$. 故,

$$\begin{aligned}
[f(g(x))]' &= \lim_{\Delta x\to 0}\frac{f(g(x+\Delta x))-f(g(x))}{\Delta x}\\
&= \lim_{\Delta x\to 0}\frac{f(u+\Delta u)-f(u)}{\Delta u}\cdot\frac{\Delta u}{\Delta x}\\
&= \lim_{\Delta x\to 0}\frac{f(u+\Delta u)-f(u)}{\Delta u}\cdot\frac{g(x+\Delta x)-g(x)}{\Delta x}\\
&= \lim_{\Delta u\to 0}\frac{f(u+\Delta u)-f(u)}{\Delta u}\cdot\lim_{\Delta x\to 0}\frac{g(x+\Delta x)-g(x)}{\Delta x}\\
&= f'(u)g'(x)=f'(g(x))g'(x).
\end{aligned}$$

结构分析 公式的第二种形式 $\frac{\mathrm{d}y}{\mathrm{d}x}=\frac{\mathrm{d}y}{\mathrm{d}u}\cdot\frac{\mathrm{d}u}{\mathrm{d}x}=f'(u)\cdot g'(x)$ 更清楚表明了复合函数导数的计算过程的含义: 对复合函数 $y=f(u(x))$, y 对自变量 x 的导数等于 y 对中间变量 u 的导数乘于中间变量 u 对自变量 x 的导数, 这也是复合函数的链式求导法则. 因此, 复合函数求导时一定要确定各种变量, 初学者可通过引入中间变量, 将一个复杂的函数写成简单函数的复合函数, 然后进行求导.

由于初等函数是由基本初等函数经过有限次四则运算和复合运算而构成的, 因此, 利用已求出的基本初等函数的导数, 以及导数的运算法则, 原则上可以求出任何一个初等函数的导数, 可以说: 一切初等函数的求导问题已经解决, 而且可导的初等函数的导数一般仍为初等函数.

例 18　$f(x)=x^3\cos x-\mathrm{e}^x\ln x+\dfrac{2^x}{x}$, 计算 $f'(x)$.

解　利用导数计算法则, 则

$$\begin{aligned}f'(x)&=(x^3\cos x)'-(\mathrm{e}^x\ln x)'+\left(\frac{2^x}{x}\right)'\\&=3x^2\cos x-x^3\sin x-\mathrm{e}^x\ln x-\frac{\mathrm{e}^x}{x}+\frac{2^x x\ln 2-2^x}{x^2}.\end{aligned}$$

例 19　$f(x)=(1-x^2)\arccos x-\mathrm{e}^x\tan x$, 计算 $f'(x)$.

解　由导数计算公式, 则

$$\begin{aligned}f'(x)&=(1-x^2)'\arccos x+(1-x^2)(\arccos x)'-(\mathrm{e}^x)'\tan x-\mathrm{e}^x(\tan x)'\\&=-2x\arccos x-\sqrt{1-x^2}-\mathrm{e}^x\tan x-\mathrm{e}^x\sec^2 x.\end{aligned}$$

例 20　$f(x)=\mathrm{e}^{x^2+\ln x}$, 计算 $f'(x)$.

解　令 $u=x^2+\ln x$, 则 $f(x)=\mathrm{e}^{x^2+\ln x}$ 可以视为 $f(u)=\mathrm{e}^u, u=x^2+\ln x$ 的复合, 由复合函数的求导法则, 则

$$\begin{aligned}f'(x)&=(\mathrm{e}^u)'(x^2+\ln x)'\\&=\mathrm{e}^u\left(2x+\frac{1}{x}\right)=\mathrm{e}^{x^2+\ln x}\left(2x+\frac{1}{x}\right).\end{aligned}$$

注　上述计算过程中, 我们都用 “′” 表示导数, 但在不同的地方, 表示的含义不同, 如 $(\mathrm{e}^u)'$ 表示的是函数 e^u 对 u 的导数, 而 $f'(x)$ 和 $(x^2+\ln x)'$ 表示的都是相应函数对 x 的导数, 要注意这种区别.

例 21　$y=\ln(x+\sqrt{x^2+a^2})$, 求 y'.

解　记 $u=x+\sqrt{x^2+a^2}$, 则 $y=\ln(x+\sqrt{x^2+a^2})$ 可视为 $y=\ln u$, $u=x+\sqrt{x^2+a^2}$ 的复合, 故

$$y'=\frac{\mathrm{d}y}{\mathrm{d}x}=\frac{\mathrm{d}y}{\mathrm{d}u}\frac{\mathrm{d}u}{\mathrm{d}x}=\frac{1}{u}\left(1+\frac{x}{\sqrt{x^2+a^2}}\right)=\frac{1}{\sqrt{x^2+a^2}}.$$

例 21 给出结论是一个有用的结论, 在后续的积分理论中会用到上述公式.

再给出一个抽象复合函数的导数计算.

例 22 设所要求的计算都能够进行, 求 y', 其中

(1) $y=f^2(f(\mathrm{e}^{x^2}+x\ln x))$; (2) $y=\arctan(u^2(x)+v^2(x^2))$.

解 根据复合函数的求导法则, 则

(1) $y'=2f(f(\mathrm{e}^{x^2}+x\ln x))f'(f(\mathrm{e}^{x^2}+x\ln x))f'(\mathrm{e}^{x^2}+x\ln x)(2x\mathrm{e}^{x^2}+\ln x+1)$;

(2) $y'=\dfrac{2u(x)u'(x)+2v(x^2)v'(x^2)2x}{1+(u^2(x)+v^2(x^2))^2}$.

由于初等函数是由基本初等函数经过有限次四则运算和复合运算而构成的, 因此利用已求出的基本初等函数的导数, 以及导数的四则运算法则和复合运算法则, 原则上可以求出任何一个初等函数的导数. 可以说: 一切初等函数的求导问题已经解决, 而且可导的初等函数的导数一般仍为初等函数.

2.2.4 高阶导数

在实际问题中, 我们有时需要考虑导函数的导数, 如设运动质点的路程关于时间的函数为 $s=s(t)$, 因为速度是路程关于时间的变化率, 所以质点在 t 时刻的瞬时速度为 $v(t)=s'(t)$, 而加速度是速度关于时间的变化率, 所以质点在 t 时刻的瞬时加速度为 $a(t)=v'(t)$, 即

$$a(t)=v'(t)=[s'(t)]'.$$

这里对 $s(t)$ 的导函数再求导数, 这就是下面要介绍的高阶导数.

定义 2-5 设函数 $y=f(x)$ 的导数 $f'(x)$ 在点 x 处仍可导, 即极限

$$(f'(x))'=\lim_{\Delta x\to 0}\frac{f'(x+\Delta x)-f'(x)}{\Delta x}$$

存在, 则称 $[f'(x)]'$ 为函数 $f(x)$ 在点 x 处的二阶导数, 记为 $y'', f''(x)$, 或 $\dfrac{\mathrm{d}^2y}{\mathrm{d}x^2}$. 因此,

$$y''=f''(x)=(f'(x))'=\frac{\mathrm{d}}{\mathrm{d}x}\left(\frac{\mathrm{d}y}{\mathrm{d}x}\right)=\frac{\mathrm{d}^2y}{\mathrm{d}x^2};$$

类似, 可定义三阶导数:

$$y'''=f'''(x)=(f''(x))'=\frac{\mathrm{d}}{\mathrm{d}x}\left(\frac{\mathrm{d}^2y}{\mathrm{d}x^2}\right)=\frac{\mathrm{d}^3y}{\mathrm{d}x^3};$$

对任意的正整数 n, n 阶导数记为

$$y^{(n)}=f^{(n)}(x)=\frac{\mathrm{d}^ny}{\mathrm{d}x^n}.$$

显然, 若 $f(x)$ 的高阶导数存在, 则低阶导数必存在.

下面, 给出高阶导数的运算法则.

(1)$[f \pm g]^{(n)} = f^{(n)} \pm g^{(n)}$;

(2) 记 $f^{(0)}(x) = f(x)$, 成立莱布尼茨公式:

$$[f(x)g(x)]^{(n)} = \sum_{k=0}^{n} \mathrm{C}_n^k f^{(n-k)}(x)g^{(k)}(x),$$

其中, $\mathrm{C}_n^k = \dfrac{n!}{k!(n-k)!}$.

我们仅对 (2) 用归纳法进行证明.

证明　显然, 利用函数乘积的导数运算法则, 当 $n = 1$ 时公式成立.

假设 $n = k$ 时公式成立, 则

$$[f(x)g(x)]^{(k)} = \sum_{i=0}^{k} \mathrm{C}_k^i f^{(k-i)}(x)g^{(i)}(x),$$

两端继续求导, 则

$$\begin{aligned}
[f(x)g(x)]^{(k+1)} &= \sum_{i=0}^{k} \mathrm{C}_k^i [f^{(k-i)}(x)g^{(i+1)}(x) + f^{(k-i+1)}(x)g^{(i)}(x)] \\
&= \sum_{i=0}^{k} \mathrm{C}_k^i f^{(k-i)}(x)g^{(i+1)}(x) + \sum_{i=0}^{k} \mathrm{C}_k^i f^{(k-i+1)}(x)g^{(i)}(x) \\
&= \sum_{i=1}^{k+1} \mathrm{C}_k^{i-1} f^{(k+1-i)}(x)g^{(i)}(x) + \sum_{i=0}^{k} \mathrm{C}_k^i f^{(k+1-i)}(x)g^{(i)}(x) \\
&= \mathrm{C}_k^k f^{(0)}(x)g^{(k+1)}(x) + \sum_{i=1}^{k} (\mathrm{C}_k^{i-1} + \mathrm{C}_k^i) f^{(k+1-i)}(x)g^{(i)}(x) \\
&\quad + \mathrm{C}_k^0 f^{(k+1)}(x)g^{(0)}(x) \\
&= \sum_{i=0}^{k+1} \mathrm{C}_{k+1}^i f^{(k+1-i)}(x)g^{(i)}(x),
\end{aligned}$$

故, $n = k + 1$ 时成立.

利用高阶导数计算公式, 容易计算下列常见的高阶导数:

$$y = \mathrm{e}^x,\ 则 y^{(n)} = \mathrm{e}^x;$$

$$y = a^x,\ 则 y^{(n)} = a^x(\ln a)^n;$$

$$y=x^m,\ 则y^{(n)}=\begin{cases} m(m-1)\cdots(m-n+1)x^{n-m}, & n\leqslant m,\\ 0, & n>m; \end{cases}$$

$$y=\frac{1}{x},\ 则y^{(n)}=(-1)^n\frac{n!}{x^{n+1}};$$

$$y=\ln x,\ 则y^{(n)}=(-1)^{n+1}\frac{(n-1)!}{x^n};$$

$$y=\sin x,\ 则\ y^{(n)}=\sin\left(x+\frac{n\pi}{2}\right)=\cos\left(x+\frac{n-1}{2}\pi\right);$$

$$y=\cos x,\ 则y^{(n)}=\cos\left(x+\frac{n\pi}{2}\right)=\sin\left(x+\frac{n+1}{2}\pi\right).$$

在利用莱布尼茨公式处理乘积形式的高阶导数时，一定要挖掘结构特点，充分利用特殊函数的导数公式简化计算.

例 23 $y=x^2\sin x$, 求 $y^{(80)}$.

结构分析 题型是高阶导数的计算. 由莱布尼茨公式可知, $y^{(80)}$ 中有 81 项, 涉及每个乘积因子的从 1 阶到 80 阶导数, 似乎应该把每个因子的各阶导数都计算出来. 事实并非如此, 像这样的高阶导数的计算, 通常都有特点或规律, 以简化运算过程. 对本例来说, 对于因子 $f(x)=x^2$, 其导数计算的特点是: $n>2$ 时, $f^{(n)}(x)=0$, 因此, 只需计算展开式中与 $f^{(n)}(x)(n\leqslant 2)$ 相对应的项, 即只需计算 $g(x)=\sin x$ 的三个导数 $g^{(80)}(x), g^{(79)}(x), g^{(78)}(x)$.

解 由于 $(\sin x)^{(78)}=\sin\left(x+\dfrac{78}{2}\pi\right)=-\sin x$, $(\sin x)^{(79)}=-\cos x$, $(\sin x)^{(80)}=\sin x$, 且 $(x^2)'=2x, (x^2)''=2, x^{(n)}=0, n>2$, 故

$$\begin{aligned} y^{(80)}&=x^2(\sin x)^{(80)}+\mathrm{C}_{80}^1(x^2)'(\sin x)^{(79)}+\mathrm{C}_{80}^2(x^2)''(\sin x)^{(78)}\\ &=x^2\sin x-160x\cos x-6320\sin x. \end{aligned}$$

例 24 设 $y=\dfrac{\sin x}{x}$, 求 $y^{(4)}$.

结构分析 形式上, 这是形如 $\dfrac{f(x)}{g(x)}$ 的高阶导数的计算, 但对这种商形式没有求导公式. 一般方法是将其化为积形式 $f(x)\dfrac{1}{g(x)}$, 然后利用莱布尼茨公式.

解 由莱布尼茨公式

$$y^{(4)}=\left(\frac{\sin x}{x}\right)^{(4)}=\left(\sin x\cdot\frac{1}{x}\right)^{(4)}$$

$$
\begin{aligned}
&= \sin^{(4)} x \cdot \frac{1}{x} + C_4^1 \sin^{(3)} x \cdot \left(\frac{1}{x}\right)' + C_4^2 \sin^{(2)} x \cdot \left(\frac{1}{x}\right)'' \\
&\quad + C_4^3 \sin^{(1)} x \cdot \left(\frac{1}{x}\right)''' + \sin x \left(\frac{1}{x}\right)^{(4)} \\
&= \frac{\sin x}{x} + C_4^1(-\cos x)\left(-\frac{1}{x^2}\right) + C_4^2(-\sin x)\frac{2}{x^3} + C_4^3 \cos x \frac{-6}{x^4} + \sin x \frac{24}{x^5}.
\end{aligned}
$$

对复合函数的高阶导数, 计算较为复杂. 必须从低阶向高阶逐步计算, 计算过程中要更仔细. 如: 对复合函数 $y = f(g(x))$, 已知 $y' = f'(g(x))g'(x)$, 因而

$$
\begin{aligned}
y'' &= [f'(g(x))]'g'(x) + f'(g(x))g''(x) \\
&= f''(g(x))(g'(x))^2 + f'(g(x))g''(x),
\end{aligned}
$$

进而,

$$
\begin{aligned}
y''' &= f^{(3)}(g(x))(g'(x))^3 + 2f''(g(x))g'(x)g''(x) \\
&\quad + f''(g(x))g'(x)g''(x) + f'(g(x))g^{(3)}(x) \\
&= f^{(3)}(g(x))(g'(x))^3 + 3f''(g(x))g'(x)g''(x) + f'(g(x))g^{(3)}(x).
\end{aligned}
$$

但是, 在实际例子中, 不必记上述公式, 直接从低阶向高阶计算更为方便且不易出错.

当然, 在计算高阶导数时, 进行必要的结构简化是重要的步骤, 也是科学研究方法的一般要求.

例 25　设 $y = \dfrac{x^n}{x+1}$, 求 $y^{(n)}$.

结构分析　函数结构为有理式结构, 具有假分式的特征, 利用代数知识: 假分式可以分解为多项式与真分式的和.

解　直接计算较复杂, 先变形

$$
\begin{aligned}
y &= \frac{x^n + x^{n-1} - x^{n-1}}{x+1} = x^{n-1} - \frac{x^{n-1}}{x+1} \\
&= x^{n-1} - \frac{x^{n-1} + x^{n-2} - x^{n-2}}{x+1} \\
&= x^{n-1} - x^{n-2} + \frac{x^{n-2}}{x+1} = \cdots \\
&= x^{n-1} - x^{n-2} + \cdots + (-1)^n x + (-1)^{n+1} + (-1)^{n+2}\frac{1}{1+x},
\end{aligned}
$$

故

$$y^{(n)} = \left[(-1)^n \frac{1}{1+x}\right]^{(n)} = (-1)^n(-1)^n \frac{n!}{(1+x)^{n+1}} = \frac{n!}{(1+x)^{n+1}}.$$

例 26 设 $y = 16\sin^4 x\cos^2 x$, 求 $y^{(n)}$.

结构分析 正弦、余弦函数偶次幂结构, 应先用三角函数公式进行降幂处理再求导.

解 由于

$$\begin{aligned} y &= 16(\sin x\cos x)^2\sin^2 x = 16\left(\frac{1}{2}\sin 2x\right)^2\sin^2 x \\ &= 4\frac{1-\cos 4x}{2}\cdot\frac{1-\cos 2x}{2} \\ &= 1-\cos 2x-\cos 4x+\cos 2x\cos 4x \\ &= 1-\cos 2x-\cos 4x+\frac{1}{2}\cos 2x+\frac{1}{2}\cos 6x \\ &= 1-\frac{1}{2}\cos 2x-\cos 4x+\frac{1}{2}\cos 6x, \end{aligned}$$

故

$$y^{(n)} = -2^{n-1}\cos\left(2x+\frac{n\pi}{2}\right) - 4^n\cos\left(4x+\frac{n\pi}{2}\right) + \frac{1}{2}6^n\cos\left(6x+\frac{n\pi}{2}\right).$$

2.2.5 一些特殊函数的求导方法

1. 隐函数的求导方法

用解析式描述 y 对 x 的函数关系, 可用两种不同的方式: 一种形式是形如 $y=f(x)$ 的描述方式, 如 $y=\sin x, y=\ln x+\sqrt{1-x^2}$ 等, 即因变量 y 能用自变量的算式明显地表示出来, 称为显函数, 初等函数都可以用显函数表示; 另一种形式是用一个含 x,y 的方程 $F(x,y)=0$ 描述, 即因变量 y 与自变量 x 的函数关系由方程 $F(x,y)=0$ 确定的, 如 $x^2+y^3-1=0$, $\mathrm{e}^{xy}+\sin(x+y)=0$ 等, 由方程确定的函数称为隐函数.

有时隐函数可以化为显函数 (这时称隐函数的显化), 例如从方程 $x^2+y^3-1=0$ 可解出 $y=\sqrt[3]{1-x^2}$. 但是, 有时隐函数显化是非常困难的, 甚至是不可能的. 例如 $\mathrm{e}^{xy}+\sin(x+y)=0$, 可以证明它在一定范围内能够确定 y 是 x 的函数, 但是这个隐函数是很难显化的. 现在的问题是: 怎样求隐函数的导数? 下面通过具体例子说明, 在所给定方程已确定隐函数的条件下, 隐函数求导的一般方法.

例 27 已知函数 $y=f(x)$ 由方程 $\mathrm{e}^{xy}+\sin(x+y)=0$ 确定, 求 y'.

解 设想把方程 $\mathrm{e}^{xy}+\sin(x+y)=0$ 确定的函数 $y=f(x)$ 代入方程, 则得到恒等式

$$\mathrm{e}^{xf(x)}+\sin[x+f(x)]=0,$$

利用复合函数求导法则, 将此恒等式两边同时对 x 求导, 得

$$\mathrm{e}^{xf(x)}\cdot[xf(x)]'+\cos[x+f(x)]\cdot[x+f(x)]'=0,$$

即

$$\mathrm{e}^{xf(x)}\cdot[f(x)+xf'(x)]+\cos[x+f(x)]\cdot[1+f'(x)]=0,$$

因 $f(x)=y$, 故

$$\mathrm{e}^{xy}\cdot(y+xy')+\cos(x+y)\cdot(1+y')=0,$$

由此解得

$$y'=-\frac{y\mathrm{e}^{xy}+\cos(x+y)}{x\mathrm{e}^{xy}+\cos(x+y)}.$$

可见, 求隐函数导数时, 只要记住 x 是自变量, y 是 x 的函数, 相应地, y 的函数是 x 的复合函数, 将方程两边同时对 x 求导, 就得到一个含导数 y' 的方程, 从中解出 y' 即可. 需要注意的是, 隐函数的导数表达式中一般即含有自变量 x, 也含有因变量 y, 这与显函数的导数表达式不同.

例 28 求椭圆 $\dfrac{x^2}{16}+\dfrac{y^2}{9}=1$ 在点 $\left(2\,,\,\dfrac{3}{2}\sqrt{3}\right)$ 处的切线方程和法线方程.

解 将方程 $\dfrac{x^2}{16}+\dfrac{y^2}{9}=1$ 两边同时对 x 求导, 并注意到 y 是 x 的函数, 则得

$$\frac{x}{8}+\frac{2}{9}y\cdot y'=0,$$

解之得 $y'=-\dfrac{9}{16}\dfrac{x}{y}$. 由导数的几何意义知, 所求切线的斜率为

$$y'|_{x=2}=-\frac{9}{16}\frac{x}{y}\bigg|_{\substack{x=2\\ y=\frac{3}{2}\sqrt{3}}}=-\frac{\sqrt{3}}{4}.$$

从而法线的斜率为 $\dfrac{4\sqrt{3}}{3}$, 于是切线方程与法线方程分别为

$$y-\frac{3}{2}\sqrt{3}=-\frac{\sqrt{3}}{4}(x-2),$$

$$y-\frac{3}{2}\sqrt{3}=\frac{4\sqrt{3}}{3}(x-2),$$

化简得

$$\sqrt{3}x+4y-8\sqrt{3}=0,$$

$$4\sqrt{3}x-3y-\frac{7}{2}\sqrt{3}=0.$$

值得注意的是, 求隐函数的高阶导数时, 由于隐函数的求导是通过对一个方程的两端求导来进行的, 因而得到的并不是导数表达式, 而是一个含有导数的方程式, 这时不必将此导数求出再求高阶导数, 而是对含有导数的方程式两端同时再求导, 然后再求出高阶导数.

例 29 由 $\mathrm{e}^y=xy$ 确定隐函数 $y=f(x)$, 求 $y''(x)$.

解 对方程两端关于 x 求导,

$$y'\mathrm{e}^y=y+xy',$$

求解得 $y'=\dfrac{y}{\mathrm{e}^y-x}$, 对上述方程再对 x 求导, 则

$$y''\mathrm{e}^y+(y')^2\mathrm{e}^y=y'+y'+xy'',$$

故

$$y''=\frac{2y'-(y')^2\mathrm{e}^y}{\mathrm{e}^y-x}=\frac{y(2y-2-y^2)}{x^2(y-1)^3}.$$

2. 参数式函数的求导方法

研究物体运动的轨迹时, 经常会遇到由参数方程 $\begin{cases}x=\varphi(t),\\ y=\psi(t)\end{cases}$ 所确定的 y 与 x 之间的函数关系. 下面来讨论如何求由参数方程所确定的函数的导数.

假设 $x=\varphi(t), y=\psi(t)$ 都可导, 且 $\varphi'(t)\neq 0, x=\varphi(t)$ 有单调的反函数 $t=\varphi^{-1}(x)$, 则由参数方程 $\begin{cases}x=\varphi(t),\\ y=\psi(t)\end{cases}$ 所确定的函数 $y=f(x)$, 可以看成是由函数 $y=\psi(t)$ 及 $t=\varphi^{-1}(x)$ 复合而成的函数, 由复合函数及反函数的求导法则, 有

$$\frac{\mathrm{d}y}{\mathrm{d}x}=\frac{\mathrm{d}y}{\mathrm{d}t}\cdot\frac{\mathrm{d}t}{\mathrm{d}x}=\frac{\mathrm{d}y}{\mathrm{d}t}\cdot\frac{1}{\dfrac{\mathrm{d}x}{\mathrm{d}t}}=\frac{\dfrac{\mathrm{d}y}{\mathrm{d}t}}{\dfrac{\mathrm{d}x}{\mathrm{d}t}},$$

即

$$\frac{\mathrm{d}y}{\mathrm{d}x}=\frac{\psi'(t)}{\varphi'(t)}.$$

对参数方程的高阶导数的计算, 仍采用从低阶到高阶逐步计算. 如 $\begin{cases}x=\varphi(t),\\ y=\psi(t),\end{cases}$ 则 $\dfrac{\mathrm{d}y}{\mathrm{d}x}=\dfrac{\psi'(t)}{\varphi'(t)}$, 因此,

$$\frac{\mathrm{d}^2y}{\mathrm{d}x^2}=\frac{\mathrm{d}}{\mathrm{d}x}\left(\frac{\mathrm{d}y}{\mathrm{d}x}\right)=\frac{\mathrm{d}\left(\dfrac{\mathrm{d}y}{\mathrm{d}x}\right)}{\mathrm{d}t}\cdot\frac{1}{\dfrac{\mathrm{d}x}{\mathrm{d}t}}=\frac{\psi''\varphi'-\psi'\varphi''}{(\varphi'(t))^2}\cdot\frac{1}{\varphi'(t)},$$

特别注意 $\dfrac{\mathrm{d}^2y}{\mathrm{d}x^2}\neq\dfrac{\psi''(t)}{\varphi''(t)}$.

例 30 求由参数方程 $\begin{cases}x=a\cos^3t,\\ y=a\sin^3t\end{cases}$ 表示的函数的一阶导数 $\dfrac{\mathrm{d}y}{\mathrm{d}x}$ 和二阶导数 $\dfrac{\mathrm{d}^2y}{\mathrm{d}x^2}$.

解 $\dfrac{\mathrm{d}y}{\mathrm{d}x}=\dfrac{\dfrac{\mathrm{d}y}{\mathrm{d}t}}{\dfrac{\mathrm{d}x}{\mathrm{d}t}}=\dfrac{3a\sin^2t\cos t}{3a\cos^2t(-\sin t)}=-\tan t,$

$$\frac{\mathrm{d}^2y}{\mathrm{d}x^2}=\frac{\mathrm{d}}{\mathrm{d}x}\left(\frac{\mathrm{d}y}{\mathrm{d}x}\right)=\frac{(-\tan t)'}{(a\cos^3t)'}=\frac{-\sec^2t}{-3a\cos^2t\sin t}=\frac{\sec^4t}{3a\sin t}.$$

例 31 抛射体运动轨迹的参数方程为 $\begin{cases}x=v_1t,\\ y=v_2t-\dfrac{1}{2}gt^2,\end{cases}$ 其中 v_1,v_2 分别是抛射体初速度的水平、垂直分量, g 是重力加速度, t 是飞行时间, x 和 y 分别是飞行中抛射体在铅直平面上的位置的横坐标和纵坐标. 求抛射体在时刻 t 的运动速度的大小和方向.

解 先求速度大小: 速度的水平分量为 $\dfrac{\mathrm{d}x}{\mathrm{d}t}=v_1$, 垂直分量为 $\dfrac{\mathrm{d}y}{\mathrm{d}t}=v_2-gt$, 故抛射体速度大小 $v=\sqrt{\left(\dfrac{\mathrm{d}x}{\mathrm{d}t}\right)^2+\left(\dfrac{\mathrm{d}y}{\mathrm{d}t}\right)^2}=\sqrt{v_1^2+(v_2-gt)^2}$.

再求速度方向 (即轨迹的切线方向), 设 α 为切线倾角, 则

$$\tan\alpha=\frac{\mathrm{d}y}{\mathrm{d}x}=\frac{\dfrac{\mathrm{d}y}{\mathrm{d}t}}{\dfrac{\mathrm{d}x}{\mathrm{d}t}}=\frac{v_2-gt}{v_1}.$$

在刚射出 (即 $t=0$) 时, 倾角为 $\alpha=\arctan\dfrac{v_2}{v_1}$, 达到最高点的时刻 $t=\dfrac{v_2}{g}$, 高度 $y\big|_{t=\frac{v_2}{g}}=\dfrac{1}{2}\dfrac{v_2^2}{g}$. 落地时刻 $t=\dfrac{2v_2}{g}$, 抛射最远距离 $x\big|_{t=\frac{2v_2}{g}}=\dfrac{2v_1v_2}{g}$.

例 32 求三叶玫瑰线 $\rho=a\sin3\theta$ 在对应 $\theta=\dfrac{\pi}{4}$ 的点处的切线方程.

解 利用直角坐标与极坐标间的关系, 将所给的极坐标方程化为参数方程

$$\begin{cases}x=\rho\cos\theta=a\sin3\theta\cos\theta,\\ y=\rho\sin\theta=a\sin3\theta\sin\theta,\end{cases}$$

于是

$$\frac{\mathrm{d}y}{\mathrm{d}x}=\frac{\dfrac{\mathrm{d}y}{\mathrm{d}\theta}}{\dfrac{\mathrm{d}x}{\mathrm{d}\theta}}=\frac{3a\cos3\theta\sin\theta+a\sin3\theta\cos\theta}{3a\cos3\theta\cos\theta-a\sin3\theta\sin\theta},$$

故

$$\left.\frac{\mathrm{d}y}{\mathrm{d}x}\right|_{\theta=\frac{\pi}{4}}=\frac{1}{2}.$$

又切点坐标为 $\left(a\sin\dfrac{3\pi}{4}\cos\dfrac{\pi}{4},a\sin\dfrac{3\pi}{4}\sin\dfrac{\pi}{4}\right)=\left(\dfrac{a}{2},\dfrac{a}{2}\right)$, 从而得切线方程为

$$y-\frac{a}{2}=\frac{1}{2}\left(x-\frac{a}{2}\right),$$

即

$$x-2y+\frac{a}{2}=0.$$

抽象总结 当曲线方程以极坐标形式给出时, 可先利用直角坐标与极坐标间的关系写出曲线的参数方程, 再按照参数式函数求导法求斜率.

3. 对数求导法

对数求导法是在给定的函数两边取自然对数, 然后按照隐函数求导法则求出 y'.

例 33 求函数 $f(x)=(1+x)^x$ 对 x 的一阶导数.

解 法一 用**对数求导法**, 两端同时取对数得

$$\ln f(x)=x\ln(1+x),$$

则左端函数 $F(x)=\ln f(x)$ 可以视为 $F(u)=\ln u, u=f(x)$ 的复合函数, 因而,

$$F'(x)=\frac{\mathrm{d}(\ln u)}{\mathrm{d}u}\frac{\mathrm{d}f(x)}{\mathrm{d}x}=\frac{1}{u}f'(x)=\frac{f'(x)}{f(x)},$$

又 $F(x)=x\ln(1+x)$, 因而, 还有

$$F'(x)=\ln(1+x)+\frac{x}{1+x},$$

故 $\dfrac{f'(x)}{f(x)}=\ln(1+x)+\dfrac{x}{1+x}$, 因而,

$$f'(x)=f(x)\left[\ln(1+x)+\frac{x}{1+x}\right]=(1+x)^x\left[\ln(1+x)+\frac{x}{1+x}\right].$$

法二　利用对数函数的性质, 则

$$f(x)=\mathrm{e}^{x\ln(1+x)},$$

利用复合函数的求导方法, 则

$$f'(x)=\mathrm{e}^{x\ln(1+x)}\left[\ln(1+x)+\frac{x}{1+x}\right].$$

抽象总结　幂指函数是结构相对复杂的一类函数, 在后续一些复杂题目中, 经常会遇到这类因子, 此处, 我们给出了这类因子的两种处理方法: 取对数或转化为指数函数, 要熟练掌握.

例 34　求 $y=\dfrac{x^2(1+\sin x)}{1-x^2}\sqrt{\dfrac{1+x}{1-x}}$ 对 x 的一阶导数.

解　用对数求导法. 两端同时取对数, 则

$$\ln y=2\ln x+\ln(1+\sin x)-\ln(1-x^2)+\frac{1}{2}[\ln(1+x)-\ln(1-x)],$$

两端关于 x 求导, 利用复合函数的求导法则, 则

$$\frac{y'}{y}=\frac{2}{x}+\frac{\cos x}{1+\sin x}+\frac{2x}{1-x^2}+\frac{1}{2}\left(\frac{1}{1+x}+\frac{1}{1-x}\right),$$

故

$$y'=y\left(\frac{2}{x}+\frac{\cos x}{1+\sin x}+\frac{2x+1}{1-x^2}\right).$$

抽象总结　取对数方法也适合于复杂的积商结构, 通过两边同时取对数, 化积商结构为和差结构, 起到化繁为简的作用.

4. 相关变化率

在某一变化过程中涉及两个变量 x,y(或者更多变量), 这两个变量之间存在某种数量上的相依关系, 而它们又都是另一变量的函数, 如 $x=x(t),y=y(t)$ 都是 t 的函数, 若 $x=x(t),y=y(t)$ 可导, 那么变化率 $\frac{\mathrm{d}x}{\mathrm{d}t},\frac{\mathrm{d}y}{\mathrm{d}t}$ 之间也存在着某种依赖关系, 这种相互依赖的变化率称为相关变化率. 解决相关变化率问题, 可先建立包括 x,y 的等式关系, 然后用链式法则在等式两边对 t 求导, 则可从其中一个变化率求出另外的变化率.

例 35 一气球从离开观察员 500m 处离地面铅直上升, 当气球高度为 500m 时, 其速率为 140m/min, 问此时观察员视线的仰角增加的速率是多少?

解 设气球上升 t 分钟后, 其高度为 h, 观察员视线的仰角为 α, 则

$$\tan\alpha=\frac{h}{500},$$

其中 α 和 h 都与 t 存在可导的函数关系, 上式两边对 t 求导, 得

$$\sec^2\alpha\cdot\frac{\mathrm{d}\alpha}{\mathrm{d}t}=\frac{1}{500}\cdot\frac{\mathrm{d}h}{\mathrm{d}t},$$

由已知条件, 存在时刻 t_0, 使 $h|_{t=t_0}=500\mathrm{m}$, $\left.\frac{\mathrm{d}h}{\mathrm{d}t}\right|_{t=t_0}=140\mathrm{m/min}$. 又 $\tan\alpha|_{t=t_0}=1$, $\sec^2\alpha\big|_{t=t_0}=2$, 代入上式得

$$2\left.\frac{\mathrm{d}\alpha}{\mathrm{d}t}\right|_{t=t_0}=\frac{1}{500}\cdot 140,$$

所以,

$$\left.\frac{\mathrm{d}\alpha}{\mathrm{d}t}\right|_{t=t_0}=\frac{70}{500}=0.14(\mathrm{rad}(弧度)/\mathrm{min}).$$

即此时观察员视线的仰角增加的速率是 0.14rad/min.

习 题 2-2

1. 利用导函数的运算法则计算下列函数的导数:

(1) $f(x)=x^2\sin x+\mathrm{e}^x\ln x$;

(2) $f(x)=(x-1)(x-2)(x-3)$;

(3) $f(x)=\frac{\mathrm{e}^x}{x^2}+\ln 3$;

(4) $f(x)=\frac{1+\sin x}{1+\cos x}$;

(5) $f(x)=\frac{x\sin x}{\ln x}$;

(6) $f(x)=x^2\ln x\cos x$;

(7) $f(x) = (1+x^2)\arctan x - 3^x$;　　(8) $f(x) = \sqrt{x}\tan x + (1+x^{\frac{1}{3}})\ln x$.

2. 利用反函数导数计算公式证明:

(1) $(\arccos x)' = -\dfrac{1}{\sqrt{1-x^2}}$;　　(2) $(\operatorname{arc}\cot x)' = -\dfrac{1}{1+x^2}$.

3. 利用复合函数的求导法则计算导函数:

(1) $f(x) = (1+x^2)^2\sin(1+2x)$;　　(2) $f(x) = \ln(1+x^2) + x^2\sin\dfrac{1}{x}$;

(3) $f(x) = \sqrt{1-x^2}\arcsin x$;　　(4) $f(x) = \ln\dfrac{x^2+2x\sin x}{1+x^2}$;

(5) $f(x) = \dfrac{x}{\sqrt{a^2+x^2}}$;　　(6) $f(x) = \arctan(\mathrm{e}^x)$;

(7) $f(x) = (\arcsin x)^2$;　　(8) $f(x) = \sqrt{a^2+x^2}\ln(x+\sqrt{a^2+x^2})$;

(9) $f(x) = \mathrm{e}^{\sin\frac{1}{x}} + \dfrac{1+x}{1-x}\mathrm{e}^{\sqrt{x}}$.

4. 设所要求的计算都能进行, 计算下列复合函数的导数 y':

(1) $y = f(x^2+2^{\sin x})$;　　(2) $y = f(x+f(\mathrm{e}^{x^2}))$;

(3) $y = \ln(1+f^2(f(f(x))))$;　　(4) $y = g(\ln(1+u^2(x)))$.

5. 设 $f(x)$ 和 $g(x)$ 可导, 且 $f^2(x)+g^2(x)\neq 0$, 试求函数 $y=\sqrt{f^2(x)+g^2(x)}$ 的导数.

6. 设 $f(x)$ 可导, 求下列函数 y 的导数 $\dfrac{\mathrm{d}y}{\mathrm{d}x}$:

(1) $y = f(x^2)$;　　(2) $y = f(\sin^2 x) + f(\cos^2 x)$.

7. 设 $f(x) = a^{a^x} + x^{a^a} + a^{x^a}$(其中 $a>0, a\neq 1$), 求 $f'(x)$.

8. 计算下列函数指定阶的导数:

(1) $y = x^2\sqrt{1+x}$, 求 $y^{(4)}$;　　(2) $y = x^3\sin^2 x$, 求 $y^{(8)}$;

(3) $y = x^3\ln x$, 求 $y^{(4)}$;　　(4) $y = (1+x^2)\arctan x$, 求 $y^{(3)}$.

9. 计算下列函数的高阶导数 $y^{(n)}$:

(1) $y = \dfrac{x^2}{1-4x^2}$;　　(2) $y = \cos^2 x$;

(3) $y = x\mathrm{e}^{2x}$;　　(4) $y = \dfrac{x^n}{x^2-1}$.

10. 求由下列方程所确定的隐函数 y 的导数 $\dfrac{\mathrm{d}y}{\mathrm{d}x}$:

(1) $x^3+y^3-3axy=0$;　　(2) $xy = \mathrm{e}^{x+y}$;

(3) $y = 1 - x\mathrm{e}^y$;　　(4) $\sin(xy) + \ln(y-x) = x$;

(5) $2^{xy} = x+y$;　　(6) $\arctan\dfrac{y}{x} = \ln\sqrt{x^2+y^2}$.

11. 计算下列隐函数的二阶导数 $\dfrac{\mathrm{d}^2y}{\mathrm{d}x^2}$:

(1) $x + \mathrm{e}^{xy} = 0$;　　(2) $\dfrac{y}{1+x^2} = \mathrm{e}^{y^2}$;

(3) $\ln(x^2+y^2) = \mathrm{e}^{x+y}$.

12. 设 $y = y(x)$ 由参数方程 $\begin{cases}\mathrm{e}^x = 3t^2+2t+1, \\ t\sin y - y + \dfrac{\pi}{2} = 0\end{cases}$ 所确定, 求 $\left.\dfrac{\mathrm{d}y}{\mathrm{d}x}\right|_{t=0}$.

13. 计算参数方程的二阶导数 $\dfrac{\mathrm{d}^2y}{\mathrm{d}x^2}$:

(1) $x=1+t^2,\ y=2t$; (2) $x=t-\sin t,\ y=1-\cos t$.

14. 用对数法计算下列函数的导数:

(1) $f(x)=(1+x^2)^x$; (2) $f(x)=x^{x^x}$;

(3) $f(x)=(1+x)^2\left(\dfrac{1-x^2}{1+x^2}\right)^{\frac{1}{3}}$.

15. 设 $x^y=y^x(x>0,y>0)$, 求 $\dfrac{\mathrm{d}y}{\mathrm{d}x}$.

16. 求曲线 $y=2\sin x+x^2$ 上横坐标为 $x=0$ 的点处的切线方程和法线方程.

17. 以初速度 v_0 竖直上抛的物体, 其上升高度 s 与时间 t 的关系为 $s=v_0t-\dfrac{1}{2}gt^2$, 求:

(1) 该物体的速度 $v(t)$; (2) 该物体达到最高点的时刻.

18. 注水入深 8m 上顶直径 8m 的正圆锥形容器中, 其速率为 $4\mathrm{m}^3/\mathrm{min}$. 当水深为 5m 时, 其表面上升的速率为多少?

19. 若 $f(t)=\lim\limits_{x\to\infty}t\left(1+\dfrac{1}{x}\right)^{2tx}$, 求 $f'(t)$.

20. 设 $y=f\left(\dfrac{2x-1}{x+1}\right)$, 且 $f'(x)=\dfrac{1}{3}\ln x$, 求 y'.

21. 设函数 $y=f(x)$ 由方程 $y-x=\mathrm{e}^{x(1-y)}$ 确定, 求 $\lim\limits_{n\to\infty}n\left[f\left(\dfrac{1}{n}\right)-1\right]$.

22. 设 $y=\log_{\varphi(x)}f(x)$, $\varphi(x), f(x)$ 均为可导函数, 且 $\varphi(x)>0, \varphi(x)\neq 1, f(x)>0$, 求 $\dfrac{\mathrm{d}y}{\mathrm{d}x}$.

2.3节课件

2.3 函数的微分

2.3.1 微分产生的背景

前面我们介绍了导数的概念和计算方法, 是从相对的角度研究函数的变化情况, 但是, 有时需要我们从绝对的角度研究函数的变化情况. 比如, 在工程计算中, 常常需要处理这样一类近似计算问题: 给定函数 $y=f(x)$, 计算当 x 发生微小变化时, y 的改变量约是多少, 即近似计算函数的增量 $\Delta y=f(x+\Delta x)-f(x)$.

引例 3 现有高为 1 的立方体, 若高增加 0.01, 问体积增加了多少? 要求计算误差不超过 2‰, 计算过程尽可能简单.

解 由体积计算公式可知, 当高增加 Δh 时, 体积增加量为

$$\Delta V=3h^2\Delta h+3h(\Delta h)^2+(\Delta h)^3,$$

注意到 $h=1$, $\Delta h=0.01$, 在满足计算误差的要求下, 只需计算第一项, 即

$$\Delta V\approx 3h^2\Delta h=0.03.$$

结构分析　在上面的计算过程中, 我们只计算了增量中最简单的第一项, 舍去了后面的两项, 从结构上看, 第一项是变量改变量 Δh 的线性项, 后两项是其非线性项, 当然, 线性项的计算要比非线性项的计算简单, 特别在一些复杂的函数关系中, 这两种计算量的差别是显著的, 因而, 我们给出的计算过程是满足要求的最简单的计算.

抽象总结　总结上述计算过程, 提炼出计算思想: 在自变量的改变量非常小的情况下, 避开复杂的非线性项的计算, 通过线性计算得到满足工程要求的近似计算. 那么, 引例 3 的近似计算思想能否推广形成计算理论?

从结构角度做进一步分析, 我们知道立方体体积的计算公式为 $V(h)=h^3$, 因而, 线性项与函数的关系非常明显, 即

$$3h^2\Delta h=V'(h)\Delta h,$$

因此, 采取的近似计算增量, 只需计算一个导函数值, 然后再计算与自变量增量的乘积即可, 显然, 这是一个很简单的计算.

这是个别现象还是一个普遍的规律? 对一般函数的增量, 是否也成立如此的近似计算公式? 这种近似计算的实质又是什么? 这正是本节要解决的问题.

2.3.2　微分的定义

设 $y=f(x)$ 在 $U(x)$ 有定义, 给定 x 一个增量 Δx, 考虑 $f(x)$ 在点 x 处的增量 $\Delta y(x)=f(x+\Delta x)-f(x)$.

定义 2-6　如果存在 $A(x)$, 使

$$\Delta y(x)=A(x)\Delta x+o(\Delta x)\quad(\Delta x\to 0),$$

称 $f(x)$ 在 x 点**可微**, $A(x)\Delta x$ 称为 $f(x)$ 在 x 点的微分, 记为 $\mathrm{d}y$ 或者 $\mathrm{d}f(x)$, 即

$$\mathrm{d}y=\mathrm{d}f(x)=A(x)\Delta x.$$

信息挖掘　① 从属性看, 可微是函数在一点处的可微性, 定义仍是局部性概念. 定义是定性的, 是函数分析性质的描述; ②定义还是定量的, 给出了函数在某点处的微分公式; ③从结构看, 由于 Δx 是充分小的量, 或视为 $\Delta x\to 0$, 因此, 微分实际就是函数增量舍去 Δx 的高阶无穷小量后的一种近似. 由于形式上 $\Delta y(x)$, Δx 是函数或变量的差, 因此通常称 Δy, Δx 为差分, 故, 微分是差分的近似. 如图 2-2.

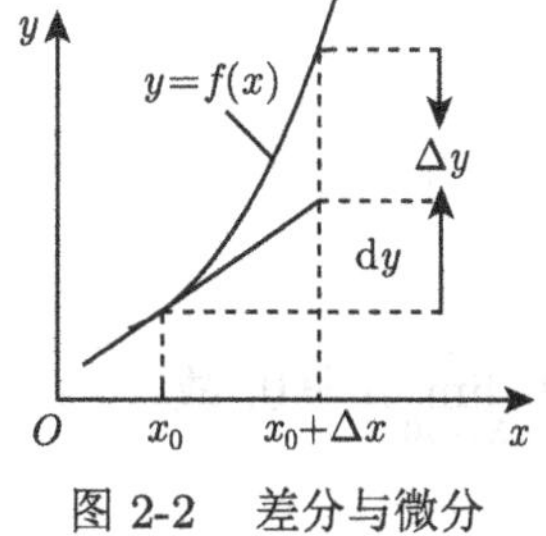

图 2-2　差分与微分

由定义, 在可微条件下, 成立 $\Delta y(x)=A(x)\Delta x+o(\Delta x)$, 称 $A(x)\Delta x$ 为 $\Delta y(x)$ 的线性主部, 因此, 引例 3 的近似思想是采用线性主部为函数增量的近似, 即

$$\Delta y(x)\approx A(x)\Delta x,$$

因此, 只要找到 $A(x)$, 近似计算问题就解决了.

如何寻找 $A(x)$? 微分与导数间有什么关系? 另外, 定义中的微分表达式不统一, 左端是微分, 右端是差分, 因此, 为解决这些问题, 引入自变量的微分.

对自变量 x 而言, 差分就是微分, 即 $\mathrm{d}x=\Delta x$, 事实上, 考察函数 $y=x$, 则

$$\Delta y(x)=\Delta x+0=\Delta x+o(\Delta x),$$

可得 y 在任意点 x 可微, 且 $\mathrm{d}y=\Delta x$, 即 $\mathrm{d}x=\Delta x$.

由于 $\mathrm{d}x=\Delta x$, 则 $y=f(x)$ 在 x 点可微等价于存在 $A(x)$, 使

$$\mathrm{d}y=A(x)\mathrm{d}x,$$

因此, $\dfrac{\mathrm{d}y}{\mathrm{d}x}=A(x)$, 注意到, 在引入导数时, 曾引入记号: $y'=\dfrac{\mathrm{d}y}{\mathrm{d}x}$. 这是否就是导数与微分的关系呢? 事实确实如此.

定理 2-6 函数 $y=f(x)$ 在 x 点可微等价于 $y=f(x)$ 在 x 点可导, 且 $\dfrac{\mathrm{d}y}{\mathrm{d}x}=f'(x)$ 或者 $\mathrm{d}y=f'(x)\mathrm{d}x$.

证明 **必要性** 若 $y=f(x)$ 在 x 点可微, 则存在 $A(x)$, 使

$$\Delta y(x)=A(x)\Delta x+o(\Delta x),$$

故 $\lim\limits_{\Delta x\to 0}\dfrac{\Delta y(x)}{\Delta x}=A(x)$, 即 $f'(x)=A(x)$.

充分性 若 $y=f(x)$ 在 x 点可导, 则

$$\lim_{\Delta x\to 0}\frac{\Delta y(x)}{\Delta x}=f'(x),$$

因而,

$$\frac{\Delta y(x)}{\Delta x}=f'(x)+\alpha,$$

其中 $\lim\limits_{\Delta x\to 0}\alpha=0$, 故

$$\Delta y(x)=f'(x)\Delta x+o(\Delta x),$$

因而, $f(x)$ 在 x 点可微且 $\dfrac{\mathrm{d}y}{\mathrm{d}x}=f'(x)$.

由定理 2-6 可知, 可导与可微是等价的, 注意到 $\frac{\mathrm{d}y}{\mathrm{d}x}=f'(x)$, 因此, 导数也等于微商, 这也是称导数为微商的原因.

虽然导数等于微商, 但是, 导数与微分的含义是不同的: 导数与微分都反映了函数的变化, 导数是从相对的角度, 反映函数的变化快慢, 即变化率; 微分是从绝对的角度, 反映函数的改变量, 即改变了多少.

我们再从量的角度看微分: 由于 $\mathrm{d}x$ 是给定的自变量的改变量, 因而, x, $\mathrm{d}x$ 是两个独立的变量, 而 $\mathrm{d}y$ 是变量 x 和 $\mathrm{d}x$ 的函数.

微分的计算很简单: 从定理 2-6 可知, 微分的计算相当于导数的计算, 即 $\mathrm{d}y=f'(x)\mathrm{d}x$. 如 $y=a^x$, 则 $\mathrm{d}y=(a^x)'\mathrm{d}x=a^x\ln a\mathrm{d}x$.

虽然从定理 2-6 中知道, 可微等价于可导, 但作为对定义的理解, 我们还是应该掌握用定义判断函数的可微性.

从定义看, 判断 $y=f(x)$ 在点 x_0 是否可微的方法有两个, 法一、判断极限 $\lim\limits_{\Delta x\to 0}\frac{\Delta y(x_0)}{\Delta x}$ 是否存在, 若存在, 则可微, 否则不可微, 这实际上相当于可导性的判断; 法二、验证是否存在 $A(x_0)$, 使得 $\lim\limits_{\Delta x\to 0}\frac{\Delta y(x_0)-A(x_0)\Delta x}{\Delta x}=0$, 显然, 利用已知的导数, 为 $A(x_0)$ 的确定提供思路, 即 $A(x_0)=f'(x_0)$. 由于法二要求对某个 $A(x_0)$ 验证, 因此, 只能在可微的情况验证, 不能验证不可微性.

例 36　判断 $f(x)=\frac{1}{x}$ 在 $x_0=1$ 的可微性.

结构分析　利用导数关系可知, 在此点函数可微, 且 $A(x_0)=f'(1)=-1$, 因此, 只需选择这样的 $A(x_0)$, 代入验证即可.

解　取 $A(x_0)=-1$, 则

$$\lim_{\Delta x\to 0}\frac{\Delta y(x_0)-A(x_0)\Delta x}{\Delta x}=\lim_{\Delta x\to 0}\frac{\frac{1}{1+\Delta x}-1+\Delta x}{\Delta x}=0,$$

故, $f(x)=\frac{1}{x}$ 在 $x_0=1$ 的可微.

2.3.3　微分运算法则与形式不变性

为了便于微分的计算, 我们需要介绍以下微分的运算法则, 微分的运算法则与导数的运算法则相同, 简述如下.

(1) $\mathrm{d}(f\pm g)=\mathrm{d}f\pm\mathrm{d}g$;

(2) $\mathrm{d}(f\cdot g)=g\mathrm{d}f+f\mathrm{d}g$;

(3) $\mathrm{d}\left(\frac{f}{g}\right)=\frac{g\mathrm{d}f-f\mathrm{d}g}{g^2}(g\neq 0)$;

(4) 复合函数的微分: 若 $y=f(u), u=g(x)$ 可微, 则 $y=f(g(x))$ 可微且

$$\begin{aligned}\mathrm{d}y&=(f(g(x)))'\mathrm{d}x=f'(g(x))g'(x)\mathrm{d}x\\&=f'(g(x))\mathrm{d}g(x)=f'(u)\mathrm{d}u,\end{aligned}$$

上述关系式表明, 将 y 视为 u 的函数 $y=f(u)$, 与将 y 视为 x 的复合函数 $y=f(g(x))$ 得到的微分结论相同, 因此, 不论 u 是自变量还是中间变量, $y=f(u)$ 的微分式相同, 这就是函数的**一阶微分形式的不变性**. 这是一个非常重要的性质, 有了这个性质, 对一个函数 $y=f(u)$, 不管 u 是中间变量还是一个自变量, 都可按 u 是自变量求微分.

例 37 设 $y=\dfrac{\ln(1+x^2)}{x}$, 求 $\mathrm{d}y$.

解 利用微分运算法则,

$$\mathrm{d}y=\mathrm{d}\left(\frac{\ln(1+x^2)}{x}\right)=\frac{x\mathrm{d}(\ln(1+x^2))-\ln(1+x^2)\mathrm{d}x}{x^2},$$

由于 $\mathrm{d}(\ln(1+x^2))=\dfrac{2x}{1+x^2}\mathrm{d}x$, 代入即得

$$\mathrm{d}y=\frac{2x^2-(1+x^2)\ln(1+x^2)}{x^2(1+x^2)}\mathrm{d}x.$$

例 38 设 u,v,w 是 x 的可微函数, $y=\dfrac{1}{\sqrt{u^2+v^2}}+\mathrm{e}^{\sin w}$, 求 $\mathrm{d}y$.

解 利用复合函数的微分法则,

$$\mathrm{d}y=\left\{-\frac{uu'+vv'}{[u^2+v^2]^{\frac{3}{2}}}+\mathrm{e}^{\sin w}\cos w\cdot w'\right\}\mathrm{d}x.$$

2.3.4 微分的应用

1. 微分在近似计算中的应用

根据微分的定义可知, 当 $f'(x_0)\neq 0$ 时, 函数 $y=f(x)$ 在 x_0 点处的微分 $\mathrm{d}y=f'(x_0)\Delta x$ 是增量 $\Delta y=f(x_0+\Delta x)-f(x_0)$ 的线性主部 $(\Delta x\to 0)$. 事实上, 当 $f'(x_0)\neq 0$ 时, Δy 与 $\mathrm{d}y$ 是 $\Delta x\to 0$ 时的等价无穷小, 这是因为

$$\lim_{\Delta x\to 0}\frac{\Delta y}{\mathrm{d}y}=\lim_{\Delta x\to 0}\frac{\Delta y}{f'(x_0)\Delta x}=\frac{1}{f'(x_0)}\lim_{\Delta x\to 0}\frac{\Delta y}{\Delta x}=1.$$

故当 $|\Delta x|$ 足够小时, 可以用微分 $\mathrm{d}y$ 近似计算增量 Δy, 即 $\Delta y \approx \mathrm{d}y$. 由此出发可立即得到下面的近似计算公式:

$$\Delta y \approx f'(x_0)\Delta x,$$
$$f(x_0+\Delta x) \approx f(x_0)+f'(x_0)\Delta x,$$
$$f(x) \approx f(x_0)+f'(x_0)(x-x_0).$$

注　应用这些公式时, 应选择恰当的 x_0, 使 $f(x_0)$ 和 $f'(x_0)$ 较容易计算.

例 39　利用微分计算 $\cos 60°30'$ 的近似值.

简析　要利用微分计算函数的近似值, 必须找到 $f(x)$, x_0 和 Δx.

解　将 $60°30'$ 化为弧度 $60°30' = \dfrac{\pi}{3}+\dfrac{\pi}{360}$, 取函数 $f(x)=\cos x$, 其中

$$x = 60°30' = \frac{\pi}{3}+\frac{\pi}{360},\quad x_0=\frac{\pi}{3},\quad \Delta x = x-x_0=\frac{\pi}{360}.$$

由 $f(x)\approx f(x_0)+f'(x_0)(x-x_0)$, 得

$$\cos 60°30' = \cos\left(\frac{\pi}{3}+\frac{\pi}{360}\right) \approx \cos\frac{\pi}{3}-\sin\frac{\pi}{3}\cdot\frac{\pi}{360}$$
$$= \frac{1}{2}-\frac{\sqrt{3}}{2}\cdot\frac{\pi}{360}\approx 0.4924.$$

在公式 $f(x)\approx f(x_0)+f'(x_0)(x-x_0)$ 中, 若令 $x_0=0$, 则当 $|\Delta x|$ 很小时, 可得

$$f(x)\approx f(0)+f'(0)x.$$

由此得到一些常用的近似公式:

$$\sin x\approx x;\quad \tan x\approx x;\quad \mathrm{e}^x\approx 1+x;\quad \ln(1+x)\approx x;\quad \arctan x\approx x;$$
$$(1+x)^\mu \approx 1+\mu x;\quad \text{特别地, } \sqrt[n]{1+x}\approx 1+\frac{1}{n}x.$$

例 40 (为什么不宜制造当量级太大的核弹头？)　核武器具有极大的杀伤力, 核弹的爆炸量, 即核裂变或聚变时释放出的能量, 通常用相当于多少千吨 TNT 炸药的爆炸威力来度量. 已知核弹头在与它的爆炸量的立方根成正比的距离内, 会产生每平方厘米 0.3516kg 的超压, 这种距离称作有效距离. 若记有效距离为 D, 爆炸量为 x, 则二者的函数关系为 $D=Cx^{\frac{1}{3}}$, 其中 C 为比例常数.

又知当 x 为 100 千吨 TNT 当量时, 有效距离 D 为 3.2186 km. 于是

$$3.2186 = C\cdot 100^{\frac{1}{3}},$$

解出 $C=\dfrac{100^{\frac{1}{3}}}{3.2186}\approx 0.6934$, 所以 $D=0.6934x^{\frac{1}{3}}$.

如果爆炸当量增加至 10 倍, 即变为 1000 千吨 TNT 当量时, 则有效距离增加至

$$0.6934 \times 1000^{\frac{1}{3}} = 6.934(\text{km}),$$

约为 100 千吨 TNT 当量时的 2 倍, 这说明其作用范围并没有因爆炸量的大幅度增加而显著增加.

下面来研究爆炸量与相对效率的关系. 所谓相对效率, 是指核弹的有效距离尺寸爆炸量的变化率 $\dfrac{\mathrm{d}D}{\mathrm{d}x}$, 即爆炸量每增加 1 千吨 TNT 当量时, 有效距离的增加量. 由 $\dfrac{\mathrm{d}D}{\mathrm{d}x} = \dfrac{1}{3} \cdot 0.6934 \cdot x^{-\frac{2}{3}}$, 当 $x = 100, \Delta x = 1$ 时, 利用微分近似计算, 得

$$\Delta D \approx \frac{1}{3} \cdot 0.6934 \cdot 100^{-\frac{2}{3}} \cdot 1 \approx 0.0107\text{km} = 10.7\text{m}.$$

这就是说, 对 100 千吨级 (10 万吨级) 爆炸量的核弹来说, 爆炸量每增加 1 千吨, 有效距离约增加 10.7m.

如果 $x = 1000, \Delta x = 1$, 则

$$\Delta D \approx \frac{1}{3} \cdot 0.6934 \cdot 1000^{-\frac{2}{3}} \cdot 1 \approx 0.0023\text{km} = 2.3\text{m},$$

即对百万吨级的核弹来说, 每增加 1 千吨的爆炸量, 有效距离仅增加 2.3m, 相对效率反而下降了.

可见, 除了制造、运输、投放等技术因素, 无论从作用范围, 或是从相对效率来说, 都不宜制造当量级太大的核弹头. 事实上, 在 1945 年, 美国投放到日本广岛、长崎的原子弹, 其爆炸当量大约为 20 千吨 TNT 当量, 有效距离为 1.87km.

2. 误差估计

在工程技术等生产实践中, 经常需要采集各种数据, 有些数据可以直接测量获取, 而有些数据不易直接测量, 需通过一些可测量到的数据, 再由某种公式间接计算得到. 由于测量手段等因素的制约, 测量的数据往往会出现误差, 由此所计算出的数据自然也会有误差.

设某个量的精确值为 x_0 近似值为 x, 则称 $|\Delta x| = |x - x_0|$ 为用 x 近似表示 x_0 的**绝对误差**, 称 $\dfrac{|\Delta x|}{x}$ 为用 x 近似表示 x_0 的**相对误差**. 但在实际工作中, $|x - x_0|$ 的精确值实际上是无法知道的, 但按照测试手段, 可以确定误差在某个范围之内, 即 $|x - x_0| \leqslant \delta$, 则称 δ 为测量 x_0 的绝对误差限, 而称 $\dfrac{\delta}{|x|}$ 为测量 x_0 的相对误差限.

在由直接测量值 x, 按照公式 $y = f(x)$ 计算间接测量值 y 时, 如果已知 $|x - x_0| \leqslant \delta$, 则 y 的最大绝对误差为

$$|\Delta y| = |f(x) - f(x_0)| \approx |\mathrm{d}y| = |f'(x)|\,|x - x_0| \leqslant |f'(x)|\,\delta.$$

最大相对误差为

$$\left|\frac{\Delta y}{y}\right| \approx \left|\frac{\mathrm{d}y}{y}\right| = \left|\frac{f'(x)}{f(x)}\right| |x - x_0| \leqslant \left|\frac{f'(x)}{f(x)}\right| \delta.$$

例 41　正方形边长为 2.41m, 测量边长的绝对误差限为 0.005m, 求正方形的面积, 并估计面积的绝对误差和相对误差.

解　正方形边长为 x, 面积为 y, 则 $y = x^2$.

当 $x = 2.41$ 时, 面积 $y = (2.41)^2 = 5.8081(\mathrm{m}^2)$.

又 $y'|_{x=2.41} = 2x|_{x=2.41} = 4.82$, 边长的绝对误差为 $\delta_x = 0.005\mathrm{m}$, 故, 面积的绝对误差为

$$\delta_y = y' \cdot \delta_x = 4.82 \times 0.005 = 0.0241\ (\mathrm{m}^2),$$

面积的相对误差为 $\dfrac{\delta_y}{|y|} = \dfrac{0.0241}{5.8081} \approx 0.4\%$.

例 42　利用三角函数的对数表 (均为六位数表) 求角 φ 时, 可以用正弦对数表 ($y_1 = \lg\sin\varphi$), 也可以用正切对数表 ($y_2 = \lg\tan\varphi$), 问用哪一个表求 φ 更精准些?

解　因为都是六位数表, 可以认为它们的绝对误差相等, 即 $\delta_{y_1} = \delta_{y_2}$.

$$\delta_{y_1} = |y_1'| \cdot \delta_{\varphi_1} = \left|\frac{\cos\varphi}{\sin\varphi\ln 10}\right| \cdot \delta_{\varphi_1},$$

$$\delta_{y_2} = |y_2'| \cdot \delta_{\varphi_2} = \left|\frac{\sec^2\varphi}{\tan\varphi\ln 10}\right| \cdot \delta_{\varphi_2},$$

因为 $\delta_{y_1} = \delta_{y_2}$, 可解出 $\delta_{\varphi_1} = \left|\sec^2\varphi\right| \cdot \delta_{\varphi_2}$, 又 $\left|\sec^2\varphi\right| \geqslant 1$, 故 $\delta_{\varphi_1} \geqslant \delta_{\varphi_2}$. 可见用正切对数表比用正弦对数表误差要小.

习　题　2-3

1. 用定义证明函数在给定点的可微性, 在可导的条件下, 计算此点的微分:

(1) $y = \mathrm{e}^x$, $x_0 = 0$;　　(2) $y = \ln(1 + x)$, $x_0 = 0$.

2. 计算下列函数在给定点的微分:

(1) $f(x) = x^2\ln(1 + x^2)$, $x_0 = 1$;　　(2) $f(x) = \ln\left(x + \sqrt{a^2 + x^2}\right)$, $x_0 = a$.

3. 计算下列函数的微分:

(1) $f(x)=\dfrac{x}{\sqrt{x^2+1}}$; (2) $f(x)=\ln\dfrac{(1+\sin^2 x)x^3}{1+x^2}$;

(3) $f(x)=\mathrm{e}^{-x^2+\arctan x}$; (4) $f(x)=\sqrt{\dfrac{ax+b}{cx+d}}$.

4. 计算复合函数的微分:

(1) $f(u)=\ln(1+u^2),\ u=x\ln x-x$;

(2) $f(u)=\sin(2^u+\ln u),\ u=x^2+\mathrm{e}^{1+\sqrt{x}}$.

5. 利用微分的思想近似计算下列各量:

(1) $\sqrt{99.9}$; (2)$\sin 29^\circ$; (3) $\sqrt[5]{32.01}$.

6. 设扇形的圆心角 $\alpha=60^\circ$, 半径 $R=100\text{cm}$, 如果 R 不变, α 减少 $30'$, 问扇形面积大约改变多少? 又若 α 不变, R 增加 1cm, 问扇形面积大约改变了多少?

7. 设测得圆钢截面的直径为 60.03mm, 测得直径的绝对误差限为 0.05mm, 求圆钢的截面面积, 并估计面积的绝对误差和相对误差.

2.4 微分中值定理

2.4节课件

函数导数的概念是点概念, 只是刻画了函数在一点的局部变化性态, 为了进一步研究导数的应用, 尤其是用导数研究函数在区间上的整体性态, 就需要在区间上建立函数与其导数之间的联系, 这就是本章所要讲的微分中值定理, 它不仅是研究函数性质的有力工具, 更在后续课程中有着非常重要的作用, 可以说, 它是微分学的核心.

本节所介绍的微分中值定理, 包含法国的数学家罗尔 (Rolle, 1652~1719)、拉格朗日 (Lagrange, 1736~1813) 和柯西 (Cauchy, 1789~1857) 等人的工作. 我们首先从函数曲线的几何特征: 特殊的点和曲线的走向等逐次分析其对应的解析性质, 然后形成对应的函数的分析性质.

极值点是刻画函数几何特征的重要元素. 先引入函数的极值概念. 为此, 首先介绍费马 (Fermat, 1601~1665) 引理.

2.4.1 费马引理

1. 极值的定义

定义 2-7 设函数 $f(x)$ 在区间 I 上有定义, 点 x_0 是区间 I 的内点, 若存在 x_0 的某邻域 $U(x_0,\delta)$, 对于该邻域内任何异于 x_0 的点 x, 恒有

$$f(x_0)\geqslant f(x),$$

则称点 x_0 为 $f(x)$ 的一个极大值点, 称 $f(x_0)$ 为相应的极大值.

类似, 可以定义 $f(x)$ 的极小值点和极小值.

极大值和极小值统称为极值, 极大值点和极小值点统称为极值点.

信息挖掘 ①极值是局部概念, 如果 $f(x_0)$ 是一个极大值, 则只是在点 x_0 附近的一个范围内成立该点处的函数值大于周边的函数值, 而不是在 $f(x)$ 的整个定义域上成立该点的函数值大于所有的函数值; ②极值 (点) 不唯一; ③极值点都是内点, 因而, 端点一定不是极值点; ④极大值和极小值不存在确定的大小关系, 即极大值不一定大于极小值, 极小值也不一定小于极大值.

2. 费马引理

如何计算函数的极值并确定相应的极值点? 我们先从几何上分析, 寻找极值点应具备的特性 (极值点的必要条件). 对光滑函数曲线来说, 在极值点 x_0 处应有水平的切线, 即 $k = f'(x_0) = 0$. 这是一个非常明显的几何特征, 这就是费马引理, 刻画了极值点存在的必要条件.

定理 2-7 (费马引理) 若函数 $f(x)$ 在点 x_0 可导, 且 x_0 为 $f(x)$ 的极值点, 则 $f'(x_0) = 0$.

结构分析 要证明的结论是抽象函数的导函数零点的存在性. 类比已知: 虽有连续函数的零点定理, 但是, 此定理的条件并不满足, 必须另择思路, 分析已知条件: 函数在此点可导且取得极值, 必须依据此条件设定思路. 确定思路: 由可导的条件, 可以得到连续性外, 且仅有定义可用. 通过极值定义可知, 极值可以比较函数值的大小. 因此, 对比要做证明的结论和给定的条件, 确定证明的思路是利用可导的定义, 通过此点的极值定义, 使其与附近点的函数值进行比较得到导数的符号, 进而得到此点的导数信息.

证明 不妨设 x_0 为 $f(x)$ 的极值大点, 则存在 $U(x_0, \delta)$, 使得 $x \in U(x_0, \delta)$ 时, 有 $f(x_0) \geqslant f(x)$; 又 $f(x)$ 在点 x_0 可导, 因而, $f'_+(x_0) = f'_-(x_0) = f'(x_0)$, 另一方面, 由定义,

$$f'_+(x_0) = \lim_{\Delta x \to 0^+} \frac{f(x_0 + \Delta x) - f(x_0)}{\Delta x} \leqslant 0,$$

$$f'_-(x_0) = \lim_{\Delta x \to 0^-} \frac{f(x_0 + \Delta x) - f(x_0)}{\Delta x} \geqslant 0,$$

故, 必有 $f'(x_0) = 0$.

抽象总结 ①从定理的结论看, 给出了导函数零点的存在性, 由此, 又可以归结为 (导) 函数的零点问题或方程根的问题, 此时的条件是此点的极值性. 因此, 此定理又给出了研究解决函数零点问题的一个工具. ②从几何上看, 此定理的几何意义是: 函数在可导极值点处的切线平行于 x 轴. ③从极值研究的角度看, 定理给出极值点的必要条件, 反之并不成立. 如 $f(x) = x^3$, 有 $f'(0) = 0$, 但 x=0 不是极值点. ④定理的证明中隐藏了这样一个结论: 设 $f(x)$ 在 x_0 点具有右侧导数 $f'_+(x_0)$, 有

(1) 若 $f'_+(x_0)>0$, 则存在 $\delta>0$, 使得当 $x_0<x<x_0+\delta$ 时, 成立 $f(x)>f(x_0)$.

(2) 若存在 $\delta>0$, 使得当 $x_0<x<x_0+\delta$ 时, 成立 $f(x)>f(x_0)$, 则 $f'_+(x_0)\geqslant 0$.

对左侧导数有类似的性质.

注 还可以用极限性质证明定理 2-7.

证法二 由于 $f(x)$ 在点 x_0 可导, 由定义, 则

$$f'(x_0)=\lim_{\Delta x\to 0}\frac{f(x_0+\Delta x)-f(x_0)}{\Delta x},$$

由极限性质, 则

$$\frac{f(x_0+\Delta x)-f(x_0)}{\Delta x}=f'(x_0)+\alpha(\Delta x)\quad(\Delta x\to 0),$$

其中 $\lim\limits_{\Delta x\to 0}\alpha(\Delta x)=0$, 故

$$f(x_0+\Delta x)-f(x_0)=\Delta x(f'(x_0)+\alpha(\Delta x))\quad(\Delta x\to 0),$$

因此, 若 $f'(x_0)>0$, 则存在 $\delta>0$, 当 $0<|\Delta x|<\delta$ 时, 成立 $f'(x_0)+\alpha(\Delta x)>0$, 因而, 当 $0<\Delta x<\delta$ 时,

$$f(x_0+\Delta x)-f(x_0)=\Delta x(f'(x_0)+\alpha(\Delta x))>0,$$

当 $-\delta<\Delta x<0$ 时,

$$f(x_0+\Delta x)-f(x_0)=\Delta x(f'(x_0)+\alpha(\Delta x))<0,$$

这与 x_0 为 $f(x)$ 的极值点矛盾, 故 $f'(x_0)>0$ 不成立.

同样, $f'(x_0)<0$ 也不成立, 因而, 必成立 $f'(x_0)=0$.

为便于寻找极值点, 引入驻点的概念.

定义 2-8 设 $f(x)$ 可导, 使得 $f'(x)=0$ 的点称为 $f(x)$ 的驻点.

推论 2-1 设 $f(x)$ 可导, 则 x_0 为 $f(x)$ 的极值点的必要条件是 x_0 为 $f(x)$ 的驻点.

建立了定理 2-7 后, 研究方程的根或函数零点问题的工具有两个: 其一, 连续函数的介值定理, 定量条件是两个异号点的确定; 其二, 费马引理, 给出导函数零点的存在性, 定量条件是内部极值点的存在性.

极值点是刻画函数曲线的一个重要指标, 这也是我们关心极值点的原因之一. 定理 2-7 和其推论给出了寻找极值点的方法, 即在驻点中确定极值点, 也即利用导函数求出驻点, 然后判断驻点处的极值性质. 那么, 驻点存在吗? 这便是我们下一个要解决的问题.

2.4.2　罗尔定理

定理 2-8　若 $f(x)$ 满足如下条件:

(1) 在 $[a,\ b]$ 上连续;

(2) 在 $(a,\ b)$ 内可导;

(3) $f(a)=f(b)$,

则在开区间 $(a,\ b)$ 内至少存在一点 ξ, 使得 $f'(\xi)=0$.

思路分析　题型: 导函数零点的存在性; 类比已知: 此时针对此题型相应的处理工具有连续函数的零点定理和费马引理, 由于没有导函数的连续性, 考虑用费马引理证明, 这也就形成了证明的思路. 需要验证的条件就是寻找内部极值点. 类比题目条件, 形成研究方法, 由函数连续性, 得到最值存在性, 确定内部极值点, 由此完成证明.

证明　由条件 $f(x)$ 在 $[a,\ b]$ 上连续, 则 $f(x)$ 在 $[a,\ b]$ 上必取得最大值 M 和最小值 m.

(1) 若 $M=m$, 则 $f(x)$ 为常数函数, 故 $f'(x)=0$ 恒成立.

(2) 若 $M>m$, 由于 $f(a)=f(b)$, 则 M 和 m 必有一个在 (a,b) 内达到. 不妨设存在 $\xi\in(a,\ b)$, 使得 $f(\xi)=M$, 因而 ξ 为内部极大值点, 故, $f'(\xi)=0$.

抽象总结　①从代数结构看, 定理应用的题型仍是导函数的零点问题, 这是定理作用对象的特征. 此时需要验证的条件是两个等值点的确定. ②从几何意义看 (如图 2-3), 函数曲线在 ξ 点存在水平切线, 注意到条件中暗示了两个端点的连线也是水平的, 定理的结论可以抽象为函数曲线上存在一点, 使得此点处切线平行于两个端点的连线, 这为定理的推广做了准备. ③定理回答了驻点的存在性问题, 此驻点实际上就是极值点.

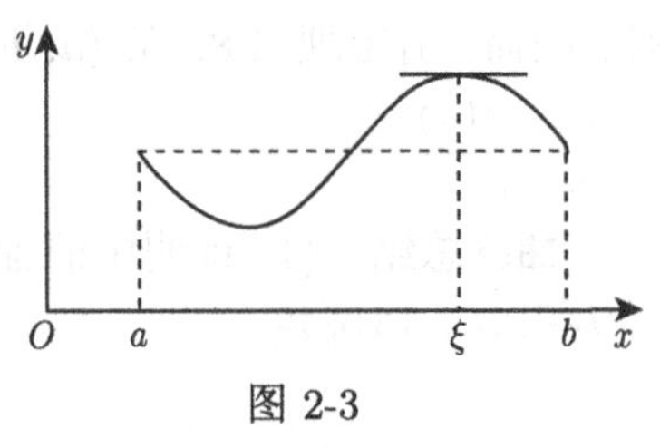

图 2-3

由于定理 2-8 的三个条件中, 两个是定性条件, 即函数的连续性和可导性, 一个是定量条件, 即两个端点等值, 这是一个要求相对较强的条件, 能否减弱或去掉此条件? 此结论能否推广到端点连线非水平的情形? 回答是肯定的. 这便是更进一步的中值定理.

2.4.3 拉格朗日中值定理

定理 2-9 若函数 $f(x)$ 满足条件:

(1) 在 $[a,\ b]$ 上连续;

(2) 在 $(a,\ b)$ 内可导,

则存在一点 $\xi\in(a,\ b)$, 使得

$$f'(\xi)=\frac{f(b)-f(a)}{b-a}.$$

特别地, 当 $f(a)=f(b)$ 时, 存在一点 $\xi\in(a,\ b)$, 使得

$$f'(\xi)=0,$$

这就是罗尔定理.

结构分析 从要证明的结论看, 这类问题仍是方程根的问题或 (导) 函数的零点问题, 我们把这类问题统称为中值问题. 类比已知: 定理 2-9 是定理 2-8 的推广; 确定思路: 像这类命题的证明, 科研上常用的方法是将其转化为定理 2-8 的情形, 即转化为导函数的零点问题; 难点: 将中值问题转化为导函数的零点, 需要构造函数 $\varphi(x)$, 使得

$$\varphi'(x)=f'(x)-\frac{f(b)-f(a)}{b-a}.$$

当然, 从上述分析过程可知, 函数 $\varphi(x)$ 的构造方法不唯一.

证明 记 $\varphi(x)=f(x)-\dfrac{f(b)-f(a)}{b-a}x$, 则可以验证 $\varphi(x)$ 满足罗尔定理的条件, 因而, 由定理 2-8, 在 $(a,\ b)$ 内至少存在一点 ξ, 使得 $\varphi'(\xi)=0$, 即 $f'(\xi)=\dfrac{f(b)-f(a)}{b-a}$.

抽象总结 (1) 证明中的辅助函数 $\varphi(x)$ 的构造不唯一. 如还可以将端点连线的方程取为该函数:

$$\varphi(x)=f(x)-f(a)-\frac{f(b)-f(a)}{b-a}(x-a),$$

或

$$\varphi(x)=f(b)-f(x)-\frac{f(b)-f(a)}{b-a}(b-x).$$

(2) $\dfrac{f(b)-f(a)}{b-a}$ 正是函数曲线两个端点连线的斜率.

(3) 从定理结论的解析特征看, 定理 2-9 作用对象的特征仍是中值问题或介值问题或函数零点问题. 其几何意义仍是: 在曲线 $y=f(x)$ 上, 存在点 $(\xi, f(\xi))$, 使得此点的切线平行于曲线两端点的连线 (如图 2-4).

(4) 从定理结论的结构特征看, 其结论涉及中值点、区间的两个端点, 而且有显著的等式两端**分离的结构特征**, 不仅中值点 ξ 与端点 a, b 分离, 两个端点 a 与 b 也是分离的形式, 且分子和分母都具有端点的差结构. 掌握这两个结构特征有利于定理的应用.

(5) 中值点的不同表示形式: $\xi \in (a,\ b)$ 等价于存在 $\theta \in (0,1)$, 使得 $\xi=a+\theta(b-a)$.

(6) 中值定理有不同的形式: 拉格朗日中值定理可以写为形式

$$f(b)=f(a)+f'(\xi)(b-a),$$

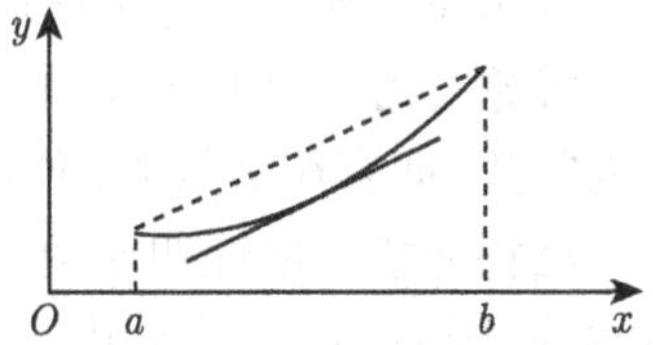

图 2-4

此结构常用于计算或估计函数值, 更进一步的推广形式是后面的泰勒 (Taylor, 1685~1731) 公式.

拉格朗日中值定理也可以写为形式

$$f(b)-f(a)=f'(\xi)(b-a),$$

这个式子说明函数在区间 $[a,b]$ 上的增量等于区间 (a,b) 内某点处的导数与区间长度的乘积.

设 x 为 $[a,b]$ 上一点, $x+\Delta x(\Delta x \neq 0)$ 为这一区间上的另一点, 则在区间 $[x, x+\Delta x](\Delta x>0)$ 或在区间 $[x+\Delta x, x](\Delta x<0)$ 上应用拉格朗日中值定理就得到其常用的另一形式

$$f(x+\Delta x)-f(x)=f'(x+\theta \Delta x) \Delta x, \quad 0<\theta<1, \tag{2-4-1}$$

或

$$\Delta y=f'(x+\theta \Delta x) \Delta x, \quad 0<\theta<1. \tag{2-4-2}$$

在 2.3 节, 我们曾经用函数的微分作为函数增量的近似值, 有

$$\Delta y=\mathrm{d} y+o(\Delta x)=f'(x) \Delta x+o(\Delta x),$$

$$\Delta y \approx f'(x) \Delta x.$$

微分作为函数增量的近似值, 一般情况下, 只有当 $\Delta x \rightarrow 0$ 时, 用 $\mathrm{d} y=f'(x) \Delta x$ 代替 Δy 时所产生的误差才趋于零, 而式 (2-4-2) 却给出了自变量取得

有限增量 Δx 时 (甚至不要求 Δx 很小), 函数增量的准确表达式, 因此这个定理也叫做**有限增量定理**, 公式 (2-4-2) 又叫**有限增量公式**. 它建立了函数在区间上的改变量与导数的关系, 因而, 函数差值结构可以视为中值定理作用对象的特征, 这也使我们能够用导数这个局部概念来研究函数在一个区间上的整体性态, 因此拉格朗日中值定理有着广泛的应用, 在微积分中占有重要地位.

(7) 中值定理的条件: "$f(x)$ 满足在 $[a, b]$ 上连续; 在 (a, b) 内可导" 是中值定理作用对象的典型条件结构特征.

利用拉格朗日中值定理很容易得到下面两个重要的推论.

推论 2-2 如果 $f(x)$ 在 $[a,b]$ 上连续, 在 (a,b) 内可导且 $f'(x) \equiv 0$, 则 $f(x)$ 恒为常数, 即存在常数 C, 使得 $f(x) \equiv C, x \in [a, b]$.

结构分析 要证明函数为常数函数, 一般研究方法只需证明任意两点的函数值相等, 因而, 题目要求用导数研究函数在任意两点处的函数差值结构; 类比已知: 要研究结论是函数的差值结构, 这正是中值定理所作用对象的特点, 故, 中值定理是首选工具.

证明 对 (a,b) 内任意两点 x_1, x_2, 设 $x_1 < x_2$, 在 $[x_1, x_2]$ 上应用拉格朗日中值定理有

$$f(x_2) - f(x_1) = f'(\xi)(x_2 - x_1), \quad \xi \in (x_1, x_2).$$

由于 $f'(\xi) = 0$, 故, $f(x_2) = f(x_1)$, 根据 x_1, x_2 的任意性, 则存在常数 C, 使得

$$f(x) \equiv C, \quad x \in (a,b),$$

利用连续性, 上式在 $[a, b]$ 上也成立.

由推论 2-2 不难得到推论 2-3.

推论 2-3 设 $f(x), g(x)$ 在 $[a,b]$ 上连续, 在 (a,b) 可导, 且 $f'(x) = g'(x)$, 则 $f(x), g(x)$ 在 (a,b) 内至多相差一个常数, 即存在常数 c, 使得

$$f(x) - g(x) = c, \quad x \in (a,b).$$

抽象总结 在 2.1.5 节 (导数概念的基本应用) 的学习中, 我们知道常数的导数为零, 推论 2-3 说明其反向的结论也成立, 并给出了证明函数为常数函数的新的高级工具, 从此, 将函数为常数函数的证明转化为导数的计算.

2.4.4 柯西中值定理

更为复杂的情况, 对函数的研究通常要借助于与之相关函数来进行, 这就需要建立不同函数之间的联系或其导数关系, 那么, 不同函数间是否也有上述类似的导数和函数的关系? 这就是定理 2-9 的进一步推广. 我们先简单分析一下.

若函数 $f(x)$ 和 $g(x)$ 都满足定理 2-9 的条件, 则分别利用定理 2-9, 得存在 $\xi_1 \in (a,b)$, $\xi_2 \in (a,b)$, 使得

$$f'(\xi_1) = \frac{f(b)-f(a)}{b-a},$$

$$g'(\xi_2) = \frac{g(b)-g(a)}{b-a},$$

因而

$$\frac{f'(\xi_1)}{g'(\xi_2)} = \frac{f(b)-f(a)}{g(b)-g(a)},$$

显然, 此式建立了两个函数及其导函数之间的关系, 但是, 这个关系式并不简洁, 也不好用, 原因在于 ξ_1 和 ξ_2 不一定相等. 换句话说, 若二者相等, 这将是一个好的结果. 那么, 二者是否有可能相等? 即是否存在 $\xi \in (a,\ b)$, 使得

$$\frac{f'(\xi)}{g'(\xi)} = \frac{f(b)-f(a)}{g(b)-g(a)}?$$

再从几何的角度考虑. 我们知道, 定理 2-9 的几何意义是, 在曲线 $y=f(x)$ 上, 存在点 $(\xi, f(\xi))$, 使得此点的切线平行于曲线两端点的连线. 现在, 我们考虑如下以参数方程给出的曲线 $l: x=g(t), y=f(t), t\in(a,b)$, 则对应于曲线 l 上任一点 $(x,y)=(g(t),f(t))$, 此点的切线斜率为

$$k = y'(x) = \frac{\mathrm{d}y/\mathrm{d}t}{\mathrm{d}x/\mathrm{d}t} = \frac{f'(t)}{g'(t)},$$

而两端点的连线斜率为 $\dfrac{f(b)-f(a)}{g(b)-g(a)}$. 因而, 由定理 2-9, 若曲线 l 上存在一点, 设为 $(x_0,y_0)=(g(\xi),f(\xi))$, 使得此点的切线平行于端点的连线, 则必有 $\dfrac{f'(\xi)}{g'(\xi)} = \dfrac{f(b)-f(a)}{g(b)-g(a)}$.

上述分析表明, 定理 2-9 可以进一步推广, 这就是柯西中值定理.

定理 2-10　若函数 $f(x)$ 和 $g(x)$ 满足如下条件:

(1) 在 $[a,\ b]$ 上连续;

(2) 在 $(a,\ b)$ 内可导;

(3)$g'(x) \neq 0$,

则存在 $\xi \in (a,\ b)$, 使得

$$\frac{f'(\xi)}{g'(\xi)}=\frac{f(b)-f(a)}{g(b)-g(a)}.$$

思路分析 和定理 2-9 类似, 转化为定理 2-9 或定理 2-8 来证明, 注意到结论形式可以写为

$$f'(\xi)=\frac{f(b)-f(a)}{g(b)-g(a)}g'(\xi),$$

或

$$f'(\xi)-\frac{f(b)-f(a)}{g(b)-g(a)}g'(\xi)=0,$$

这仍然是导函数的零点问题, 可以用定理 2-8 证明, 关键问题还是辅助函数的构造.

证明 显然, $g(a)\neq g(b)$, 否则, 由罗尔定理, 存在 $\xi\in(a,b)$, 使得 $g'(\xi)=0$, 与条件 3 矛盾. 因而, 构造函数

$$F(x)=f(x)-\frac{f(b)-f(a)}{g(b)-g(a)}g(x),$$

可验证 $F(a)=F(b)$, 由定理 2-8, 存在 $\xi\in(a,b)$, 使得 $F'(\xi)=0$, 即

$$\frac{f'(\xi)}{g'(\xi)}=\frac{f(b)-f(a)}{g(b)-g(a)}.$$

注 定理 2-10 中, 取 $g(x)=x$ 即得到定理 2-9.

定理 2-10 与定理 2-9 具有类似的结构, 不再进行结构分析.

抽象总结 上面, 建立了各种不同形式的中值定理, 下面进行简单的小结.

(1) 我们从极值点的必要条件出发, 从简单到复杂, 从特殊到一般, 引入了不同形式的微分中值定理. 进一步分析其几何意义, 可以看到不同形式的中值定理具有相同的几何意义: 光滑曲线上存在一点, 该点处的切线平行于端点的连线. 而从解析表达式的角度看, 三个定理关系如下:

$$\text{柯西定理}\xrightarrow{g(x)=x}\text{拉格朗日定理}\xrightarrow{f(a)=f(b)}\text{罗尔定理}$$

另外, 三个定理中的条件都是充分的而不是必要的, 即若条件全部满足, 则结论一定成立; 若条件不满足, 结论不一定不成立. 以罗尔定理为例, 考察函数 $f(x)=|x|, x\in[-1,1]$, 不满足可导性条件, 可以验证此时定理不成立, 即不存在 $\xi\in(-1,1)$, 使得 $f'(\xi)=0$; 而对函数 $y=\mathrm{sgn}x$, $x\in[-1,1]$ 不满足罗尔定理的任何条件, 但存在无限多个 $\xi\in(-1,1)$, 使得 $f'(\xi)=0$, 此时定理成立.

(2) 从定理的直观表现形式上可以看出, 中值定理建立了函数和导函数之间的关系, 特别建立了导函数和函数任意两点函数值差的关系, 因此, 通过中值定理可以用导函数研究原函数或函数值差的性质, 函数的差值结构是中值定理作用对象的特征.

(3) 中值定理中的中值点 $\xi \in (a,b)$ 都可以表示为

$$\xi = a + \theta(b-a), \quad \theta \in (0,1),$$

一般来说, θ 或 ξ 不能具体确定, 但对大部分函数研究来说, 已经足够了; 对一些简单的函数, 可以具体确定 θ 或 ξ.

2.4.5 中值定理的应用举例

通过几个具体的例子简要说明中值定理处理的几类题型.

例 43 设 $f(x)$ 在 $[a,b]$ 具有连续导数, 在 (a,b) 二阶可微, 且 $f(a)=f(b)=f'(a)=0$, 证明: $f''(x)=0$ 在 (a,b) 中至少有一个根.

思路分析 题型为导函数的零点问题, 考虑用罗尔定理, 要证明二阶导函数有一个零点, 必须确定一阶导函数有两个等值点, 由于已知 $f'(a)=0$, 只需寻找导函数的另一个零点.

证明 由于 $f(a)=f(b)$, 由罗尔定理, 存在 $\xi \in (a,b)$, 使得 $f'(\xi)=0$, 故 $f'(\xi)=f'(a)$, 对导函数再次用罗尔定理, 则存在 $\zeta \in (a,\xi) \subset (a,b)$, 使得 $f''(\zeta)=0$.

关于函数及其导函数的零点问题, 我们已经掌握了两个解决工具——连续函数的介值定理和罗尔定理, 要熟练掌握这些定理的应用.

例 44 证明: 对任意 $b>a>0$, 存在 $\xi \in (a,b)$, 使得

$$a\mathrm{e}^b - b\mathrm{e}^a = (1-\xi)\mathrm{e}^{\xi}(a-b).$$

结构分析 题型结构: 中值问题, 确定使用中值定理解决. 关键问题: 使用哪个中值定理? 对什么函数使用中值定理? 如何用? 为此, 类比中值定理的两个分离的结构特征, 利用形式统一的思想对要证明的等式进行转化, 首先, 分离中值点和端点, 结论转化为

$$(1-\xi)\mathrm{e}^{\xi} = \frac{a\mathrm{e}^b - b\mathrm{e}^a}{a-b},$$

注意到右端的两个端点还没有分离, 再次分离端点, 结论再转化为

$$(1-\xi)\mathrm{e}^{\xi} \doteq \frac{\frac{1}{b}\mathrm{e}^b - \frac{1}{a}\mathrm{e}^a}{\frac{1}{b} - \frac{1}{a}},$$

通过右端, 类比中值定理, 就可以形成具体的求解方法.

证明 **法一** 利用拉格朗日中值定理证明

记 $F(x)=x\mathrm{e}^{\frac{1}{x}}$, 在 $\left[\frac{1}{b},\frac{1}{a}\right]$ 上利用拉格朗日中值定理既得所证明的结论.

法二 利用柯西中值定理证明

记 $F(x)=\frac{1}{x}\mathrm{e}^{x}, G(x)=\frac{1}{x}$, 在 $[a,b]$ 上利用柯西中值定理即可.

例 45 设 $f(x)$ 在 $[a,b]$ 上连续, 在 (a,b) 可导, 证明存在 $\xi,\eta\in(a,b)$, 使得 $2f(\eta)f'(\eta)=f'(\xi)(f(b)+f(a))$.

结构分析 从结论看, 涉及两个中值点, 把这类问题称为**双中值点问题**. 常规的处理方法是对两个相关联的不同函数使用中值定理, 产生两个中值点, 利用共同的值将二者联系起来. 对本例, 从结构看, 左端是 $f^2(x)$ 的导函数的中值点, 由此确定证明的思路和方法.

证明 对 $f^2(x)$ 应用中值定理, 则存在 $\eta\in(a,b)$, 使得

$$2f(\eta)f'(\eta)=\frac{f^2(b)-f^2(a)}{b-a},$$

对 $f(x)$ 应用中值定理, 则存在 $\xi\in(a,b)$, 使得

$$f'(\xi)=\frac{f(b)-f(a)}{b-a},$$

故 $2f(\eta)f'(\eta)=f'(\xi)(f(b)+f(a))$.

中值定理的另一个应用是用来证明双参量不等式, 事实上, 由拉格朗日定理, 若 $h(a,b)\leqslant f'(x)\leqslant g(a,b), x\in(a,b)$, 则

$$h(a,b)\leqslant\frac{f(b)-f(a)}{b-a}\leqslant g(a,b),$$

这就是一个双参量不等式. 因而, 对双参量不等式可以利用对导数的估计进行证明. 当然, 当 a 或 b 取为一个确定的数时, 双参量不等式就变成了单参量不等式.

例 46 证明: 当 $0<b<a$ 时, $\frac{a-b}{a}<\ln\frac{a}{b}<\frac{a-b}{b}$.

结构分析 题型结构: 双参量不等式, 考虑用中值定理证明. 类比已知: 利用两个分离的结构特征将结论转化为中值定理的形式 $\frac{f(b)-f(a)}{b-a}$ 或 $\frac{f(b)-f(a)}{g(b)-g(a)}$, 然后确定相应的函数形式, 根据函数形式选用合适的中值定理, 转化为对导数界的估计. 本例, 结论形式转化为中值定理的形式为: 证明如下结论 $\frac{1}{a}<\frac{\ln a-\ln b}{a-b}<\frac{1}{b}$, 显然, 应取 $f(x)=\ln x$.

证明　在 $[b,a]$ 上对 $f(x)=\ln x$ 用拉格朗日中值定理, 则存在 $\zeta\in(b,a)$, 使得

$$\frac{f(a)-f(b)}{a-b}=\frac{\ln a-\ln b}{a-b}=\frac{1}{\zeta},$$

故 $\dfrac{1}{a}<\dfrac{\ln a-\ln b}{a-b}<\dfrac{1}{b}$.

若取 $b=1$, 则双参量不等式

$$\frac{a-b}{a}<\ln\frac{a}{b}<\frac{a-b}{b}$$

就变成了单参量不等式

$$\frac{a-1}{a}<\ln a<a-1,$$

因而, 这样的不等式同样用中值定理证明.

当然, 不等式的证明方法不唯一, 在学习了单调性理论后, 也可以利用常数变易法 (将常数转化为变量) 将其转化为函数不等式, 利用单调性证明, 如, 要证明 $\ln\dfrac{a}{b}<\dfrac{a-b}{b}$, 将其等价转化为 $b\ln a-b\ln b<a-b$, 将常数 a 变易为变量 x, 即等价于证明 $F(x)=x-b-b\ln x+b\ln b>0, x>b>0$, 因而有 $F(a)>0$.

习　题　2-4

分析下列题目结构, 给出结构特点, 给出证明题目所用到的已知定理或结论, 完成题目证明.

1. 设 $f(x)=x^5+2x^2-3x-1$, 证明 $f'(x)$ 在 (0, 1) 内至少有一根.

2. 设 $a+b+c$=0, 证明: $3ax^2+2bx+c=0$ 在 (0, 1) 内至少有一个根.

3. 设实数 $a_0,a_1,\cdots,a_n$ 满足

$$\frac{a_n}{n+1}+\frac{a_{n-1}}{n}+\cdots+\frac{a_1}{2}+a_0=0,$$

证明方程 $a_nx^n+a_{n-1}x^{n-1}+\cdots+a_1x+a_0=0$ 在 (0,1) 内至少有一个根.

4. 设 $f(x)$ 在 $[a,b]$ 连续, 在 (a,b) 内可导, $f(a)=f(b)=0$, 证明: 对任意实数 k, 存在 $\xi\in(a,b)$, 使得 $f'(\xi)+kf(\xi)=0$.

5. 设函数 $f(x)$ 在闭区间 $[0,1]$ 上可微, 对于 $[0,1]$ 上的每一个 x, 函数 $f(x)$ 的值都在开区间 (0,1) 内, 且 $f'(x)\neq 1$, 证明在 (0,1) 内有且仅有一个 x, 使得 $f(x)=x$.

6. 证明: (1)$\arctan x+\operatorname{arccot}x=\dfrac{\pi}{2}, x\in(-\infty,+\infty)$;

(2) $3\arccos x-\arccos(3x-4x^3)=\pi, x\in\left[-\dfrac{1}{2},\dfrac{1}{2}\right]$.

7. 设 $f(x)$ 在 [1,2] 上连续, 在 $(1,2)$ 内可导, 证明: 存在 $\xi\in(1,2)$, 使得

$$f(2)-f(1)=\frac{1}{2}\xi^2f'(\xi).$$

8. 证明下列不等式:

(1) $|\sin b-\sin a|\leqslant|b-a|$; (2) $\dfrac{h}{1+h^2}<\arctan h<h,\ h>0$;

(3) $\dfrac{x}{1+x}<\ln(1+x)<x,\ \forall x>0$;

(4) $n(b-a)a^{n-1}<b^n-a^n<n(b-a)b^{n-1}$, 其中 $b>a>0, n\geqslant 2$.

9. 设 $b>a>0$, $f(x)$ 在 $[a, b]$ 连续, 在 (a,b) 可导, 证明存在 $\xi\in(a,b)$, 使得

$$2\xi[f(b)-f(a)]=(b^2-a^2)f'(\xi).$$

10. 对任意 $b>a>0$, 证明: 存在 $\xi\in(a,b)$, 使得 $2\xi^3(\mathrm{e}^{\frac{1}{a}}-\mathrm{e}^{\frac{1}{b}})=\mathrm{e}^{\frac{1}{\xi}}(b^2-a^2)$.

11. 设 $f(x)$ 在 $[0, 1]$ 连续, 在 $(0, 1)$ 可导, $f(0)=0$, 证明: 存在 $\xi\in(0,1)$, 使得

$$f^2(1)=\frac{\pi}{2}f'(\xi)f(\xi)(1+\xi^2).$$

12. 已知函数 $f(x)$ 在 $[0,1]$ 上连续, 在 $(0,1)$ 内可导, 且 $f(0)=0$, $f(1)=1$. 证明:

(1) 存在 $\xi\in(0,1)$, 使得 $f(\xi)=1-\xi$;

(2) 存在两个不同的点 $\eta,\xi\in(0,1)$, 使得 $f'(\eta)f'(\xi)=1$.

13. 设 $f(x)$ 在 $[a, b]$ 连续, 在 (a, b) 可导, $f(a)+f(b)>0$, 证明: 存在 $\xi,\eta\in(a,b)$, 使得 $(f(a)+f(b))f'(\xi)=2f(\eta)f'(\eta)$.

14. 设 $f(x)$ 在 $[0, 1]$ 连续, 在 $(0, 1)$ 可导, 证明: 存在 $\xi\in(0,1)$, 使得

$$\frac{\pi}{4}(1+\xi^2)f(1)=f(\xi)+(1+\xi^2)f'(\xi)\arctan\xi.$$

2.5 洛必达法则

作为柯西中值定理的一个典型应用, 本节学习洛必达 (L'Hospital, 1661~1704) 法则, 用于计算两种待定型 (或不定式) 极限: “$\dfrac{0}{0}$” 型和 “$\dfrac{\infty}{\infty}$” 型极限.

2.5.1 待定型极限

我们知道, 简单结构的极限的运算可以利用极限的运算法则进行, 以函数极限的计算为例, 如设 $x\to x_0$ 时, $f(x)\to a, g(x)\to b$, 由运算法则可得

$$f(x)\pm g(x)\to a\pm b,\quad f(x)g(x)\to ab,\quad \frac{f(x)}{g(x)}\to\frac{a}{b}\quad(b\neq 0).$$

我们把这类由组成因子的极限和运算法则确定的极限称为确定型极限. 然而, 当组成因子为无穷大量或无穷小量时, 有一类非常重要的极限, 其极限值不能由因子的极限唯一确定. 如, 对 $f(x)=x^m, g(x)=x^n$, $m>0,n>0$, 则二者都是

$x \to 0$ 时的无穷小量, 但考察下述极限的计算:

$$\frac{f(x)}{g(x)} = x^{m-n} \to \begin{cases} 0, & m > n, \\ 1, & m = n, \\ \infty, & m < n, \end{cases} \quad x \to 0,$$

可以看到, 尽管因子 $f(x)$, $g(x)$ 的极限确定, 但是 $\dfrac{f(x)}{g(x)}$ 的极限不确定, 不满足运算法则. 把这类极限称为**待定型极限**. 若以因子的极限形式来表示, 待定型极限通常有如下类型.

基本型: $\dfrac{0}{0}$ 型, $\dfrac{\infty}{\infty}$ 型.

扩展型: $0 \cdot \infty$ 型, $\infty - \infty$ 型, 1^{∞} 型, ∞^{0} 型, 0^{0} 型.

如 $\lim\limits_{x\to 0} \dfrac{\sin x}{x}$, $\lim\limits_{x\to\infty} \dfrac{\ln(1+x^2)}{x}$ 属于基本型, $\lim\limits_{x\to 0}(1+x)^{\frac{1}{x}}$, $\lim\limits_{x\to+\infty} x^{\frac{1}{x}}$ 都是扩展型, 当然, 利用函数的运算法则和性质, 扩展型都可以转化为 $\dfrac{0}{0}$ 型或 $\dfrac{\infty}{\infty}$ 型.

对待定型极限, 由于不满足运算法则, 因而, 不能用运算法则计算其极限, 处理这类极限的主要方法就是洛必达法则.

2.5.2 洛必达法则

由于扩展型都可以转化基本型, 因此, 只给出基本型的法则.

定理 2-11 $\left(\dfrac{0}{0}\text{ 型}\right)$ 设 $f(x)$, $g(x)$ 在 $(a, a+\delta)$ 内可导且满足:

(1) $\lim\limits_{x\to a^+} f(x) = 0$, $\lim\limits_{x\to a^+} g(x) = 0$;

(2) $g'(x) \neq 0$, $\forall x \in (a, a+\delta)$;

(3) $\lim\limits_{x\to a^+} \dfrac{f'(x)}{g'(x)} = A$($A$ 为有限或 $+\infty$ 或 $-\infty$),

则 $\lim\limits_{x\to a^+} \dfrac{f(x)}{g(x)} = A$.

结构分析 从定理形式可以知道, 关键要建立函数及其导函数的关系, 相应的工具是中值定理.

证明 令

$$F(x) = \begin{cases} f(x), & x \in (a, a+\delta), \\ 0, & x = a, \end{cases}$$

$$G(x) = \begin{cases} g(x), & x \in (a, a+\delta), \\ 0, & x = a, \end{cases}$$

则 $F(x),G(x)$ 在 $[a,a+\delta_1]$ 连续, 在 $(a,a+\delta_1)(0<\delta_1<\delta)$ 可导, 且

$$G'(x)=g'(x)\neq 0,\quad x\in(a,a+\delta_1).$$

因而, 对任意 $x\in(a,a+\delta_1)$, 利用柯西中值定理, 存在 $\xi_x\in(a,x)$, 使得

$$\frac{f(x)}{g(x)}=\frac{F(x)}{G(x)}=\frac{F(x)-F(a)}{G(x)-G(a)}=\frac{F'(\xi_x)}{G'(\xi_x)}=\frac{f'(\xi_x)}{g'(\xi_x)},$$

故 $\lim\limits_{x\to a^+}\dfrac{f(x)}{g(x)}=\lim\limits_{x\to a^+}\dfrac{f'(\xi_x)}{g'(\xi_x)}=A.$

与 $\dfrac{0}{0}$ 型待定型类似, 对于 $\dfrac{\infty}{\infty}$ 型待定型也有类似的结果. 这里不加证明地给出结论.

定理 2-12 $\left(\dfrac{\infty}{\infty}\text{ 型}\right)$ 设 $f(x),g(x)$ 在 $(a,a+\delta)$ 内可导且满足:

(1) $g'(x)\neq 0,\ \forall x\in(a,a+\delta)$;

(2) $\lim\limits_{x\to a^+}g(x)=+\infty$ 或 $\lim\limits_{x\to a^+}g(x)=-\infty$;

(3) $\lim\limits_{x\to a^+}\dfrac{f'(x)}{g'(x)}=A$($A$ 为有限或 $+\infty$ 或 $-\infty$),

则 $\lim\limits_{x\to a^+}\dfrac{f(x)}{g(x)}=A.$

关于定理的几点说明:

(1) 定理 2-11 和定理 2-12 可以推广到其他的极限过程, 即将 $x\to a^+$ 改为 $x\to a^-(a,+\infty,-\infty,\infty)$ 时, 上述结论仍成立.

(2) 定理 2-11 和定理 2-12 将函数之商的极限 $\lim\dfrac{f(x)}{g(x)}\left(\dfrac{0}{0}\text{ 或 }\dfrac{\infty}{\infty}\text{ 型}\right)$转化成导数之商的极限 $\lim\dfrac{f'(x)}{g'(x)}$.

(3) 若 $\lim\dfrac{f'(x)}{g'(x)}$ 仍属 $\dfrac{0}{0}$ 或 $\dfrac{\infty}{\infty}$ 型, 且 $f'(x)$, $g'(x)$ 满足定理的条件, 则 $\lim\dfrac{f(x)}{F(x)}=\lim\dfrac{f'(x)}{F'(x)}=\lim\dfrac{f''(x)}{F''(x)}$.

(4) 对于扩展型 ($0\cdot\infty$ 型, $\infty-\infty$ 型, 1^∞ 型, ∞^0 型, 0^0 型) 待定型的极限, 需经过代数变形, 将它们转化为 $\dfrac{0}{0}$ 或 $\dfrac{\infty}{\infty}$ 型的待定型, 再利用洛必达法则来计算.

应用洛必达法则计算极限时, 要首先判断要计算的极限类型是否是待定型极限, 只有待定型极限才能应用此法则.

例 47 计算 $\lim\limits_{x\to 0^+}\dfrac{x-x\cos x}{x-\sin x}$.

解　这是 $\dfrac{0}{0}$ 型待定型极限, 用两次定理 2-11 得

$$\begin{aligned}\text{原式} &= \lim_{x\to 0^+}\frac{1-\cos x+x\sin x}{1-\cos x}\\ &= \lim_{x\to 0^+}\frac{2\sin x+x\cos x}{\sin x}=3.\end{aligned}$$

例 48　计算 $\lim\limits_{x\to+\infty}\dfrac{\ln x}{x}$.

解　这是 $\dfrac{\infty}{\infty}$ 型待定型极限, 由定理 2-12, 得

$$\text{原式}=\lim_{x\to+\infty}\frac{1}{x}=0.$$

注　事实上, 可以证明对任意的实数 a, 都成立 $\lim\limits_{x\to+\infty}\dfrac{\ln^a x}{x}=0$, 或对任意的正实数 b 成立 $\lim\limits_{x\to+\infty}\dfrac{\ln x}{x^b}=0$, 由此表明: $x\to+\infty$ 时, 幂函数 $x^b\to+\infty$ 的速度远远高于对数函数 $\ln x\to+\infty$ 的速度.

例 49　计算 $\lim\limits_{x\to+\infty}\dfrac{x^5}{e^x}$.

解　这是 $\dfrac{\infty}{\infty}$ 型待定型极限, 连续利用定理 2-12, 则

$$\text{原式}=\lim_{x\to+\infty}\frac{5x^4}{e^x}=\lim_{x\to+\infty}\frac{5\cdot 4x^3}{e^x}=\cdots=\lim_{x\to+\infty}\frac{5!}{e^x}=0.$$

注　对任意实数 a, 仍成立 $\lim\limits_{x\to+\infty}\dfrac{x^a}{e^x}=0$, 这个结论同样反映了幂函数 x^a 和指数函数 e^x 作为 $x\to+\infty$ 时的无穷大量的速度关系.

使用洛必达法则计算待定型极限时, 应注意:

(1) 只能对待定型才可以用洛必达法则, 如对下述极限用洛必达法则的计算过程是错误的,

$$\lim_{x\to 0}\frac{x^2+1}{2-\cos x}=\lim_{x\to 0}\frac{2x}{\sin x}=2,$$

因为它不是待定型极限, 正确的计算是 $\lim\limits_{x\to 0}\dfrac{x^2+1}{2-\cos x}=1$.

(2) 若 $\lim\limits_{x\to x_0}\dfrac{f'(x)}{g'(x)}$ 不存在, 并不能保证 $\lim\limits_{x\to x_0}\dfrac{f(x)}{g(x)}$ 不存在, 因而, 此时不能用

洛必达法则. 如对下述极限, 若用洛必达法则, 得到

$$\lim_{x\to+\infty}\frac{x+\cos x}{x}=\lim_{x\to+\infty}(1+\sin x)$$

不存在的结论, 事实上, $\lim\limits_{x\to+\infty}\dfrac{x+\cos x}{x}=1$.

(3) 有些题目利用洛必达法则会出现循环现象, 无法求出结果, 此时只能寻求别的方法. 如 $\lim\limits_{x\to+\infty}\dfrac{\mathrm{e}^x-\mathrm{e}^{-x}}{\mathrm{e}^x+\mathrm{e}^{-x}}=1$, 但用洛必达法则会出现循环现象.

(4) 只有当 $\lim\limits_{x\to x_0}\dfrac{f'(x)}{g'(x)}$ 比 $\lim\limits_{x\to x_0}\dfrac{f(x)}{g(x)}$ 简单时, 用洛必达法则才有价值, 否则另找方法, 故洛必达法则不是 "万能工具".

对扩展型的待定型极限的计算, 须将扩展型转化为基本型, 然后再用洛必达法则.

例 50 计算 $\lim\limits_{x\to0^+}x^a\ln x(a>0)$.

结构分析 这是 $0\cdot\infty$ 型待定型极限, 先转化为基本型, 再计算.

解 利用洛必达法则, 则

$$\text{原式}=\lim_{x\to0^+}\frac{\ln x}{x^{-a}}=-\frac{1}{a}\lim_{x\to0^+}\frac{\frac{1}{x}}{x^{-a-1}}=-\frac{1}{a}\lim_{x\to0^+}x^a=0.$$

注 这类极限的转化需将其中的一个因子转移到分母上, 选择求导尽可能简单的因子转移到分母上, 以使计算尽可能简单.

例 51 计算 $\lim\limits_{x\to+\infty}x\left(\dfrac{\pi}{2}-\arctan x\right)$.

结构分析 这是 $0\cdot\infty$ 型极限, 先转化为基本型, 再计算.

解

$$\begin{aligned}\text{原式}&=\lim_{x\to+\infty}\frac{\frac{\pi}{2}-\arctan x}{\frac{1}{x}}\\&=\lim_{x\to+\infty}\frac{-\frac{1}{1+x^2}}{-\frac{1}{x^2}}=\lim_{x\to+\infty}\frac{x^2}{1+x^2}=1.\end{aligned}$$

例 52 计算 $\lim\limits_{x\to0}\left(\dfrac{1}{\sin x}-\dfrac{1}{x}\right)$.

结构分析　这是 $\infty-\infty$ 型, 通过四则运算转化为基本型.

解

$$\begin{aligned}\text{原式}&=\lim_{x\to0}\frac{x-\sin x}{x\sin x}=\lim_{x\to0}\frac{x-\sin x}{x^2}\\&=\lim_{x\to0}\frac{1-\cos x}{2x}=\lim_{x\to0}\frac{\sin x}{2}=0.\end{aligned}$$

上述计算过程中用了**阶的等价替换以简化计算**过程.

例 53　计算 $\lim\limits_{x\to0^+}x^x$.

结构分析　这是 0^0 型, 用对数变换转化为基本型.

解　记 $f(x)=x^x$, 则 $\ln f(x)=x\ln x$, 先用洛必达法则计算如下待定型极限,

$$\lim_{x\to0^+}\ln f(x)=\lim_{x\to0^+}x\ln x=0,$$

故 $\lim\limits_{x\to0^+}x^x=1$.

例 54　计算 $\lim\limits_{x\to0}(\cos x)^{\frac{1}{x^2}}$.

结构分析　这是 1^∞ 型, 通过对数法转化为基本型.

解　记 $f(x)=(\cos x)^{\frac{1}{x^2}}$, 则 $\ln f(x)=\dfrac{\ln\cos x}{x^2}$, 因而,

$$\lim_{x\to0}\ln f(x)=\lim_{x\to0}\frac{\ln\cos x}{x^2}=\lim_{x\to0}\frac{\frac{-\sin x}{\cos x}}{2x}=-\frac{1}{2},$$

故 $\lim\limits_{x\to0}(\cos x)^{\frac{1}{x^2}}=\mathrm{e}^{-\frac{1}{2}}$.

例 55　计算 $\lim\limits_{x\to0^+}(\cot x)^{\frac{1}{\ln x}}$.

结构分析　这是 ∞^0 型待定型极限, 仍用对数法处理.

解　记 $f(x)=(\cot x)^{\frac{1}{\ln x}}$, 则 $\ln f(x)=\dfrac{\ln\cot x}{\ln x}=\dfrac{\ln\cos x-\ln\sin x}{\ln x}$, 因而,

$$\begin{aligned}\lim_{x\to0^+}\ln f(x)&=\lim_{x\to0^+}\frac{\ln\cos x-\ln\sin x}{\ln x}=\lim_{x\to0^+}\frac{\frac{-\sin x}{\cos x}-\frac{\cos x}{\sin x}}{\frac{1}{x}}\\&=-\lim_{x\to0^+}\frac{x}{\sin x\cos x}=-1,\end{aligned}$$

故 $\lim\limits_{x\to0^+}(\cot x)^{\frac{1}{\ln x}}=\mathrm{e}^{-1}$.

注 对幂指函数形式的待定型极限的处理, 对数法是常用的非常有效的处理方法, 必须熟练掌握.

对抽象函数的极限计算, 只要条件满足, 也可以用洛必达法则.

例 56 设 $f(x)=\begin{cases}\dfrac{g(x)}{x}, & x\neq 0,\\ 0, & x=0,\end{cases}$ $g(x)$ 二阶可导且 $g(0)=g'(0)=0$, $g''(0)=2$, 试求 $f'(0)$.

解 由导数定义, 并用两次洛必达法则得

$$f'(0)=\lim_{x\to 0}\frac{f(x)-f(0)}{x}=\lim_{x\to 0}\frac{g(x)}{x^2}=\lim_{x\to 0}\frac{g''(x)}{2}=1.$$

将数列极限转化为函数的极限, 用洛必达法则处理, 也是有效的处理方法.

例 57 计算 $\lim\limits_{n\to+\infty}\left(1+\dfrac{1}{n}+\dfrac{1}{n^2}\right)^n$.

结构分析 虽然原极限是 1^∞ 型待定型, 但因为 n 是正整数, 不是连续变量, 故不能直接应用洛必达法则. 先把 n 换成连续自变量 x, 然后应用对数法及对数函数的运算性质, 将原极限转化成 $\dfrac{0}{0}$ 或 $\dfrac{\infty}{\infty}$ 型待定型, 再应用洛必达法则.

解 法一 将其连续化, 转化为如下极限: $\lim\limits_{x\to+\infty}\left(1+\dfrac{1}{x}+\dfrac{1}{x^2}\right)^x$.

记 $f(x)=\left(1+\dfrac{1}{x}+\dfrac{1}{x^2}\right)^x$, 则 $\ln f(x)=x[\ln(1+x+x^2)-2\ln x]$, 故

$$\begin{aligned}\lim_{x\to+\infty}\ln f(x)&=\lim_{x\to+\infty}x[\ln(1+x+x^2)-2\ln x]\\&=\lim_{x\to\infty}\frac{\ln(1+x+x^2)-2\ln x}{\dfrac{1}{x}}\\&=\lim_{x\to\infty}\frac{\dfrac{1+2x}{1+x+x^2}-\dfrac{2}{x}}{-\dfrac{1}{x^2}}\\&=-\lim_{x\to\infty}\frac{x(1+2x)-2(1+x+x^2)}{1+x+x^2}x\\&=-\lim_{x\to\infty}\frac{-2x-x^2}{1+x+x^2}=1,\end{aligned}$$

故 $\lim\limits_{n\to+\infty}\left(1+\dfrac{1}{n}+\dfrac{1}{n^2}\right)^n=\lim\limits_{x\to+\infty}\left(1+\dfrac{1}{x}+\dfrac{1}{x^2}\right)^x=\mathrm{e}$.

法二　采用如下连续性方法. 令 $\dfrac{1}{x}=t$, 当 $x\to+\infty$ 时, $t\to0^+$, 记 $g(t)=(1+t+t^2)^{\frac{1}{t}}$, 则

$$\lim_{t\to0^+}\ln g(t)=\lim_{t\to0^+}\frac{\ln(1+t+t^2)}{t}=\lim_{t\to0^+}\frac{1+2t}{1+t+t^2}=1,$$

故 $\lim\limits_{n\to+\infty}\left(1+\dfrac{1}{n}+\dfrac{1}{n^2}\right)^n=\lim\limits_{t\to0^+}g(t)=\mathrm{e}$.

当然, 对上述例子, 也可以用重要极限公式来计算.

洛必达法则是极限计算中一个非常重要的法则, 但是, 在运用这个法则时, 一定要注意与其他方法和技巧的结合.

例 58　计算 $\lim\limits_{x\to0}\dfrac{x-\arctan x}{x^2\arctan x}$.

思路分析　这是一个 $\dfrac{0}{0}$ 型极限, 若直接利用洛必达法则, 计算过程较为复杂, 我们先作变量代换, 然后分离极限已知的因子, 对剩下的部分再用等价无穷小代换, 最后用洛必达法则, 使得计算变得简单.

解　令 $y=\arctan x$, 则

$$\begin{aligned}\text{原式}&=\lim_{y\to0}\frac{\tan y-y}{y\tan^2 y}\\&=\lim_{y\to0}\frac{\sin y-y\cos y}{y\sin^2 y}\cdot\lim_{y\to0}\cos y\\&=\lim_{y\to0}\frac{\sin y-y\cos y}{y^3}\\&=\lim_{y\to0}\frac{\cos y-\cos y+y\sin y}{3y^2}=\frac{1}{3}.\end{aligned}$$

抽象总结　在使用洛必达法则时, 将洛必达法则的使用和等价无穷小替换理论、结构化简等技术手段综合利用可以简化计算过程.

当然, 在涉及抽象函数的极限也可以利用洛必达法则.

例 59　设 $f(x)$ 可导, 且 $\lim\limits_{x\to+\infty}\dfrac{2xf(x)+f'(x)}{2x}=\mathrm{e}$, 计算 $\lim\limits_{x\to+\infty}f(x)$.

解　利用洛必达法则, 则

$$\lim_{x\to+\infty}f(x)=\lim_{x\to+\infty}\frac{\mathrm{e}^{x^2}f(x)}{\mathrm{e}^{x^2}}=\lim_{x\to+\infty}\frac{(\mathrm{e}^{x^2}f(x))'}{(\mathrm{e}^{x^2})'}$$

$$= \lim_{x\to+\infty}\frac{2xf(x)+f'(x)}{2x} = \mathrm{e}.$$

习 题 2-5

1. 用洛必达法则计算下列极限:

(1) $\lim\limits_{x\to0}\dfrac{\mathrm{e}^x-\cos x}{x}$;

(2) $\lim\limits_{x\to0}\cot x\left(\dfrac{1}{\sin x}-\dfrac{1}{x}\right)$;

(3) $\lim\limits_{x\to0^+}x^a\mathrm{e}^{-\frac{1}{x}}$, $a<0$;

(4) $\lim\limits_{x\to0}\dfrac{\tan x-\sin x}{x^3}$;

(5) $\lim\limits_{x\to+\infty}\mathrm{e}^{-x}\left(1+\dfrac{1}{x}\right)^{x^2}$;

(6) $\lim\limits_{x\to0}\left(\dfrac{\sin x}{x}\right)^{\frac{1}{x^2}}$;

(7) $\lim\limits_{x\to0}\dfrac{\mathrm{e}^x-\sin x-1}{1-\sqrt{1-x^2}}$;

(8) $\lim\limits_{x\to0}\left(\dfrac{1}{x^2}-\dfrac{1}{x\tan x}\right)$;

(9) $\lim\limits_{x\to0}\dfrac{\arcsin^2 x-x^2}{x^2\arcsin^2 x}$;

(10) $\lim\limits_{x\to0}(\ln(1+x)-x)\cot\left(\dfrac{x+1}{2}x\sin x\right)$.

2. 设 $f(x)$ 在 $U(a)$ 内二阶可导, 计算 $\lim\limits_{h\to0}\dfrac{f(a+2h)-2f(a+h)+f(a)}{h^2}$.

3. 设 $f(x)$ 在 $U(a)$ 内具有连续的二阶导数, 且 $f'(a)\neq0$, 计算

$$\lim_{x\to a}\left[\frac{1}{f(x)-f(a)}-\frac{1}{(x-a)f'(a)}\right].$$

4. 设 $f(x)$ 在 $(0,+\infty)$ 内可导, 且 $\lim\limits_{x\to+\infty}f(x)=\infty$, $\lim\limits_{x\to+\infty}f'(x)=A$, 证明: $\lim\limits_{x\to+\infty}\dfrac{f(x)}{x}=A$.

5. 设 $f(x)$ 可导, $\lim\limits_{x\to+\infty}f(x)$ 存在且不为 0, 对 $\alpha>0$, 有 $\lim\limits_{x\to+\infty}(\alpha f(x)+xf'(x))=\beta$, 计算 $\lim\limits_{x\to+\infty}f(x)$.

2.6 微分中值定理的应用

2.6节课件

在函数的研究中, 由于函数的几何特性能给出函数性质的直观表现, 因而显得非常重要. 下面, 我们利用中值定理研究函数的几何性质, 为精确刻画函数曲线提供依据.

2.6.1 函数的单调性

单调性是函数的基本几何特性, 它用来确定函数曲线的走向. 下面的定理用导数来研究函数的单调性.

定理 2-13 设 $f(x)$ 在 $[a,\ b]$ 连续, 在 (a,b) 可导, 则 $f(x)$ 在 $[a,\ b]$ 上单调递增 (减) 的充要条件是 $f'(x)\geqslant0(\leqslant0)$, $x\in(a,b)$.

证明 仅证明单调递增的情形.

必要性　设 $f(x)$ 在 $[a,\ b]$ 上单调递增, 对任意的 $x_0\in(a,b)$, 利用 $f(x)$ 的单调性和在 x_0 点的可导性, 则

$$f'(x_0)=\lim_{x\to x_0^+}\frac{f(x)-f(x_0)}{x-x_0}=\lim_{x\to x_0^+}\frac{f(x)-f(x_0)}{x-x_0}\geqslant 0,$$

由任意性, 则 $f'(x)\geqslant 0, x\in(a,b)$.

充分性　设 $f'(x)\geqslant 0, x\in(a,b)$, 对任意的 $x_i\in[a,b], i=1,2$, 且 $x_1<x_2$, 由中值定理, 存在 $\xi\in(x_1,x_2)$, 使得

$$f(x_2)-f(x_1)=f'(\xi)\cdot(x_2-x_1)\geqslant 0,$$

故 $f(x_2)>f(x_1)$, 因而, $f(x)$ 在 $[a,b]$ 单调递增.

更进一步, 还有

定理 2-14　若 $f(x)$ 在 $[a,b]$ 连续, 在 $(a,\ b)$ 可导, 则当 $f'(x)>0, x\in(a,b)$ 时, $f(x)$ 在 $[a,b]$ 严格单调递增; 当 $f'(x)<0, x\in(a,b)$ 时, $f(x)$ 在 $[a,\ b]$ 严格单调递减.

用证明定理 2-13 的方法可以证明定理 2-14.

定理 2-14 的逆不成立. 如 $f(x)=x^3, x\in[-1,1]$, 则 $f(x)$ 严格递增, 但有 $f'(0)=0$.

单调性是相对于给定区间的整体性质, 只能说 $f(x)$ 在某一区间上的单调性, 不能说在某一点的单调性.

即使有 $f'(x_0)>0$, 也不一定能断定 $f(x)$ 在 x_0 的某邻域内是递增的, 如

$$f(x)=\begin{cases} x+2x^2\sin\dfrac{1}{x}, & x\neq 0,\\ 0, & x=0,\end{cases}$$

可以计算

$$f'(x)=\begin{cases} 1+4x\sin\dfrac{1}{x}-2\cos\dfrac{1}{x}, & x\neq 0,\\ 1, & x=0,\end{cases}$$

因而 $f'(0)=1>0$, 但 $f(x)$ 在 $x=0$ 的任何邻域内都不是单调的. 事实上, 取 $x_n=\dfrac{1}{2n\pi+\dfrac{\pi}{2}}$, 则 $f'(x_n)=1+4x_n>0$; 而若取 $x_n=\dfrac{1}{2n\pi}$, 则 $f'(x_n)=-1<0$, 因而, 不存在 $x=0$ 的任何邻域, 使 $f'(x)$ 在此邻域内不变号. 但是, 若增加导函数的连续, 则结论成立.

注 定理 2-13 和定理 2-14 的主要用途在于用它研究函数的单调性, 确定单调区间.

例 60 讨论 $f(x)=3x-x^3$ 的单调性.

解 由于

$$f'(x)=3-3x^2=3(1-x)(1+x),$$

故, $|x|<1$ 时, $f'(x)>0$; $|x|>1$ 时 $f'(x)<0$, 因而, $f(x)$ 在 $(-\infty,-1)\cup(1,+\infty)$ 上递减, 在 $(-1\ ,1)$ 上递增.

利用单调性可以判断方程根的唯一性.

例 61 证明方程 $x^5-5x+1=0$ 有且仅有一个小于 1 的正实根.

结构分析 要证明结论, 首先要证方程有根, 其次再证方程仅有一个根. 类比已知: 证明方程有根的工具有零点定理和罗尔定理, 由于没有涉及函数的导数问题, 因此, 这里对函数 $f(x)=x^5-5x+1$ 用零点定理即可; 证明根的唯一性只需证明 $f(x)$ 是严格单调的, 结合题目中含有导数的条件, 只需证明 $f'(x)$ 恒正或恒负, 即通过导函数的符号判断单调性, 进而得到根的唯一性.

证明 首先证根的存在性.

令 $f(x)=x^5-5x+1$, 则 $f(x)\in C[0,1]$.

又 $f(0)=1$, $f(1)=-3$, 由零点定理知, 存在 $x_0\in(0\ ,1)$, 使 $f(x_0)=0$, 即方程有小于 1 的正根 x_0.

其次证根的唯一性.

由于在 $(0,1)$ 内 $f'(x)=5(x^4-1)<0$, 故 $f(x)=x^5-5x+1$ 在 $(0,1)$ 内单调减少, 故 $f(x)=0$ 在 $(0,1)$ 内至多有一个根.

因此, 方程 $x^5-5x+1=0$ 有且仅有一个小于 1 的正实根.

利用单调性还可以证明不等式, 基本理论是: 若 $f'(x)\geqslant 0,\ x\in(a,b)$, 则 $f(x)$ 在 $[a,b]$ 单调递增, 因而,

$$f(b)\geqslant f(x)\geqslant f(a),\quad x\in(a,b),$$

特别, 若 $f(a)=0$, 则

$$f(x)\geqslant 0,\quad x\in(a,b),$$

从而得到一个关于 x 的一个**单参量不等式 (函数不等式)**.

例 62 证明 $\dfrac{2}{\pi}x<\sin x<x,\ x\in\left(0,\dfrac{\pi}{2}\right)$.

结构分析 这是一个函数不等式, 单调性是研究函数不等式的常用方法, 由此, 可以将函数不等式的证明转化为相关函数的导函数符号的判断. 本题相当于

证明当 $x \in \left(0, \frac{\pi}{2}\right)$ 时,

$$\sin x - \frac{2}{\pi}x > 0 \quad \text{和} \quad x - \sin x > 0,$$

只需判断相应函数的导函数符号, 当然, 有时需要多次求导进行判断.

证明　先证明 $\sin x < x$.

作辅助函数 $f(x) = x - \sin x$, 则

$$f'(x) = 1 - \cos x > 0, \quad x \in \left(0, \frac{\pi}{2}\right).$$

故, $f(x)$ 在 $\left[0, \frac{\pi}{2}\right]$ 严格递增, 因此, $f(x) > f(0) = 0$, 即

$$\sin x < x, \quad x \in \left(0, \frac{\pi}{2}\right).$$

其次, 证明 $\frac{2}{\pi}x < \sin x, x \in \left(0, \frac{\pi}{2}\right)$.

作辅助函数 $g(x) = \sin x - \frac{2}{\pi}x$, 则

$$g'(x) = \cos x - \frac{2}{\pi}, \quad g''(x) = -\sin x < 0, \quad x \in \left(0, \frac{\pi}{2}\right),$$

因而, $g'(x)$ 在 $\left[0, \frac{\pi}{2}\right]$ 严格递减. 由于 $g'(0) > 0, g'\left(\frac{\pi}{2}\right) < 0$, 故, 存在唯一的 $\xi \in \left(0, \frac{\pi}{2}\right)$, 使得 $g'(\xi) = 0$. 因而, 当 $x \in (0, \xi)$ 时, $g'(x) > g'(\xi) = 0$, 故 $g(x)$ 在 $[0, \xi]$ 严格递增, 因而, $g(x) > g(0) = 0, x \in (0, \xi)$, 注意到 $g(x) = \sin x - \frac{2}{\pi}x$ 在 ξ 点连续, 因而,

$$g(x) > g(0) = 0, \quad x \in (0, \xi],$$

即 $\sin x > \frac{2}{\pi}x, x \in (0, \xi]$.

当 $x \in \left(\xi, \frac{\pi}{2}\right)$ 时, $g'(x) < g'(\xi) = 0$, 故 $g(x)$ 在 $\left[\xi, \frac{\pi}{2}\right]$ 严格递减, 因而,

$$g(x) > g\left(\frac{\pi}{2}\right) = 0, \quad x \in \left(\xi, \frac{\pi}{2}\right),$$

注意到 $g(x) = \sin x - \frac{2}{\pi}x$ 在 ξ 点连续, 因而,

$$g(x) > g\left(\frac{\pi}{2}\right) = 0, \quad x \in \left[\xi, \frac{\pi}{2}\right).$$

因而, 总成立

$$\frac{2}{\pi}x < \sin x, \quad x \in \left(0, \frac{\pi}{2}\right).$$

例 63 证明 $\sqrt{\dfrac{1-x}{1+x}} < \dfrac{\ln(1+x)}{\arcsin x}, x \in (0,1)$.

结构分析 题型为函数不等式, 可以考虑单调性方法, 注意, 为求导简单, 应适当地进行结构简化, 特别关注因子间的关系及其导数关系, 尽量避免出现商的形式.

证明 等价证明 $\sqrt{1-x^2}\arcsin x < (1+x)\ln(1+x), x \in (0,1)$.

记 $f(x) = (1+x)\ln(1+x) - \sqrt{1-x^2}\arcsin x$, 则

$$f'(x) = \ln(1+x) + \frac{x\text{arcsin}x}{\sqrt{1-x^2}} > 0, \quad x \in (0,1),$$

故 $f(x)$ 在 (0,1) 内单调增加, 又 $f(0) = 0$, 因而, $f(x) > 0, x \in (0,1)$, 结论成立.

利用单调性也可以证明**双参量不等式**, 此时, 证明的关键在于引入合适的函数, 将其转化为函数的单调性.

例 64 证明: $e^{\pi} > \pi^{e}$.

结构分析 题型结构: 这是一个常数不等式, 涉及两个常量, 也可以视为双参量不等式, 由于不具有分离特征, 不能直接用中值定理证明. 此处我们给出另外的处理方法: **常数变易法**, 即将一个常数变量化, 从而转化为函数不等式处理. 当然, 在具体的过程中可以形成不同的具体方法, 研究对象的结构越简单处理起来越容易, 因此, 尽可能将结构进行简化. 如本题, 如果直接进行变量化, 如将常数 π 变量化为变量 x, 则不等式的证明转化为函数不等式 $e^{x} > x^{e}$ 的证明, 涉及的两个函数分别为指数函数和幂函数, 而这两个函数的导数还是指数函数和幂函数, 没有发生变化, 因此, 利用导数研究函数的优势没有体现出来. 利用函数性质将函数化简后, 如利用对数函数的性质将上述不等式化为不等式 $x\ln e > e\ln x$(即 $x > e\ln x$) 后, 涉及的两个函数化为一次幂函数和对数函数, 求导后这两个函数的结构都得到了极大简化, 充分显示了利用导数研究函数的优势. 当然, 还可以将原不等式充分简化后再进行变量化处理. 如进行如下分离结构的简化:

$$e^{\pi} > \pi^{e} \Leftrightarrow \pi\ln e > e\ln\pi \Leftrightarrow \frac{\ln e}{e} > \frac{\ln\pi}{\pi},$$

由此, 化为同一函数的函数值的比较.

证明 法一

令 $f(x) = \dfrac{\ln x}{x}, x > 0$, 则 $f'(x) = \dfrac{1-\ln x}{x^2}$, 故,

$$0 < x < e\text{时}, \quad f'(x) > 0; \quad x > e\text{时}, \quad f'(x) < 0,$$

注意到 $\pi > \mathrm{e}$, 显然在 $(\mathrm{e}, +\infty)$ 上, $f(x)$ 严格递减, 因而, $f(\mathrm{e}) > f(\pi)$, 这正是我们要证明的不等式.

注　也可以将其中的一个参数选为变量, 转化为一个关于 x 的不等式来证明, 方法如下:

法二　记 $f(x) = x - \mathrm{e}\ln x$, 则

$$f'(x) = \frac{x-\mathrm{e}}{x} > 0, \quad x > \mathrm{e},$$

因而, $f(x)$ 在 $(\mathrm{e}, +\infty)$ 严格单调递增, 故

$$f(x) > f(\mathrm{e}) = 0, \quad x > \mathrm{e},$$

特别有, 取 $x = \pi$, 即 $\pi > \mathrm{e}\ln\pi$, 亦即 $\mathrm{e}^{\pi} > \pi^{\mathrm{e}}$.

上述解题过程是用单调性证明不等式的标准方法和程序, 须熟练掌握.

再回到函数几何性质的研究上. 从例 60 知道, 仅有单调性, 只能给出函数的略图, 要想精确刻画函数的几何性质, 仅有单调性是远远不够的, 需要进一步的一些概念和性质.

2.6.2　函数的极值

从函数单调性的研究来看, 在可导条件下, 导函数不变号, 可以保证函数具有某一种单调性, 而改变函数单调性的点就是函数的极值点, 因此, 确定函数的极值点在刻画函数的几何性质和研究函数的分析性质时, 都有非常重要的作用. 下面, 我们研究极值点的确定.

从费马引理可知, 在可导条件下, 极值点一定是驻点, 这为极值点的确定预先限定了一个范围. 但是, 有例子表明, 不可导点也可能成为极值点, 如 $f(x) = |x|, x \in [-1, 1]$, 则 $x = 0$ 为其极小值点, 当然, $x = 0$ 是不可导点. 因而, 极值点包含在驻点和不可导点的集合内, 这两类点称为 "可疑极值点". 要想进一步判断这些可疑极值点处的极值性质还需要进一步的判别方法.

定理 2-15 (判断极限的一阶充分条件)　设 $f(x)$ 在 $U(x_0, \delta)$ 内连续, 在 $\mathring{U}(x_0, \delta)$ 内可导, x_0 是 $f(x)$ 的驻点或不可导点.

(1) 若在 $(x_0 - \delta, x_0)$ 内, $f'(x) < 0$, 而在 $(x_0, x_0 + \delta)$ 内, $f'(x) > 0$, 则 x_0 为 $f(x)$ 的极小值点;

(2) 若在 $(x_0 - \delta, x_0)$ 内, $f'(x) > 0$, 而在 $(x_0, x_0 + \delta)$ 内, $f'(x_0) < 0$, 则 x_0 为 $f(x)$ 的极大值点;

(3) 若 $f'(x)$ 在 $\mathring{U}(x_0, \delta)$ 内不变号, 则点 x_0 不是 $f(x)$ 的极值点.

证明 (1) 因为在 $(x_0-\delta, x_0)$ 内 $f'(x)<0$, 可知在 $(x_0-\delta, x_0)$ 内 $f(x)$ 单调减少; 又在 $(x_0, x_0+\delta)$ 内 $f'(x)>0$, 故 $f(x)$ 在 $(x_0, x_0+\delta)$ 内单调增加, 且 $f(x)$ 在 x_0 处连续, 因此 x_0 必为 $f(x)$ 的极小值点.

(2) 同理可证.

(3) 不妨假设 $f'(x)>0$, 则在 $(x_0-\delta, x_0)$ 和 $(x_0, x_0+\delta)$ 内, $f(x)$ 均单调增加, 因此 x_0 不是 $f(x)$ 的极值点.

定理 2-15 表明, 在可导条件下, 若函数在一点的两侧导数变号, 则此点一定是函数的极值点.

若 $f(x)$ 具二阶函数, 则有更进一步判别极值的方法.

定理 2-16 (判断极限的二阶充分条件) 设 $f(x)$ 在 x_0 二阶可导, 且 $f'(x_0)=0$, 而 $f''(x_0)\neq 0$, 则

(1) 若 $f''(x_0)>0$, 则 x_0 是 $f(x)$ 的极小值点;

(2) 若 $f''(x_0)<0$, 则 x_0 是 $f(x)$ 的极大值点.

简析 类比已知, 考虑用定理 2-15 证明, 证明定理的思路是利用二阶导数符号判断一阶导数的符号, 转化为定理 2-15 的情形.

证明 (1) 由于 $f''(x_0)>0$, 根据二阶导数的定义, 有

$$f''(x_0)=\lim_{x\to x_0}\frac{f'(x)-f'(x_0)}{x-x_0}>0,$$

由函数极限的保号性性质知道, 存在 $\delta>0$, 当 $x\in \mathring{U}(x_0,\delta)$ 时, 有

$$\frac{f'(x)-f'(x_0)}{x-x_0}>0,$$

因为 $f'(x_0)=0$, 所以有 $\dfrac{f'(x)}{x-x_0}>0$. 由此可知, 当 $x\in(x_0-\delta, x_0)$ 时, $f'(x)<0$; 当 $x\in(x_0, x_0+\delta)$ 时, $f'(x)>0$, 由一阶充分条件可知, x_0 是 $f(x)$ 的极小值点.

(2) 类似 (1) 的证明.

说明 当 $f''(x_0)=0$ 时, x_0 处的极值性质不确定.

如 $f(x)=x^3, f'(0)=f''(0)=0$, $x=0$ 不是其极值点;

而 $f(x)=x^4, f'(0)=f''(0)=0$, $x=0$ 是极小值点.

由上述理论知, 求函数的极值可分为如下三步.

(1) 求函数的导数 $f'(x)$;

(2) 求出函数的可疑极值点 (不可导点和驻点);

(3) 可疑极值点处的极值性质的判断: 对不可导点, 必须用定义或用定理 2-15 进行判断. 对驻点, 一般用定理 2-16 进行判断.

例 65　求函数 $f(x)=x^3-3x^2-9x+3$ 的极值.

解　法一　函数 $f(x)$ 的定义域为 $(-\infty,+\infty)$,

$$f'(x)=3x^2-6x-9=3(x+1)(x-3),$$

令 $f'(x)=0$, 解得驻点 $x_1=-1, x_2=3$, 这两个点将定义域划分为三个部分区间, 列表讨论如下:

x	$(-\infty,-1)$	-1	$(-1,3)$	3	$(3,+\infty)$
$f'(x)$	+	0	−	0	+
$f(x)$	↗	极大值	↘	极小值	↗

即函数 $f(x)$ 在 $x=-1$ 处取得极大值 $f(-1)=8$; 在 $x=3$ 处取得极小值 $f(3)=-24$.

法二　由题设可得 $f'(x)=3x^2-6x-9=3(x+1)(x-3)$, $f''(x)=6x-6$, 令 $f'(x)=0$, 解得驻点 $x_1=-1, x_2=3$, 又因为 $f''(-1)=-12<0$, $f''(3)=12>0$, 所以, 当 $x=-1$ 时, 函数取得极大值 $f(-1)=8$; 当 $x=3$ 时, 函数取得极小值 $f(3)=24$.

例 66　求函数 $f(x)=2-(x-1)^{2/3}$ 的极值.

解　$f'(x)=-\dfrac{2}{3}\dfrac{1}{\sqrt[3]{x-1}}$, 导数在点 $x=1$ 处不存在, 但在该点连续.

当 $x<1$ 时, $f'(x)>0$; 当 $x>1$ 时, $f'(x)<0$, 所以 $f(x)=2-(x-1)^{2/3}$ 在 $x=1$ 处取得极大值 $f(1)=2$.

例 67　求 $f(x)=(x-1)x^{\frac{2}{3}}$ 的极值点和极值.

解　$f(x)$ 的定义域是整个实数轴, 计算得 $x\neq0$ 时, $f'(x)=\dfrac{5x-2}{3\cdot\sqrt[3]{x}}$, 求得驻点为 $x_1=\dfrac{2}{5}$; 而 $x_2=0$ 是不可导点. 因而, $x_1=\dfrac{2}{5}$, $x_2=0$ 是可疑极值点. 列表讨论这些点附近的导数符号和极值性质如下:

x	$(-\infty,0)$	0	$\left(0,\frac{2}{5}\right)$	$\frac{2}{5}$	$\left(\frac{2}{5},+\infty\right)$
$f'(x)$	+	不存在	−	0	+
$f(x)$	↗	极大值为 0	↘	极小值 $f(x_1)$	↗

即函数 $f(x)$ 在 $x_2=0$ 处取得极大值 $f(0)=0$, 在 $x_1=\dfrac{2}{5}$ 处取得极小值 $f\left(\dfrac{2}{5}\right)=-\dfrac{3}{5}\sqrt[3]{\dfrac{4}{25}}$. 对于 $x_1=\dfrac{2}{5}$ 这一点, 也可以应用二阶充分条件来判断, 因为这时

$f''(x) = \dfrac{10x+2}{9\cdot\sqrt[3]{x^4}}$, 当 $x_1 = \dfrac{2}{5}$ 时, $f''(x_1) = \dfrac{5}{3}\sqrt[3]{\dfrac{5}{2}} > 0$, 于是可以断定 $f(x)$ 在 $x_1 = \dfrac{2}{5}$ 处取得极小值.

下面, 我们引入与极值相关的最值的计算.

最值计算的问题具有很强的实际应用背景, 如路程最短问题、用料最省问题、效益最大问题等都可视为函数最值的问题. 我们已经知道: 若 $f(x)$ 在 $[a, b]$ 连续, 则 $f(x)$ 在 $[a, b]$ 上一定有最大、最小值. 这为求连续函数的最大 (小) 值提供了理论保证, 问题是如何计算最值呢?

我们先来比较一下极值与最值: 最值相对于给定的区间来说是整体性质且具唯一性 (最值点不一定唯一), 最值可能在端点达到, 又可以在内部达到, 而在内部达到时, 最值点一定是极值点, 因此, 内部最值点可以通过内部极值点来确定, 注意到不可导点也可能成为极值点, 由此, 将最值和最值点的计算步骤归结如下:

(1) 在可导点处, 计算导函数 $f'(x)$;

(2) 在 (a, b) 内求解方程 $f'(x) = 0$, 得驻点 $x_1, x_2, \cdots, x_k$;

(3) 判断并计算出不可导点, 记为 $x_{k+1}, x_{k+2}, \cdots, x_n$;

(4) 计算驻点、不可导点和端点处的函数值

$$f(a), \quad f(x_i), \quad f(b), \quad i = 1, 2, \cdots, n;$$

(5) 比较: 把上述各点处的函数值作比较, 其中最大者为最大值, 最小者为最小值.

例 68 求函数 $f(x) = x + \sqrt{1-x}$ 在 $[-5, 1]$ 上的最大值与最小值.

解 $y' = 1 - \dfrac{1}{2\sqrt{1-x}}$, 驻点为 $x = \dfrac{3}{4}$, 导数不存在点为 $x = 1$, 边界点是 $x = -5$ 和 $x = 1$. 计算得

$$f(-5) = -5 + \sqrt{6}, \quad f(1) = 1, \quad f\left(\frac{3}{4}\right) = \frac{5}{4}.$$

所以最大值为 $f\left(\dfrac{3}{4}\right) = \dfrac{5}{4}$, 最小值为 $f(-5) = -5 + \sqrt{6}$.

例 69 求函数 $f(x) = |2x^3 - 9x^2 + 12x|$ 在 $\left[-\dfrac{1}{4}, \dfrac{5}{2}\right]$ 上的最大值与最小值.

解 显然,

$$f(x) = \begin{cases} 2x^3 - 9x^2 + 12x, & x > 0, \\ -(2x^3 - 9x^2 + 12x), & x \leqslant 0, \end{cases}$$

则

$$f'(x)=\begin{cases}6x^2-18x+12, & x>0,\\ -(6x^2-18x+12), & x<0,\end{cases}$$

$x=0$ 为不可导点.

求解 $f'(x)=0$, 得驻点 $x_1=1$, $x_2=2$. 计算得

$$f\left(-\frac{1}{4}\right)=\frac{115}{32},\quad f(0)=0,\quad f(1)=5,\quad f(2)=4,\quad f\left(\frac{5}{2}\right)=5,$$

故, 最大值为 $f(1)=5$, 最小值为 $f(0)=0$.

在一些特殊情况下, 求最大 (小) 值可以简化. 如函数 $f(x)$ 在 $[a,b]$ 上单调增加, 则 $f(a)$ 是最小值, $f(b)$ 是最大值; 单调减少时, 则情况恰好相反. 如果函数在一个区间内只有一个可疑极值点 x_0, 若 $f(x_0)$ 为极大 (小) 值, 则 $f(x_0)$ 就是最大 (小) 值. 对于实际问题, 根据问题的背景, 若能知道 $f(x)$ 的最大 (小) 值一定在开区间 (a,b) 内取得, 这时若 $f(x)$ 在 (a,b) 内只有唯一的可疑极值点 x_0, 则 $f(x_0)$ 就是所求最大 (小) 值.

例 70 作半径为 r 的球的外切正圆锥, 问此圆锥的高 h 为何值时, 其体积 V 最小, 并求出该最小值.

解 如图 2-5 所示, 设圆锥底面圆半径为 R, 则

$$R=\frac{rh}{\sqrt{h^2-2hr}},$$

于是圆锥体积为

$$V(h)=\frac{\pi}{3}R^2h=\frac{\pi r^2}{3}\frac{h^2}{h-2r},\quad 2r<h<+\infty.$$

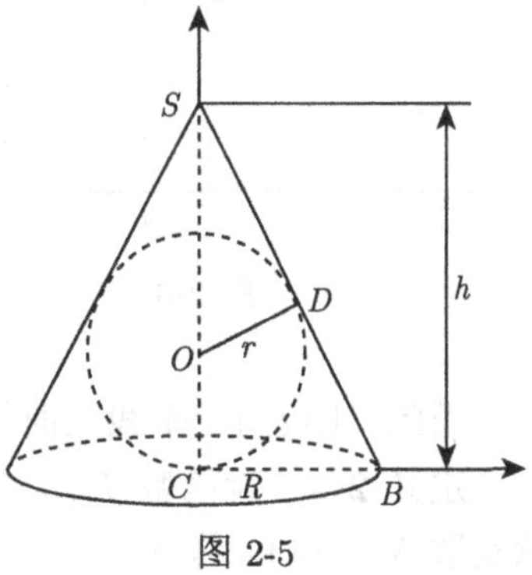

图 2-5

由

$$V'(h)=\frac{\pi r^2}{3}\frac{h^2-4rh}{(h-2r)^2},$$

可得 $V(h)$ 在 $(2r,+\infty)$ 内有唯一驻点 $h=4r$. 因此, 当 $h=4r$ 时, V 取最小值,

$$V(4r)=\frac{8\pi r^3}{3}.$$

2.6.3 函数的凹凸性

前面我们讨论了函数的单调性和极值性质, 这对函数曲线性态的了解有很大作用. 但是, 仅有这些性质, 仍不能准确刻画函数曲线, 如单调时是以什么样的方式单调. 因此, 为了更深入和更精确地掌握函数的形态, 我们继续引入能更精确刻画函数形态的函数凹凸性的概念.

什么叫函数的凹凸性呢? 从几何上看, 简单地说, 所谓凹凸性就是指函数曲线凹陷或凸起的方向, 如向下凹还是向上凸, 我们先以两个具体函数为例, 从直观上看一看何谓函数的凹凸性. 如函数 $y=\sqrt{x}$ 和 $y=x^2$ 在 $x>0$ 时都是单调递增的, 但是, 二者单调递增的方式不同, 前者所表示的曲线以向上凸的方式递增, 而后者所表示的曲线是以向下凹的方式递增. 因此, 在同一区间上, 具有相同单调性的函数可以有不同的凹凸性, 因此, 凹凸性加上单调性更能准确刻画函数的形态.

那么, 如何从数学上, 给出凹凸性的定义? 通过简单的分析, 我们发现其凹凸性的几何特征: 若 $y=f(x)$ 的图形在区间 I 上是下凹的, 那么连接曲线上任意两点所得的弦在曲线的上方, 如图 2-6; 若 $y=f(x)$ 的图形在区间 I 上是上凸的, 那么连接曲线上任意两点所得的弦在曲线的下方, 如图 2-7.

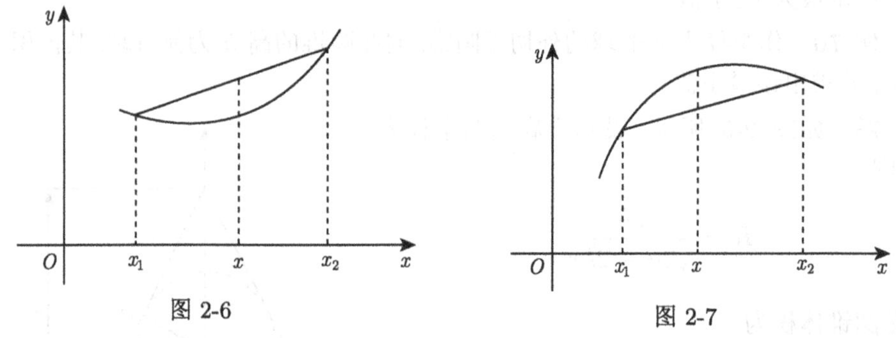

图 2-6　　图 2-7

因此, 比较同一垂线上曲线和弦对应点的纵坐标的大小, 从而有以下定义.

定义 2-9　设函数 $f(x)$ 在 $[a,\ b]$ 上连续, 若对 $[a,\ b]$ 上任意两点 x_1, x_2 和任意实数 $\lambda\in(0,1)$ 总有

$$f(\lambda x_1+(1-\lambda)x_2)\leqslant \lambda f(x_1)+(1-\lambda)f(x_2),$$

称 $f(x)$ 为 $[a,\ b]$ 上的凹函数. 反之, 如果总有

$$f(\lambda x_1+(1-\lambda)x_2)\geqslant \lambda f(x_1)+(1-\lambda)f(x_2),$$

称 $f(x)$ 为 $[a,b\,]$ 上的凸函数.

有些课本是以定义 2-9 中 $\lambda=\dfrac{1}{2}$ 的情形为定义的. 可以证明, 两个定义等价.

直接用定义判断函数在某一区间的凹凸性往往是比较困难的. 从凹凸性的定义看, 凹凸性定义中的不等式仍是函数值的比较, 注意到右端函数值的系数和为 1 , 因此, 此不等式仍是函数差值结构, 这为利用导数理论研究凹凸性提供了依据.

定理 2-17 (判断函数凹凸性的充分条件) 设 $f(x)$ 在 $(a,\ b)$ 内二阶可导, 则

(1) 若 $f''(x)<0$, 则 $f(x)$ 在 $(a,\ b)$ 为凸的;

(2) 若 $f''(x)>0$, 则 $f(x)$ 在 $(a,\ b)$ 为凹的.

证明 (1) 当 $f''(x)<0$ 时, 任取 $x_1,x_2\in(a,b)$ 且 $x_1<x_2$, 对任意 $\lambda\in(0,1)$, 记 $x_\lambda=\lambda x_1+(1-\lambda)x_2$, 利用两次中值定理得, 存在 $\eta_i,i=1,2,3$, 且 $\eta_1\in(x_1,x_\lambda),\eta_2\in(x_\lambda,x_2),\eta_3\in(\eta_1,\eta_2)$ 使得

$$\begin{aligned}
&f(x_\lambda)-[\lambda f(x_1)+(1-\lambda)f(x_2)]\\
=&\lambda[f(x_\lambda)-f(x_1)]+(1-\lambda)[f(x_\lambda)-f(x_2)]\\
=&-\lambda(1-\lambda)(x_2-x_1)[f'(\eta_2)-f'(\eta_1)]\\
=&-\lambda(1-\lambda)(x_2-x_1)(\eta_2-\eta_1)f''(\eta_3)\geqslant 0,
\end{aligned}$$

故 $f(\lambda x_1+(1-\lambda)x_2)\geqslant\lambda f(x_1)+(1-\lambda)f(x_2)$, 因而, $f(x)$ 在 $(a,\ b)$ 内为凸的.

类似地可证明情形 (2).

定理 2-17 的逆也成立, 为此, 我们先给出下面的一个结论.

定理 2-18 设 $f(x)$ 在 $[a,b]$ 上连续, 在 $(a,\ b)$ 内可导, 则 $f(x)$ 在 $[a,b]$ 上是凹 (凸) 的充分必要条件为 $f'(x)$ 在 (a,b) 内递增 (递减).

证明 **必要性** 设 $f(x)$ 为凹函数, 则对任意满足 $a<x_1<x_2<b$ 的 x_1 和 x_2, 对任意的 $\lambda\in(0,1)$, 有

$$f(\lambda x_1+(1-\lambda)x_2)\leqslant\lambda f(x_1)+(1-\lambda)f(x_2),$$

记 $x_\lambda=\lambda x_1+(1-\lambda)x_2$, 则

$$\begin{aligned}
\frac{f(x_\lambda)-f(x_1)}{x_\lambda-x_1}&\leqslant\frac{\lambda f(x_1)+(1-\lambda)f(x_2)-f(x_1)}{x_\lambda-x_1}\\
&=\frac{f(x_2)-f(x_1)}{x_2-x_1},
\end{aligned}$$

且

$$\frac{f(x_\lambda)-f(x_2)}{x_\lambda-x_2}\geqslant\frac{\lambda f(x_1)+(1-\lambda)f(x_2)-f(x_2)}{x_\lambda-x_2}$$

$$=\frac{f(x_2)-f(x_1)}{x_2-x_1},$$

由于 $f(x)$ 可导, 分别令 $\lambda\to0^+$ 和 $\lambda\to1^-$, 则

$$f'(x_1)\leqslant\frac{f(x_2)-f(x_1)}{x_2-x_1}\leqslant f'(x_2),$$

故, 由任意性得 $f'(x)$ 在 (a,b) 递增.

充分性 对任意的 x_1 和 x_2 及对任意的 $\lambda\in(0,1)$, 不妨设 $a<x_1<x_2<b$, 由中值定理, 存在 $\eta_i,i=1,2$, 且 $\eta_1\in(x_1,x_\lambda),\eta_2\in(x_\lambda,x_2)$, 使得

$$\begin{aligned}&f(x_\lambda)-[\lambda f(x_1)+(1-\lambda)f(x_2)]\\=&\lambda[f(x_\lambda)-f(x_1)]+(1-\lambda)[f(x_\lambda)-f(x_2)]\\=&-\lambda(1-\lambda)(x_2-x_1)[f'(\eta_2)-f'(\eta_1)],\end{aligned}$$

由于 $f'(x)$ 在 (a,b) 递增, 故 $f'(\eta_2)\geqslant f'(\eta_1)$, 因此,

$$f(\lambda x_1+(1-\lambda)x_2)\leqslant\lambda f(x_1)+(1-\lambda)f(x_2),$$

故, $f(x)$ 为凹函数.

推论 2-4 设 $f(x)$ 为凹函数且二阶可导, 则必有 $f''(x)\geqslant0,x\in(a,b)$.

证明 对任意的 $x_0\in(a,b)$, 由于 $f(x)$ 为凹函数, 由定理 2-17, $f'(x)$ 在 (a,b) 内递增, 又 $f''(x_0)$ 存在, 则由定义,

$$f''(x_0)=\lim_{x\to x_0^+}\frac{f'(x)-f'(x_0)}{x-x_0}\geqslant0,$$

由任意性, 故 $f''(x)\geqslant0,x\in(a,b)$.

同一个函数在不同区间上可以有不同的凹凸性, 因此, 不同凹凸性的连接点在凹凸性的研究中非常关键, 我们引入如下概念.

定义 2-10 若存在点 x_0 的邻域 $U(x_0,\delta)$, 使得 $y=f(x)$ 在 $(x_0-\delta,x_0)$ 和 $(x_0,x_0+\delta)$ 上的凹凸性不同, 则称 $(x_0,f(x_0))$ 为曲线 $y=f(x)$ 的拐点.

进一步可得拐点的一个必要条件.

推论 2-5 设 $f(x)$ 是二阶可导的, 若 x_0 为 $f(x)$ 的拐点, 则 $f''(x_0)=0$.

注意到不可导点也可能成为拐点, 因而, 还有

推论 2-6 若 x_0 为 $f(x)$ 的拐点, 则要么 $f''(x_0)=0$, 要么 $f(x)$ 在 x_0 点不可导.

例 71　讨论函数 $f(x)=x^4-6x^2$ 的单调性、凹凸性, 并计算其驻点和拐点.

解　由于 $f'(x)=4x^3-12x,\quad f''(x)=12x^2-12$, 因而, 可以计算出函数的驻点是 $x_1=-\sqrt{3}, x_2=0, x_3=\sqrt{3}$, 拐点是 $x_4=-1, x_5=1$, 可以通过列表法给出单调性和凹凸性.

单调性列表:

x	$(-\infty,-\sqrt{3})$	$-\sqrt{3}$	$(-\sqrt{3},0)$	0	$(0,\sqrt{3})$	$\sqrt{3}$	$(\sqrt{3},+\infty)$
$f'(x)$	$-$	0	$+$	0	$-$	0	$+$
$f(x)$	减	驻点	增	驻点	减	驻点	增

凹凸性列表:

x	$(-\infty,-1)$	-1	$(-1,1)$	1	$(1,+\infty)$
$f''(x)$	$+$	0	$-$	0	$+$
$f(x)$	凹	拐点	凸	拐点	凹

凹凸性还可以用于证明三点结构的双参量不等式: 即不等式中含有两个参数, 涉及同一函数在三个点处的函数值.

例 72　证明不等式

$$2\arctan\frac{a+b}{2}\geqslant\arctan a+\arctan b,$$

其中 a,b 均为正数.

结构分析　这是三点结构的双参量不等式, 将不等式改写为

$$\arctan\frac{a+b}{2}\geqslant\frac{\arctan a+\arctan b}{2},$$

可以发现, 这正是对函数 $y=\arctan x$ 当 $\lambda=\dfrac{1}{2}$ 时的凹凸性, 因此, 只需证明相应的函数满足相应的凹凸性.

证明　记 $f(x)=\arctan x, x>0$, 则可计算

$$f''(x)=-\frac{2x}{(1+x^2)^2}<0,\quad x>0,$$

因而, $f(x)=\arctan x$ 是 $x>0$ 时的凸函数, 取 $\lambda=\dfrac{1}{2}$ 即得.

注　至此, 我们已经掌握了证明不等式的三种方法: 利用中值定理、利用单调性、利用凹凸性来证明, 这些方法都必须熟练掌握.

下面继续函数形态的研究. 有了单调性、凹凸性和拐点,基本上可以较为准确刻画函数在有限区间上的形态, 为在无限远处刻画函数的形态, 还必须了解函数的另一个几何特性——渐近性.

2.6.4 函数的渐近线

给定曲线 $l: y=f(x)$, 考察曲线在无穷远处的性态.

定义 2-11 若有直线 $l': y=ax+b$, 使得曲线 l 上的点 $M(x,y)$ 到直线 l' 的距离 $d(M,l')$ 满足

$$\lim_{x\to+\infty} d(M,l')=0,$$

则称直线 l' 为曲线 l 当 $x\to+\infty$ 时的渐近线, 如图 2-8.

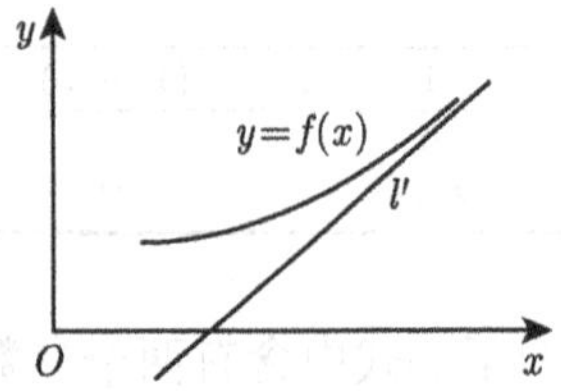

图 2-8

类似可以定义曲线当 $x\to-\infty$ 时的渐近线.

注 为了计算渐近线, 我们通常用曲线和直线上在同一垂线上点的纵坐标的差近似表示 $d(M,l')$, 因此, 定义中 $\lim\limits_{x\to+\infty} d(M,l')=0$ 可以用

$$\lim_{x\to+\infty}[f(x)-ax-b]=0$$

近似代替. 由此可以首先定义水平渐近线和垂直渐近线.

定义 2-12 若 $a=0$, 即 $\lim\limits_{x\to+\infty}[f(x)-b]=0$, 则称直线 $y=b$ 为曲线 l 的水平渐近线, 如图 2-9. 若 $\lim\limits_{x\to c} f(x)=\infty$, 则称直线 $x=c$ 是曲线 l 的垂直渐近线, 如图 2-10.

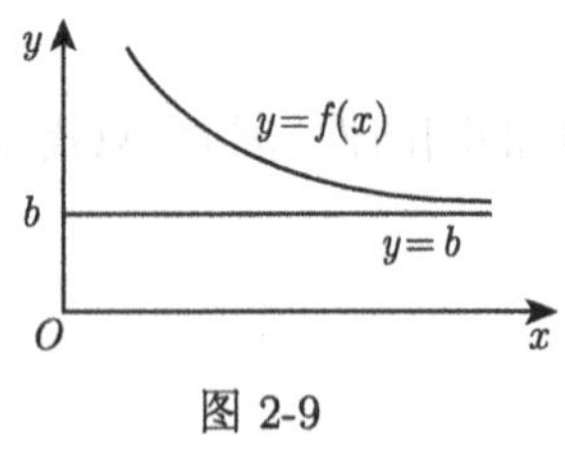

图 2-9

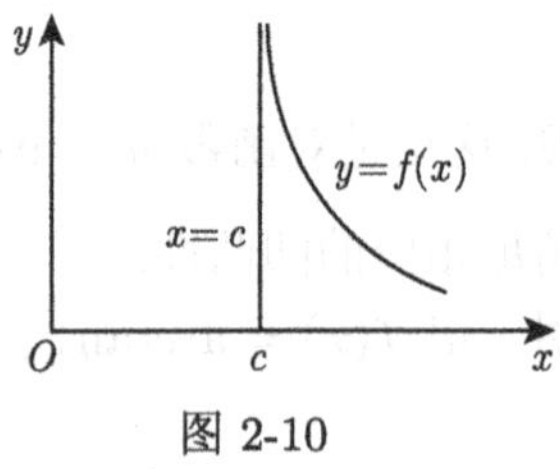

图 2-10

引入渐近线的目的就是为了研究函数曲线的无穷远形态, 从而, 可以刻画函数在无穷远处的曲线特征. 如 $y=\mathrm{e}^{-x}, x>0$ 有水平渐近线 y=0, 因而, 当 x 越来越大时, 曲线越来越靠近 x 轴. 也可在有限点处讨论渐近性质, 如 $y=\dfrac{1}{x}, x>0$, 则 x=0 是其垂直渐近线.

下面, 讨论斜渐近线的确定方法.

由定义, 为确定斜渐近线, 只需确定常数 a 和 b, 这需要计算距离 $d(M,l')$. 我们近似用曲线和直线上在同一垂线上点的纵坐标表示. 因而

$$\lim_{x\to\infty} d(M,l')=0$$

等价于

$$\lim_{x\to\infty}[f(x)-ax-b]=0,$$

又等价于

$$\lim_{x\to\infty}\left[\left(\frac{f(x)}{x}-a\right)x-b\right]=0,$$

故必有

$$a=\lim_{x\to\infty}\frac{f(x)}{x},\quad b=\lim_{x\to\infty}[f(x)-ax].$$

例 73　求 $y=x+\arctan x$ 的渐近线.

解　先计算当 $x\to+\infty$ 时的渐近线. 代入公式可得

$$a=\lim_{x\to+\infty}\frac{x+\arctan x}{x}=1,\quad b=\lim_{x\to+\infty}[f(x)-x]=\frac{\pi}{2},$$

故, $x\to+\infty$ 时的渐近线为 $y=x+\dfrac{\pi}{2}$.

类似可计算 $x\to-\infty$ 时的渐近线为 $y=x-\dfrac{\pi}{2}$.

2.6.5　函数的图形

有了上述一系列概念, 就可以较为准确地画出函数的图形了. 主要步骤有

第一步, 确定函数的定义域;

第二步, 讨论函数基本的几何性质, 如对称性、奇偶性、周期性;

第三步, 计算驻点、拐点和不可导点;

第四步, 确定单调区间、凸性区间;

第五步, 确定渐近线;

第六步, 作图.

例 74　作函数 $y=\dfrac{1-2x}{x^2}+1, x>0$ 的图形.

解　函数的定义域为 $(0,+\infty)$, 由于

$$f'(x)=\frac{2(x-1)}{x^3},$$

因而, 有唯一的驻点 $x_1=1$, 且 $x<1$ 时 $f'(x)<0$, $x>1$ 时 $f'(x)>0$, 故 $f(x)$ 在 $(0,1)$ 递减, 在 $(1,+\infty)$ 递增. 且 $x_1=1$ 为极小值点, 最小值为 $f(1)=0$.

由于 $f''(x)=\dfrac{2(3-2x)}{x^4}$, 得拐点 $x_2=\dfrac{3}{2}$, 因而, $x\in\left(0,\dfrac{3}{2}\right)$ 时 $f''(x)>0$, 故 $f(x)$ 在 $\left(0,\dfrac{3}{2}\right)$ 是下凸; 当 $x\in\left(\dfrac{3}{2},+\infty\right)$ 时 $f''(x)<0$, 因而, $f(x)$ 在 $\left(\dfrac{3}{2},+\infty\right)$ 是上凸的.

由于

$$\lim_{x\to0^+}\left[\frac{1-2x}{x^2}+1\right]=+\infty,\quad \lim_{x\to+\infty}\left[\frac{1-2x}{x^2}+1\right]=1,$$

故, x=0 是 $x\to0^+$ 时函数的渐近线, y=1 是 $x\to+\infty$ 时函数的渐近线.

由此, 可以作图 (图 2-11).

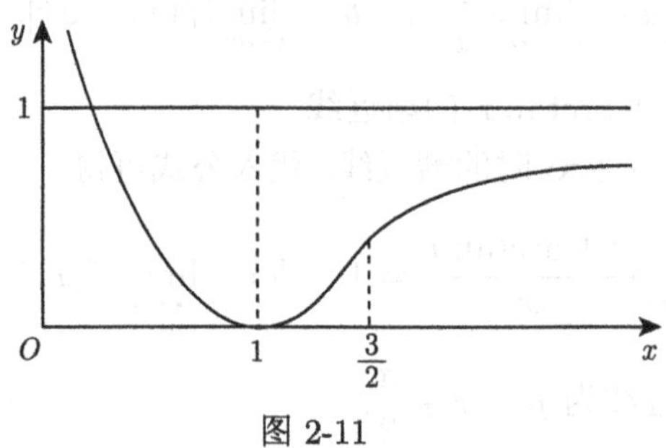

图 2-11

习 题 2-6

1. 确定下列函数的单调区间:

(1) $y=\dfrac{10}{4x^3-9x^2+6x}$; (2) $y=(x-1)(x+1)^3$;

(3) $y=\sqrt[3]{(2x-a)(a-x)^2}\ (a>0)$; (4) $y=x^n\mathrm{e}^{-x}\ (n>0,x\geqslant0)$.

2. 证明下列不等式:

(1) $1+x\ln\left(x+\sqrt{1+x^2}\right)>\sqrt{1+x^2}, x>0$;

(2) $\sin x+\tan x>2x, 0<x<\dfrac{\pi}{2}$;

(3) $\tan x>x+\dfrac{1}{3}x^3,\ x\in\left(0,\dfrac{\pi}{2}\right)$;

(4) $\left(1+\dfrac{1}{x}\right)^x<\mathrm{e}<\left(1+\dfrac{1}{x}\right)^{x+1}, x>0$.

3. 求下列函数的极值:

(1) $y=x-\ln(1+x)$; (2)$y=\dfrac{3x^2+4x+4}{x^2+x+1}$; (3)$y=3-2(x+1)^{\frac{1}{3}}$.

4. 试问 a 为何值时, 函数 $f(x)=a\sin x+\frac{1}{3}\sin 3x$ 在 $x=\frac{\pi}{3}$ 处取得极值? 它是极大值还是极小值? 并求此极值.

5. 问函数 $y=2x^3-6x^2-18x-7\,(1\leqslant x\leqslant 4)$ 在何处取得最大值? 并求出它的最大值.

6. 问函数 $y=x^2-\frac{54}{x}\,(x<0)$ 在何处取得最小值?

7. 求函数 $y=\mathrm{e}^{-x^2}(1-2x)$ 在其定义域内的最值.

8. 计算 $y=|x^3-6x^2+11x-6|$ 的单调区间并计算其最值.

9. 要造一圆柱形油罐, 体积为 V, 问底半径 r 和高 h 等于多少时, 才能使表面积最小? 这时底直径与高的比是多少?

10. 判定下列曲线的凹凸性:

(1)$y=x+\frac{1}{x}\ (x>0)$;　　(2)$y=x\arctan x$.

11. 求下列函数图形的拐点及凹或凸的区间:

(1)$f(x)=x^3-5x^2+3x+5$;　　(2)$y=(x+1)^4+\mathrm{e}^x$;

(3) $y=\ln\left(x^2+1\right)$;　　(4)$y=x^4(12\ln x-7)$.

12. 利用函数图形的凹凸性, 证明下列不等式:

(1)$\frac{\mathrm{e}^x+\mathrm{e}^y}{2}>\mathrm{e}^{\frac{x+y}{2}}\ (x\neq y)$;

(2) $x\ln x+y\ln y>(x+y)\ln\frac{x+y}{2}\ (x>0,y>0,x\neq y)$;

(3) $a^ab^b>\left(\frac{a+b}{2}\right)^{a+b}$, $b>a>0$.

13. 试决定 $y=k\left(x^2-3\right)^2$ 中 k 的值, 使曲线的拐点处的法线通过原点.

14. 设 $y=x^3+ax^2+bx+c$ 在 $x=0$ 点达到极大值 1, 且点 $(1,-1)$ 点为曲线的拐点, 求 a, b, c, 并作出函数图像.

15. 研究下列函数的单调性、凸性区间、渐近性, 并画出略图.

(1)$y=x^3+3x^2-6$;　　(2) $y=\frac{2x}{1+x^2}$;

(3) $y=\sqrt{\frac{x^3}{x-1}}$;　　(4) $y=(x+6)\mathrm{e}^{x^{-1}}$.

2.7　泰勒公式

无论是理论分析, 还是近似计算, 我们总希望在局部范围内用一个较简单的函数来近似表示一个较复杂的函数, 这是数学中一个基本的思想和常用的手段. 本节将从近似计算的角度进一步分析微分中值定理, 由此导出非常重要的泰勒公式.

2.7.1　背景

近似计算是在实际工作, 特别是工程技术领域经常遇到的问题, 这些问题中, 通常要求计算函数在某一点或某一点附近的近似值, 只要求: 计算过程简单, 且满足某种精度要求. 对简单的函数, 满足上述要求不难, 对精度要求不高的函数, 也不难, 因为微分的引入就是为了某种程度上的近似计算, 如若函数 $f(x)$ 在 x_0 点可微, 则由定义,

$$\Delta y = f'(x_0)\Delta x + o(\Delta x),$$

因而, 有近似公式

$$\Delta y \approx \mathrm{d}y = f'(x_0)\Delta x \quad 或 \quad f(x) \approx f(x_0) + f'(x_0)\Delta x,$$

由于 $\Delta x = x - x_0$, 这实际上是用一个一次多项式 $P_1(x) = f(x_0) + f'(x_0)(x - x_0)$ 近似表示 $f(x)$, 它满足 $P_1(x_0) = f(x_0)$, $P_1'(x_0) = f'(x_0)$. 其优点是计算简便, 只需计算此点的函数值和导数值, 但也有明显的两处不足: 第一是精确度不高, 误差 $|R_1(x)| = |f(x) - P_1(x)|$ 只是比 $(x - x_0)$ 高阶的无穷小 (当 $x \to x_0$ 时); 第二是不能定量的估算误差的大小.

分析上述近似原理, 近似计算精度低的原因是只计算了 $(x-x_0)$ 的一阶量, 略去了高于一阶的量, 省略的量太大, 因此, 可以设想, 为提高精度, 必须尽可能保留 $(x - x_0)$ 的高阶量, 比如当函数 $f(x)$ 在 x_0 点二阶可导时, 保留 $(x - x_0)$ 的平方项, 用二次多项式 $P_2(x) = a_0 + a_1(x - x_0) + a_2(x - x_0)^2$ 近似表示 $f(x)$, 且 $P_2(x)$ 满足:

$$P_2(x_0) = f(x_0), \quad P_2'(x_0) = f'(x_0), \quad P_2''(x_0) = f''(x_0).$$

由上述等式容易求出: $a_0 = f(x_0)$, $a_1 = f'(x_0)$, $a_2 = \dfrac{f''(x_0)}{2}$.

由于用 $P_1(x)$ 近似表示 $f(x)$ 时误差 $|R_1(x)| = |f(x) - P_1(x)|$ 为 $(x - x_0)$ 的高阶无穷小 (当 $x \to x_0$ 时), 因此我们猜测用 $P_2(x)$ 近似表示 $f(x)$ 时误差 $|R_2(x)| = |f(x) - P_2(x)|$ 应为 $(x - x_0)^2$ 的高阶无穷小, 因此考察极限

$$\begin{aligned}
\lim_{x\to x_0} \frac{f(x) - P_2(x)}{(x - x_0)^2} &= \lim_{x\to x_0} \frac{f(x) - \left[f(x_0) + f'(x_0)(x - x_0) + \dfrac{f''(x_0)}{2}(x - x_0)^2\right]}{(x - x_0)^2} \\
&= \lim_{x\to x_0} \frac{f'(x) - f'(x_0) - f''(x_0)(x - x_0)}{2(x - x_0)} \\
&= \frac{1}{2}\lim_{x\to x_0}\left[\frac{f'(x) - f'(x_0)}{(x - x_0)} - f''(x_0)\right] \\
&= \frac{1}{2}\lim_{x\to x_0}[f''(x_0) - f''(x_0)] = 0,
\end{aligned}$$

从而

$$f(x) = P_2(x) + R_2(x)$$

$$= f(x_0) + f'(x_0)(x - x_0) + \frac{f''(x_0)}{2}(x - x_0)^2 + o((x - x_0)^2).$$

可见, 二次多项式 $P_2(x)$ 正是我们希望的函数. 由于 $P_2(x_0) = f(x_0)$, $P_2'(x_0) = f'(x_0)$, $P_2''(x_0) = f''(x_0)$, 因此从几何角度来看, 曲线 $y = f(x)$ 和 $y = P_2(x)$ 在 $x = x_0$ 处有相同的纵坐标, 相同的切线, 相同的凸性 (弯曲方向); 从运动学的角度讲, 就是二者有相同的起点, 相同的初始速度和相同的加速度.

按照上面的思路, 为了进一步提高精度, 当函数 $f(x)$ 在 x_0 点 n 阶可导时, 可用 n 次多项式 $P_n(x) = a_0 + a_1(x - x_0) + a_2(x - x_0)^2 + \cdots + a_n(x - x_0)^n$ 近似表示 $f(x)$, 且 $P_n(x)$ 满足:

$$P_n(x_0) = f(x_0), \quad P_n^{(k)}(x_0) = f^{(k)}(x_0) \quad (k = 1, 2, \cdots, n),$$

由此可以求得

$$a_0 = f(x_0), \quad a_k = \frac{f^{(k)}(x_0)}{k!} \quad (k = 1, 2, \cdots, n).$$

依照 $P_2(x)$ 的情形, 不难证明 $|R_n(x)| = |f(x) - P_n(x)| = o((x - x_0)^n)$, 从而有

$$\begin{aligned} f(x) &= P_n(x) + R_n(x) \\ &= f(x_0) + f'(x_0)(x - x_0) + \frac{f''(x_0)}{2!}(x - x_0)^2 + \cdots \\ &\quad + \frac{f^{(n)}(x_0)}{n!}(x - x_0)^n + o((x - x_0)^n). \end{aligned}$$

即可用 n 次多项式近似代替 $f(x)$ 或将 $f(x)$ 在 x_0 点展开成 n 次多项式. 事实上, 初等函数中最简单的是幂函数, 其扩展形式就是多项式函数, 因为多项式只包含加法和乘法两种运算, 最适于计算机运算, 并在 $(-\infty, +\infty)$ 上处处连续, 且有任意阶的连续导数, 是一个很理想的替代函数.

2.7.2 泰勒公式

定理 2-19 (局部泰勒展开定理)　如果函数 $f(x)$ 在 $x = x_0$ 处具有 n 阶导数, 那么存在 x_0 的一个邻域, 对于该邻域内的任一 x, 有

$$f(x) = f(x_0) + f'(x_0)(x - x_0) + \frac{f''(x_0)}{2!}(x - x_0)^2 + \cdots + \frac{f^{(n)}(x_0)}{n!}(x - x_0)^n + R_n(x), \tag{2-7-1}$$

其中 $R_n(x) = o((x - x_0)^n)$.

式 (2-7-1) 称为函数 $f(x)$ 在 $x=x_0$ 点的泰勒公式或泰勒展开式, $P_n(x)=f(x_0)+\frac{f'(x_0)}{1!}(x-x_0)+\cdots+\frac{f^{(n)}(x_0)}{n!}(x-x_0)^n$ 称为 $f(x)$ 在 $x=x_0$ 点的 n 阶泰勒多项式, $R_n(x)=o\left((x-x_0)^n\right)$ 称为 $f(x)$ 在 $x=x_0$ 点的泰勒展开式的佩亚诺 (Peano, 1858~1932) 型余项.

抽象总结 ①此处泰勒展开式中余项 $R_n(x)=o\left((x-x_0)^n\right)$ 为无穷小量结构, 即用泰勒多项式近似表达函数时, 误差是 $(x-x_0)^n$ 的高阶无穷小, 因此 x 距离 x_0 越近, 精度越高, 因此式 (2-7-1) 一般是在 $x\to x_0$ 条件下才使用, 也称式 (2-7-1) 为局部展开式; ②正是由于局部性的原因, 使得上述的展开式只能在 $x\to x_0$ 条件下使用, 因此式 (2-7-1) 主要用于极限计算; ③展开式表明, 任何满足条件的函数都可以展开成以泰勒多项式为主体结构的形式, 而多项式结构是最简单的函数结构, 因此函数的泰勒展开不仅实现了化繁为简, 而且, 还可以借助多项式实现不同函数的形式统一, 建立各种不同函数的联系, 体现了定理的形式统一的应用思想; ④展开式的结构还有一个特点, 含有同一个点处的各阶导数的信息, 这为定理的使用提供了线索, 即题目条件中如果给出了同一个点处的信息, 应该考虑使用泰勒公式.

由于式 (2-7-1) 的局部性及佩亚诺余项的结构不很清楚, 使其应用受限, 为此, 我们对定理 2-19 进行改进, 得到余项结构更为清楚的泰勒展开式, 这就是下面的定理.

定理 2-20 如果函数 $f(x)$ 在 x_0 的某个邻域 $U(x_0)$ 内具有 $n+1$ 阶的导数, 那么对任一 $x\in U(x_0)$, 有

$$f(x)=f(x_0)+\frac{f'(x_0)}{1!}(x-x_0)+\cdots+\frac{f^{(n)}(x_0)}{n!}(x-x_0)^n+R_n(x), \qquad (2\text{-}7\text{-}2)$$

其中 $R_n(x)=\frac{f^{(n+1)}(\xi)}{(n+1)!}(x-x_0)^{n+1}$ $(\xi=x_0+\theta(x-x_0),\theta\in(0,1))$ 称为**拉格朗日型余项**, 式 (2-7-2) 也称为 $f(x)$ 的具有**拉格朗日余项的 n 阶泰勒公式**.

结构分析 类比已知可以发现, 此定理的证明思路与对佩亚诺余项的泰勒公式的证明思想类似, 但是, 需要作必要的修正. 事实上, 由于

$$P_n(x)=f(x_0)+\frac{f'(x_0)}{1!}(x-x_0)+\cdots+\frac{f^{(n)}(x_0)}{n!}(x-x_0)^n,$$

若记 $R_n(x)=f(x)-p_n(x)$, 只需证明 $R_n(x)=\frac{f^{(n+1)}(\xi)}{(n+1)\,!}(x-x_0)^{n+1}$, 联系上述的分析思路, 等价于证明 $\frac{R_n(x)}{(x-x_0)^{n+1}}=\frac{f^{(n+1)}(\xi)}{(n+1)!}$.

证明　记 $P_n(x) = f(x_0) + \dfrac{f'(x_0)}{1!}(x-x_0) + \cdots + \dfrac{f^{(n)}(x_0)}{n!}(x-x_0)^n$, 设 $R_n(x) = f(x) - p_n(x), g(x) = (x-x_0)^{n+1}$, 则

$$R_n(x_0) = R_n'(x_0) = \cdots = R_n^{(n)}(x_0) = 0, \quad R_n^{(n+1)}(x) = f^{(n+1)}(x),$$

$$g(x_0) = g'(x_0) = \cdots = g^{(n)}(x_0) = 0, \quad g^{(n+1)}(x) = (n+1)!.$$

且在 x_0 与 x 之间, $g(x) = (x-x_0)^{n+1}$ 的各阶导数均不等于零, $R_n(x), R_n'(x), \cdots, R_n^{(n)}(x), g(x), g'(x), \cdots, g^{(n)}(x)$ 在区间 $[x_0, x]$ 或 $[x, x_0]$ 上都满足柯西中值定理条件, 连续应用柯西中值定理:

$$\frac{R_n(x)}{g(x)} = \frac{R_n(x) - R_n(x_0)}{g(x) - g(x_0)} = \frac{R_n'(\xi_1)}{g'(\xi_1)} \quad (\xi_1\text{介于}x_0\text{与}x\text{之间}),$$

$$\frac{R_n'(\xi_1)}{g'(\xi_1)} = \frac{R_n'(\xi_1) - R_n'(x_0)}{g'(\xi_1) - g'(x_0)} = \frac{R_n''(\xi_2)}{g''(\xi_2)} \quad (\xi_2\text{介于}x_0\text{与}\xi_1\text{之间}),$$

……

$$\frac{R_n^{(n)}(\xi_n)}{g^{(n)}(\xi_n)} = \frac{R_n^{(n)}(\xi_n) - R_n^{(n)}(x_0)}{g^{(n)}(\xi_n) - g^{(n)}(x_0)} = \frac{R_n^{(n+1)}(\xi)}{g^{(n+1)}(\xi)} \quad (\xi\text{介于}x_0\text{与}\xi_n\text{之间}),$$

而 $\dfrac{R_n^{(n+1)}(\xi)}{g^{(n+1)}(\xi)} = \dfrac{f^{(n+1)}(\xi)}{(n+1)!}$, 故得 $\dfrac{R_n(x)}{g(x)} = \dfrac{f^{(n+1)}(\xi)}{(n+1)\,!}$($\xi$ 介于 x_0 与 x 之间), 即

$$f(x) = f(x_0) + f'(x_0)(x-x_0) + \frac{f''(x_0)}{2!}(x-x_0)^2 + \cdots$$
$$+ \frac{f^{(n)}(x_0)}{n!}(x-x_0)^n + \frac{f^{(n+1)}(\xi)}{(n+1)\,!}(x-x_0)^{n+1} \quad (\xi\text{介于}x_0\text{与}x\text{之间}).$$

抽象总结　①从定理 2-20 的条件和结论看, 式 (2-7-2) 中余项 $R_n(x) = \dfrac{f^{(n+1)}(\xi)}{(n+1)!}(x-x_0)^{n+1}$ 对所有的 $x \in U(x_0)$ 成立, 不要求在 $x \to x_0$ 这一条件, 因此, 式 (2-7-2) 也称为 $f(x)$ 在 $U(x_0)$ 上的整体泰勒展开式; ②正因如此, 此定理常用于研究 $f(x)$ 在整个区间上的性质; ③由于式 (2-7-2) 中涉及函数的各阶导数, 因此, 式 (2-7-2) 也建立了函数及其各阶导数间的联系, 这种联系为函数中间导数的估计 (利用函数及其高阶导数估计中间阶数的导数) 提供了研究工具; ④在拉格朗日型余项中, 由于涉及介值点 ξ, 因此, 定理 2-20 也视为中值定理的推广或一般形式, 可用于处理涉及高阶导函数的介值问题; ⑤总结定理证明的方法, 这是涉及较困难的中值问题时的一种处理方法, 其思想类似于前述的常数变易法, 要注意总结并掌握此方法.

特别地, 当 $n=0$ 时, 泰勒公式是 $f(x)=f(x_0)+f'(\xi)(x-x_0)$($\xi$ 介于 x 与 x_0 之间), 就是拉格朗日中值定理.

当 $n=1$ 时, 泰勒公式变为

$$f(x)=f(x_0)+f'(x_0)(x-x_0)+\frac{f''(\xi)}{2\,!}(x-x_0)^2 \quad (\xi\text{介于 } x \text{ 与 } x_0\text{之间}),$$

可见 $f(x)\approx f(x_0)+f'(x_0)(x-x_0)$, 就是我们学习的微分的近似计算公式, 但优于微分的近似计算, 因为这里误差可以估计, 误差 $R_1(x)=\dfrac{f''(\xi)}{2\,!}(x-x_0)^2$.

定理 2-20 中, 若取 $x_0=0$, 相应的泰勒公式称为麦克劳林 (Maclaurin, 1698 ~1746) 公式.

$$f(x)=f(0)+\frac{f'(0)}{1!}x+\cdots+\frac{f^{(n)}(0)}{n!}x^n+\frac{f^{(n+1)}(\xi)}{(n+1)!}x^{n+1} \quad (\xi\text{介于}x\text{与}x_0\text{之间}). \tag{2-7-3}$$

若记 $\xi=\theta x\ (0<\theta<1)$, 则麦克劳林公式形式为

$$f(x)=f(0)+\frac{f'(0)}{1!}x+\cdots+\frac{f^{(n)}(0)}{n!}x^n+\frac{f^{(n+1)}(\theta x)}{(n+1)\,!}x^{n+1} \quad (0<\theta<1). \tag{2-7-4}$$

2.7.3 常用函数的麦克劳林公式

(1) $f(x)=\mathrm{e}^x$ 的 n 阶麦克劳林公式

由于 $f'(x)=f''(x)=\cdots=f^{(n)}(x)=\mathrm{e}^x$, 所以 $f(0)=f'(0)=f''(0)=\cdots=f^{(n)}(0)=1$. 注意到 $f^{(n+1)}(\theta x)=\mathrm{e}^{\theta x}$, 代入公式 (2-7-4), 就得到 e^x 的 n 阶麦克劳林公式

$$\mathrm{e}^x=1+x+\frac{x^2}{2!}+\cdots+\frac{x^n}{n!}+\frac{\mathrm{e}^{\theta x}}{(n+1)!}x^{n+1} \quad (0<\theta<1)(x\in\mathbf{R}). \tag{2-7-5}$$

(2) $f(x)=\sin x$ 的 n 阶麦克劳林公式

由于

$$f(x)=\sin x,\quad f(0)=0,$$

$$f'(x)=\cos x=\sin\left(x+\frac{\pi}{2}\right),\quad f'(0)=1,$$

$$f''(x)=\cos\left(x+\frac{\pi}{2}\right)=\sin\left(x+2\cdot\frac{\pi}{2}\right),\quad f''(0)=0,$$

$$f'''(x)=\cos\left(x+2\cdot\frac{\pi}{2}\right)=\sin\left(x+3\cdot\frac{\pi}{2}\right),\quad f''(0)=-1,$$

$$f^{(4)}(x) = \cos\left(x + 3 \cdot \frac{\pi}{2}\right) = \sin\left(x + 4 \cdot \frac{\pi}{2}\right), \quad f^{(4)}(0) = 0,$$

$$\cdots\cdots$$

$$f^{(k)}(x) = \sin\left(x + k \cdot \frac{\pi}{2}\right) = \begin{cases} (-1)^{m-1}, & k = 2m-1, \\ 0, & k = 2m \end{cases} \quad (m = 1, 2, \cdots).$$

代入公式 (2-7-4), 就得到 $\sin x$ 的 n 阶麦克劳林公式

$$\sin x = x - \frac{x^3}{3!} + \frac{x^5}{5!} + \cdots + (-1)^{m-1}\frac{x^{2m-1}}{(2m-1)!} + R_{2m}(x), \tag{2-7-6}$$

其中 $R_{2m}(x) = \dfrac{\sin\left[\theta x + (2m+1)\dfrac{\pi}{2}\right]}{(2m+1)\,!}x^{2m+1} = (-1)^m \dfrac{\cos\theta x}{(2m+1)\,!}x^{2m+1}(0 < \theta < 1)$.

类似可得如下函数的麦克劳林公式.

(3) $f(x) = \cos x$ 的 n 阶麦克劳林公式

$$\begin{aligned} \cos x =& 1 - \frac{x^2}{2!} + \frac{x^4}{4!} + \cdots + (-1)^m\frac{x^{2m}}{(2m)!} \\ &+ (-1)^{m+1}\frac{\cos\theta x}{(2m+2)!}x^{2m+2} \quad (0 < \theta < 1)(x \in \mathbf{R}). \end{aligned} \tag{2-7-7}$$

(4) $f(x) = \ln(1+x)$ 的 n 阶麦克劳林公式

$$\ln(1+x) = x - \frac{x^2}{2} + \frac{x^3}{3} + \cdots + (-1)^{n-1}\frac{x^n}{n} + (-1)^n\frac{x^{n+1}}{(n+1)(1+\theta x)^{n+1}} \quad (0 < \theta < 1). \tag{2-7-8}$$

(5) $f(x) = (1+x)^\alpha$ 的 n 阶麦克劳林公式

$$\begin{aligned} (1+x)^\alpha =& 1 + \alpha x + \frac{\alpha(\alpha-1)}{2!}x^2 + \cdots + \frac{\alpha(\alpha-1)\cdots(\alpha-n+1)}{n!}x^n \\ &+ \frac{\alpha(\alpha-1)\cdots(\alpha-n)}{(n+1)!}(1+\theta x)^{\alpha-n-1}x^{n+1} \quad (0 < \theta < 1). \end{aligned} \tag{2-7-9}$$

特别地, 当 α 取正整数 n 时, 上面最后一项为零, 于是得到牛顿二项展开式.

抽象总结 式 (2-7-1) 和式 (2-7-2) 都是函数的展开式, 但是这两个结论具有明显的不同. 式 (2-7-1) 是局部展开, 式 (2-7-2) 是相对于区间 (a, b) 的整体展开, 正是这种区别使得二者具有不同的用途: 式 (2-7-1) 通常用于涉及局部问题的极限计算中, 而定理式 (2-7-2) 通常用于区间上导数的整体估计, 这通常是在整个区间上成立的结论, 这些区别将在后面的例子中表现出来.

2.7.4 函数的泰勒展开

我们可以利用一些已知的函数的泰勒展开式, 通过适当的运算去获得另外一些函数的泰勒展开式. 只要所获函数展开式的形式与泰勒公式的形式一致, 则它就是该函数的泰勒公式. 这就是获得某些函数泰勒公式的间接方法. 在运用泰勒公式的间接展开方法时, 必须熟记一些常见函数的泰勒公式, 如 $\mathrm{e}^x, \sin x, \cos x, \ln(1+x), (1+x)^\alpha$ 等.

例 75 计算 $f(x)=a^x$ 的带佩亚诺余项的 n 阶麦克劳林公式, 其中 $a>0$.

结构分析 题型是关于给定函数的泰勒展开, 这类题目有两种处理方法, 其一为直接法, 直接计算各阶导数, 然后代入泰勒公式; 其二为利用已知的函数展开式的间接展开法, 即将函数转化为已知展开式的函数形式, 然后代入. 第二种方法相对简单. 对本题而言, 两种方法都可以, 在用第二种方法时, 类比已知, 这是幂函数结构, 与已知的 e^x 结构相同, 可以利用 e^x 的展开结论. 若没有指明余项类型, 两种展开式都可以, 但是, 要标明展开式成立的范围.

解 **法一** 直接展开法.

利用导数公式, 则 $f^{(n)}(x)=a^x(\ln a)^n$, 代入展开式, 则当 $x\to 0$ 时有

$$a^x=1+(\ln a)x+\frac{(\ln a)^2}{2!}x^2+\cdots+\frac{(\ln a)^n}{n!}x^n+o(x^n),$$

或

$$a^x=1+(\ln a)x+\frac{(\ln a)^2}{2!}x^2+\cdots+\frac{(\ln a)^n}{n!}x^n+\frac{(\ln a)^{n+1}}{(n+1)!}\xi^{n+1},\quad x\in\mathbf{R}.$$

法二 间接展开法.

由于 $a^x=\mathrm{e}^{\ln a^x}=\mathrm{e}^{x\ln a}$, 代入已知的 e^x 的展开式, 得

$$a^x=1+(\ln a)x+\frac{(\ln a)^2}{2!}x^2+\cdots+\frac{(\ln a)^n}{n!}x^n+o(x^n),\quad x\to 0.$$

例 76 求函数 $f(x)=x\mathrm{e}^x$ 的带佩亚诺型余项的 n 阶麦克劳林公式.

简析 e^x 的带佩亚诺型余项的 $n-1$ 阶麦克劳林公式我们是已知的, 这时求函数 $f(x)=x\mathrm{e}^x$ 的带佩亚诺型余项的 n 阶麦克劳林公式可以采用下面的所谓间接方法.

解 由于

$$\mathrm{e}^x=1+x+\frac{x^2}{2!}+\cdots+\frac{x^{n-1}}{(n-1)!}+o(x^{n-1}),$$

所以 $f(x)=x\mathrm{e}^x=x+x^2+\dfrac{x^3}{2!}+\cdots+\dfrac{x^n}{(n-1)!}+x\cdot o\left(x^{n-1}\right).$

又因为 $\lim\limits_{x\to 0}\dfrac{x\cdot o\left(x^{n-1}\right)}{x^n}=0$, 所以 $x\cdot o\left(x^{n-1}\right)$ 是当 $x\to 0$ 时比 x^n 高阶的无穷小. 故

$$f(x)=x\mathrm{e}^x=x+x^2+\frac{x^3}{2!}+\ldots+\frac{x^n}{(n-1)!}+o\left(x^n\right).$$

例 77　求 $f(x)=\sqrt[3]{2-\cos x}$ 在 $x=0$ 处的带佩亚诺余项的 4 阶泰勒公式.

解　令 $u=1-\cos x$, 则 $x\to 0$ 时 $u\to 0$, 故

$$f(x)=\sqrt[3]{2-\cos x}=(1+u)^{\frac{1}{3}}=1+\frac{u}{3}-\frac{u^2}{9}+o(u^2),\quad u\to 0,$$

而 $u=1-\cos x=\dfrac{x^2}{2}-\dfrac{x^4}{24}+o(x^4)$, 代入得

$$f(x)=1+\frac{1}{6}x^2-\frac{1}{24}x^4+o(x^4),\quad x\to 0.$$

例 77 属于复合函数的展开, 这类题目典型的解题方法是, 将其转化为多个已知展开式的函数的复合, 然后代入已知的展开式, 此时, 要把握的要点是: 在利用已知函数的展开式时, 将其展开至合适的阶数, 以避免增加无谓的计算量; 同时, 要注意选用合适的复合形式, 如本例不能用如下的展开:

$$f(x)=\sqrt[3]{2-\cos x}=\sqrt[3]{2}\sqrt[3]{1-\frac{\cos x}{2}}=\sqrt[3]{2}\left[1+\frac{u}{3}-\frac{u^2}{9}+o(u^2)\right],$$

其中 $u=\dfrac{\cos x}{2}$, 然后再将 $\cos x$ 展开式代入.

原因是, 上述利用的展开式

$$(1+u)^{\frac{1}{3}}=1+\frac{u}{3}-\frac{u^2}{9}+o(u^2)$$

是在 u=0 处的展开式, 而 $x\to 0$ 时, $u=\dfrac{\cos x}{2}$ 不趋于 0.

当然, 带佩亚诺余项的相对简单, 带拉格朗日余项的展开式需要给出展开式成立的范围.

还可以利用导数关系得到展开式, 即下述定理.

定理 2-21　若 $f(x)$ 在 $x=x_0$ 点的某邻域 $U(x_0)$ 有直到 $n+2$ 阶连续导数, 则 $f(x)$ 的 n+1 阶泰勒展开式的导数正是导函数 $f'(x)$ 的 n 阶泰勒展开式, 即, 若 $f(x)=p_{n+1}(x)+R_{n+1}(x)$, 则

$$f'(x)=p'_{n+1}(x)+Q_n(x),$$

其中, $R_{n+1}(x)$, $Q_n(x)$ 都是对应的余项.

定理的证明是显然的, 略去. 下面看一个应用.

例 78 计算 $f(x)=\arctan x$ 在 $x=0$ 点的泰勒展开式.

解 已知

$$\frac{1}{1+x^2}=1-x^2+x^4+\cdots+(-1)^n x^{2n}+R_n(x),$$

而 $f'(x)=\dfrac{1}{1+x^2}$, 因此, 若设

$$\arctan x=a_0+a_1x+\cdots+a_{2n}x^{2n}+a_{2n+1}x^{2n+1}+Q_n(x),$$

由式 (2-7-2), 则, 比较系数得

$$\begin{aligned}&2ka_{2k}=0,\quad k=1,2,\cdots,n,\\&(2k+1)a_{2k+1}=(-1)^k,\quad k=0,1,2,\cdots,n,\end{aligned}$$

故

$$\begin{aligned}&a_{2k}=0,\ k=1,2,\cdots,n,\\&a_{2k+1}=\frac{(-1)^k}{2k+1},\quad k=0,1,2,\cdots,n,\end{aligned}$$

又 $a_0=\arctan x|_{x=0}=0$, 故

$$\arctan x=x-\frac{x^3}{3}+\frac{x^5}{5}+\cdots+(-1)^n\frac{x^{2n}}{2n+1}+o(x^{2n})\quad(x\to 0).$$

2.7.5 泰勒公式的应用

泰勒公式有广泛的用途, 下面仅就它在近似计算, 求极限, 高阶导数和讨论函数性态方面的应用加以介绍.

1. 在近似计算中的应用

由于泰勒公式主要是用一个多项式去逼近函数, 因而可用泰勒公式求某些函数的近似值, 而 $x=0$ 时 $f(x)$ 的各阶导数值相对容易计算, 因此往往利用 $f(x)$ 的麦克劳林展开式近似计算函数值.

$$f(x)=f(0)+\frac{f'(0)}{1!}x+\cdots+\frac{f^{(n)}(0)}{n!}x^n+\frac{f^{(n+1)}(\theta x)}{(n+1)\,!}x^{n+1}\quad(0<\theta<1),$$

此时, $f(x) \approx f(0) + \dfrac{f'(0)}{1!}x + \cdots + \dfrac{f^{(n)}(0)}{n!}x^n$, 误差 $|R_n(x)| \leqslant \dfrac{M}{(n+1)!}|x|^{n+1}$, 其中 M 为 $\left|f^{(n+1)}(x)\right|$ 在包含 $0, x$ 的某区间上的上界.

例 79　计算无理数 e 的近似值, 使误差不超过 10^{-6}.

解　已知 e^x 的麦克劳林公式为

$$\mathrm{e}^x = 1 + x + \frac{x^2}{2!} + \cdots + \frac{x^n}{n!} + \frac{\mathrm{e}^{\theta x}}{(n+1)!}x^{n+1} \quad (0 < \theta < 1), \quad x \in \mathbf{R}.$$

令 $x = 1$, 则

$$\mathrm{e} = 1 + 1 + \frac{1}{2!} + \cdots + \frac{1}{n!} + \frac{\mathrm{e}^{\theta}}{(n+1)!} \quad (0 < \theta < 1),$$

由于 $0 < \mathrm{e}^{\theta} < \mathrm{e} < 3$, 欲使 $|R_n(1)| < \dfrac{3}{(n+1)!} < 10^{-6}$, 由计算可知当 $n = 9$ 时上式成立, 因此,

$$\mathrm{e} \approx 1 + 1 + \frac{1}{2!} + \cdots + \frac{1}{9!} = 2.718281.$$

2. *在求极限中的应用*

前面学习过一种求函数极限的方法, 等价无穷小替换, 针对所求极限为乘除的形状, 可以进行无穷小替换. 如果是两个无穷小量相减, 很多时候, 是不能用等价无穷小替换的, 原因在于, 用等价无穷小去替换原来的无穷小, 是一个非常粗糙的替换, 这时我们可用泰勒公式做替换.

例 80　计算 $\lim\limits_{x \to 0} \dfrac{\cos x - \mathrm{e}^{-\frac{x^2}{2}}}{x^4}$.

结构分析　题型: 函数极限的计算, 涉及三种不同结构的因子, 需要进行同类化处理. 类比已知: 泰勒展开式可以将各种结构的函数展开为多项式, 达到各种不同结构的形式统一, 因此, 可以利用泰勒展开计算极限. 当然, 展开时一定要展开至适当的阶, 一般, 通过不同因子间的类比确定参照标准, 进一步确定展开的阶数. 本题, 分母的幂因子最简单, 作为参照标准, 因此, 分子中的两个因子只需展开至 4 阶.

解　将 $\cos x$, $\mathrm{e}^{-\frac{x^2}{2}}$ 用麦克劳林公式展开到 4 阶, 得 $x \to 0$ 时,

$$\cos x = 1 - \frac{x^2}{2!} + \frac{x^4}{4!} + o(x^4),$$

$$\mathrm{e}^{-\frac{x^2}{2}} = 1 - \frac{x^2}{2} + \frac{1}{2!}\left(-\frac{x^2}{2}\right)^2 + o(x^4),$$

代入立即可得

$$\lim_{x\to 0}\frac{\cos x-\mathrm{e}^{\frac{x^2}{2}}}{x^4}=-\frac{1}{12}.$$

注 对于一个复杂无穷小量的加减, 要用泰勒公式计算它的等价无穷小, 一般要搞清楚三个问题: ①对每个和式函数进行泰勒展开时, 选取哪个函数作为展开对象? ②在哪一点展开? ③展开到哪一阶停止?

利用这种方法时, 有时需要将函数变形.

例 81 计算 $\lim\limits_{x\to 0}\dfrac{\sqrt{1+\tan x}-\sqrt{1+\sin x}}{x-\sin x}$.

简析 涉及的因子结构较为复杂, 一般需要先化简, 分离确定的项, 再用泰勒展开式.

解 利用有理化方法, 则

$$\begin{aligned}
\text{原式}&=\lim_{x\to 0}\frac{\tan x-\sin x}{(x-\sin x)(\sqrt{1+\tan x}+\sqrt{1+\sin x})}\\
&=\lim_{x\to 0}\frac{\sin x(1-\cos x)}{(x-\sin x)}\lim_{x\to 0}\frac{1}{\cos x(\sqrt{1+\tan x}+\sqrt{1+\sin x})}\\
&=\frac{1}{2}\lim_{x\to 0}\frac{\sin x(1-\cos x)}{(x-\sin x)}\\
&=\frac{1}{2}\lim_{x\to 0}\frac{(x+o(x^2))\left(\dfrac{x^2}{2}+o(x^3)\right)}{\dfrac{x^3}{3!}+o(x^3)}=\frac{3}{2}.
\end{aligned}$$

例 82 计算 $\lim\limits_{x\to +\infty}\left[x-x^2\ln\left(1+\dfrac{1}{x}\right)\right]$.

简析 由于在 $x=\infty$ 处没有函数的展开式, 因此, 须先将极限转化为有限点处的极限, 这也是化不定为确定思想的应用.

解 令 $t=\dfrac{1}{x}$, 则

$$\lim_{x\to +\infty}\left[x-x^2\ln\left(1+\frac{1}{x}\right)\right]=\lim_{t\to 0^+}\left[\frac{1}{t}-\frac{1}{t^2}\ln(1+t)\right],$$

将 $\ln(1+t)$ 展开, 对比分母, 展开至二阶, 则

$$\ln(1+t)=t-\frac{t^2}{2}+o(t^2),\quad t\to 0,$$

代入得

$$\lim_{x\to+\infty}\left[x-x^2\ln\left(1+\frac{1}{x}\right)\right]=\lim_{t\to0^+}\left[\frac{1}{t}-\frac{1}{t^2}\left(t-\frac{t^2}{2}+o(t^2)\right)\right]=\frac{1}{2}.$$

例 83　确定 a, b, 使得 $\lim\limits_{x\to+\infty}(\sqrt{2x^2+4x-1}-ax-b)=0$.

解　令 $t=\dfrac{1}{x}$, 则

$$\begin{aligned}
\text{原式}&=\lim_{t\to0^+}\left(\sqrt{\frac{2}{t^2}+\frac{4}{t}-1}-\frac{a}{t}-b\right)\\
&=\lim_{t\to0^+}\left(\frac{\sqrt{2}}{t}\sqrt{1+2t-\frac{t^2}{2}}-\frac{a}{t}-b\right)\\
&=\lim_{t\to0^+}\left\{\frac{\sqrt{2}}{t}\left[1+\frac{1}{2}\left(2t-\frac{t^2}{2}\right)-\frac{1}{8}\left(2t-\frac{t^2}{2}\right)^2+o(t^4)\right]-\frac{a}{t}-b\right\}\\
&=\lim_{t\to0^+}\left[(\sqrt{2}-a)\frac{1}{t}+\sqrt{2}-b+\frac{\sqrt{2}}{t}o(t^4)\right],
\end{aligned}$$

要使结论成立, 则 $a=b=\sqrt{2}$.

注　在用泰勒展开式处理无穷远处的极限时, 先将极限转化为有限点处的极限, 然后再利用此点的展开式.

3. 在证明与高阶导数有关的命题中的应用

当问题涉及函数的二阶或二阶以上导数时, 可使用泰勒公式将各阶导数有机联系起来, 再根据题意对泰勒展开式进行处理, 从而达到解决问题的目的.

例 84　设函数 $f(x)$ 在闭区间 $[-1,1]$ 上具有连续的三阶导数, 且 $f(-1)=0, f(1)=1, f'(0)=0$. 证明: 至少存在一点 $x_0\in(-1,1)$, 使得 $f'''(x_0)=3$.

结构分析　题型为高阶导数的中值问题. 类比已知: 涉及高阶导数中值问题的已知理论首选泰勒公式, 其次才是多次利用微分中值定理或对低阶导函数利用微分中值定理得到高阶导函数的中值信息. 根据题目其他条件信息, 本题的研究思路是用泰勒公式. 方法设计: 首先, 解决展开点的确定问题, 类比题目中条件的结构, 已知与导数有关的信息是一阶导数在 $x=0$ 处的值, 这是确定展开点的重要线索, 即选择展开点为 $x=0$; 其次, 确定自变量的取点, 题目条件已知区间两端点 $x=-1, x=1$ 处的函数值, 因此自变量的取点为区间端点.

解 将函数 $f(x)$ 在 $x=0$ 处展开成二阶泰勒公式

$$f(x)=f(0)+\frac{1}{2!}f''(0)+\frac{1}{3!}f'''(\xi)\quad (\xi\text{介于}0\text{与}x\text{之间}),$$

将 $x=1$ 和 $x=-1$ 代入上式, 得

$$f(1)=f(0)+\frac{1}{2!}f''(0)+\frac{1}{3!}f'''(\eta_1)\quad (0<\eta_1<1),$$

$$f(-1)=f(0)+\frac{1}{2!}f''(0)-\frac{1}{3!}f'''(\eta_2)\quad (-1<\eta_2<0),$$

注意到 $f(-1)=0, f(1)=1$, 所以两式相减可得

$$f'''(\eta_1)+f'''(\eta_2)=6\quad (-1<\eta_2<0<\eta_1<1).$$

又由于函数 $f(x)$ 在闭区间 $[-1,1]$ 上具有连续的三阶导数, 故 $f'''(x)$ 在 $[\eta_2,\eta_1]$ 上必取得最大值 M 和最小值 m, 所以 $m\leqslant\dfrac{f'''(\eta_1)+f'''(\eta_2)}{2}\leqslant M$.

由介值定理知, 必存在 $x_0\in[\eta_2,\eta_1]\subset[-1,1]$, 使得 $f'''(x_0)=3$.

4. 在证明不等式中的应用

由于泰勒公式是由泰勒多项式与余项之和构成, 如果余项的符号确定, 舍弃余项, 就可以得到函数与其泰勒多项式之间的大小关系, 这可用于一些不等式的证明.

例 85 证明 $1+x+\dfrac{1}{2}x^2+\cdots+\dfrac{1}{n!}x^n<\mathrm{e}^x,\ \forall x>0$.

结构分析 这是一个不等式的证明, 虽然可以视为函数不等式, 但是观察不等式的结构, 不等式两边是两类不同结构的函数, 左端是任意 n 阶的多项式函数, 具有泰勒展开式结构, 且正是右端函数的泰勒多项式, 因此确定思路为利用泰勒展开定理证明. 由此给出不等式证明的又一种方法.

证明 对函数 e^x 在 $x_0=0$ 点展开, 则

$$\mathrm{e}^x=1+x+\frac{1}{2}x^2+\cdots+\frac{1}{n!}x^n+\frac{\mathrm{e}^\xi}{(n+1)!}x^{n+1},\quad \forall x>0,$$

其中 $\xi\in(0,x)$. 由于 $\dfrac{\mathrm{e}^\xi}{(n+1)!}x^{n+1}>0,\ \forall x>0$, 故

$$\mathrm{e}^x>1+x+\frac{1}{2}x^2+\cdots+\frac{1}{n!}x^n,\quad \forall x>0.$$

通过上述例子可以看出, 泰勒展开定理应用范围广, 处理题型多, 显示了定理的重要性.

习　题　2-7

1. 求下列函数的带佩亚诺余项的麦克劳林展开式:

(1) $f(x)=\sin^3 x$;　　(2) $f(x)=\sin^4 x$;

(3) $f(x)=\ln\dfrac{1-x}{1+x}$;　　(4) $f(x)=\dfrac{1}{x^2+7x+12}$.

2. 将下列函数在 $x=0$ 处带佩亚诺余项的 4 阶泰勒展开式:

(1) $f(x)=\ln\cos x$;　　(2) $f(x)=\mathrm{e}^{\sin x}$;

(3) $f(x)=\dfrac{1}{1+\mathrm{e}^x}$;　　(4) $f(x)=\ln(x+\sqrt{1+x^2})$.

3. 按 $(x-4)$ 的幂展开多项式 $f(x)=x^4-5x^3+x^2-3x+4$.

4. 求函数 $f(x)=\ln x$ 按 $(x-2)$ 的幂展开的带有佩亚诺型余项的 n 阶泰勒公式.

5. 求函数 $f(x)=\dfrac{1}{x}$ 按 $(x+1)$ 的幂展开的带有拉格朗日型余项的 n 阶泰勒公式.

6. 利用泰勒展开式计算下列极限:

(1) $\lim\limits_{x\to 0}\dfrac{\ln(1+2x+3x^2)}{\sin x}$;　　(2) $\lim\limits_{x\to+\infty}\left[(x^3+3x)^{\frac{1}{3}}-(x^2-2x)^{\frac{1}{2}}\right]$;

(3) $\lim\limits_{x\to 0}\dfrac{\mathrm{e}^x(\cos x-1)+\dfrac{1}{2}\sin^2 x}{x^3}$;　　(4) $\lim\limits_{x\to 0}\dfrac{\ln(1+x)\cdot\sin x-x^2+\dfrac{1}{2}x^3}{x^4}$;

(5) $\lim\limits_{x\to 0}\dfrac{1-\sqrt{1+x^2}+\dfrac{1}{2}\sin^2 x}{(\cos x-\mathrm{e}^{x^2})\sin^2 x}$;　　(6) $\lim\limits_{n\to+\infty}n^4\left(\cos\dfrac{1}{n}-\mathrm{e}^{-\frac{1}{2n^2}}\right)$;

(7) $\lim\limits_{n\to+\infty}n\left[n\ln\left(1+\dfrac{1}{n}\right)-1\right]$;　　(8) $\lim\limits_{x\to+\infty}n^3(\sqrt{1+n^2}+\sqrt{n^2-1}-2n)$;

(9) $\lim\limits_{x\to 0}\dfrac{\mathrm{e}^x-1-x}{\sqrt{1-x}-\cos\sqrt{x}}$;　　(10) $\lim\limits_{n\to+\infty}(\sqrt[6]{x^6+x^5}-\sqrt[6]{x^6-x^5})$;

(11) $\lim\limits_{x\to 0}\dfrac{x-\ln(1+x)}{x\ln(1+x)}$;　　(12) $\lim\limits_{x\to+\infty}\dfrac{\left[(1+x)^{\frac{1}{x}}-x^{\frac{1}{x}}\right]x\ln^2 x}{\mathrm{e}^{\frac{\ln^2 x}{x}}-1}$.

7. 设函数 $f(x)=x+a\ln(1+x)+bx\sin x, g(x)=kx^3$ 在 $x\to 0$ 时为等价无穷小, 求常数 a,b,k 的取值.

8. 设 $\lim\limits_{n\to+\infty}\left\{n^a[\sqrt{1+n^2}+(1+n^3)^{\frac{1}{3}}]-bn-c\right\}=0$, 求 a, b, c 的值.

9. 设 $f(x)$ 在 $[-1,1]$ 上有二阶连续导数, 且 $f(-1)=0,f(0)=0,f(1)=2$. 证明存在 $\xi\in(-1,1)$, 使 $f''(\xi)=2$.

10. 设 $f(x)$ 在 $[a,b]$ 上连续, 在 (a,b) 内二阶导数连续, 证明: 在 (a,b) 内至少有一点 ξ, 使得 $f(a)+f(b)-2f\left(\dfrac{a+b}{2}\right)=\dfrac{(b-a)^2}{4}f''(\xi)$.

11. 利用泰勒展开式证明: $x-\dfrac{x^3}{6}<\sin x<x-\dfrac{x^3}{6}+\dfrac{x^5}{120}$, $x\in\left(0,\ \dfrac{\pi}{2}\right)$.

2.8 平面曲线的曲率

2.8.1 曲率的定义

在工程技术中, 常常需要研究平面曲线的弯曲程度. 例如, 汽车在弯曲的公路上行驶, 因为道路的弯曲度大, 则汽车的离心率就大, 为防止车辆侧翻, 弯曲的公路一般修成内侧低、外侧高的形状. 又如火车在转弯的地方, 路轨需要用适当的曲线来衔接才能保证火车平稳运行. 再如弹性桥梁在荷载作用下会产生弯曲变形, 中间弯曲度最大的地方就是最易断裂破坏的地方, 设计时需要对桥梁的允许弯曲程度有一定的限制. 那么, 什么是曲线的弯曲度? 又如何对它进行定量的描述? 这是函数研究中的又一个重要问题.

用什么量才能描述曲线的弯曲程度呢? 我们看到图 2-12 中两条曲线弧 M_1M_2 和 M_2M_3, 它们的长度 $(=\Delta S)$ 一样, 那么切线所转过的角度越大 $(\Delta\alpha_2 > \Delta\alpha_1)$, 弧段弯曲程度越大 ($M_2M_3$ 比 M_1M_2 弯曲度大). 图 2-13 中两条曲线的转角相同 $(=\Delta\alpha)$, 则弧段越短弯曲程度越大. 可见曲线的弯曲程度与切线转角成正比, 与弧段长度成反比. 设 M, N 是曲线 C 上邻近的两点, 若弧段 MN 的长度为 ΔS, 切线的转角为 $\Delta\alpha$, 则 $\dfrac{\Delta\alpha}{\Delta S}$ 表示弧段 MN 的平均曲率 (图 2-14).

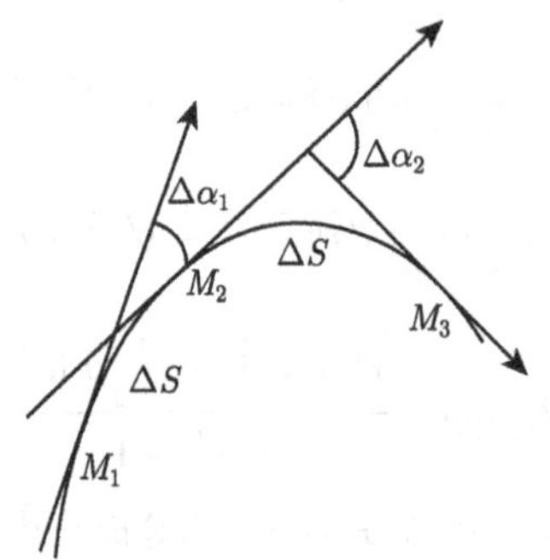

图 2-12 弧段弯曲程度越大转角越大

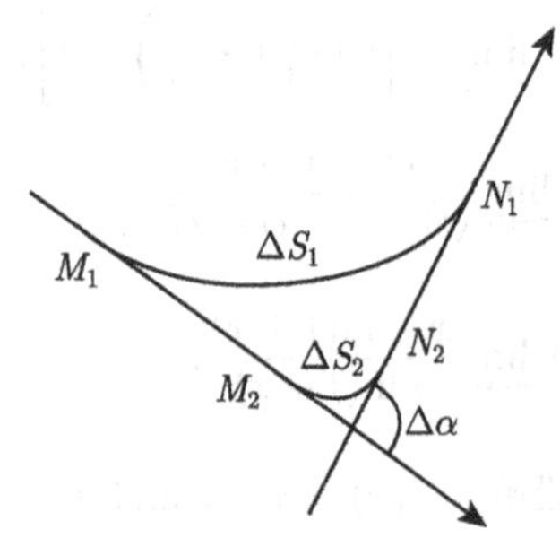

图 2-13 转角相同弧段越短弯曲程度越大

对一般曲线而言, 它在各点的弯曲程度是不一样的, 如何描述在一点的弯曲程度呢? ΔS 取值越小, $\dfrac{\Delta\alpha}{\Delta S}$ 就越接近曲线在点 M 处的弯曲程度, 因此曲线 C 在点 M 处的曲率为

定义 2-13 当 $\Delta S \to 0$(N 沿曲线 C 趋于 M 时), 若弧 MN 的平均曲率 $\dfrac{\Delta\alpha}{\Delta S}$ 的极限存在, 则该极限值称为曲线 C 在点 M 处的曲率, 记为 $K = \lim\limits_{\Delta s\to 0}\left|\dfrac{\Delta\alpha}{\Delta s}\right| =$

$\left|\dfrac{\mathrm{d}\alpha}{\mathrm{d}s}\right|$.

可见, 曲线的曲率就是曲线倾角对弧长的变化率, 它准确地刻画了曲线在一点处的弯曲程度.

例 86　求半径为 R 的圆上一点 A 处的曲率 (图 2-15).

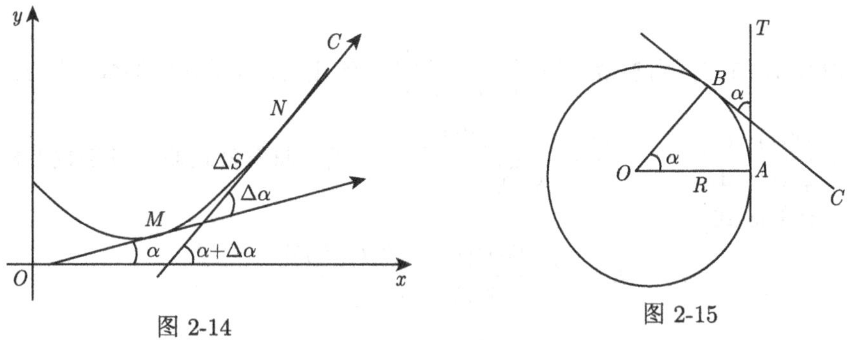

图 2-14　　图 2-15

解　在圆上任取异于 A 的一点 B, 设弧 AB 的长为 S, $\angle AOB=\alpha$, 则 $S=R\alpha$, 有 $\dfrac{\alpha}{S}=\dfrac{1}{R}$, 因此

$$\lim_{s\to 0}\frac{\alpha}{S}=\frac{1}{R},$$

所以圆的曲率 $k=\dfrac{1}{R}$.

这说明圆上各点处的曲率相等, 都等于半径的倒数, 且半径越大曲率越小, 半径越小曲率越大.

类似可得直线的曲率处处为零.

2.8.2　曲率公式

除了圆以外, 直接用极限 $\lim\limits_{\Delta s\to 0}\left|\dfrac{\Delta\alpha}{\Delta s}\right|$ 去求曲线上一点的曲率是很麻烦的, 我们需要寻求便于实际计算的曲率公式.

设曲线 L 的直角坐标方程为 $y=f(x)$, 且 $f(x)$ 具有二阶导数, 则在曲线上任一点 $M(x,y)$ 处, 有

$$\tan\alpha=y',$$

于是 $\alpha=\arctan y'$, 两边同时求微分得

$$\mathrm{d}\alpha=\frac{y''}{1+y'^2}\mathrm{d}x,$$

又 $\mathrm{d}s=\sqrt{(\mathrm{d}x)^2+(\mathrm{d}y)^2}=\sqrt{1+y'^2}\mathrm{d}x$(将在定积分应用中给予证明), 从而, 根据曲率表达式 $K=\left|\dfrac{\mathrm{d}\alpha}{\mathrm{d}s}\right|$, 可得曲率的计算公式

$$k=\frac{|y''|}{(1+y'^2)^{\frac{3}{2}}}.$$

当曲线 L 的方程由参数方程 $\begin{cases}x=\varphi(t),\\ y=\psi(t)\end{cases}$ 给出时, 可以利用参数求导法, 求出 $\dfrac{\mathrm{d}y}{\mathrm{d}x}=\dfrac{\psi'(t)}{\varphi'(t)}$, $\dfrac{\mathrm{d}^2y}{\mathrm{d}x^2}=\dfrac{\varphi'(t)\psi''(t)-\varphi''(t)\psi'(t)}{\varphi'^3(t)}$, 代入曲率公式即可得参数方程对应的曲率计算公式

$$k=\frac{|\varphi'(t)\psi''(t)-\varphi''(t)\psi'(t)|}{[\varphi'^2(t)+\psi'^2(t)]^{\frac{3}{2}}}.$$

也可以根据 $\tan\alpha=y'=\dfrac{\mathrm{d}y}{\mathrm{d}x}=\dfrac{\frac{\mathrm{d}y}{\mathrm{d}t}}{\frac{\mathrm{d}x}{\mathrm{d}t}}=\dfrac{\psi'(t)}{\varphi'(t)}$, 则 $\alpha=\arctan\dfrac{\psi'(t)}{\varphi'(t)}$, 求出

$$\mathrm{d}\alpha=\frac{\varphi'(t)\psi''(t)-\varphi''(t)\psi'(t)}{\varphi'(t)^2+\psi'(t)^2}\mathrm{d}t,$$

而 $\mathrm{d}s=\sqrt{(\mathrm{d}x)^2+(\mathrm{d}y)^2}=\sqrt{\varphi'(t)^2+\psi'(t)^2}\mathrm{d}t$, 因此

$$K=\left|\frac{\mathrm{d}\alpha}{\mathrm{d}s}\right|=\frac{|\varphi'(t)\psi''(t)-\varphi''(t)\psi'(t)|}{[\varphi'^2(t)+\psi'^2(t)]^{\frac{3}{2}}}.$$

例 87 抛物线 $y=ax^2+bx+c$ 上哪一点处的曲率最大?

解 因为 $y'=2ax+b$, $y''=2a$, 所以

$$k=\frac{|y''|}{(1+y'^2)^{\frac{3}{2}}}=\frac{|2a|}{[1+(2ax+b)^2]^{\frac{3}{2}}},$$

显然, 当 $2ax+b=0$, 即 $x=-\dfrac{b}{2a}$ 时, 对应的点 $\left(-\dfrac{b}{2a},\dfrac{4ac-b^2}{4a}\right)$ 处抛物线 $y=ax^2+bx+c$ 的曲率最大.

例 88 求椭圆 $\begin{cases}x=a\cos t,\\ y=b\sin t\end{cases}$ $(0\leqslant t\leqslant 2\pi)$ 在何处曲率最大?

解　由于

$$\begin{cases} x'(t) = -a\sin t, \\ y'(t) = b\cos t, \end{cases} \quad \begin{cases} x''(t) = -a\cos t, \\ y''(t) = -b\sin t, \end{cases}$$

故, 曲率为

$$k = \frac{|\varphi'(t)\psi''(t) - \varphi''(t)\psi'(t)|}{[\varphi'^2(t) + \psi'^2(t)]^{\frac{3}{2}}} = \frac{ab}{(a^2\sin^2 t + b^2\cos^2 t)^{3/2}}.$$

欲使曲率最大, 须使分母 $f(t) = a^2\sin^2 t + b^2\cos^2 t$ 最小.

由于 $f'(t) = 2a^2\sin t\cos t - 2b^2\cos t\sin t = (a^2 - b^2)\sin 2t$, 令 $f'(t) = 0$, 得驻点 $t = 0, \frac{\pi}{2}, \pi, \frac{3\pi}{2}, 2\pi$.

计算驻点处的函数值, 得 $f(0) = f(\pi) = f(2\pi) = b^2$, $f\left(\frac{\pi}{2}\right) = f\left(\frac{3\pi}{2}\right) = a^2$. 设 $0 < b < a$, 则 $t = 0$, π, 2π 时, $f(t)$ 取最小值, 从而曲率 K 取最大值. 这说明椭圆在点 $(\pm a, 0)$ 处曲率最大.

2.8.3　曲率圆

有了曲率的概念和计算公式, 曲线上任一点处的弯曲程度都可以通过一个数表示出来, 但是到底弯曲到什么程度, 我们还没有一个直观的形象. 类比已知, 我们已经知道圆的曲率与半径成反比, 如, 若圆的曲率为 $\frac{1}{4}$, 圆的半径就是 4, 它的弯曲程度便随之想象出来. 设曲线在某点的曲率为 k, 则曲线在该点的弯曲程度和以 $\frac{1}{k}$ 为半径的圆相同, 因此, 用具有相同曲率的圆去刻画曲线在该点的弯曲程度, 会给人以更直观的认识.

若曲线 $y = f(x)$ 在某点处的曲率为 $k \neq 0$, 则称其倒数 $\frac{1}{k}$ 为曲线在该点的曲率半径, 记作 R, 则有

$$R = \frac{1}{k} = \frac{(1 + y'^2)^{\frac{3}{2}}}{|y''|}.$$

设曲线 $y = f(x)$ 在点 M 处的曲率为 $k \neq 0$, 过点 M 作曲线的法线, 并在曲线凹向一侧的法线上取一点 $D(\xi, \eta)$, 使 D 到 M 的距离为 $R = \frac{1}{k}$, 以 D 为圆心, 以 R 为半径作一圆, 则称此圆为曲线在点 M 处的曲率圆 (密切圆), D 为曲率中心, R 为曲率半径 (图 2-16). 由于曲率圆与曲线在点 M 处有公切线, 有相同的曲率, 相同的弯曲方向, 因此, 在工程上经常用曲率圆弧段来近似代替复杂的小曲线段.

例 89 铁轨由直道转入圆弧弯道 (设半径为 R) 时, 接头处的曲率突然改变, 容易发生事故, 为保证火车行驶平稳, 往往会在直道和弯道间接入一段缓冲段. 我国铁路常用立方抛物线 $y=\dfrac{1}{6Rl}x^3$ 作缓冲段的曲线 (图 2-17), 其中 R 是圆弧弯道的半径, l 是过渡曲线的长度, 且 $l \ll R$, 求此缓冲曲线在其两个端点 $O(0,\ 0)$, $B\left(l,\ \dfrac{l^2}{6R}\right)$ 处的曲率.

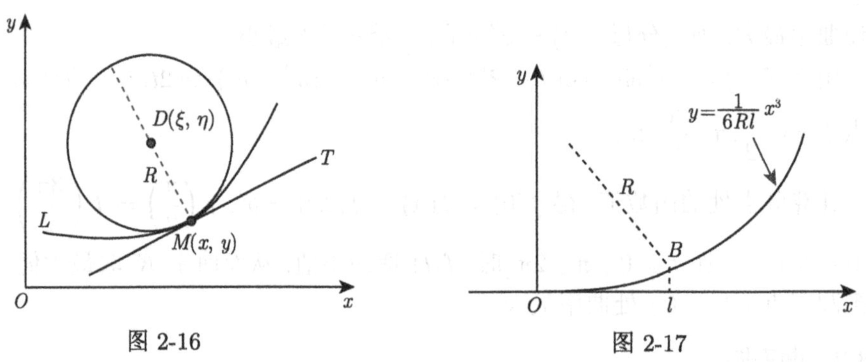

图 2-16　　图 2-17

解 当 $x\in[0,l]$ 时, 由于

$$y'=\frac{1}{2Rl}x^2\leqslant\frac{l}{2R}\approx 0,\quad y''=\frac{1}{Rl}x,$$

所以, $K\approx|y''|=\dfrac{1}{Rl}x$. 显然, $K|_{x=0}=0$, $K|_{x=l}\approx\dfrac{1}{R}$.

因此缓冲曲线的曲率从零逐渐增加到 $\dfrac{1}{R}$, 从而起到了缓冲的作用. 这就是为什么缓冲曲线取作 $y=\dfrac{1}{6Rl}x^3$ 的原因.

例 90 设一工件内表面的截痕为一椭圆, 现要用砂轮磨削其内表面, 问选择多大的砂轮比较合适?

解 设椭圆方程为 $\begin{cases}x=a\cos t,\\ y=b\sin t\end{cases}$ $(0\leqslant t\leqslant 2\pi\ ,\ b\leqslant a)$, 由例 88 可知, 椭圆在点 $(\pm a,\ 0)$ 处曲率最大, 即曲率半径最小, 且为

$$R=\frac{(a^2\sin^2 t+b^2\cos^2 t)^{3/2}}{ab}\Big|_{t=0}=\frac{b^2}{a},$$

显然, 砂轮半径不超过 $\dfrac{b^2}{a}$ 时, 才不会产生过量磨损, 或有的地方磨不到的问题.

2.8.4 渐屈线和渐伸线

对于曲线 L 上每一点 M, 只要该点的曲率 $k \neq 0$, 都对应着一个曲率中心 $D(\xi,\eta)$, 当点 M 沿曲线变动时, 点 D 也随之变动, 点 D 的变动轨迹 G 称为曲线 L 的渐屈线, 曲线 L 称为曲线 G 的渐伸线. 下面求曲率中心 D 的坐标 (ξ,η) 公式及渐屈线 G 的方程.

设曲线 L 方程为 $y=f(x)$, 且 $y''\neq 0$, 曲线上一点 $M(x,y)$ 与曲率中心 $D(\xi,\eta)$ 的距离等于曲率半径 R, 即

$$(\xi-x)^2+(\eta-y)^2=R^2,$$

而 $R=\dfrac{1}{k}=\dfrac{(1+y'^2)^{\frac{3}{2}}}{|y''|}$, 故

$$(\xi-x)^2+(\eta-y)^2=\frac{(1+y'^2)^3}{y''^2},$$

又 MD 是曲线 $y=f(x)$ 在点 M 处的法线, 故其斜率为 $-\dfrac{1}{y'}$, 即 $\dfrac{\eta-y}{\xi-x}=-\dfrac{1}{y'}$, 因此 $\xi-x=-y'(\eta-y)$, 代入 $(\xi-x)^2+(\eta-y)^2=\dfrac{(1+y'^2)^3}{y''^2}$, 化简可得

$$(\eta-y)^2=\frac{(1+y'^2)^2}{y''^2},$$

即 $\eta-y=\pm\dfrac{1+y'^2}{y''}$. 若 $y''>0$, 则曲线为凹的, $\eta-y$ 必为正; 若 $y''<0$, 则曲线为凸的, $\eta-y$ 必为负. 因此, y'' 与 $\eta-y$ 同号, 故有 $\eta-y=\dfrac{1+y'^2}{y''}$, 对应的 $\xi-x=-\dfrac{y'(1+y'^2)}{y''}$, 故得曲率中心的坐标为

$$\begin{cases}\xi=x-\dfrac{y'(1+y'^2)}{y''},\\[2ex]\eta=y+\dfrac{1+y'^2}{y''}.\end{cases}$$

这也是曲线 L 的渐屈线 G 的参数方程.

习 题 2-8

1. 求椭圆 $4x^2+y^2=4$ 在点 $(0,2)$ 处的曲率.

2. 求抛物线 $y=x^2-4x+3$ 在其顶点处的曲率及曲率半径.

3. 求曲线 $x=a\cos^3 t$, $y=a\sin^3 t$ 在 $t=t_0$ 相应点处的曲率.

4. 下列曲线在哪一点处的曲率最大? 求出该点处的曲率及曲率半径.

(1)$y=\sin x(0<x<\pi)$; (2)$y=\ln x$.

5. 某工件的截面曲线为抛物线 $y=0.4x^2$, 若用砂轮打磨其内表面, 问砂轮半径多大时最合适?

2.9 方程的近似解

2.9节课件

数学物理中的许多问题, 常归结为求解方程. 除了极少数简单方程的根可以用解析式表达外, 一般方程的根都无法或难以用解析式表示, 如线性方程及二次方程都可以用简单的公式来求解; 对于三次及四次方程, 有更复杂的求解公式; 对于五次及五次以上的代数方程, 求方程的实根的精确值比较困难, 甚至是不可能的, 因此需要寻求方程的近似解.

常用的求方程近似解的方法有: 二分法、切线法.

2.9.1 二分法

由介值定理可知, 若 $f(x)$ 在 $[a,b]$ 上连续, 且 $f(a),f(b)$ 异号, 则方程 $f(x)=0$ 在 (a,b) 内必有一个根 x^*. 此时称区间 $[a,b]$ 为方程根的隔离区间, 也称隔根区间.

取 $[a,b]$ 的中点 $x_0=\dfrac{a+b}{2}$, 计算 $f(x_0)$;

如果 $f(x_0)=0$, 那么 $x_0=\dfrac{a+b}{2}$ 就是方程的根;

如果 $f(x_0)$ 与 $f(a)$ 同号, 舍弃左端点 a, 则 $[x_0,b]$ 是隔根区间. 取 $a_1=x_0$, $b_1=b$, 用 $[a_1,b_1]$ 取代 $[a,b]$, 显然 $b_1-a_1=\dfrac{1}{2}(b-a)$;

如果 $f(x_0)$ 与 $f(b)$ 同号, 舍弃右端点 b, $[a,x_0]$ 是隔根区间. 取 $a_1=a$, $b_1=x_0$, 用 $[a_1,b_1]$ 取代 $[a,b]$, 有 $b_1-a_1=\dfrac{1}{2}(b-a)$;

将此过程重复 n 次, 只要每次中点均不是方程的解, 就可以得到方程 $f(x)=0$ 的一列隔根区间:

$$(a,b)\supset(a_1,b_1)\supset\cdots\supset(a_n,b_n),$$

其中 $b_n-a_n=\dfrac{1}{2^n}(b-a)$. 如果取 (a_n,b_n) 的中点作为方程 $f(x)=0$ 的近似解, 其误差小于 $\dfrac{b-a}{2^{n+1}}$.

虽然二分法简单, 但它有两个主要缺点: 一是它的原理是介值定理, 需要端点异号 (曲线与 x 轴相交), 如果曲线与 x 轴相切这种情况下根的位置无法确定; 二是达到精度需求往往需要多次迭代, 速度慢, 当多个方程联合求根, 尤其参数可能涉及成千上万个方程时, 简化迭代步骤来提高速度就显得尤为重要, 为此有下面的切线法 (牛顿法).

2.9.2　切线法 (牛顿法)

设 $[a,b]$ 为方程 $f(x)=0$ 的一个隔根区间, 选择曲线的一个端点 $(a,f(a))$ 或 $(b,f(b))$ 为初始点作曲线的切线, 此切线与 x 轴交点的横坐标为 x_1, x_1 即为所求解的第一个近似值. 以 $(x_1,f(x_1))$ 为第二个点再作曲线的切线, 此切线与 x 轴交点的横坐标为 x_2, x_2 即为所求解的第二个近似值. 继续进行这种步骤. 得到一个数列 $x_1,x_2,\cdots,x_n$, x_n 可作为方程解的近似值. 这种求方程近似解的方法叫做牛顿切线法, 简称切线法.

例如以 $(b,f(b))$ 为初始点 $(x_0,f(x_0))$, 在 x_0 附近用 $f(x)$ 的一阶泰勒多项式近似, 有

$$f(x)\approx P_1(x)=f(x_0)+f'(x_0)(x-x_0).$$

当 $f'(x_0)\neq 0$ 时, 可以取线性方程 $P_1(x)=0$ 的根 $x_1=x_0-\dfrac{f(x_0)}{f'(x_0)}$, 作为根 x^* 的第 1 次近似值. 用 x_1 代替上式中 x_0 的位置, 可得根的第 2 次近似值

$$x_2=x_1-\frac{f(x_1)}{f'(x_1)},$$

继续进行, 得到一列越来越接近根 x^* 的近似值

$$x_3=x_2-\frac{f(x_2)}{f'(x_2)},$$

$$\cdots\cdots$$

$$x_n=x_{n-1}-\frac{f(x_{n-1})}{f'(x_{n-1})},$$

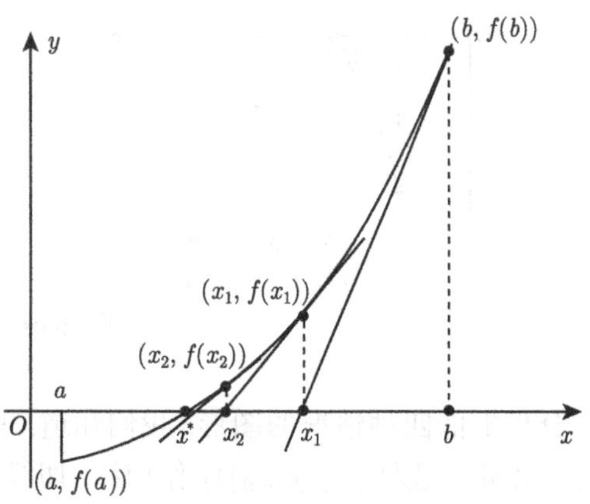

图 2-18

如图 2-18 所示, 这就是切线法的求根迭代公式.

牛顿切线法求解方程近似解, 从几何直观上解释就是不断用切线来近似曲线得到方程的近似解, 因而被形

象地称为“切线法”, 从图 2-18 可以看出, $n \to \infty, x_n \to x^*$, 它是一种常用的收敛速度较快的求非线性方程 $f(x)=0$ 近似解的方法.

切线法中选择哪个端点为初始点至关重要, 一般地, 当初始点靠近方程的根时, 通常经过几次迭代就可以得到满足精度要求的点. 但当初始点远离方程的根时, 迭代序列可能不收敛. 如图 2-18 中, 若选择 $(a, f(a))$ 为初始点是不恰当的. 因此, 需要考察: 在什么条件下, 切线法产生的迭代序列 x_n 收敛于我们要求的根 x^*.

若在方程 $f(x)=0$ 的隔根区间 $[a,b]$ 上, 函数 $f(x)$ 二阶可导, 且 $f'(x) \neq 0$, 此时, 因为函数 $f(x)$ 在 $[a,b]$ 上的凹凸性与单调性有如下四种情况 (图 2-19):

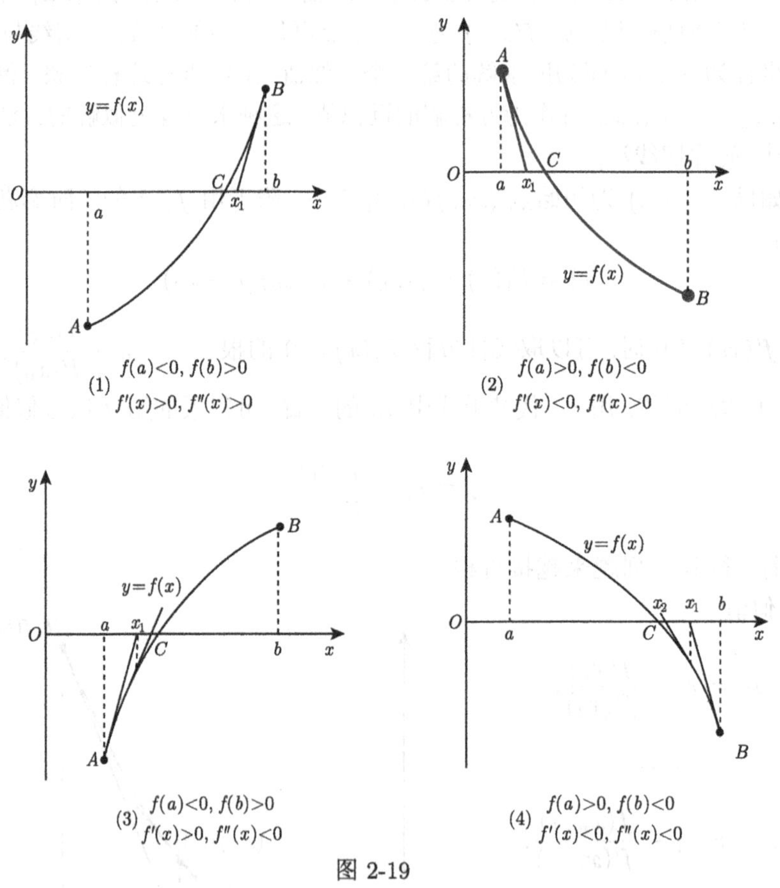

图 2-19

分析上面四种情况的图形, 我们知道, 只要选取纵坐标与 $f''(x)$ 同号的那个端点 (此端点记为 $(x_0, f(x_0))$) 作切线, 切线就会朝着根收敛的方向倾斜.

下面我们通过实例来比较二分法和切线法求方程的近似解的快慢.

例 91 分别应用二分法和切线法求 $f(x)=x^3-x-4=0$ 在 $[1,2]$ 内的近

似解.

解　法一　二分法.

由于 $f(1)=-4, f(2)=2$, 由零点定理可知, $(1,2)$ 内至少有一个根, 又

$$f'(x)=3x^2-1>0,\quad x\in(1,2),$$

故 $(1,2)$ 内只有一个根, 即 $(1,2)$ 是一个隔根区间. 取 1 和 2 的中点 1.5, 计算 $f(1.5)=1.5^3-1.5-4=-2.125<0$, 与 $x=1$ 时符号一致, 舍弃左端点 1, 因此, 隔根区间为 $(1.5,2)$, 重复以上过程得到如下数据:

n	a_n	b_n	$f(a_n)$	$f(b_n)$
0	1	2	−4	2
1	1.5	2	−2.125	2
2	1.75	2	−0.391	2
3	1.75	1.875	−0.391	0.717

于是方程的近似解为 $\dfrac{1.75+1.875}{2}=1.813$, 其误差小于 $\dfrac{2-1}{2^4}=\dfrac{1}{2^4}$.

法二　切线法.

由于 $f(1)=-4, f(2)=2$, $f'(x)=3x^2-1, f''(x)=3x>0, x\in(1,2)$ $f(2)=2$ 与 $f''(x)>0$ 的符号一致, 取 $x_0=2$, 利用公式

$$x_n=x_{n-1}-\frac{f(x_{n-1})}{f'(x_{n-1})}=x_{n-1}-\frac{x_{n-1}^3-x_{n-1}-4}{3x_{n-1}^2-1}=\frac{2x_{n-1}^3+4}{3x_{n-1}^2-1},$$

依次计算结果如下表所示:

n	x_n	$2x_n^3+4$	$3x_n^2-1$	x_{n+1}
0	2	20	11	1.81
1	1.8	15.664	8.72	1.796
2	1.796	15.592	8.680	1.796

所以方程的近似解为 1.796. 由此也可以看出, 切线法求近似解的迭代速度快于二分法.

例 92　设 $a>0$, 试写出用切线法求算术平方根 $\sqrt{a}$ 的迭代公式.

简析　求算术平方根 $\sqrt{a}$ 的迭代公式实际上就是求解方程 $x^2-a=0$ 的近似解.

解 设 $f(x)=x^2-a$, 则 $f'(x)=2x>0, f''(x)=2>0, x\in(0,+\infty)$. 用切线法求解方程 $x^2-a=0$ 的迭代公式为

$$x_n=x_{n-1}-\frac{f(x_{n-1})}{f'(x_{n-1})}=x_{n-1}-\frac{x_{n-1}^2-a}{2x_{n-1}}=\frac{1}{2}\left(x_{n-1}+\frac{a}{x_{n-1}}\right),$$

只要选取 $x_0>\sqrt{a}$, 就有 $f(x_0)f''(x_0)>0$. 因此把大于 $\sqrt{a}$ 的数选作初始点即可.

习 题 2-9

1. 分别用二分法和切线法求方程 $x^3-6x+12=0$ 的近似根 (误差不超过 10^{-3}).
2. 用切线法求下列方程的近似解 (误差不超过 10^{-3}):

(1) $x^4-x-1=0$; (2) $x+\mathrm{e}^x=0$.

第 3 章　一元函数积分学及其应用

人类在最初认识自然的活动中, 不可避免地涉及对一些量的认识, 其中重要的一类量就是平面几何图形的面积. 从人类的认识过程来看, 对平面几何图形面积的认识也是遵循从简单到复杂、从特殊到一般的认识规律：人类最初掌握的面积是简单而又特殊的平面几何图形的面积, 如正方形、矩形、圆形、梯形等, 随着认识实践活动的深入, 不可避免地涉及更一般平面几何图形的面积计算问题. 另一方面, 从理论发展的角度来看, 当人们掌握了简单图形面积的计算之后, 也很自然地提出问题: 如何计算任意平面几何图形的面积？对这些问题的研究, 不论从认识自然的实践方面, 还是从理论发展方面, 都推动了积分 (或定积分) 的产生和发展. 那么, 定积分理论是如何解决这类问题的呢？让我们遵循人类认识发展的规律, 探讨这类问题解决的轨迹, 从而引入定积分理论.

3.1　定积分的概念和性质

3.1节课件

3.1.1　定积分问题引例

现在, 假设我们已经掌握简单平面图形面积的计算, 提出要解决的问题并讨论如何解决问题.

问题：计算任意平面几何图形的面积, 或计算任意一条封闭的平面几何曲线所围图形的面积.

对问题的分析：解决一个问题, 首先要对问题进行观察和分析, 常常遵循如下方式.

(1) 此问题能否用已知的问题来表示, 如果能, 则问题已解决；否则, 进入下一步.

(2) 将待解决的问题简化. 分析待解决的问题和已经解决的同类问题的差异, 尽可能多地将待解决的问题向已经解决的问题转化, 从而达到简化问题的目的.

(3) 建立已知和未知之间的联系或桥梁, 达到用已知解决未知的目的.

针对我们提出的问题, 我们分析：

(1) 已经解决的同类问题：规则图形面积的计算, 特点是图形规则, 表现为边界为特殊的直边. 而未知的待解决的问题的图形边界为任意曲线, 图形不规则, 故面积不会求.

(2) 问题转化：任意几何图形的面积问题最终都可以转化为曲边梯形的面积差 (如图 3-1 所示), 因此, 任意平面图形面积的计算问题就简化为曲边梯形面积 (图 3-2) 的计算. 那么, 如何求曲边梯形的面积？

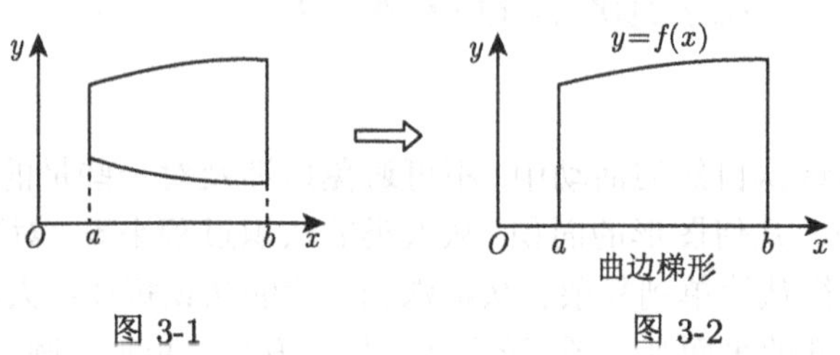

图 3-1　　图 3-2

(3) 问题简化：我们只会求解规则图形 (矩形、梯形、圆等) 的面积, 因此需要将不规则图形转化为规则图形, 就图 3-2 的曲边梯形而言, 显然想转化成矩形来计算面积, 但在整个区间 $[a,b]$ 上将曲边梯形转化为矩形计算面积, 误差太大, 需要研究问题简化的方法：将区间 $[a,b]$ 分成若干小区间, 在很小的范围内将曲边梯形转化为矩形计算面积, 则误差不大.

(4) 问题的求解. 我们将问题转化为一个数学问题, 然后进行相应的求解.

引例 1 (曲边梯形的面积)　设函数 $f(x)$ 在 $[a,b]$ 上连续, 且 $f(x)\geqslant 0$, 求由曲线 $y=f(x)$, 直线 $x=a$, $x=b$ $(b>a)$ 和 $y=0$ 围成的曲边梯形 (图 3-2) 的面积 S.

结构分析　为求解此问题, 首先分析待求解的问题的结构特征, 然后和已知的、最为接近的问题进行比较, 寻找二者联系的桥梁. 按此思路分析如下.

(1) 问题的特点：所求面积的图形为平面曲边梯形.

(2) 类比已知：已知面积的类似的平面几何图形有矩形、梯形、三角形等.

(3) 研究思路简析：求解的过程实际就是一个转化过程, 即将一个待求解的问题用已知的来表示, 因此, 本问题的求解就是如何将曲边梯形的面积, 通过适当的数学工具和方法表示为已知的图形如矩形、梯形或三角形等的面积. 类比已知的数学工具和方法, 由于初等的数学工具不可能将曲线变为直线, 因此, 曲边梯形也就不能直接转化为直边的规则图形如矩形或梯形等, 因此, 直接计算其精确的面积也是不可能的. 为此, 根据认知规律, 先从近似角度对问题进行研究, 由此确立研究思路.

(4) 技术路线设计：从近似角度, 问题的求解变得较为容易, 直接将曲边拉直为直边, 就将曲边梯形转化为一般的梯形, 就可以近似计算其面积, 当然, 这样计算的误差较大. 为提高近似程度, 希望曲边梯形的底很窄, 因此, 对一般的曲边梯形, 自然会想到分割的方法——将一般的曲边梯形分割成若干个底很窄的直边梯形或矩形, 然后, 计算每一个小的已知的矩形或梯形的面积, 求和得到曲边梯形面积的近似值. 而精确的求解自然就是极限理论产生以后的事情了——分割越细, 近似程度越高, 因此, 分割后和的极限应该是精确值, 这样问题就解决了. 上述思想体现在下述过程中:

曲边梯形的面积——分割为若干个矩形或梯形——计算矩形 (梯形) 面积 (近似计算)——求和——取极限——所求面积.

当然, 选择近似处理时要遵循简单且可行的原则, 这也是我们选择用矩形而不是用梯形做近似的原因.

上述近似计算的思想从几何的观点看也称以直代曲 (以直线近似代替曲线)、以不变代变的近似思想, 从代数观点看, 就是非线性问题的线性化思想, 这是研究复杂问题的常用的思想.

具体的求解过程就是上述思想的数学具体化, 从而也能了解下述处理过程中每一步的处理目的.

(1) **分割**　将区间 $[a,b]$ 分割成 n 个小区间, 记分割为 T,

$$T:\quad a=x_0<x_1<\cdots<x_n=b,$$

记 $\Delta x_i=x_i-x_{i-1}$, $i=1,2,\cdots,n$, $\lambda(T)=\max\limits_{1\leqslant i\leqslant n}\{\Delta x_i\}$ 称为分割细度.

(2) **近似**　在小区间 $[x_{i-1},x_i]$ 上, 任取一点 $\xi_i\in[x_{i-1},x_i]$, 以区间 $[x_{i-1},x_i]$ 为底, $f(\xi_i)$ 为高作矩形 (如图 3-3), 利用此矩形面积近似计算其对应的小曲边梯形的面积 S_i, 则 $S_i\approx f(\xi_i)\Delta x_i$.

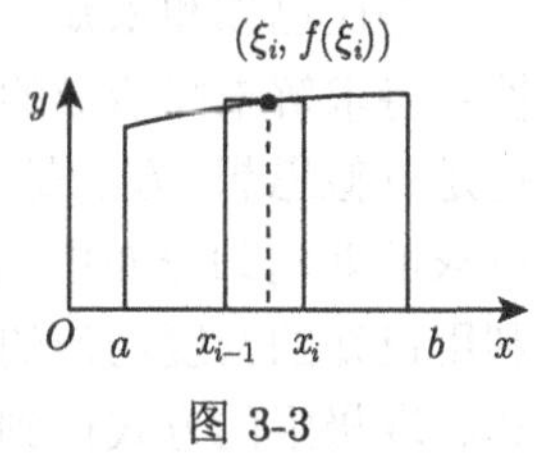

图 3-3

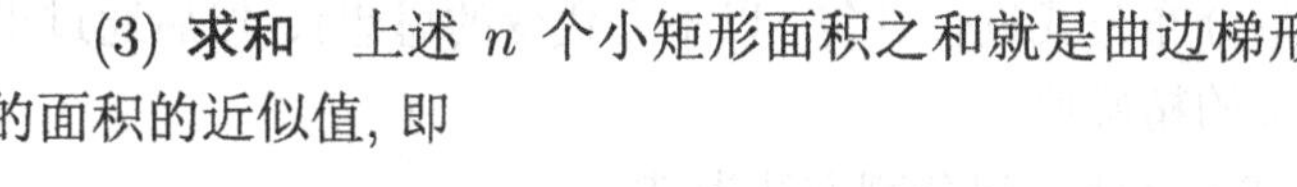

(3) **求和**　上述 n 个小矩形面积之和就是曲边梯形的面积的近似值, 即

$$S=\sum_{i=1}^{n}S_i\approx\sum_{i=1}^{n}f(\xi_i)\Delta x_i,$$

至此, 从近似角度, 问题得到解决.

当然, 可以设想, 随着分割细度越来越小, 上述近似程度也就越来越高, 近似计算值也就越来越逼近精确值, 而从无限逼近到精确值正是极限要解决的问题.

(4) **取极限**　当分割细度 $\lambda(T)\to 0$ 时, 和式 $\sum\limits_{i=1}^{n}f(\xi_i)\Delta x_i$ 将无限接近曲边梯形面积的 "真值" S, 因此, 很自然地将 $\lambda(T)\to 0$ 时, $\sum\limits_{i=1}^{n}f(\xi_i)\Delta x_i$ 的极限认为是

曲边梯形面积, 即

$$S = \lim_{\lambda(T)\to 0}\sum_{i=1}^{n} f(\xi_i)\Delta x_i.$$

因此, 随着极限理论的产生, 问题得到解决.

抽象总结 从结论的结构看, 曲边梯形的面积问题最终归结为一类有限不定和式的极限, $\lambda(T)$ 为极限变量, 在 $\lambda(T)\to 0$ 的过程中, $n\to+\infty$ 是变化着的量, 是不确定的, 此时, $\sum\limits_{i=1}^{n} f(\xi_i)\Delta x_i$ 的项数 n, 形式上有限, 但不确定, 故称为有限不定和 (或根据形式称为乘积和). 当面积客观存在时, 此和式的极限肯定存在且应该和分割方法 T 及点 ξ_i 的选取无关.

上述将面积表示为有限不定和 (乘积和) 的极限并不是认识自然界活动中的一个孤立的现象, 很多问题都具有类似的结构.

引例 2 (非均匀细棒的质量) 设有一个质量不均匀分布的细棒, 将其置于 x 轴上, 对应区间为 $[a,b]$, 细棒上点 x 处的线密度为 $f(x)$ (假定 $f(x)$ 连续), 求细棒的质量 m.

结构分析 合理假设已知的相关结论为：如果线段 AB (对应的长度为 l) 上分布有密度均匀的质量 (密度为常数 ρ), 则线段的质量为 $m=\rho l$.

类比已知和未知, 二者的差别是：已知情形的密度为常数——不变 (均匀、线性), 待求解未知情形的密度为函数——变量 (不均匀、非线性), 因此, 研究的思想仍是近似思想, 方法是线性化. 即利用与引例 1 类似的思想方法来研究并求解, 将待求的非均匀分布的质量问题 (密度是变化的) 通过分割、在分割后的小线段上利用已知的密度均匀的质量分布公式近似计算 (以不变代变的思想)、然后通过求和、取极限的方式得到质量的精确值.

(1) **分割** 将 $[a,b]$ 分成 n 小段, 记分割方法为 T,

$$T:\quad a=x_0<x_1<\cdots<x_n=b,$$

类似引入 $\Delta x_i = x_i - x_{i-1},\ i=1,2,\cdots,n$.

(2) **近似** 在对应的每一小段 $[x_{i-1},x_i]$ 上, 任取 $\xi_i\in[x_{i-1},x_i]$, 将其近似为密度为 $f(\xi_i)$ 的均匀的质量分布, 则 $[x_{i-1},x_i]$ 上分布的质量近似为 $m_i\approx f(\xi_i)\Delta x_i$.

(3) **求和** 将 n 小段质量的近似值相加, 即得细棒质量 m 的近似值, 即

$$m\approx\sum_{i=1}^{n} f(\xi_i)\Delta x_i.$$

(4) **取极限**　记分割细度 $\lambda(T)=\max\limits_{1\leqslant i\leqslant n}\{\Delta x_i\}$, 显然当 $\lambda\to 0$ 时, 和式 $\sum\limits_{i=1}^{n}f(\xi_i)\Delta x_i$ 无限接近细棒质量 m, 即

$$m=\lim_{\lambda(T)\to 0}\sum_{i=1}^{n}f(\xi_i)\Delta x_i.$$

从结论的结构看, 上述质量分布问题最终归结为一类有限不定和 (乘积和) 的极限, 与引例 1 具有完全相同的结构.

大量的事例表明：这类有限不定和的极限问题反映了自然界中大量的深刻的自然现象, 而数学理论正是对众多自然现象的归纳、总结和抽象, 即去其表象、抽其实质而形成的严谨的科学, 它源于实践又反过来指导实践. 因此, 从大量事例中, 把这类求有限不定和 (乘积和) 的极限这一实质抽取出来, 形成定积分概念.

3.1.2　定积分的概念

定义 3-1　设 $f(x)$ 定义在区间 $[a,b]$ 上, 对 $[a,b]$ 进行任意的分割 $T:a=x_0<x_1<\cdots<x_n=b$, 记 $\Delta x_i=x_i-x_{i-1}$, $i=1,2,\cdots,n$, $\lambda(T)=\max\limits_{1\leqslant i\leqslant n}\{\Delta x_i\}$ 为分割细度, 任取 $\xi_i\in[x_{i-1},x_i]$, 作和式 $\sum\limits_{i=1}^{n}f(\xi_i)\Delta x_i$. 若存在实数 I, 使得对任意的分割 T 和任意取点 ξ_i, 都有

$$\lim_{\lambda(T)\to 0}\sum_{i=1}^{n}f(\xi_i)\Delta x_i=I,$$

称 $f(x)$ 在 $[a,b]$ 上可积, 极限值 I 称为 $f(x)$ 在 $[a,b]$ 上的定积分, 记为 $\int_a^b f(x)\mathrm{d}x$, 即

$$\int_a^b f(x)\mathrm{d}x=\lim_{\lambda(T)\to 0}\sum_{i=1}^{n}f(\xi_i)\Delta x_i,$$

其中, a 称为积分下限, b 称为积分上限, $f(x)$ 称为被积函数, x 为积分变量.

信息挖掘　(1) 从定义式看各个量的对应关系及意义：

$$\int_a^b\to\lim\sum;\quad f(x)\to f(\xi_i);\quad \mathrm{d}x\to\Delta x_i.$$

(2) 若 $f(x)$ 在 $[a,b]$ 上可积, 则 $\int_a^b f(x)\mathrm{d}x$ 是一个确定的实数, 与分割 T 和点 ξ_i 的选取无关, 只依赖于 f,a,b, 且与变量的形式无关, 因而,

$$\int_a^b f(x)\mathrm{d}x=\int_a^b f(t)\mathrm{d}t=\int_a^b f(s)\mathrm{d}s.$$

(3) 定积分的几何意义：设 $f(x)\geqslant 0$, 则 $\int_a^b f(x)\mathrm{d}x$ 从直观上表示由曲线 $y=f(x)$ 和直线 $x=a,x=b$ 及 x 轴所围的曲边梯形的面积, 特别注意积分式中各项与几何图形的对应关系：下限和上限分别对应于曲边梯形的左右直线边界, 被积函数是曲边梯形的上下边界的差, 即 $f(x)=f(x)-0$.

(4) 物理意义：设 $f(x)\geqslant 0$, 则 $\int_a^b f(x)\mathrm{d}x$ 表示密度为 $f(x)$、分布在坐标轴上的直线段 $[a,b]$ 上的质量.

因此, 有了定积分的定义, 引言中两个引例的结论都可用定积分表示为 $\int_a^b f(x)\mathrm{d}x$, 由此体现了定积分的应用背景.

关于定义的进一步说明：

规定 $\int_a^b f(x)\mathrm{d}x=-\int_b^a f(x)\mathrm{d}x$, 因而 $\int_a^a f(x)\mathrm{d}x=0$.

特别注意定义中两个任意性条件, 一方面, 由于定义中有两个任意性条件, 使得用定义证明可积性是非常困难的; 另一方面, 正是这两个任意性条件, 使得在如下两个方面的问题研究中发挥作用：一是在可积的条件下, 可以选择特殊的分割 (如 n 等分) 和特殊的取点 $\xi_i\in[x_{i-1},x_i]$ (如取 $\xi_i=x_{i-1}$ 或 $\xi_i=x_i$), 使得 $\lim\limits_{\lambda(T)\to 0}\sum\limits_{i=1}^{n} f(\xi_i)\Delta x_i$ 结构简单, 对其计算简单可行, 因而得到 $\int_a^b f(x)\mathrm{d}x$; 二是通过选择不同的分割或不同的 $\xi_i\in[x_{i-1},x_i]$, 使得对应的 $\lim\limits_{\lambda(T)\to 0}\sum\limits_{i=1}^{n} f(\xi_i)\Delta x_i$ 不同, 由此得到不可积性.

3.1.3 定义的简单应用

通过下述例子, 体会定积分定义的思想方法.

例 1 设 $f(x)=x$ 在 [0,1] 上可积, 计算 $\int_0^1 f(x)\mathrm{d}x$.

结构分析 目前只能用定义进行计算, 方法就是选择特殊的分割和特殊的取点, 使得对应的和及其极限能够计算.

解 (1) 分割：将 [0,1] 进行 n 等分,

$$T:\ 0=x_0<x_1<\cdots<x_n=1,$$

其中 $x_i=\dfrac{i}{n}$, $\Delta x_i=\dfrac{1}{n}$, $i=0,1,2,\cdots,n$.

(2) 近似：取点 $\xi_i=x_i,i=1,\cdots,n$, 则

$$f(\xi_i)\Delta x_i=\frac{i}{n}\cdot\frac{1}{n}=\frac{i}{n^2}.$$

(3) 求和：$\displaystyle\sum_{i=1}^{n}f(\xi_i)\Delta x_i=\sum_{i=1}^{n}\frac{i}{n^2}=\frac{1}{n^2}\sum_{i=1}^{n}i=\frac{n+1}{2n}$.

(4) 取极限：由定积分的定义, 则

$$\int_0^1 f(x)\mathrm{d}x=\lim_{n\to\infty}\sum_{i=1}^{n}f(\xi_i)\Delta x_i=\lim_{n\to\infty}\frac{n+1}{2n}=\frac{1}{2}.$$

例 2　用定积分表示极限: $\displaystyle\lim_{n\to\infty}\frac{1}{n}\sum_{i=1}^{n}\sqrt{1+\frac{i}{n}}$.

结构分析　定积分定义的标准形式为乘积和的极限

$$\int_0^1 f(x)\mathrm{d}x=\lim_{\lambda\to 0}\sum_{i=1}^{n}f(\xi_i)\Delta x_i,$$

因此, 需要把已知的极限形式转化成标准形式,

$$\lim_{n\to\infty}\frac{1}{n}\sum_{i=1}^{n}\sqrt{1+\frac{i}{n}}=\lim_{n\to\infty}\sum_{i=1}^{n}\sqrt{1+\frac{i}{n}}\cdot\frac{1}{n},$$

那么, 对应的 $f(\xi_i)=\sqrt{1+\dfrac{i}{n}}$, $\Delta x_i=\dfrac{1}{n}$.

根据定义式中各个量的对应关系 $\lim\sum\to\displaystyle\int_a^b$, $f(\xi_i)\to f(x)$, $\Delta x_i\to\mathrm{d}x$. 注意到积分的下限 a 是 ξ_0 对应的值, 积分的上限 b 是 ξ_n 对应的值, 且 Δx_i 满足 $\Delta x_i=\dfrac{b-a}{n}$, 就可以把乘积和的极限写成定积分的形式.

解　$\displaystyle\lim_{n\to\infty}\frac{1}{n}\sum_{i=1}^{n}\sqrt{1+\frac{i}{n}}=\lim_{n\to\infty}\sum_{i=1}^{n}\sqrt{1+\frac{i}{n}}\cdot\frac{1}{n}=\int_0^1\sqrt{1+x}\mathrm{d}x.$

例 3　用定积分表示极限: $\displaystyle\lim_{n\to\infty}\left(\frac{1}{n^2}+\frac{2}{n^2}+\cdots+\frac{n}{n^2}\right)$.

解

$$\begin{aligned}\lim_{n\to\infty}\left(\frac{1}{n^2}+\frac{2}{n^2}+\cdots+\frac{n}{n^2}\right)&=\lim_{n\to\infty}\left(\frac{1}{n}+\frac{2}{n}+\cdots+\frac{n}{n}\right)\cdot\frac{1}{n}\\&=\lim_{n\to\infty}\sum_{i=1}^{n}\frac{i}{n}\cdot\frac{1}{n}=\int_0^1 x\mathrm{d}x.\end{aligned}$$

例 4 讨论狄利克雷 (Dirichlet) 函数

$$R(x)=\begin{cases}1, & x\in[0,1] \text{ 为有理数},\\ 0, & x\in[0,1] \text{ 为无理数}\end{cases}$$

在 $[0,1]$ 上的可积性.

结构分析 题型是可积性讨论; 类比已知, 只能用定义证明, 并且不知道是否可积, 因此, 只能采取试验、推理, 逐步判断的方法达到目的: 即先采取特殊的分割或特殊的取点, 得到一个对应的有限和, 考察此和式的极限是否存在, 若极限不存在, 则此函数不可积, 若极限存在, 则考察此极限值是否也是对另外特殊的分割或特殊的取点所得到的乘积和的极限, 若不是, 则不可积, 若是, 只是增加了可积的可能性. 要判断可积性, 还需要更进一步按定义来验证. 进一步分析函数的结构, 具有分段函数的结构特征——两类不同点的函数值不同, 这个结构特征提示我们可以考察取两类不同点时对应的有限和的极限, 由此期望得到不可积性.

证明 对任意的分割 $T: a=x_0<x_1<\cdots<x_n=b$, 由于有理数和无理数都是稠密的, 即任何区间中既含有有理数, 也含有无理数, 由此, 若取全部的 $\xi_i\in[x_{i-1},x_i](i=1,2,\cdots,n)$ 为有理数, 则

$$\lim_{\lambda(T)\to0}\sum_{i=1}^{n}f(\xi_i)\Delta x_i=1,$$

若取全部的 $\xi_i\in[x_{i-1},x_i](i=1,2,\cdots,n)$ 为无理数, 则

$$\lim_{\lambda(T)\to0}\sum_{i=1}^{n}f(\xi_i)\Delta x_i=0,$$

故, 狄利克雷函数在 $[0,1]$ 上不可积.

抽象总结 用定义证明函数的可积性是很困难的, 原因是定义中的两个任意性, 我们不可能对此进行一一的验证, 但是, 证明不可积性相对容易, 只需确定两个不同的有限和的极限不同即可.

通过例 1 ~ 例 4 体会定义中两个任意性的意义和应用.

当然, 定义只能处理结构最简单的函数的可积性, 更一般的函数的可积性的研究需要更一般的可积性理论.

3.1.4 可积的条件

定理 3-1 (可积的必要条件) 若 $f(x)$ 在 $[a,b]$ 上可积, 则 $f(x)$ 在 $[a,b]$ 上有界.

*** 结构分析**　题型是在可积条件下证明函数的有界性; 类比已知, 我们只有利用可积的极限定义来证明, 根据利用极限定义证明有界性的一般方法, 通过取定一个 ε, 将相关的量都确定下来, 利用这些确定的量得到有界性.

*** 证明**　由于 $f(x)$ 在 $[a,b]$ 上可积, 因而, 存在实数 I, 对 $\varepsilon=1$ 存在 $\delta>0$, 对任意分割 $T: a=x_0<x_1<\cdots<x_n=b$ 及对任意选取的点 $\xi_i\in[x_{i-1},x_i], i=1,2,\cdots,n$, 当 $\lambda(T)<\delta$ 时, 成立

$$\left|\sum_{i=1}^{n} f(\xi_i)\Delta x_i - I\right| < 1,$$

取定 n, 使得 $\dfrac{b-a}{n}<\delta$, 对 $[a,b]$ 作 n 等分

$$T: a=x_0<x_1<\cdots<x_n=b,$$

其中 $x_i=a+\dfrac{b-a}{n}i, i=0,1,2,\cdots,n$. 记 $M=\left|\sum\limits_{i=1}^{n} f(x_i)\right|$, 则对任意的 $\eta\in[a,b]$, 必有某个 i_0, 使得 $\eta\in[x_{i_0},x_{i_0+1})$, 取 $\xi_i=x_i, i\neq i_0$, $\xi_{i_0}=\eta$, 则

$$\left|\sum_{i=1}^{n} f(\xi_i)\Delta x_i - I\right| < 1,$$

即

$$\left|\sum_{\substack{i=1\\ i\neq i_0}}^{n} f(\xi_i)\Delta x_i + f(\eta)\Delta x_{i_0} - I\right| < 1,$$

因而,

$$|f(\eta)\Delta x_{i_0}| \leqslant 1+|I|+\left|\sum_{\substack{i=1\\ i\neq i_0}}^{n} f(\xi_i)\Delta x_i\right|,$$

故

$$\begin{aligned}|f(\eta)| &\leqslant \frac{n(1+|I|)}{b-a}+\left|\sum_{\substack{i=1\\ i\neq i_0}}^{n} f(\xi_i)\right|\\ &\leqslant \frac{n(1+|I|)}{b-a}+M,\end{aligned}$$

由 $\eta \in [a,b]$ 的任意性, 则

$$|f(x)| \leqslant \frac{n(1+|I|)}{b-a} + M, \quad x \in [a,b].$$

总结 由证明过程可以发现利用极限证明相关有界性的思想是通过选定的 ε 逐次将各个相关的量固定下来, 对本例而言, 选定 $\varepsilon = 1$ 后就确定了 δ, 再通过选择确定的 n 等分, 将分点固定, 从而将相关的量都固定下来, 得到一个确定的量. 因此, 利用极限证明有界性的整体思想可以抽象为一个 "定" 字.

有界性是可积函数类的基本性质, 这也决定了我们今后讨论可积函数时是在有界函数类里进行的.

这个定理仅给出了可积的必要条件. 由此定理可知, 凡是无界函数均不可积. 但是该定理的逆命题不一定成立, 即有界函数也未必可积, 例如前面讨论过的狄利克雷函数虽然有界, 但在任何有界闭区间 $[a,b]$ 上都不可积. 那么哪些有界函数一定可积呢?

定理 3-2 (可积的充分条件) 若函数 $f(x)$ 在 $[a,b]$ 上满足下列条件之一:

(1) $f(x)$ 在 $[a,b]$ 上连续.

(2) $f(x)$ 在 $[a,b]$ 上有界, 且只有有限个间断点.

(3) $f(x)$ 在 $[a,b]$ 上单调.

则 $f(x)$ 在 $[a,b]$ 上可积.

上述定理证明较复杂, 从略.

3.1.5 定积分的性质

由定积分的定义, 易得下面性质.

性质 3-1 若在 $[a,b]$ 上 $f(x) \equiv 1$, 则 $\int_a^b 1\mathrm{d}x = \int_a^b \mathrm{d}x = b-a$.

性质 3-2 (线性性质) 设 $f(x), g(x)$ 在 $[a,b]$ 可积, 则对任意实数 k_1, k_2, $k_1 f(x) + k_2 g(x)$ 可积且

$$\int_a^b [k_1 f(x) + k_2 g(x)]\mathrm{d}x = k_1 \int_a^b f(x)\mathrm{d}x + k_2 \int_a^b g(x)\mathrm{d}x.$$

结构分析 由于要证明的结论既有定性的结论——可积性, 也有定量的结论——积分关系式, 故考虑用定义证明.

证明 由定义, 对任意分割 $T: a = x_0 < x_1 < \cdots < x_n = b$, 和对任意取点 $\xi_i \in [x_{i-1,} x_i]$, 记 $\Delta x_i = x_i - x_{i-1} (i = 1, 2, \cdots, n)$, 分割细度 $\lambda(T) = \max\limits_{1 \leqslant i \leqslant n} \{\Delta x_i\}$,

则相应的积分和

$$\sum_{i=1}^{n}[k_1f(\xi_i)+k_2g(\xi_i)]\Delta x_i=k_1\cdot\sum_{i=1}^{n}f(\xi_i)\Delta x_i+k_2\cdot\sum_{i=1}^{n}g(\xi_i)\Delta x_i,$$

由 $f(x),g(x)$ 的可积性知, 右端两项在 $\lambda(T)\to 0$ 时极限存在, 故

$$\begin{aligned}&\lim_{\lambda(T)\to 0}\sum_{i=1}^{n}[k_1f(\xi_i)+k_2g(\xi_i)]\Delta x_i\\=&k_1\lim_{\lambda(T)\to 0}\sum_{i=1}^{n}f(\xi_i)\Delta x_i+k_2\lim_{\lambda(T)\to 0}\sum_{i=1}^{n}g(\xi_i)\Delta x_i\\=&k_1\int_a^b f(x)\mathrm{d}x+k_2\int_a^b g(x)\mathrm{d}x.\end{aligned}$$

抽象总结　由定积分的线性性质可知, 计算比较复杂函数的定积分时, 可分项计算.

性质 3-3 (对区间可加性)　$\int_a^b f(x)\mathrm{d}x=\int_a^c f(x)\mathrm{d}x+\int_c^b f(x)\mathrm{d}x$

结构分析　a,b,c 的位置, 由排列可知有六种顺序: $a<c<b$, $c<a<b$, $a<b<c$, $b<c<a$, $c<b<a$ 或 $b<a<c$.

我们以 $a<c<b$ 为例进行结构分析: 这是一个定量性质的证明, 需要用定义来证, 重点是建立三个积分对应的有限和关系, 即如何把 $[a,b]$ 上的有限和转化为 $[a,c],[c,b]$ 上的有限和, 由于定积分的值与区间分法无关, 那么利用 c 点的定位很容易解决.

证明　a,b,c 的位置, 由排列可知有六种顺序.

(i) 设 $a<c<b$. 由定义知, 定积分的值与区间分法无关, 在划分区间 $[a,b]$ 时, 把点 c 作为一个固定的分点 x_k, 则对分割

$$T:a=x_0<x_1<\cdots<x_{k-1}<c<x_{k+1}\cdots<x_n=b,$$

记

$$T_1:a=x_0<x_1<\cdots<x_{k-1}<x_k=c,$$

$$T_2:c=x_k<x_{k+1}<\cdots<x_n=b,$$

任取 $\xi_i\in[x_{i-1},x_i],i=1,2,\cdots,n$, 则

$$\int_a^b f(x)\mathrm{d}x=\lim_{\lambda(T)\to 0}\sum_{i=1}^{n}f(\xi_i)\Delta x_i=\lim_{\lambda(T)\to 0}\left[\sum_{i=1}^{k}f(\xi_i)\Delta x_i+\sum_{i=k}^{n}f(\xi_i)\Delta x_i\right]$$

$$= \lim_{\lambda(\mathrm{T})\to 0}\sum_{i=1}^{k} f(\xi_i)\Delta x_i + \lim_{\lambda(T)\to 0}\sum_{i=k}^{n} f(\xi_i)\Delta x_i$$

$$= \int_a^c f(x)\mathrm{d}x + \int_c^b f(x)\mathrm{d}x.$$

(ii) 设 $a<b<c$. 由 (i) 知,

$$\int_a^c f(x)\mathrm{d}x = \int_a^b f(x)\mathrm{d}x + \int_b^c f(x)\mathrm{d}x,$$

又因为,

$$\int_b^c f(x)\mathrm{d}x = -\int_c^b f(x)\mathrm{d}x,$$

故

$$\int_a^c f(x)\mathrm{d}x = \int_a^b f(x)\mathrm{d}x - \int_c^b f(x)\mathrm{d}x,$$

所以,

$$\int_a^b f(x)\mathrm{d}x = \int_a^c f(x)\mathrm{d}x + \int_c^b f(x)\mathrm{d}x.$$

其他四种顺序的证法与 (ii) 的类似.

性质 3-3 主要用于分段函数的计算及有关定积分的证明.

性质 3-4 (保序性) 若 $f(x)\geqslant 0$ 且在 $[a,b]$ 上可积, 则 $\int_a^b f(x)\mathrm{d}x\geqslant 0$.

结构分析 定量分析的题型, 利用定积分的定义和极限的保序性来证.

证明 由于 $f(\xi_i)\geqslant 0$, $\Delta x_i>0$, 所以 $f(\xi_i)\Delta x_i\geqslant 0$, 从而有

$$\sum_{i=1}^{n} f(\xi_i)\Delta x_i \geqslant 0.$$

由极限的保序性,

$$\int_a^b f(x)\mathrm{d}x = \lim_{\lambda(T)\to 0}\sum_{i=1}^{n} f(\xi_i)\Delta x_i \geqslant 0.$$

利用保序性, 很容易得到下列推论.

推论 3-1 若 $f(x), g(x)$ 在 $[a,b]$ 上都可积, 且 $f(x)\geqslant g(x)$, 则

$$\int_a^b f(x)\mathrm{d}x \geqslant \int_a^b g(x)\mathrm{d}x.$$

由不等式 $-|f(x)| \leqslant f(x) \leqslant |f(x)|$, 利用推论 3-1, 有

$$-\int_a^b |f(x)|\mathrm{d}x \leqslant \int_a^b f(x)\mathrm{d}x \leqslant \int_a^b |f(x)|\mathrm{d}x,$$

于是得到推论 3-2.

推论 3-2　若 $f(x)$ 在 $[a,b]$ 上可积, 则 $\left|\int_a^b f(x)\mathrm{d}x\right| \leqslant \int_a^b |f(x)|\mathrm{d}x$.

利用保序性, 可以得到与函数的符号或函数的零点或介值有关的结论.

推论 3-3　设 $f(x)$ 在 $[a,b]$ 非负连续, 且不恒为 0, 则 $\int_a^b f(x)\mathrm{d}x > 0$.

推论 3-4　设 $f(x)$ 在 $[a,b]$ 连续且不恒为 0, 若 $\int_a^b f(x)\mathrm{d}x = 0$, 则 $f(x)$ 必为 $[a,b]$ 上的变号函数, 因而, $f(x)$ 必在 $[a,b]$ 有零点.

基于定积分的保序性, 还可以得到定积分的估值性质和积分中值定理.

性质 3-5 (估值性质)　设 $f(x)$ 在 $[a,b]$ 上可积, $M = \max\limits_{a \leqslant x \leqslant b} f(x), m = \min\limits_{a \leqslant x \leqslant b} f(x)$, 则 $m(b-a) \leqslant \int_a^b f(x)\mathrm{d}x \leqslant M(b-a)$.

证明　由于 $m \leqslant f(x) \leqslant M, x \in [a,\ b]$, 由推论 3-1 知,

$$m(b-a) = \int_a^b m\mathrm{d}x \leqslant \int_a^b f(x)\mathrm{d}x \leqslant \int_a^b M\mathrm{d}x = M(b-a).$$

该性质常用于估计定积分值的范围.

性质 3-6 (积分中值定理)　设 $f(x)$ 在 $[a,b]$ 上连续, 则至少存在一点 $\xi \in [a,\ b]$, 使得

$$\int_a^b f(x)\mathrm{d}x = f(\xi)(b-a).$$

结构分析　已知的条件是：定性条件——连续, 根据闭区间上连续函数必有最大值和最小值得出定量条件——$m \leqslant f(x) \leqslant M$, 要证明的也是一个定量关系式, 因此, 由定量条件出发, 得到函数关系, 导出相应的积分关系就是本性质证明的思路——利用积分的保序性将相应的函数关系转化为积分关系.

证明　由于 $f(x)$ 在 $[a,b]$ 上连续, 故 $f(x)$ 在 $[a,b]$ 上必然取得最大值 M 和最小值 m, 有 $m \leqslant f(x) \leqslant M$, 由定积分的估值性质可得

$$m(b-a) \leqslant \int_a^b f(x)\mathrm{d}x \leqslant M(b-a),$$

不等式两边同除 $b-a$, 由于 $b-a>0$, 有

$$m \leqslant \frac{1}{b-a}\int_a^b f(x)\mathrm{d}x \leqslant M.$$

又 $[m, M]$ 是函数值域, 由介值定理知, 至少存在一点 $\xi \in [a, b]$, 使得

$$f(\xi) = \frac{\int_a^b f(x)\mathrm{d}x}{b-a},$$

即 $\int_a^b f(x)\mathrm{d}x = f(\xi)(b-a)$.

积分中值定理的几何意义：$y=f(x)$, $y=0$, $x=a$, $x=b$ 围成的曲边梯形的面积恰好等于以 $b-a$ 为底, 以 $f(\xi)$ 为高的矩形的面积. 这就是说, $f(\xi)$ 可视为曲边梯形的平均高度.

因此, 可将 $f(\xi)=\frac{1}{b-a}\int_a^b f(x)\mathrm{d}x$ 理解为 $f(x)$ 在 $[a,b]$ 上的平均值, 它是通过积分实现的, 也称为**积分平均值**. 它是有限个数的平均值概念的推广.

抽象总结 积分中值定理从结构看：将 $\int_a^b f(x)\mathrm{d}x$ 转化为 $f(\xi)(b-a)$, 使得对定积分的研究转化为对函数的研究, 实现了结构简单化.

例 5 设 $f(x)$ 连续, 且 $\lim\limits_{x\to+\infty} f(x)=1$, 求 $\lim\limits_{x\to+\infty}\int_x^{x+2} t\sin\frac{3}{t}f(t)\mathrm{d}t$.

解 由积分中值定理知, 存在 $\xi\in[x,\ x+2]$, 使得

$$\int_x^{x+2} t\sin\frac{3}{t}f(t)\mathrm{d}t = \xi\sin\frac{3}{\xi}f(\xi)(x+2-x),$$

所以,

$$\lim_{x\to+\infty}\int_x^{x+2} t\sin\frac{3}{t}f(t)\mathrm{d}t = 2\lim_{\xi\to+\infty}\xi\sin\frac{3}{\xi}f(\xi) = 2\lim_{\xi\to+\infty}3f(\xi)=6.$$

习 题 3-1

1. 利用定积分的几何意义, 求下列积分：

(1) $\int_{-1}^{2}|x|\,\mathrm{d}x$;　　(2) $\int_{-3}^{3}\sqrt{9-x^2}\mathrm{d}x$.

2. 设 $a<b$ 问 a, b 取什么值时, 积分 $\int_a^b (x-x^2)\mathrm{d}x$ 取得最大值?

3. 估计下列各积分的值：

(1) $\int_{\frac{\pi}{4}}^{\frac{5\pi}{4}}\left(1+\sin^2 x\right)\mathrm{d}x$;　　　　(2) $\int_2^0 \mathrm{e}^{x^2-x}\mathrm{d}x$.

4. 利用定积分表示下列极限：

(1) $\lim\limits_{n\to\infty}\left(\frac{1}{n^2}+\frac{2}{n^2}+\cdots+\frac{n}{n^2}\right)$;　　　　(2) $\lim\limits_{n\to\infty}\left(\frac{1}{n+1}+\frac{1}{n+2}+\cdots+\frac{1}{n+n}\right)$;

(3) $\lim\limits_{n\to\infty}\frac{1}{n}\sum\limits_{i=1}^{n}\sqrt{1+\frac{i}{n}}$;　　　　(4) $\lim\limits_{n\to+\infty}\frac{1}{n+10}\sum\limits_{i=1}^{n}\ln\left(1+\frac{i}{n}\right)$;

(5) $\lim\limits_{n\to\infty}\frac{1}{n}\left(\sin\frac{\pi}{2n}+\sin\frac{2\pi}{2n}+\cdots+\sin\frac{n\pi}{2n}\right)$;

(6) $\lim\limits_{n\to\infty}\left(\frac{1}{\sqrt{4n^2-1^2}}+\frac{1}{\sqrt{4n^2-2^2}}+\cdots+\frac{1}{\sqrt{4n^2-n^2}}\right)$.

5. 试利用定积分的思想方法计算由曲线 $y=x^2$, 直线 $x=0,x=1$ 和 x 轴所围图形的面积.

6. $f(x)=x^{-1}$ 在 $(0,1)$ 上可积吗？为什么？

7. 在引入定积分的定义时, 是在每一个分割的小区间 $[x_i,x_{i+1}]$ 上, 用矩形面积近似代替小曲边梯形的面积, 显然, 若连接曲边上的两个点 $(x_i,f(x_i)),(x_{i+1},f(x_{i+1}))$, 得到一个斜直边梯形, 用此直边梯形代替曲边梯形, 精度会更高, 试以 $[a,b]$ 上的连续可微函数 $f(x)$, 分析定义中近似计算的合理性.

3.2　微积分基本定理

3.2节课件

从 3.1 节可以看出, 直接用定义计算定积分十分困难, 因此需要寻找一种简便的算法.

我们从定积分的性质入手, 重点是研究定积分与被积函数的关系, 研究一个对象的性质常见的方法是将这个对象置于运动变化之中去观察. 由于函数 $f(x)$ 在区间 $[a,b]$ 上的定积分是一个确定的数值, 这个数值与被积函数 $f(x)$ 有关, 与积分的上下限有关, 与积分变量记号无关. 倘若 f,a 和 b 都给定, 则 $I=\int_a^b f(x)\mathrm{d}x$ 便是一个确定的数值; 若 f,a 和 b 三者之一处于变化之中, 则相应的积分也随之处于变化之中. 因为我们想了解积分与被积函数的关系, 所以不去变更函数 $f(x)$, 而是尝试着变动积分限, 由此启发如下研究.

3.2.1　变上限积分函数

设 $f(x)$ 是 $[a,b]$ 上的可积函数, $x\in[a,b]$, 所以 $f(x)$ 是 $[a,x]$ 上也是可积函数, 即 $\int_a^x f(x)\mathrm{d}x$ 存在.

上面表达式中 x 既表示定积分上限, 又表示积分变量, 容易混淆, 由于定积分与积分变量的记号无关, 我们把积分变量改为其他符号, 将 $\int_a^x f(x)\mathrm{d}x$ 改写成 $\int_a^x f(t)\mathrm{d}t$. 上限 x 在 $[a,b]$ 内任意变动, 对任一个 $x\in[a,b]$, 都有唯一的值 $\int_a^x f(t)\mathrm{d}t$ 与之对应, 由函数的定义知, $\int_a^x f(t)\mathrm{d}t$ 是区间 $[a,b]$ 上的一个函数, 称为**变上限积分函数**, 简称**变上限积分**, 记作 $\varPhi(x)$:

$$\varPhi(x)=\int_a^x f(t)\mathrm{d}t,\quad x\in[a,b].$$

相对于我们以前接触的函数, 变上限积分函数 $\varPhi(x)$ 是一种新的较为抽象的函数形式, 我们再从几何上来加以解释.

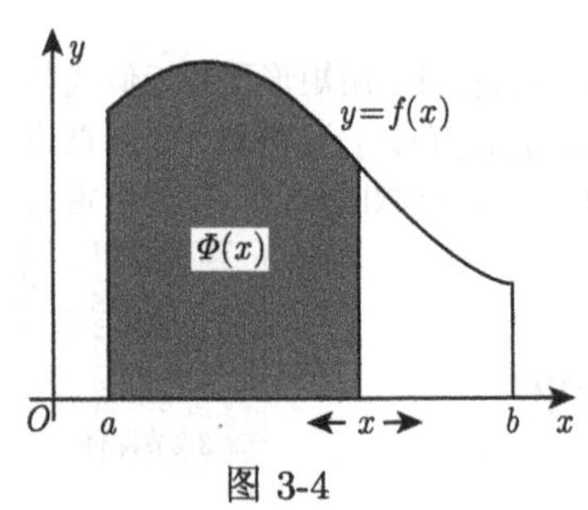

图 3-4

设 $f(t)$ 是 $[a,b]$ 上的非负连续函数, 则定积分 $\int_a^x f(t)\mathrm{d}t$ 表示 $f(t)$ 在 $[a,x]$ 上的面积, 当 x 从 a 变化到 b 时, 对应的面积值也相应地发生变化, 因此, 函数 $\varPhi(x)=\int_a^x f(t)\mathrm{d}t, x\in[a,b]$ 在几何上对应一个面积函数 (如图 3-4 所示).

如果 $f(t)$ 是某变速直线运动物体的速度函数, 那么 $\varPhi(x)$ 就是路程函数. 由于速度是路程的变化率, 因此, 时刻 x 的速度 $f(x)$ 就等于 $\varPhi'(x)$, 即 $\varPhi'(x)=f(x)$. 这自然引发我们思考变上限积分函数是否可导, 如何求导? 下面我们研究的 $\varPhi(x)$ 的连续性和可导性.

定理 3-3 设 $f(x)$ 在区间 $[a,b]$ 上可积, 则函数 $\varPhi(x)=\int_a^x f(t)\mathrm{d}t, x\in[a,b]$ 在 $[a,b]$ 上连续.

结构分析 题型为连续性的验证, 这是局部性性质的证明, 只需验证点连续性即可.

证明 由于可积函数是有界函数, 可设 $|f(x)|\leqslant M$.

当 $x\in[a,b]$ 时, 任取 Δx, 使 $x+\Delta x\in[a,b]$ (若 $x=a$, 取 $\Delta x>0$; 若 $x=b$, 取 $\Delta x<0$), 于是,

$$\Delta\varPhi=\varPhi(x+\Delta x)-\varPhi(x)=\int_a^{x+\Delta x} f(t)\mathrm{d}t-\int_a^x f(t)\mathrm{d}t$$

$$= \int_a^x f(t)\mathrm{d}t + \int_x^{x+\Delta x} f(t)\mathrm{d}t - \int_a^x f(t)\mathrm{d}t$$
$$= \int_x^{x+\Delta x} f(t)\mathrm{d}t,$$

从而,

$$|\Delta\Phi| = \left|\int_x^{x+\Delta x} f(t)\mathrm{d}t\right| \leqslant \left|\int_x^{x+\Delta x} M\mathrm{d}t\right| = M\,|\Delta x|,$$

由夹逼定理知, $\lim\limits_{\Delta x\to 0} \Delta\Phi = 0$.

所以, $\Phi(x)$ 在点 x 处连续, 又根据 x 的任意性, 知它在区间 $[a,b]$ 上连续.

定理 3-4　设 $f(x)$ 在区间 $[a,b]$ 上连续, 则函数

$$\Phi(x) = \int_a^x f(t)\mathrm{d}t, \quad x \in [a,b]$$

在 $[a,b]$ 上可导, 并且它的导数等于被积函数, 即

$$\Phi'(x) = \left(\int_a^x f(t)\mathrm{d}t\right)' = f(x).$$

证明　当 $x \in (a,b)$ 时, 任取 $\Delta x \neq 0$, 使 $x+\Delta x \in (a,b)$, 则

$$\Delta\Phi = \Phi(x+\Delta x) - \Phi(x) = \int_a^{x+\Delta x} f(t)\mathrm{d}t - \int_a^x f(t)\mathrm{d}t$$
$$= \int_a^x f(t)\mathrm{d}t + \int_x^{x+\Delta x} f(t)\mathrm{d}t - \int_a^x f(t)\mathrm{d}t$$
$$= \int_x^{x+\Delta x} f(t)\mathrm{d}t,$$

根据积分中值定理知, x 与 $x+\Delta x$ 之间存在一点 ξ, 使 $\Delta\Phi = f(\xi)\Delta x$, 所以

$$\Phi'(x) = \lim_{\Delta x\to 0}\frac{\Delta\Phi}{\Delta x} = \lim_{\Delta x\to 0}\frac{f(\xi)\Delta x}{\Delta x} = \lim_{\Delta x\to 0} f(\xi) = f(x).$$

抽象总结　定理 3-4 说明, $[a,b]$ 上连续函数 $f(x)$ 的原函数一定存在, 给出了利用定积分构造原函数的方法, 为今后建立定积分和不定积分的关系奠定了基础.

利用积分运算性质及复合函数求导的链式法则, 可进一步得到下述变限函数的求导公式.

设 $f(x)$ 在 $[a,b]$ 上连续, $g(x)$ 和 $h(x)$ 在 $[a,b]$ 上可微, 则有

$$\frac{\mathrm{d}}{\mathrm{d}x}\int_a^{g(x)} f(t)\mathrm{d}t = f[g(x)]g'(x),$$

$$\frac{\mathrm{d}}{\mathrm{d}x}\int_{h(x)}^{g(x)} f(t)\mathrm{d}t = f(g(x))g'(x) - f(h(x))h'(x).$$

例 6 计算下列函数的导数:

(1) $\int_0^x t\mathrm{e}^{t^2}\mathrm{d}t$; (2) $\int_x^1 \arctan t^2\mathrm{d}t$; (3) $\int_{\sin x}^{x^2} \mathrm{e}^{-t^2}\mathrm{d}t$.

解 (1) $\frac{\mathrm{d}}{\mathrm{d}x}\int_0^x t\mathrm{e}^{t^2}\mathrm{d}t = x\mathrm{e}^{x^2}$;

(2) 先将 $\int_x^1 \arctan t^2\mathrm{d}t$ 化为变上限积分函数 $-\int_1^x \arctan t^2\mathrm{d}t$, 则有

$$\frac{\mathrm{d}}{\mathrm{d}x}\int_x^1 \arctan t^2\mathrm{d}t = -\frac{\mathrm{d}}{\mathrm{d}x}\int_1^x \arctan t^2\mathrm{d}t = -\arctan x^2;$$

(3) 由定积分的性质, 知

$$\int_{\sin x}^{x^2} \mathrm{e}^{-t^2}\mathrm{d}t = \int_0^{x^2} \mathrm{e}^{-t^2}\mathrm{d}t - \int_0^{\sin x} \mathrm{e}^{-t^2}\mathrm{d}t,$$

故

$$\begin{aligned}\frac{\mathrm{d}}{\mathrm{d}x}\int_{\sin x}^{x^2} \mathrm{e}^{-t^2}\mathrm{d}t &= \frac{\mathrm{d}}{\mathrm{d}x}\int_0^{x^2} \mathrm{e}^{-t^2}\mathrm{d}t - \frac{\mathrm{d}}{\mathrm{d}x}\int_0^{\sin x} \mathrm{e}^{-t^2}\mathrm{d}t \\ &= 2x\mathrm{e}^{-x^4} - \cos x\mathrm{e}^{-\sin x^2}.\end{aligned}$$

例 7 求极限 $\lim\limits_{x\to 0}\frac{\int_{\cos x}^1 \mathrm{e}^{-t^2}\mathrm{d}t}{x^2}$.

结构分析 这是 $\frac{0}{0}$ 型不定式, 应用洛必达法则.

解 原式 $= \lim\limits_{x\to 0}\frac{\sin x\cdot \mathrm{e}^{-\cos^2 x}}{2x} = \frac{1}{2\mathrm{e}}$.

例 8 已知 $f(x)$ 在 $(-\infty,+\infty)$ 上连续, $F(x) = \int_0^{2x} f(t)(x-t)\mathrm{d}t$, 求 $F'(x)$.

解　由于

$$F(x)=x\int_0^{2x}f(t)\mathrm{d}t-\int_0^{2x}f(t)t\mathrm{d}t,$$

故

$$\begin{aligned}F'(x)&=\int_0^{2x}f(t)\mathrm{d}t+(2x)'xf(2x)-2xf(2x)(2x)'\\&=\int_0^{2x}f(t)\mathrm{d}t-2xf(2x).\end{aligned}$$

一般地, 设 $f(x)$ 是定义在区间 I 上的函数, 若存在函数 $F(x)$, 满足 $F'(x)=f(x), x\in I$, 我们称 $F(x)$ 是 $f(x)$ 在区间 I 上的一个原函数 (primitive function).

显然, 若 $F(x)$ 是 $f(x)$ 在区间 I 上的一个原函数, 则对于任意常数 C, $F(x)+C$ 都是 $f(x)$ 的原函数, 即原函数不唯一, 且任意两个原函数之间只相差一个常数, $F(x)+C$ 是 $f(x)$ 所有原函数的一般表达式.

若 $F(x)$ 是 $f(x)$ 在区间 I 上的一个原函数, 由于变上限积分函数 $\varPhi(x)=\int_a^x f(t)\mathrm{d}t$ 的导数 $\varPhi'(x)=f(x)$, 则 $\varPhi(x)$ 也是 $f(x)$ 的一个原函数. 因此, $F(x)-\varPhi(x)=C$.

根据原函数和变上限积分函数的关系, 可以得到微积分学中一个重要的定理: 微积分基本定理.

3.2.2　微积分基本定理

定理 3-5　设 $f(x)$ 是 $[a,b]$ 上的可积函数, $F(x)$ 是 $f(x)$ 在 $[a,b]$ 上的一个原函数, 则

$$\int_a^b f(x)\mathrm{d}x=F(b)-F(a)\xlongequal{\text{记}}F(x)\big|_a^b.$$

证明　由定理条件知, $F(x)$ 是 $f(x)$ 的一个原函数, 而 $\varPhi(x)=\int_a^x f(t)\mathrm{d}t$ 也是 $f(x)$ 的一个原函数, 因此

$$F(x)-\int_a^x f(t)\mathrm{d}t=C,$$

即

$$F(x)=\int_a^x f(t)\mathrm{d}t+C.$$

令 $x=a$, 得 $F(a)=\int_a^a f(t)\mathrm{d}t+C=0+C$, 即 $C=F(a)$, 于是

$$\int_a^x f(t)\mathrm{d}t=F(x)-F(a),$$

再令 $x=b$, 就有 $\int_a^b f(t)\mathrm{d}t=F(b)-F(a)$, 即

$$\int_a^b f(x)\mathrm{d}x=F(b)-F(a). \tag{3-2-1}$$

公式 (3-2-1) 称为**牛顿–莱布尼茨** (Newton-Leibniz) **公式**.

抽象总结 (1) 微积分基本公式揭示了定积分与被积函数的原函数之间的联系. 它表明：一个连续函数在区间 $[a, b]$ 上的定积分等于它的任何一个原函数在区间 $[a, b]$ 上的增量. 这就给定积分提供了一个有效而简便的计算方法, 使很多我们之前无法解决的问题都可以解决了, 由此奠定了整个微积分的基础.

(2) $F(x)$ 是 $f(x)$ 的原函数时, 故 $F'(x)=f(x)$, 由积分中值定理 $\int_a^b f(x)\mathrm{d}x=f(\xi)(b-a)$ 和微分中值定理 $F(b)-F(a)=F'(\xi)(b-a)$, 以 $F'(\xi)=f(\xi)$ 为桥梁 (如下所示), 可以看出牛顿–莱布尼茨公式揭示了微分和积分之间的关系, 故牛顿–莱布尼茨公式也称为**微积分基本公式**.

$$\int_a^b f\underbrace{(x)\mathrm{d}x=f(\xi)}_{\text{积分中值定理}}(b-a)=F'(\xi)\underbrace{(b-a)=F(b)}_{\text{微分中值定理}}-F(a)$$

牛顿–莱布尼茨公式

下面我们举几个应用式 (3-2-1) 来计算定积分的简单例子.

例 9 计算下列定积分：

(1) $\int_0^1 \frac{1}{1+x^2}\mathrm{d}x$; (2) $\int_0^{\frac{1}{2}} \frac{1}{\sqrt{1-x^2}}\mathrm{d}x$.

解 由于 $\arctan x$ 是 $\frac{1}{1+x^2}$ 的一个原函数, $\arcsin x$ 是 $\frac{1}{\sqrt{1-x^2}}$ 的一个原函数, 根据牛顿–莱布尼茨公式, 有

(1) $\int_0^1 \frac{1}{1+x^2}\mathrm{d}x=\arctan x\big|_0^1=\arctan 1-\arctan 0=\frac{\pi}{4}$;

(2) $\int_0^{\frac{1}{2}} \frac{1}{\sqrt{1-x^2}}\mathrm{d}x=\arcsin x\big|_0^{\frac{1}{2}}=\arcsin\frac{1}{2}-\arcsin 0=\frac{\pi}{6}$.

例 10　设函数 $f(x)=\begin{cases}2x, & 0\leqslant x\leqslant \dfrac{\pi}{2},\\ \cos x, & \dfrac{\pi}{2}<x\leqslant \pi,\end{cases}$ 求 $\displaystyle\int_0^{\pi} f(x)\mathrm{d}x$.

解　$$\int_0^{\pi} f(x)\mathrm{d}x=\int_0^{\frac{\pi}{2}} f(x)\mathrm{d}x+\int_{\frac{\pi}{2}}^{\pi} f(x)\mathrm{d}x$$

$$=\int_0^{\frac{\pi}{2}} 2x\mathrm{d}x+\int_{\frac{\pi}{2}}^{\pi}\cos x\mathrm{d}x=x^2\Big|_0^{\frac{\pi}{2}}+\sin x\Big|_{\frac{\pi}{2}}^{\pi}=\frac{\pi^2}{4}-1.$$

习　题　3-2

1. 计算下列各导数:

(1) $\dfrac{\mathrm{d}}{\mathrm{d}x}\displaystyle\int_0^{x^2}\sqrt{1+t^2}\mathrm{d}t$;　　(2) $\dfrac{\mathrm{d}}{\mathrm{d}x}\displaystyle\int_{x^2}^{x^3}\frac{\mathrm{d}t}{\sqrt{1+t^4}}$;　　(3) $\dfrac{\mathrm{d}}{\mathrm{d}x}\displaystyle\int_{\sin x}^{\cos x}\cos\left(\pi t^2\right)\mathrm{d}t$.

2. 求由参数表示式 $x=\displaystyle\int_0^t \sin u\mathrm{d}u,\ y=\int_0^t\cos u\mathrm{d}u$ 所给定的函数 y 对 x 的导数 $\dfrac{\mathrm{d}y}{\mathrm{d}x}$.

3. 当 x 为何值时, 函数 $I(x)=\displaystyle\int_0^x t\mathrm{e}^{-t^2}\mathrm{d}t$ 有极值?

4. 计算下列各定积分:

(1) $\displaystyle\int_0^1(3x^2-4x^3)\mathrm{d}x$;　　(2) $\displaystyle\int_{\mathrm{e}}^{\mathrm{e}^2}\frac{\mathrm{d}x}{x}$;

(3) $\displaystyle\int_0^{\sqrt{3}}\frac{\mathrm{d}x}{1+x^2}$;　　(4) $\displaystyle\int_{-\frac{1}{2}}^{\frac{1}{2}}\frac{\mathrm{d}x}{\sqrt{1-x^2}}$;

(5) $\displaystyle\int_0^2 f(x)\,\mathrm{d}x$, 其中 $f(x)=\begin{cases}2x+1, & x\leqslant 1,\\ 3x^2, & x>1.\end{cases}$

5. 分析下列极限的结构特征, 说明这类极限计算的方法有哪些? 每种方法对应题型的结构特点是什么? 据此分析下列极限的结构特点, 给出对应的方法并完成计算.

(1) $\displaystyle\lim_{x\to 0}\frac{\left(\int_0^x \mathrm{e}^{t^2}\mathrm{d}t\right)^2}{\int_0^x t\mathrm{e}^{2t^2}\mathrm{d}t}$;　　(2) $\displaystyle\lim_{x\to+\infty}\int_x^{x+1} t\sin\frac{1}{t}\frac{\mathrm{e}^t}{1+\mathrm{e}^t}\mathrm{d}t$;

(3) $\displaystyle\lim_{x\to 0}\frac{\int_0^{x^2} t\mathrm{e}^t\mathrm{d}t}{\int_0^x x^2\sin t\mathrm{d}t}$;　　(4) $\displaystyle\lim_{x\to 0}\frac{1}{x-\sin x}\int_0^x\frac{t^2}{\sqrt{1+t^2}}\mathrm{d}t$.

6. 设 $f(x)=\begin{cases}3x^2, & x\in[0,1),\\ 2x, & x\in[1,2],\end{cases}$ 求 $\Phi(x)=\displaystyle\int_0^x f(t)\,\mathrm{d}t$ 在 $[0,2]$ 上的表达式, 并讨论 $\Phi(x)$ 在 $(0,2)$ 内的连续性.

7. 设 $f(x)=\begin{cases}\sin x, & 0\leqslant x\leqslant\pi,\\ 0, & x<0 \text{ 或 } x>\pi,\end{cases}$ 求 $\Phi(x)=\displaystyle\int_0^x f(t)\,\mathrm{d}t$ 在 $(-\infty,+\infty)$ 内的表

达式.

8. 设 $f(x)$ 在 $[a,b]$ 上连续, 在 (a,b) 内可导, 且 $f'(x)\leqslant 0$, $F(x)=\dfrac{1}{x-a}\displaystyle\int_a^x f(t)\,\mathrm{d}t$, 证明：在 (a,b) 内有 $F'(x)\leqslant 0$.

3.3 不定积分

牛顿–莱布尼茨公式将定积分的计算转化为求原函数问题, 本节将致力于原函数的寻求.

3.3.1 不定积分的概念

上节指出, 如果 $F(x)$ 是 $f(x)$ 的一个原函数, 则 $F(x)+C$ (C 为任意常数) 是 $f(x)$ 所有原函数的一般表达式, 我们称 $F(x)+C$ 为 $f(x)$ 的不定积分, 即有

定义 3-2 函数 $f(x)$ 在区间 I 上的所有原函数的一般表达式称为 $f(x)$ 在 I 上的不定积分, 记为 $\displaystyle\int f(x)\mathrm{d}x$, 即

$$\int f(x)\mathrm{d}x=F(x)+C,$$

其中, $\displaystyle\int$ 为不定积分符号, $f(x)$ 为被积函数, $f(x)\mathrm{d}x$ 为被积表达式, x 为积分变量, $F(x)$ 是 $f(x)$ 在区间 I 上的一个原函数.

因为区间 I 上的连续函数一定存在原函数, 所以在区间 I 上的连续函数一定存在不定积分. 由不定积分的定义知, 只需求出 $f(x)$ 在区间 I 上的一个原函数, 再加上任意常数 C, 便可得到函数 $f(x)$ 在区间 I 上的不定积分.

信息挖掘 ① 定义表明：$\displaystyle\int f(x)\mathrm{d}x$ 不是一个具体的函数, 是一个函数类——所有原函数的全体表示. ② 由于原函数不唯一, 同一个函数的原函数有无限多个, 不同原函数的结构差别很大 (虽然不同的原函数间仅相差一个常数), 导致不定积分的结果从形式上可能有较大的差异, 因此, 在这个意义上说, 不定积分具有不确定性 (不定之意), 这也从另一个侧面说明不定积分的结果里含有任意常数 C 的原因. ③ 定义揭示了不定积分 $\displaystyle\int f(x)\mathrm{d}x$ 与具体某个原函数的关系.

从几何上看, 若 $F(x)$ 是 $f(x)$ 的一个原函数, 由于 $y=F(x)$ 表示为几何上的一条曲线, 因此, $y=F(x)$ 的图像也称为 $f(x)$ 的一条积分曲线. 于是, $f(x)$ 的不定积分在几何上表示 $f(x)$ 的某一条积分曲线沿纵轴方向任意平移所得一组积分曲线组成的曲线族 (图 3-5). 且曲线族中, 在每一条积分曲线上横坐标相同的点处作切线, 这些切线互相平行.

不定积分的表达式中也隐藏着化不定为确定的研究思想：它将一个不确定的整体量——所有的原函数，通过一个个体——用具体的某个原函数确定下来，为处理不定积分问题，如性质研究、不定积分的计算等提供了处理的思想和方法，换句话说，为研究不定积分的性质，只需研究某一个原函数的性质，为计算不定积分，只需计算一个原函数即可.

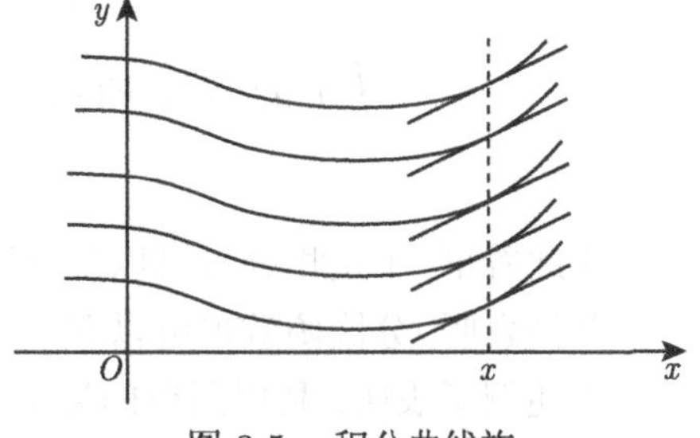

图 3-5 积分曲线族

至此，原函数的存在性和唯一性问题也得到解决，同时，原函数计算问题也就转化为不定积分的计算.

利用不定积分定义和掌握的导数计算理论，可以计算简单结构的不定积分.

例 11 计算 (1) $\int x\mathrm{d}x$; (2) $\int \mathrm{e}^x\mathrm{d}x$.

结构分析 根据定义，只需计算被积函数的一个原函数，利用导数的计算结论，很容易计算出结果.

解 (1) 由于 $\left(\frac{1}{2}x^2\right)'=x$，由定义，则

$$\int x\mathrm{d}x=\frac{1}{2}x^2+C.$$

(2) 由于 $(\mathrm{e}^x)'=\mathrm{e}^x$，由定义，则

$$\int \mathrm{e}^x\mathrm{d}x=\mathrm{e}^x+C.$$

例 12 设 $f(x)=\begin{cases} x, & x\geqslant 0, \\ 0, & x<0, \end{cases}$ 计算 $\int f(x)\mathrm{d}x$.

结构分析 这是分段函数的不定积分的计算. 由不定积分的定义，只需计算其一个原函数，由于 $f(x)$ 是分段函数，因此，分段计算原函数. 再利用分段函数的连续性，讨论分段积分得到两个原函数之间的关系.

解 记 $F(x)=\int f(x)\mathrm{d}x$.

当 $x>0$ 时，由于 $\left(\frac{1}{2}x^2\right)'=x$，故 $F(x)=\frac{1}{2}x^2+C_1$；当 $x<0$ 时，显然，$F(x)=C_2$，由于 $F(x)$ 是连续函数，在分段点 $x=0$ 处也连续，因而，

$$F(0)=\lim_{x\to 0^+}F(x)=\lim_{x\to 0^-}F(x),$$

故 $C_1=C_2$, 因而,

$$\int f(x)\mathrm{d}x=F(x)+C=\begin{cases}\dfrac{1}{2}x^2+C, & x\geqslant 0,\\ C, & x<0.\end{cases}$$

由此看出, 不定积分也可以是分段形式.

此例表明, 分段函数也可以存在原函数, 或也可以计算分段函数的不定积分.

上述例子表明, 利用简单的导数计算公式, 可以计算较简单结构的不定积分, 因此, 我们把下述由导数基本公式直接转化的不定积分公式表, 称为不定积分基本公式:

(1) $\int 0\mathrm{d}x=C$;

(2) $\int 1\mathrm{d}x=\int \mathrm{d}x=x+C$;

(3) $\int x^\alpha \mathrm{d}x=\dfrac{x^{\alpha+1}}{\alpha+1}+C\ (\alpha\neq -1, x>0)$;

(4) $\int \dfrac{1}{x}\mathrm{d}x=\ln|x|+C\ (x\neq 0)$;

(5) $\int \mathrm{e}^x\mathrm{d}x=\mathrm{e}^x+C$;

(6) $\int a^x\mathrm{d}x=\dfrac{a^x}{\ln a}+C\ (a>0, a\neq 1)$;

(7) $\int \cos x\mathrm{d}x=\sin x+C$;

(8) $\int \sin x\mathrm{d}x=-\cos x+C$;

(9) $\int \sec^2 x\mathrm{d}x=\tan x+C$;

(10) $\int \csc^2 x\mathrm{d}x=-\cot x+C$;

(11) $\int \sec x\cdot\tan x\mathrm{d}x=\sec x+C$;

(12) $\int \csc x\cdot\cot x\mathrm{d}x=-\csc x+C$;

(13) $\int \dfrac{1}{\sqrt{1-x^2}}\mathrm{d}x=\arcsin x+C=-\arccos x+C_1$;

(14) $\int \dfrac{1}{1+x^2}\mathrm{d}x=\arctan x+C=-\operatorname{arccot} x+C_1$.

上述 14 个公式是求不定积分的基本, 必须牢记.

关于公式 (4) 的说明：当 $x>0$ 时, 公式显然成立; 当 $x<0$ 时,

$$[\ln|x|]'=[\ln(-x)]'=\frac{1}{x},$$

因而, 公式 (4) 仍成立.

利用定义, 还可以对复杂的不定积分结论进行验证.

例 13　证明：$\displaystyle\int\frac{\mathrm{d}x}{\sqrt{x^2+a^2}}=\ln\left(x+\sqrt{x^2+a^2}\right)+C.$

结构分析　题型为不定积分结论的验证; 类比已知, 目前为止, 只有定义, 确定用定义验证的证明思路; 方法是利用定义将其转化为导数关系的验证.

证明　由于

$$\left[\ln\left(x+\sqrt{x^2+a^2}\right)\right]'=\frac{1+\dfrac{x}{\sqrt{x^2+a^2}}}{x+\sqrt{x^2+a^2}}=\frac{1}{\sqrt{x^2+a^2}},$$

故, $\ln\left(x+\sqrt{x^2+a^2}\right)$ 为 $\dfrac{1}{\sqrt{x^2+a^2}}$ 的一个原函数, 因而,

$$\int\frac{\mathrm{d}x}{\sqrt{x^2+a^2}}=\ln\left(x+\sqrt{x^2+a^2}\right)+C.$$

例 14　证明：(1) $\displaystyle\int\frac{\mathrm{d}x}{\sqrt{x(1-x)}}=2\arcsin\sqrt{x}+C;$

(2) $\displaystyle\int\frac{\mathrm{d}x}{\sqrt{x(1-x)}}=2\arctan\sqrt{\frac{x}{1-x}}+C.$

证明　由于

$$(2\arcsin\sqrt{x})'=\left(2\arctan\sqrt{\frac{x}{1-x}}\right)'=\frac{1}{\sqrt{x(1-x)}},$$

因而, 两式同时成立.

例 14 表明, 同一个函数的原函数可以有不同的表示形式, 有时形式上的差别是很大的. 这也暗示了不定积分计算的复杂性.

为计算复杂结构的不定积分, 必须建立相应的性质和计算法则.

3.3.2　不定积分的性质与运算法则

1. 不定积分的性质

从不定积分的引入背景研究其运算性质. 由于 $\displaystyle\int f(x)\mathrm{d}x$ 表示 $f(x)$ 的所有原函数, 不定积分运算应该和导数运算存在关系.

性质 3-7 $\left[\int f(x)\mathrm{d}x\right]' = f(x)$——先积后导正好还原.

证明 设 $F(x)$ 是 $f(x)$ 的一个原函数, 由定义, 则

$$F'(x) = f(x), \quad \int f(x)\mathrm{d}x = F(x) + C,$$

故 $\left[\int f(x)\mathrm{d}x\right]' = [F(x) + C]' = f(x)$.

抽象总结 此性质表明, 对函数先进行积分运算, 再进行微分运算, 得到原来的函数, 由此表明：微分运算是积分运算的逆运算.

性质 3-8 $\int f'(x)\mathrm{d}x = f(x) + C$.

结构分析 题型是验证一个不定积分结论; 类比已知, 只需证明 $f(x)$ 是 $f'(x)$ 的一个原函数; 确定证明的思想方法是按照定义, 将不定积分关系转化为微分关系讨论.

证明 由于 $[f(x)]' = f'(x)$, 因而, $f(x)$ 是 $f'(x)$ 的一个原函数, 由不定积分的定义得

$$\int f'(x)\mathrm{d}x = f(x) + C.$$

抽象总结 ① 此性质表明, 对函数进行先导后积运算, 还原为原来的函数加上一个常数——部分还原 (不能完全还原), 说明积分 "几乎" 是微分的逆运算, 体现了积分和微分的基本运算关系. ② 此性质给出了不定积分 $\int f(x)\mathrm{d}x$ 的计算思想, 体现为如下的计算过程：

$$\int f(x)\mathrm{d}x = \int F'(x)\mathrm{d}x = F(x) + C,$$

计算思想是将被积函数利用微分理论转化为导数形式, 由此性质给出计算结果. 这是不定积分计算的基本理论公式, 利用此公式和已知的导数公式就可以建立简单函数的不定积分的计算.

2. 积分运算法则

定理 3-6 (积分的线性运算法则) 若函数 $f(x)$ 与 $g(x)$ 在区间 I 上都存在原函数, k_1, k_2 为两个任意常数, 则 $k_1f(x) + k_2g(x)$ 也存在原函数, 且

$$\int [k_1f(x) + k_2g(x)]\mathrm{d}x = k_1\int f(x)\mathrm{d}x + k_2\int g(x)\mathrm{d}x.$$

结构分析　题型结构是不定积分的验证, 只需遵循我们前面提到的验证不定积分关系的思想方法, 即将不定积分关系转化为导数关系的验证, 从而, 可以利用掌握的导数理论解决不定积分问题.

证明　由条件得, $\int f(x)\mathrm{d}x, \int g(x)\mathrm{d}x$ 都存在, 且

$$\left[\int f(x)\mathrm{d}x\right]' = f(x), \quad \left[\int g(x)\mathrm{d}x\right]' = g(x),$$

故

$$\begin{aligned}\left[k_1\int f(x)\mathrm{d}x + k_2\int g(x)\mathrm{d}x\right]' &= k_1\left[\int f(x)\mathrm{d}x\right]' + k_2\left[\int g(x)\mathrm{d}x\right]' \\ &= k_1 f(x) + k_2 g(x),\end{aligned}$$

因而, $\int [k_1 f(x) + k_2 g(x)]\mathrm{d}x = k_1\int f(x)\mathrm{d}x + k_2\int g(x)\mathrm{d}x.$

抽象总结　(1) 线性法则的一般形式为

$$\int \sum_{i=1}^{n} k_i f_i(x)\mathrm{d}x = \sum_{i=1}^{n} k_i \int f_i(x)\mathrm{d}x.$$

(2) 虽然说积分运算几乎可以视为微分的逆运算, 但是, 比较二者运算法则的区别, 微分的运算除了线性运算法则, 还有乘积和除法法则, 积分运算仅有线性运算法则, 这也反映了积分运算要比微分运算难.

有了上述基本积分公式和线性运算法则, 就可以将计算对象进行进一步拓展, 可以进行稍微复杂的运算了.

例 15　求 $\int (a_0x^n + a_1x^{n-1} + \cdots + a_{n-1}x + a_n)\mathrm{d}x.$

结构分析　题型结构：多项式函数的不定积分. 类比已知：基本公式中包含幂函数的不定积分. 解题思路：利用不定积的线性运算法则, 将多项式的不定积分转化为幂函数的不定积分.

解　原式 $= \int a_0x^n\mathrm{d}x + \int a_1x^{n-1}\mathrm{d}x + \cdots + \int a_{n-1}x\mathrm{d}x + \int a_n\mathrm{d}x$

$$= \frac{a_0x^{n+1}}{n+1} + \frac{a_1x^n}{n} + \cdots + \frac{a_{n-1}x^2}{2} + a_nx + C.$$

例 16　求 $\int \frac{x^4}{x^2+1}\mathrm{d}x.$

结构分析　题型结构：假分式的不定积分. 类比已知：幂函数、简单的真分式的不定积分 $\left(\int \frac{\mathrm{d}x}{x}, \int \frac{\mathrm{d}x}{1+x^2}\right)$. 思路确立：通过分解, 将假分式分解为多项式

和真分式的和, 实现积分结构的简化, 将待求的不定积分转化为基本公式中已知的积分.

解 化简结构, 利用已知公式, 则

$$\int \frac{x^4}{x^2+1}\mathrm{d}x = \int \frac{x^4-1+1}{x^2+1}\mathrm{d}x = \int \left(x^2-1+\frac{1}{x^2+1}\right)\mathrm{d}x$$

$$= \frac{1}{3}x^3 - x + \arctan x + C.$$

注 计算不定积分时, 一定不要忘了积分常数 C.

例 17 设 $x^2 + \int \frac{1}{x}\sin x\mathrm{d}x + x\arctan x - \frac{1}{2}\ln(1+x^2)$ 是 $f(x)$ 的一个原函数, 求 $\int x[f(x)-\arctan x]\mathrm{d}x$.

结构分析 题型结构：不定积分的计算. 难点：被积函数中含有不确定的函数 $f(x)$. 处理方法：利用条件确定 $f(x)$, 实现化不定为确定.

解 由原函数的定义, 则

$$f(x) = \left(x^2 + \int \frac{1}{x}\sin x\mathrm{d}x + x\arctan x - \frac{1}{2}\ln(1+x^2)\right)'$$

$$= 2x + \frac{1}{x}\sin x + \arctan x,$$

故

$$\int x[f(x)-\arctan x]\mathrm{d}x = \int (2x^2+\sin x)\mathrm{d}x = \frac{2}{3}x^3 - \cos x + C.$$

再看一个不定积分的几何应用.

例 18 已知给定曲线的切线斜率为 $k(x) = \mathrm{e}^x + \sin x$, 求此曲线. 又若曲线还过 $(0,0)$ 点, 求此曲线.

解 设曲线的方程为 $y = f(x)$, 则由导数的几何意义

$$f'(x) = k(x) = \mathrm{e}^x + \sin x,$$

故

$$f(x) = \int f'(x)\mathrm{d}x = \int (\mathrm{e}^x + \sin x)\mathrm{d}x = \mathrm{e}^x - \cos x + C,$$

显然, 这是一个曲线族.

若曲线过点 $(0,0)$, 则

$$0 = f(0) = (\mathrm{e}^x - \cos x + C)|_{x=0} = C,$$

因而, 此时曲线为 $y = \mathrm{e}^x - \cos x$.

3.3.3 不定积分的几种计算方法

正如由一些简单函数的导数公式可以得到复杂函数的导数一样, 不定积分的计算也是由简单的基本公式出发, 利用运算法则计算更复杂的不定积分. 但是, 相对于函数的求导而言, 尽管不定积分的计算是求导的 "逆运算", 不定积分的计算仍然复杂得多, 要困难得多, 不仅会出现同一函数的不定积分可以具有完全不同形式, 甚至会出现很简单形式的不定积分不能计算, 即不能用初等函数表示的不定积分, 如 $\int e^{x^2}dx, \int \frac{\sin x}{x}dx, \int \frac{1}{\ln x}dx$ 等. 这都表明了不定积分的计算类型多, 难度大, 对计算方法和技术的要求比较高, 因此, 从本节开始, 我们分几个小节的篇幅讨论不定积分的计算. 计算的出发点是针对一些特殊结构的不定积分引入相应的计算方法与技术. 当然, 所有方法与技术的思想都是一致的: 即将所求不定积分通过不同的技术处理最终转化为能用积分基本公式或已知结论表示的不定积分, 并最终得到结果, **计算的本质实际上是被积函数的结构简化, 因此, 各种方法也是结构简化的方法.** 由于各种方法和技术针对性强, 因此, 要求通过一定量的练习达到熟练掌握之目的.

1. *凑微分法 (第一类换元法)*

由复合函数的求导法则知, 若 $F(u)$ 可微, $F'(u) = f(u)$, 且 $u = \varphi(x)$ 可微, 则 $F(\varphi(x))$ 也可微, 且有

$$dF(\varphi(x)) = F'(\varphi(x))\varphi'(x)dx = f(\varphi(x))\varphi'(x)dx.$$

反之, 研究 $f(\varphi(x))\varphi'(x)dx$, 由一阶微分形式不变性知

$$f(\varphi(x))\varphi'(x)dx = f(\varphi(x))d\varphi(x) \xlongequal{\text{设 }\varphi(x)=u} f(u)du = dF(u) = dF(\varphi(x)),$$

即 $F(\varphi(x))$ 是 $f(\varphi(x))\varphi'(x)$ 的一个原函数, 因此有

定理 3-7 (凑微分法) 设 $F(u)$ 可微, $F'(u) = f(u)$, $u = \varphi(x)$ 可微, 则

$$\int f(\varphi(x))\varphi'(x)dx = F(\varphi(x)) + C.$$

结构分析 题型结构: 这是不定积分的验证. 类比已知: 这类命题的处理方法是验证对应的微分关系式成立, 即要证明积分关系 $\int g(x)dx = G(x) + C$, 只需证明等价的微分关系 $G'(x) = g(x)$, 由此确立证明思路. 当然, 要从条件中挖掘函数关系.

证明 由于

$$[F(\varphi(x))]' = F'(\varphi(x))\varphi'(x) = f(\varphi(x))\varphi'(x),$$

所以

$$\int f(\varphi(x))\varphi'(x)\mathrm{d}x = F(\varphi(x)) + C.$$

抽象总结 此定理的关键是被积表达式能否凑成

$$f(\varphi(x))\varphi'(x)\mathrm{d}x = f(\varphi(x))\mathrm{d}\varphi(x)$$

的形式, 然后作换元 $\varphi(x) = u$,

$$f(\varphi(x))\mathrm{d}\varphi(x) \xlongequal{\text{设 } \varphi(x)=u} f(u)\mathrm{d}u,$$

利用 $f(u)$ 的原函数求出结果. 这里由于作换元 $\varphi(x) = u$, 故也被称为**第一类换元法**. 熟练之后, 一般可不引入中间变量 u, 而直接写出结果来, 即

$$\int g(x)\mathrm{d}x \xlongequal[\text{凑出 } \varphi'(x)]{\text{分离或}} \int f(\varphi(x))\varphi'(x)\mathrm{d}x = \int f(\varphi(x))\mathrm{d}\varphi(x) = F(\varphi(x)) + C.$$

所以称它为**凑微分法, 关键是"凑"**.

例 19 计算不定积分 $\displaystyle\int \frac{1}{3+2x}\mathrm{d}x$.

结构分析 类比已知的基本公式, 与要计算的不定积分结构最为相近的基本公式是 $\displaystyle\int \frac{1}{x}\mathrm{d}x = \ln|x| + C$, 观察该积分公式, 其分母 x 与积分变量 x 形式是一致的. 而要计算的不定积分中, 分母 $3 + 2x$ 与积分变量 x 二者形式不一致, 为此, "凑"上因子 2, 使之变为分母 $3 + 2x$ 的微分形式, 即 $2\mathrm{d}x = \mathrm{d}(3 + 2x)$, 这样形式上就与基本公式一致, 可以用基本公式求解.

解
$$\begin{aligned}
\int \frac{1}{3+2x}\mathrm{d}x &= \frac{1}{2}\int \frac{1}{3+2x}2\mathrm{d}x = \frac{1}{2}\int \frac{1}{3+2x}\cdot(3+2x)'\mathrm{d}x \\
&= \frac{1}{2}\int \frac{1}{3+2x}\mathrm{d}(3+2x) \\
&\xlongequal{t=3+2x} \frac{1}{2}\int \frac{1}{t}\mathrm{d}t \\
&= \frac{1}{2}\ln|t| + C \\
&= \frac{1}{2}\ln|3+2x| + C.
\end{aligned}$$

例 20　计算下列不定积分：

(1) $\int \frac{x\mathrm{d}x}{1+x^2}$;　　(2) $\int \frac{\sin(1/x)\mathrm{d}x}{x^2}$;　　(3) $\int \frac{1}{x(1+2\ln x)}\mathrm{d}x$.

解　(1) 利用基本公式, 则

$$\int \frac{x\mathrm{d}x}{1+x^2} \xlongequal{\text{凑因子 } x} \frac{1}{2}\int \frac{\mathrm{d}(x^2+1)}{1+x^2}.$$

$$\xlongequal{t=1+x^2} \frac{1}{2}\int \frac{\mathrm{d}t}{t} = \frac{1}{2}\ln|t| + C = \frac{1}{2}\ln(1+x^2)+C.$$

熟练之后, 一般可不引入中间变量, 直接写出结果.

(2) 利用基本公式, 则

$$\int \frac{\sin(1/x)\mathrm{d}x}{x^2} \xlongequal{\text{凑因子 } \frac{1}{x^2}} -\int \sin\left(\frac{1}{x}\right)\mathrm{d}\left(\frac{1}{x}\right)$$

$$= -\left[-\cos\left(\frac{1}{x}\right)\right] + C = \cos\left(\frac{1}{x}\right)+C.$$

(3) 利用基本公式, 则

$$\int \frac{1}{x(1+2\ln x)}\mathrm{d}x \xlongequal{\text{凑因子 } \frac{1}{x}} \int \frac{1}{1+2\ln x}\mathrm{d}(\ln x)$$

$$= \frac{1}{2}\int \frac{1}{1+2\ln x}\mathrm{d}(1+2\ln x) = \frac{1}{2}\ln(1+2\ln x)+C.$$

例 21　计算不定积分：

(1) $\int \tan x\mathrm{d}x$;　　(2) $\int \sin^3 x\mathrm{d}x$;　　(3) $\int \tan x\cdot\sec^2 x\mathrm{d}x$.

解　(1) 利用基本公式, 则

$$\int \tan x\mathrm{d}x = \int \frac{\sin x}{\cos x}\mathrm{d}x \xlongequal{\text{凑因子 } \sin x} -\int \frac{1}{\cos x}\mathrm{d}\cos x$$

$$= -\ln|\cos x| + c = \ln|\sec t| + C.$$

(2) 利用基本公式, 则

$$\int \sin^3 x\mathrm{d}x = \int \sin^2 x\cdot\sin x\mathrm{d}x = -\int \sin^2 x\mathrm{d}\cos x$$

$$= -\int (1-\cos^2 x)\mathrm{d}\cos x$$

$$= \frac{1}{3}\cos^3 x - \cos x + C.$$

(3) $\int \tan x \cdot \sec^2 x\mathrm{d}x = \int \tan x\mathrm{d}\tan x = \frac{1}{2}\tan^2 x + C$;

或者

$$\int \tan x \cdot \sec^2 x\mathrm{d}x = \int (\tan x\sec x)\cdot \sec x\mathrm{d}x = \int \sec x\mathrm{d}\sec x = \frac{1}{2}\sec^2 x + C.$$

从解题过程中发现, 有时要凑的因子, 正是被积函数中的某个因子, 因此要熟练掌握一些常用的凑微分的关系式:

(1) $\mathrm{d}x = \frac{1}{a}\mathrm{d}(ax+b)\ (a \neq 0)$;

(2) $x\mathrm{d}x = \frac{1}{2a}\mathrm{d}(ax^2+b)$ 或 $x\mathrm{d}x = \frac{1}{2}\mathrm{d}(x^2 \pm a^2) = -\frac{1}{2}\mathrm{d}(a^2 - x^2)$;

(3) $x^n\mathrm{d}x = \frac{1}{n+1}\mathrm{d}x^{n+1}$;

(4) $\frac{1}{x}\mathrm{d}x = \mathrm{d}\ln|x|$;

(5) $-\frac{1}{x^2}\mathrm{d}x = \mathrm{d}\frac{1}{x}$;

(6) $\frac{1}{2\sqrt{x}}\mathrm{d}x = \mathrm{d}\sqrt{x}$;

(7) $\mathrm{e}^x\mathrm{d}x = \mathrm{d}\mathrm{e}^x$;

(8) $\sin x\mathrm{d}x = \mathrm{d}(-\cos x)$;

(9) $\cos x\mathrm{d}x = \mathrm{d}\sin x$;

(10) $\frac{1}{\sqrt{1-x^2}}\mathrm{d}x = \mathrm{d}\arcsin x$;

(11) $\frac{1}{1+x^2}\mathrm{d}x = \mathrm{d}\arctan x$;

(12) $\sec^2 x\mathrm{d}x = \frac{1}{\cos^2 x}\mathrm{d}x = \mathrm{d}\tan x$;

(13) $\csc^2 x\mathrm{d}x = \mathrm{d}(-\cot x)$;

(14) $\sec x \cdot \tan x\mathrm{d}x = \mathrm{d}\sec x$;

(15) $\csc x \cdot \cot x\mathrm{d}x = \mathrm{d}(-\csc x)$.

例 22 计算不定积分 $\int \frac{1}{a^2+x^2}\mathrm{d}x\ (a \neq 0)$. (公式)

结构分析 类比已知的基本公式, 与之结构最为相近的公式是

$$\int \frac{1}{1+x^2}\mathrm{d}x = \arctan x + C,$$

为此进行形式统一, 将被积函数分母提出 a^2, 转化成 $\dfrac{1}{a^2\left(1+\dfrac{x^2}{a^2}\right)}$ 形式, 因此, 积分变量的形式也必须是 $\dfrac{x}{a}$ 的形式, "凑" 上因子 $\dfrac{1}{a}$ 即可.

解　利用凑微分法,

$$\int \frac{1}{a^2+x^2}\mathrm{d}x=\frac{1}{a^2}\int \frac{1}{1+\dfrac{x^2}{a^2}}\mathrm{d}x=\frac{1}{a}\int \frac{1}{1+\left(\dfrac{x}{a}\right)^2}\mathrm{d}\left(\frac{x}{a}\right)=\frac{1}{a}\arctan\frac{x}{a}+C.$$

例 23　计算不定积分 $\displaystyle\int \frac{1}{x^2-8x+25}\mathrm{d}x$.

结构分析　类比已知的基本公式, 与之结构最为相近的公式是 $\displaystyle\int \frac{1}{a^2+x^2}\mathrm{d}x$, 为此, 把被积函数变形为该形式, 再用凑微分法求解.

解
$$\begin{aligned}\int \frac{1}{x^2-8x+25}\mathrm{d}x&=\int \frac{1}{(x-4)^2+9}\mathrm{d}x\\&=\frac{1}{3^2}\int \frac{1}{\left(\dfrac{x-4}{3}\right)^2+1}\mathrm{d}x\\&=\frac{1}{3}\int \frac{1}{\left(\dfrac{x-4}{3}\right)^2+1}\mathrm{d}\left(\frac{x-4}{3}\right)\\&=\frac{1}{3}\arctan\frac{x-4}{3}+C.\end{aligned}$$

例 24　计算不定积分 $\displaystyle\int \frac{1}{\sqrt{a^2-x^2}}\mathrm{d}x(a>0)$. (公式)

结构分析　与之结构最为相近的是基本公式是 $\displaystyle\int \frac{1}{\sqrt{1-x^2}}\mathrm{d}x$.

解
$$\int \frac{1}{\sqrt{a^2-x^2}}\mathrm{d}x=\int \frac{1}{a\sqrt{1-\left(\dfrac{x}{a}\right)^2}}\mathrm{d}x=\int \frac{1}{\sqrt{1-\left(\dfrac{x}{a}\right)^2}}\mathrm{d}\frac{x}{a}=\arcsin x+C.$$

例 25　计算不定积分 $\displaystyle\int \frac{\mathrm{d}x}{x^2-a^2}$.

结构分析　这是有理式的不定积分, 类比已知, 在已知公式中被积函数具有有理式结构的有如下形式 $\dfrac{1}{x}$ 和 $\dfrac{1}{1+x^2}$, 因此, 解题的思想是将被积函数的结构转化为已知的类型, 即进行标准化处理, 这是有理式的化简问题. 将被积函数 $\dfrac{1}{x^2-a^2}$

拆分成 $\frac{1}{2a}\left(\frac{1}{x-a}-\frac{1}{x+a}\right)$, 这样 $\frac{1}{x-a},\frac{1}{x+a}$ 的结构与 $\frac{1}{x}$ 的结构一致, 可以利用不定积分公式中的 $\int \frac{1}{x}\mathrm{d}x=\ln|x|+C$ 求解. 本题解题的关键就是结构简化.

解
$$\begin{aligned}\int \frac{\mathrm{d}x}{x^2-a^2}&=\frac{1}{2a}\left[\int \frac{\mathrm{d}x}{x-a}-\int \frac{\mathrm{d}x}{x+a}\right]\\&=\frac{1}{2a}\left[\int \frac{\mathrm{d}(x-a)}{x-a}-\int \frac{\mathrm{d}(x+a)}{x+a}\right]\\&=\frac{1}{2a}\left[\ln|x-a|-\ln|x+a|\right]+C\\&=\frac{1}{2a}\ln\left|\frac{x-a}{x+a}\right|+C.\end{aligned}$$

例 26 计算不定积分 $\int \frac{1}{1-x^2}\ln\frac{1+x}{1-x}\mathrm{d}x$.

结构分析 观察被积函数, 被积函数由两类结构不同的因子的乘积组成. 两个因子一个是有理式, 一个是有理式的对数, 困难因子是对数函数 $\ln\frac{1+x}{1-x}$, 由前面求导知识知, 对数函数求导会改变函数结构, 因此启发我们, 将对数函数求导, 看其导数与有理式的关系, 由于 $\left(\ln\frac{1+x}{1-x}\right)'=(\ln(1+x))'-(\ln(1-x))'=\frac{1}{1+x}-\frac{-1}{1-x}=\frac{2}{1-x^2}$, $\frac{1}{1-x^2}$ 与 $\ln\frac{1+x}{1-x}$ 的导数仅差一个因子 2, 将有理式凑微分 $\frac{1}{1-x^2}\mathrm{d}x=\frac{1}{2}\mathrm{d}\ln\frac{1-x}{1+x}$, 被积函数与积分变量形式一致, 可以用基本公式求解.

解 $\int \frac{1}{1-x^2}\ln\frac{1+x}{1-x}\mathrm{d}x=\frac{1}{2}\int \ln\frac{1+x}{1-x}\mathrm{d}\ln\frac{1+x}{1-x}=\frac{1}{4}\left(\ln\frac{1+x}{1-x}\right)^2+C.$

例 27 计算不定积分 $\int \sin^2 x\mathrm{d}x$.

结构分析 类比已知的基本公式, 没有与之相近的不定积分公式, 观察被积函数 $\sin^2 x$, 利用三角函数的倍角公式, 将 $\sin^2 x$ **降次**, 达到能够积分的目的.

解
$$\begin{aligned}\int \sin^2 x\mathrm{d}x&=\int \frac{1-\cos 2x}{2}\mathrm{d}x=\frac{1}{2}\int \mathrm{d}x-\frac{1}{2}\cdot\frac{1}{2}\int \cos 2x\mathrm{d}(2x)\\&=\frac{x}{2}-\frac{1}{4}\sin 2x+C.\end{aligned}$$

注 利用三角函数关系 (包括微分关系) 进行因子之间转化是不定积分计算常用的技术.

例 28　计算不定积分 $\int \frac{x}{(1+x)^3}\mathrm{d}x$.

结构分析　类比已知的基本公式, 没有与之相近的不定积分公式, 观察被积函数, 分子是 x 一次幂, 分母是 $x+1$ 的三次幂, 根据结构一致性原则, 将分子 x, 变形为 $(x+1)-1$, 分子分母结构一致, 达到能够积分的目的.

解

$$\begin{aligned}\int \frac{x}{(1+x)^3}\mathrm{d}x &= \int \frac{x+1-1}{(1+x)^3}\mathrm{d}x = \int \left[\frac{1}{(1+x)^2} - \frac{1}{(1+x)^3}\right]\mathrm{d}(1+x) \\ &= -\frac{1}{1+x} + \frac{1}{2(1+x)^2} + C.\end{aligned}$$

例 29　计算不定积分 $\int \frac{1}{1+\mathrm{e}^x}\mathrm{d}x$.

结构分析　类比已知的基本公式, 没有与之相近的不定积分公式, 观察被积函数, 是分式结构, 分子结构不一致, 将分子变形为 $(1+\mathrm{e}^x)-\mathrm{e}^x$, 分子分母结构一致, 达到能够积分的目的.

解

$$\begin{aligned}\int \frac{1}{1+\mathrm{e}^x}\mathrm{d}x &= \int \left(1 - \frac{\mathrm{e}^x}{1+\mathrm{e}^x}\right)\mathrm{d}x = \int \mathrm{d}x - \int \frac{\mathrm{e}^x}{1+\mathrm{e}^x}\mathrm{d}x \\ &= \int \mathrm{d}x - \int \frac{1}{1+\mathrm{e}^x}\mathrm{d}(1+\mathrm{e}^x) \\ &= x - \ln(1+\mathrm{e}^x) + C.\end{aligned}$$

例 30　计算不定积分 $\int \csc x\mathrm{d}x$. (公式)

解　**法一**

$$\begin{aligned}\int \csc x\mathrm{d}x &= \int \frac{\csc x(\csc x - \cot x)\mathrm{d}x}{\csc x - \cot x} \\ &= \int \frac{\mathrm{d}(\csc x - \cot x)}{\csc x - \cot x} = \ln|\csc x - \cot x| + C.\end{aligned}$$

法二

$$\begin{aligned}\int \csc x\mathrm{d}x &= \int \frac{1}{\sin x}\mathrm{d}x = \int \frac{1}{2\sin\frac{x}{2}\cos\frac{x}{2}}\mathrm{d}x \\ &= \int \frac{1}{\tan\frac{x}{2}\left(\cos\frac{x}{2}\right)^2}\mathrm{d}\left(\frac{x}{2}\right) \\ &= \int \frac{1}{\tan\frac{x}{2}}\mathrm{d}\left(\tan\frac{x}{2}\right) = \ln\tan\frac{x}{2} + C.\end{aligned}$$

法三 $\int \csc x\mathrm{d}x=\int \frac{1}{\sin x}\mathrm{d}x=\int \frac{\sin x}{\sin^2 x}\mathrm{d}x=-\int \frac{\mathrm{d}\cos x}{1-\cos^2 x}$

$$=-\frac{1}{2}\int \frac{\mathrm{d}(1+\cos x)}{1+\cos x}+\frac{1}{2}\int \frac{\mathrm{d}(1-\cos x)}{1-\cos x}$$

$$=-\frac{1}{2}\ln\left|\frac{1+\cos x}{1-\cos x}\right|+C.$$

例 30 中三种解法得到三种形式不同的答案, 同一个积分为什么答案不同? 请读者认真思考.

类似可得如下积分公式

$$\int \sec x\mathrm{d}x=\ln|\sec x+\tan x|+C.$$

2. 变量代换法 (第二类换元法)

第一类换元法解决的问题是 $\int f(\varphi(x))\varphi'(x)\mathrm{d}x$ 形式的积分难求, 通过凑微分 $\varphi'(x)\mathrm{d}x=\mathrm{d}\varphi(x)$ 和变量代换 $\varphi(x)=u$, 将之转化成 $\int f(u)\mathrm{d}u$ 形式求解.

反过来, 如果 $\int f(x)\mathrm{d}x$ 形式的积分难求, 但是 $\int f(\varphi(t))\varphi'(t)\mathrm{d}t$ 容易求积分, 也可以通过变量代换 $x=\varphi(t)$, 将 $\int f(x)\mathrm{d}x$ 转化成积分 $\int f(\varphi(t))\varphi'(t)\mathrm{d}t$ 求解. 这就是第二类换元法. 即

$$f(x)\mathrm{d}x \xlongequal[\varphi(t)\text{ 可微}]{\text{令 } x=\varphi(t)} f(\varphi(t))\mathrm{d}\varphi(t)=f(\varphi(t))\varphi'(t)\mathrm{d}t$$

$$\xlongequal[\text{有原函数 } F(t)]{\text{若 } f(\varphi(t))\varphi'(t)} \mathrm{d}F(t) \xlongequal[t=\varphi^{-1}(x)]{\text{回代}} \mathrm{d}F(\varphi^{-1}(x)).$$

即 $F(\varphi^{-1}(x))$ 是 $f(x)$ 的一个原函数, 由此得

定理 3-8 (变量代换法 (第二类换元法)) 若函数 $f(x)$ 连续, $x=\varphi(t)$ 严格单调、可微, 则

$$\int f(x)\mathrm{d}x=\int f(\varphi(t))\varphi'(t)\mathrm{d}t\Big|_{t=\varphi^{-1}(x)},$$

其中, $t=\varphi^{-1}(x)$ 是 $x=\varphi(t)$ 的反函数.

结构分析 题型结构: 这是两个不定积分相等的验证. 类比已知: 只需验证对应的导数相等.

证明 等式两端分别对 x 求导,

左端对 x 求导有 $\dfrac{\mathrm{d}}{\mathrm{d}x}\displaystyle\int f(x)\mathrm{d}x = f(x)$,

右端对 x 求导, 由于 $x = \varphi(t)$ 严格单调、可微, 故 $x = \varphi(t)$ 存在反函数 $t = \varphi^{-1}(x)$, 且

$$\frac{\mathrm{d}t}{\mathrm{d}x} = (\varphi^{-1}(x))' = \frac{1}{\dfrac{\mathrm{d}x}{\mathrm{d}t}} = \frac{1}{\varphi'(t)},$$

所以,

$$\begin{aligned}\frac{\mathrm{d}}{\mathrm{d}x}\int f(\varphi(t))\varphi'(t)\mathrm{d}t &= \frac{\mathrm{d}}{\mathrm{d}t}\int f(\varphi(t))\varphi'(t)\mathrm{d}t \cdot \frac{\mathrm{d}t}{\mathrm{d}x}\\ &= f(\varphi(t))\varphi'(t)\cdot\frac{1}{\varphi'(t)} = f(\varphi(t)) = f(x).\end{aligned}$$

利用变量代换法 (第二类换元法) 计算不定积分的重点和难点在于换元关系 (变量代换) 的选择. 选择的理论基础是基于结构的分析方法, 即分析结构特点, 确定积分结构的主因子 (复杂因子或困难因子), 类比已知, 利用形式统一的思想确定换元关系, 简化结构. 这是抓主要矛盾的主次分析方法的应用.

例 31　计算下列不定积分:

(1) $\displaystyle\int \frac{\mathrm{e}^{\sqrt{x}}}{\sqrt{x}}\mathrm{d}x$;　　(2) $\displaystyle\int \sin\sqrt{1+x^2}\frac{x}{\sqrt{1+x^2}}\mathrm{d}x$;　(3) $\displaystyle\int \frac{1+\ln x}{x}\mathrm{d}x$.

结构分析　(1) 被积函数由两类结构不同的因子组成, 困难因子是 $\mathrm{e}^{\sqrt{x}}$, 希望能将此困难因子简化为基本公式中简单结构, 为此引入变量代换 $t = \sqrt{x}$ 进行标准化处理.

解　原式 $\xlongequal{t=\sqrt{x}} 2\displaystyle\int \frac{\mathrm{e}^t}{t}t\mathrm{d}t = 2\mathrm{e}^t + C = 2\mathrm{e}^{\sqrt{x}} + C$;

结构分析　(2) 被积函数由两类结构不同的因子组成, 困难因子是 $\sin\sqrt{1+x^2}$, 希望能将此困难因子简化为基本公式中简单结构, 为此引入变量代换 $t = \sqrt{1+x^2}$ 进行标准化处理.

解　原式 $\xlongequal{t=\sqrt{1+x^2}} \displaystyle\int \sin t\mathrm{d}t = -\cos t + C = -\cos\sqrt{1+x^2} + C$;

结构分析　(3) 被积函数由两类结构不同的因子组成, 困难因子是 $\ln x$, 标准公式中没有包含此因子的公式, 考虑利用换元 $t = \ln x$ 消去此因子.

解　原式 $\xlongequal{t=\ln x} \displaystyle\int (1+t)\mathrm{d}t = t + \frac{1}{2}t^2 + C = \ln x + \frac{1}{2}(\ln x)^2 + C$.

当然, 上述例 31 的几个小题也可以利用凑微分法求解.

抽象总结 (1) 例 31 中积分的特点是被积函数是由两类不同结构的因子组成，处理这类问题的思想就是利用一定的法则，消去其中的一类因子，实现结构统一，便于相互之间的各种运算. 换元法给出了处理这类问题的一种方法.

(2) **换元法的应用思想** 通过上述例子可以总结**换元法的思想是通过变量代换，将结构中难处理的因子简单化**. 如题 (1)，与基本积分公式作对比，发现被积函数中，比较难处理的因子是 $\mathrm{e}^{\sqrt{x}}$，因为基本公式中类似的因子是 e^{x} 形式，因此，需要将因子中的根式去掉，可以通过换元进行标准化处理，如令 $t=\sqrt{x}$. 对其他例子，也可以通过类似的分析，确定相应的换元公式. 从而可以体会到：凑微分法或变量代换法的本质就是通过适当的处理 (凑因子、换元) 将被积函数结构简单化，这也是解决问题的一般性思想方法. 因此，**在使用换元法时，应先分析被积函数中复杂的因子，通过引入新变量将被积函数简单化.** 再看几个复杂的例子.

例 32 计算 $\displaystyle\int \frac{x+1}{\sqrt[3]{3x+1}}\mathrm{d}x$.

结构分析 复杂的因子为 $\sqrt[3]{3x+1}$，故可通过引入变量代换 $t=\sqrt[3]{3x+1}$，将复杂的因子 $\sqrt[3]{3x+1}$ 化为简单因子 t，但要注意，此因子简单化的同时尽可能不要使其他因子过于复杂化.

解 令 $t=\sqrt[3]{3x+1}$，则 $x=\dfrac{1}{3}(t^3-1)$，$\mathrm{d}x=t^2\mathrm{d}t$，故

$$
\begin{aligned}
\text{原式} &= \int \frac{\frac{1}{3}(t^3-1)+1}{t}\cdot t^2\mathrm{d}t \\
&= \frac{1}{3}\int (t^4+2t)\mathrm{d}t=\frac{1}{3}\left(\frac{1}{5}t^5+t^2\right)+C \\
&= \frac{1}{15}(3x+1)^{\frac{5}{3}}+\frac{1}{3}(3x+1)^{\frac{2}{3}}+C.
\end{aligned}
$$

抽象总结 将复杂因子 $\sqrt[3]{3x+1}$ 通过换元变为简单因子 t 的同时，可能会带来被积函数中其他简单因子 (包括积分变量的微分 $\mathrm{d}x$) 的复杂化，如上例中的 x 变化为 $\dfrac{1}{3}(t^3-1)$，形式变复杂了，但是，这种复杂化是非本质的，从结构看都是多项式，只是把一次多项式变为三次多项式，因此，选取的换元应使复杂因子的结构发生本质上简化的同时，使得其他简单的因子结构的复杂化不是本质的 (结构还是同一类结构)，否则这种换元是没有意义的.

例 33 计算 $\displaystyle\int x(x+100)^{100}\mathrm{d}x$.

结构分析 复杂的因子为 $(x+100)^{100}$，直接按多项式展开计算量太大，为此，通过换元将其简化.

解　令 $t=x+100$, 则

$$\begin{aligned}\text{原式}&=\int(t-100)t^{100}\mathrm{d}t=\int\left(t^{101}-100t^{100}\right)\mathrm{d}t\\&=\frac{1}{102}t^{102}-\frac{100}{101}t^{100}+C\\&=\frac{1}{102}(x+100)^{102}-\frac{100}{101}(x+100)^{101}+C.\end{aligned}$$

注　本例也可以通过变换 $t=(x+100)^{100}$ 或 $t=(x+100)^{101}$ 将复杂因子简单化. 也可以形式统一后再换元或凑微分, 即

$$\begin{aligned}\int x(x+100)^{100}\mathrm{d}x&=\int(x+100-100)(x+100)^{100}\mathrm{d}x\\&=\int(x+100)^{101}\mathrm{d}x-\int 100(x+100)^{100}\mathrm{d}x.\end{aligned}$$

例 34　计算 $\displaystyle\int\frac{\mathrm{d}x}{x^4(1+x^2)}$.

结构分析　这是有理分式的积分, 其结构特点是：分母的最高幂次高于分母较多, 因此, 可通过倒代换的方法将高幂次转移到分子上, 从而降低分母的幂次. 当然, 这是有理分式的不定积分, 学习有理分式积分法之后也可由通用的有理分式积分法来解决.

解　令 $t=\dfrac{1}{x}$, 则

$$\begin{aligned}\text{原式}&=-\int\frac{t^4}{1+\frac{1}{t^2}}\left(-\frac{1}{t^2}\right)\mathrm{d}t=-\int\frac{t^4}{1+t^2}\mathrm{d}t=-\int\frac{t^4-1+1}{t^2+1}\mathrm{d}t\\&=\int\left(1-t^2\right)\mathrm{d}t-\int\frac{1}{1+t^2}\mathrm{d}t=t-\frac{1}{3}t^3-\arctan t+C\\&=\frac{1}{x}-\frac{1}{3x^3}-\arctan\frac{1}{x}+C.\end{aligned}$$

例 35　计算 $\displaystyle\int\frac{\mathrm{d}x}{\sqrt{x}(1+\sqrt[3]{x})}$.

结构分析　这类题目的结构特点是出现了关于 x 的不同的分式幂次, 即出现根式 $\sqrt{x}$, $\sqrt[3]{x}$, 处理方法是通过取整代换同时消去不同的根式, 进行有理化处理.

解　令 $x=t^6$, 则

$$\text{原式}=\int\frac{6t^5}{t^3(1+t^2)}\mathrm{d}t=6\int\frac{t^2}{1+t^2}\mathrm{d}t=6\int\frac{t^2+1-1}{1+t^2}\mathrm{d}t$$

$$= 6\int\left(1-\frac{1}{1+t^2}\right)\mathrm{d}t = 6t - 6\arctan t + C$$

$$= 6\sqrt[6]{x} - 6\arctan\sqrt[6]{x} + C.$$

例 36 计算 (1) $\displaystyle\int\frac{1+\sin 2x}{\sin^2 x}\mathrm{d}x$; (2) $\displaystyle\int\frac{\mathrm{d}x}{1-\cos x}$.

解 (1) 原式 $\displaystyle=\int\frac{1+2\sin x\cos x}{\sin^2 x}\mathrm{d}x=\int\frac{1}{\sin^2 x}\mathrm{d}x+2\int\frac{\cos x}{\sin x}\mathrm{d}x$

$$= -\cot x + 2\ln|\sin x| + C;$$

(2) 原式 $\displaystyle=\int\frac{1+\cos x}{1-\cos^2 x}\mathrm{d}x$

$$=\int\frac{1+\cos x}{\sin^2 x}\mathrm{d}x$$

$$=\int\csc^2 x\mathrm{d}x+\int\frac{\cos x}{\sin^2 x}\mathrm{d}x$$

$$=-\cot x+\int\frac{\mathrm{d}\sin x}{\sin^2 x}$$

$$=-\cot x-\frac{1}{\sin x}+C.$$

或用倍角公式化简更简单,

$$\int\frac{\mathrm{d}x}{1-\cos x}=\int\frac{\mathrm{d}x}{2\sin^2\frac{x}{2}}=\int\csc^2\frac{x}{2}\mathrm{d}x=-\cot\frac{x}{2}+C.$$

抽象总结 涉及三角函数的不定积分难度一般较大, 原因是凑的微分因子或换元因子通常隐藏在三角函数及其微分关系式中. 总结两个小题的解题过程, 总体思想是积分结构 (被积函数结构) 的化简, 具体化简方法不同, 第 (1) 题分母为一项, 分子为两项, 通过分解简化为相对简单的两项, 体现“分”的简化思想; 第 (2) 题的结构是分子为一项, 分母为两项, 通过简化分母, 将两项合并为一项, 体现“合”的简化思想.

最后介绍三角函数代换, 这类问题的特点是结构中含有因子 $\sqrt{x^2\pm a^2}$ 或者 $\sqrt{a^2\pm x^2}$, 通过适当的三角代换去掉根式, 进行有理化处理. 常用的三角公式有

$$\sin^2 x+\cos^2 x=1,\quad 1+\tan^2 x=\sec^2 x.$$

例 37 计算下列不定积分:

(1) $\displaystyle\int\sqrt{a^2-x^2}\mathrm{d}x$; (2) $\displaystyle\int\frac{\mathrm{d}x}{\sqrt{x^2+a^2}}$; (3) $\displaystyle\int\frac{\mathrm{d}x}{\sqrt{x^2-a^2}}$.

解　(1) $\int \sqrt{a^2-x^2}\mathrm{d}x \xlongequal{x=a\sin t} \int a\cdot\cos t\cdot a\cos t\mathrm{d}t = a^2\int \cos^2 t\mathrm{d}t$

$$= a^2\int \frac{1}{2}(1+\cos 2t)\mathrm{d}t = \frac{a^2}{2}(t+\frac{1}{2}\sin 2t)+C$$

$$= \frac{1}{2}x\sqrt{a^2-x^2}+\frac{a^2}{2}\arcsin\frac{x}{a}+C,$$

此处用到关系式

$$\sin 2t = 2\sin t\cos t = 2\cdot\frac{x}{a}\sqrt{1-\frac{x^2}{a^2}} = \frac{1}{2a^2}x\sqrt{a^2-x^2}.$$

(2) $\int \frac{\mathrm{d}x}{\sqrt{x^2+a^2}} \xlongequal{x=a\tan t} \int \frac{a\cdot\sec^2 t}{a\cdot\sec t}\mathrm{d}t = \int \sec t\mathrm{d}t$

$$= \ln|\tan t+\sec t|+C$$

$$= \ln(x+\sqrt{a^2+x^2})+C.$$

(3) $\int \frac{\mathrm{d}x}{\sqrt{x^2-a^2}} \xlongequal{x=a\sec t} \int \frac{a\cdot\sec t\cdot\tan t}{a\tan t}\mathrm{d}t = \ln|\tan t+\sec t|+C$

$$= \ln\left|x+\sqrt{x^2-a^2}\right|+C.$$

3. 分部积分法

分部积分法是计算不定积分的又一重要方法, 它借助于导数运算法则, 实现被积函数各因子间的导数转移, 通过求导简化被积函数或导出不定积分所满足的方程, 进而达到不定积分计算之目的. 其理论依据是下述微分法则.

设 $u(x), v(x)$ 都是可微函数, 则

$$(u\cdot v)' = u'v+uv'.$$

利用积分性质, 两边同时积分, 则

$$\int (u\cdot v)'\mathrm{d}x = \int u'v\mathrm{d}x + \int uv'\mathrm{d}x,$$

故

$$\int uv'\mathrm{d}x = \int (uv)'\mathrm{d}x - \int u'v\mathrm{d}x = uv - \int u'v\mathrm{d}x,$$

这就是分部积分公式.

这一公式的另一形式为

$$\int u\mathrm{d}v = uv - \int v\mathrm{d}u,$$

特别,

$$\int u\mathrm{d}x = xu - \int x\mathrm{d}u = xu - \int xu'\mathrm{d}x.$$

结构分析 上述公式表明, 分部积分公式计算对象是 $\int uv'\mathrm{d}x$, 计算思想方法是将不定积分 $\int uv'\mathrm{d}x$ 的计算转化为计算不定积分 $\int u'v\mathrm{d}x$. 从理论上讲, $\int u'v\mathrm{d}x$ 的结构应该比 $\int uv'\mathrm{d}x$ 的结构简单, 计算更加容易. 因此, 通过比较这两个不定积分的结构可以抽象出分部积分法的计算思想是: 通过将被积函数中对因子 v 的导数计算转移到对因子 u 的导数计算, 实现被积函数的结构简化, 即原积分中对因子 v 的求导转化为对因子 u 的求导, 通过导数转移, 实现不定积分结构的简单化.

对给定的不定积分 $\int f(x)\mathrm{d}x$, 应用分部积分公式计算的过程可以抽象为

$$\int f(x)\mathrm{d}x = \int u\cdot w\mathrm{d}x = \int u\cdot v'\mathrm{d}x = uv - \int u'\cdot v\mathrm{d}x,$$

过程中有两个难点: 其一为如何从被积函数 $f(x)$ 中构造因子 $u(x)$; 其二为如何构造导因子 $v'(x)$.

根据分部积分公式的计算思想, 原则上要求 $u'v$ 的结构要比 $v'u$ 的结构简单, 因此, 这也是利用分部积分法时选择因子 u 和 v 的原则, 即应该这样选择 u, v

选择 v: 使得 v, v' 结构上变化不大.

选择 u: 使得 u' 比 u 结构上更简单.

或者说, 分部积分公式的计算思想是通过导数转移简化被积函数的结构, 实现不定积分的计算. 因此, 需要分析求导对函数结构的变化, 根据所掌握的导数计算理论, 在基本初等函数类中, 对对数函数、反三角函数的求导能改变其结构, 实现结构的简单化, 如 $(\ln x)' = \frac{1}{x}, (\arctan x)' = \frac{1}{1+x^2}$; 对幂函数的求导能降幂简化, 而对指数函数和三角函数的求导, 其结构没有发生变化, 由此确定因子的选择原则和方法.

为选择因子, 对被积函数 $f(x)$ 进行结构分析, 选择需要通过求导改变结构的因子为因子 $u(x)$, 由此解决了第一个难点; 剩下的因子为因子 $w(x)$, 为将因子 $w(x)$ 转化为导因子结构, 通常采用两种方法, 对简单的结构可以利用观察法, 对复杂的结构可以利用不定积分计算方法, 即取 $v(x) = \int w(x)\mathrm{d}x$, 故 $w(x) = v'(x)$, 由此将 $w(x)$ 转化为导因子, 解决了第二个难点.

例 38　计算下列不定积分：

(1) $\int x\mathrm{e}^x\mathrm{d}x$;　　(2) $\int \arctan x\mathrm{d}x$;

(3) $\int x^n\ln x\mathrm{d}x\ (n>0)$;　　(4) $\int x\tan^2 x\mathrm{d}x$.

解　(1) **结构分析**　原式的被积函数中，含有两种结构的因子，必须改变或削去其中的一种结构，由于导数运算可以改变或削去某种结构，因而，可以采用分部积分法处理，对本题，因子 e^x 不能通过求导改变或削去，而因子 x 可以通过求导削去，由此确定了分部积分时导数转移的因子的选择.

$$\text{原式}=\int x(\mathrm{e}^x)'\mathrm{d}x=x\mathrm{e}^x-\int x'\mathrm{e}^x\mathrm{d}x=x\mathrm{e}^x-\int \mathrm{e}^x\mathrm{d}x=x\mathrm{e}^x-\mathrm{e}^x+C.$$

(2) **结构分析**　需要通过求导将因子 $\arctan x$ 的反三角函数结构转化为有理式结构，实现被积函数结构的简单化.

$$\begin{aligned}\text{原式}&=\int x'\arctan x\mathrm{d}x=x\cdot\arctan x-\int\frac{x}{1+x^2}\mathrm{d}x\\&=x\cdot\arctan x-\frac{1}{2}\int\frac{1}{1+x^2}\mathrm{d}x^2\\&=x\cdot\arctan x-\frac{1}{2}\ln\left(1+x^2\right)+C.\end{aligned}$$

(3) 通过求导削去对数结构的因子.

$$\begin{aligned}\text{原式}&=\frac{1}{n+1}\int(x^{n+1})'\ln x\mathrm{d}x\\&=\frac{1}{n+1}\left(x^{n+1}\ln x-\int x^n\mathrm{d}x\right)\\&=\frac{1}{n+1}x^{n+1}\ln x-\frac{1}{(n+1)^2}x^{n+1}+C.\end{aligned}$$

(4) 利用导数转移消去因子 x.

由于

$$\int\tan^2 x\mathrm{d}x=\int(\sec^2 x-1)\mathrm{d}x=\tan x-x+C,$$

则

$$\int x\tan^2 x\mathrm{d}x=\int x(\tan x-x)'\mathrm{d}x$$

$$= x(\tan x - x) - \int (\tan x - x)\mathrm{d}x$$
$$= x(\tan x - x) + \ln|\cos x| + \frac{1}{2}x^2 + C$$
$$= x\tan x - \frac{1}{2}x^2 + \ln|\cos x| + C.$$

抽象总结　被积函数为两种不同结构的因子乘积形式是常见的一类复杂结构的不定积分, 利用分部积分, 通过导数转移, 简化或消去了其中一类因子, 实现不定积分的计算, 因此, 分部积分法是处理被积函数具有两类不同结构的因子乘积的积分的一种有效方法.

例 39　计算 $\int \frac{x^3\arccos x}{\sqrt{1-x^2}}\mathrm{d}x$.

结构分析　从题型看, 被积函数是不同结构因子的乘积, 需要求导改变结构的因子应该是 $\arccos x$, 因此, 希望导数转移到此因子上, 通过求导改变其结构, 简化被积函数整体结构. 这样, 就需要剩下的因子中改写为或分离出一个导因子, 由于对 x^3 的求导后因子变得简单, 对 $\frac{1}{\sqrt{1-x^2}}$ 求导后因子的结构更复杂, 因而, 必须将 $\frac{1}{\sqrt{1-x^2}}$ 转化为导因子的形式, 注意到公式 $(\sqrt{x})' = \frac{1}{2\sqrt{x}}$, 因此, 可以设想 $\frac{1}{\sqrt{1-x^2}}$ 是 $\sqrt{1-x^2}$ 的导数产生的, 因而, 可以考虑 $\sqrt{1-x^2}$ 的导数与 $\frac{1}{\sqrt{1-x^2}}$ 的关系, 由此, 将 $\frac{1}{\sqrt{1-x^2}}$ 转化为导因子的形式, 再利用分部积分公式计算.

解　法一　由于 $(\sqrt{1-x^2})' = \frac{-x}{\sqrt{1-x^2}}$, 则

$$\int \frac{x^3\arccos x}{\sqrt{1-x^2}}\mathrm{d}x$$
$$= -\int (\sqrt{1-x^2})'x^2\arccos x\mathrm{d}x$$
$$= -x^2\sqrt{1-x^2}\arccos x + \int \sqrt{1-x^2}\left(2x\arccos x - \frac{x^2}{\sqrt{1-x^2}}\right)\mathrm{d}x$$
$$= -x^2\sqrt{1-x^2}\arccos x - \frac{x^3}{3} + 2\int x\sqrt{1-x^2}\arccos x\mathrm{d}x,$$

继续利用同样的处理思想, 则

$$\int x\sqrt{1-x^2}\arccos x\mathrm{d}x = -\frac{1}{3}\int [(1-x^2)^{\frac{3}{2}}]'\arccos x\mathrm{d}x$$

$$
\begin{aligned}
&= -\frac{1}{3}\left[(1-x^2)^{\frac{3}{2}}\arccos x - \int (1-x^2)^{\frac{3}{2}}\frac{-1}{\sqrt{1-x^2}}\mathrm{d}x\right]\\
&= -\frac{1}{3}(1-x^2)^{\frac{3}{2}}\arccos x + \frac{1}{9}x^3 - \frac{1}{3}x + C,
\end{aligned}
$$

因而,

$$
\int \frac{x^3\arccos x}{\sqrt{1-x^2}}\mathrm{d}x = -x^2\sqrt{1-x^2}\arccos x - \frac{2}{3}(1-x^2)^{\frac{3}{2}}\arccos x - \frac{1}{9}x^3 - \frac{2}{3}x + C.
$$

法二　上述过程可以简化. 事实上, 正如上述分析, 为将导数转移到 $\arccos x$ 上, 须将剩下的部分化为导数形式, 为此, 只需计算一个相对简单的不定积分. 由于

$$
\begin{aligned}
\int \frac{x^3}{\sqrt{1-x^2}}\mathrm{d}x &= \frac{1}{2}\int \frac{x^2}{\sqrt{1-x^2}}\mathrm{d}x^2 = \frac{1}{2}\int \frac{x^2-1+1}{\sqrt{1-x^2}}\mathrm{d}x^2\\
&= \frac{1}{2}\int\left(\frac{1}{\sqrt{1-x^2}} - \sqrt{1-x^2}\right)\mathrm{d}x^2\\
&= -\sqrt{1-x^2} + \frac{1}{3}(1-x^2)^{\frac{3}{2}} + C,
\end{aligned}
$$

故

$$
\left[-\sqrt{1-x^2} + \frac{1}{3}(1-x^2)^{\frac{3}{2}}\right]' = \frac{x^3}{\sqrt{1-x^2}},
$$

因而,

$$
\begin{aligned}
\int \frac{x^3\arccos x}{\sqrt{1-x^2}}\mathrm{d}x &= \int \left[-\sqrt{1-x^2} + \frac{1}{3}(1-x^2)^{\frac{3}{2}}\right]'\arccos x\mathrm{d}x^2\\
&= \left[-\sqrt{1-x^2} + \frac{1}{3}(1-x^2)^{\frac{3}{2}}\right]\arccos x\\
&\quad - \int \left[-\sqrt{1-x^2} + \frac{1}{3}(1-x^2)^{\frac{3}{2}}\right]\frac{-1}{\sqrt{1-x^2}}\mathrm{d}x^2\\
&= \left[-\sqrt{1-x^2} + \frac{1}{3}(1-x^2)^{\frac{3}{2}}\right]\arccos x - \frac{2}{3}x - \frac{1}{9}x^3 + C.
\end{aligned}
$$

法三　先用变量代换化简. 令 $t = \arccos x$, 则

$$
\int \frac{x^3\arccos x}{\sqrt{1-x^2}}\mathrm{d}x = -\int t\cos^3 t\mathrm{d}t,
$$

为利用分部积分法消去因子 t, 须将 $\cos^3 t$ 写成导因子, 为此, 先计算其原函数, 由于

$$\int \cos^3 t\mathrm{d}t = \int [1-\sin^2 t]\mathrm{d}\sin t = \sin t - \frac{1}{3}\sin^3 t + C,$$

故

$$\begin{aligned}
\int \frac{x^3 \arccos x}{\sqrt{1-x^2}}\mathrm{d}x &= -\int t\cos^3 t\mathrm{d}t = -\int t\left(\sin t - \frac{1}{3}\sin^3 t\right)'\mathrm{d}t \\
&= -t\left(\sin t - \frac{1}{3}\sin^3 t\right) + \int \left(\sin t - \frac{1}{3}\sin^3 t\right)\mathrm{d}t \\
&= -t\left(\sin t - \frac{1}{3}\sin^3 t\right) - \cos t - \frac{1}{3}\int \sin^3 t\mathrm{d}t \\
&= -t\left(\sin t - \frac{1}{3}\sin^3 t\right) - \frac{2}{3}\cos t - \frac{1}{9}\cos^3 t + C \\
&= -\left(\sqrt{1-x^2} - \frac{1}{3}(1-x^2)^{\frac{3}{2}}\right)\arccos x - \frac{2}{3}x - \frac{1}{9}x^3 + C.
\end{aligned}$$

从上述几种解法中要领悟到各种方法的综合应用和灵活应用.

有时被积函数涉及两类不同结构因子时并不一定能通过求导消去其中一类, 此时, 被积函数通常是全微分形式, 也可以利用分部积分公式进行处理.

例 40 计算 $I = \int \mathrm{e}^x \frac{1+\sin x}{1+\cos x}\mathrm{d}x$.

结构分析 被积函数由不同结构的因子组成, 应考虑分部积分公式, 但是, 因子 e^x 和 $\frac{1+\sin x}{1+\cos x}$ 都不能通过求导消去或改变结构, 因此, 不能直接用分部积分公式, 可以利用常用的简化思想进行初步的简化, 对其中的部分利用分部积分公式, 注意本题中 “分” 和 “合” 思想的应用.

解 法一 先简化分母, 把多项和的形式化为一项, 整个被积函数分解为简单的多项和, 然后用分部积分法在相应的项之间进行转化, 通过抵消不能计算的部分, 达到计算的目的.

$$\begin{aligned}
I &= \int \mathrm{e}^x \frac{(1+\sin x)(1-\cos x)}{1-\cos^2 x}\mathrm{d}x \\
&= \int \mathrm{e}^x \frac{1+\sin x - \cos x - \sin x\cos x}{\sin^2 x}\mathrm{d}x
\end{aligned}$$

$$
\begin{aligned}
&= \int e^x \frac{1}{\sin^2 x} dx + \int e^x \frac{1}{\sin x} dx - \int e^x \frac{\cos x}{\sin^2 x} dx - \int e^x \frac{\cos x}{\sin x} dx \\
&= \int e^x d(-\cot x) + \int e^x \frac{1}{\sin x} dx + \int e^x d\frac{1}{\sin x} - \int e^x \cot x dx \\
&= -e^x \cot x + \int e^x \cot x dx + \int e^x \frac{1}{\sin x} dx \\
&\quad + e^x \frac{1}{\sin x} - \int e^x \frac{1}{\sin x} dx - \int e^x \cot x dx \\
&= -e^x \cot x + \frac{e^x}{\sin x} + C.
\end{aligned}
$$

法二　利用倍角公式简化被积函数, 将其转化为完全微分形式.

$$
\begin{aligned}
I &= \int e^x \frac{1+\sin x}{2\cos^2 \dfrac{x}{2}} dx \\
&= \frac{1}{2} \int e^x \sec^2 \frac{x}{2} dx + \int e^x \tan \frac{x}{2} dx \\
&= \int e^x \left(\tan \frac{x}{2}\right)' dx + \int (e^x)' \tan \frac{x}{2} dx \\
&= \int \left(e^x \tan \frac{x}{2}\right)' dx \\
&= e^x \tan \frac{x}{2} + C.
\end{aligned}
$$

上述两种方法的思想是一致的, 只是计算过程中难易程度不同.

分部积分方法涉及的另一类题目是利用分部积分得到一个递推公式或包括所求不定积分的一个方程, 然后再求解.

例 41　计算下列不定积分:

(1) $I = \int \sqrt{a^2+x^2} dx$;　　(2) $I = \int e^x \sin x dx$.

解　(1) $I = \int x' \sqrt{a^2+x^2} dx = x\sqrt{a^2+x^2} - \int \dfrac{x^2}{\sqrt{a^2+x^2}} dx$

$$
\begin{aligned}
&= x\sqrt{a^2+x^2} - \int \frac{x^2+a^2-a^2}{\sqrt{a^2+x^2}} dx \\
&= x\sqrt{a^2+x^2} - I + a^2 \int \frac{1}{\sqrt{a^2+x^2}} dx
\end{aligned}
$$

$$= x\sqrt{a^2+x^2} - I + a^2 \ln\left(x+\sqrt{a^2+x^2}\right) + C,$$

故 $I = \frac{1}{2}x\sqrt{a^2+x^2} + \frac{a^2}{2}\ln\left(x+\sqrt{a^2+x^2}\right) + C.$

注 此题不能用换元 $t=\sqrt{a^2+x^2}$ 进行有理化, 因为此时 $x=\pm\sqrt{t^2-a^2}$ 为无理式, 因而, $\mathrm{d}x$ 也是无理式. 但可以利用三角变换 $x=a\tan t$ 进行有理化, 转化为有理式的不定积分.

(2) **法一**

$$\begin{aligned} I &= \int (\mathrm{c}^x)'\sin x\mathrm{d}x = \mathrm{c}^x\sin x - \int \mathrm{c}^x\cos x\mathrm{d}x \\ &= \mathrm{e}^x\sin x - \left[\mathrm{e}^x\cos x - \int \mathrm{e}^x(-\sin x)\mathrm{d}x\right] \\ &= \mathrm{e}^x(\sin x - \cos x) - I, \end{aligned}$$

故 $I = \frac{1}{2}\mathrm{e}^x(\sin x - \cos x) + C.$

法二 若记 $I=\int \mathrm{e}^x\sin x\mathrm{d}x$, $J=\int \mathrm{e}^x\cos x\mathrm{d}x$. 则可看出二者可相互转化, 即

$$I = \mathrm{e}^x\sin x - J, \quad J = \mathrm{e}^x\cos x + I.$$

可通过求解方程组计算 I, J(配对积分).

例 42 计算不定积分:

(1) $I_n = \int x^\alpha(\ln x)^n\mathrm{d}x$; (2) $I_n = \int \frac{\mathrm{d}x}{(a^2+x^2)^n}, n>1$;

(3) $I_n = \int \sin^n x\mathrm{d}x$.

结构分析 不能通过求导消去或改变结构, 可以利用分部积分公式得到递推公式.

解 (1) 若 $\alpha=-1$, 则

$$I_n = \int \frac{1}{x}(\ln x)^n\mathrm{d}x = \int (\ln x)^n\mathrm{d}\ln x = \frac{1}{n+1}(\ln x)^{n+1} + C;$$

若 $\alpha\neq -1$, 则

$$I_n = \frac{1}{\alpha+1}\int \left(x^{\alpha+1}\right)'(\ln x)^n\mathrm{d}x$$

$$=\frac{1}{\alpha+1}x^{\alpha+1}(\ln x)^n-\frac{1}{\alpha+1}\int x^{\alpha+1}n(\ln x)^{n-1}\cdot\frac{1}{x}\mathrm{d}x$$

$$=\frac{1}{\alpha+1}x^{\alpha+1}(\ln x)^n-\frac{n}{\alpha+1}I_{n-1},$$

由于 $I_0=\int x^{\alpha}\mathrm{d}x=\frac{1}{\alpha+1}x^{\alpha+1}+C$, 由此可计算 I_n.

(2) 由于

$$I_n=\int\frac{x'}{(a^2+x^2)^n}\mathrm{d}x=\frac{x}{(a^2+x^2)^n}+2n\int\frac{x^2}{(a^2+x^2)^{n+1}}\mathrm{d}x$$

$$=\frac{x}{(a^2+x^2)^n}+2n\int\frac{x^2+a^2-a^2}{(a^2+x^2)^{n+1}}\mathrm{d}x$$

$$=\frac{x}{(a^2+x^2)^n}+2nI_n-2na^2I_{n+1},$$

故

$$I_{n+1}=\frac{1}{2na^2}\cdot\frac{x}{(a^2+x^2)^n}+\frac{2n-1}{2na^2}I_n,$$

其中 $I_1=\int\frac{1}{a^2+x^2}\mathrm{d}x=\frac{1}{a}\arctan\frac{x}{a}+C$.

(3) 由于

$$I_n=\int\sin^{n-1}x\cdot(-\cos x)'\mathrm{d}x$$

$$=-\cos x\cdot\sin^{n-1}x+\int\cos x\left(\sin^{n-1}x\right)'\mathrm{d}x$$

$$=-\cos x\cdot\sin^{n-1}x+(n-1)\int\sin^{n-2}x\cdot\cos^2x\mathrm{d}x$$

$$=-\cos x\cdot\sin^{n-1}x+(n-1)I_{n-2}-(n-1)I_n,$$

故

$$I_n=-\frac{1}{n}\cos x\cdot\sin^{n-1}x+\frac{n-1}{n}I_{n-2},$$

其中,

$$I_0=x+C\quad(n\text{ 为偶数时, 只需计算 }I_0),$$

$$I_1=-\cos x+C\quad(n\text{ 为奇数时, 只需计算 }I_1).$$

这类题目需要给出递推公式和初值.

3.3.4　某些特殊类型函数的不定积分

1. 有理函数的不定积分

设 $P_n(x), Q_m(x)$ 分别为 n 次, m 次多项式, 我们称形如 $\dfrac{P_n(x)}{Q_m(x)}$ 的函数为有理分式. 当 $n<m$ 时, 称其为真分式, 当 $n \geqslant m$ 时, 称其为假分式. 利用多项式除法, 假分式可以化为多项式与真分式之和, 而多项式的原函数简单易求, 因此, 对有理分式的不定积分, 只需考虑真分式的不定积分.

根据代数学的理论, 真分式定能分解成下面两种最简分式之和:

$$(1)\ \frac{1}{(x-a)^k};\quad (2)\ \frac{Cx+D}{(x^2+px+q)^t},$$

其中 $k,t=1,2,3,\cdots$, 且 $p^2-4q<0$.

对于 (1), 其不定积分

$$\int \frac{1}{(x-a)^k}\mathrm{d}x=\begin{cases}\ln|x-a|+C, & k=1,\\ \dfrac{1}{1-k}\dfrac{1}{(x-a)^{k-1}}+C, & k>1.\end{cases}$$

对于 (2), 其不定积分

$$\begin{aligned}&\int \frac{Cx+D}{(x^2+px+q)^t}\mathrm{d}x\\
&=C\int \frac{x+\dfrac{D}{C}}{(x^2+px+q)^t}\mathrm{d}x\\
&=\frac{C}{2}\int \frac{2x+\dfrac{2D}{C}}{(x^2+px+q)^t}\mathrm{d}x\\
&=\frac{C}{2}\int \frac{2x+p+\dfrac{2D}{C}-p}{(x^2+px+q)^t}\mathrm{d}x\\
&=\frac{C}{2}\int \frac{2x+p}{(x^2+px+q)^t}\mathrm{d}x+\frac{C}{2}\left(\frac{2D}{C}-p\right)\int \frac{1}{(x^2+px+q)^t}\mathrm{d}x\\
&=\frac{C}{2}\int \frac{1}{(x^2+px+q)^t}\mathrm{d}(x^2+px+q)\end{aligned}$$

$$+\frac{C}{2}\left(\frac{2D}{C}-p\right)\int\frac{1}{\left[\left(x+\frac{p}{2}\right)^2+\left(\frac{\sqrt{4q-p^2}}{2}\right)^2\right]^t}\mathrm{d}\left(x+\frac{p}{2}\right),$$

其中第一项

$$\int\frac{1}{(x^2+px+q)^t}\mathrm{d}(x^2+px+q)=\begin{cases}\ln(x^2+px+q)+C, & t=1.\\ \dfrac{1}{(1-t)(x^2+px+q)^{t-1}}+C, & t>1.\end{cases}$$

其中第二项用 $I_n=\int\frac{1}{(x^2+a^2)^n}\mathrm{d}x$ 的递推公式即可.

至此, 有理分式的不定积分可以从理论上彻底解决.

上述分析表明, 有理分式不定积分的计算通过将有理分式进行因式分解转化为最简分式, 最终转化为最简分式不定积分的计算, 因此, 有理式的因式分解是计算过程中非常关键的步骤. 分解步骤简述如下:

第一步, 将分母 $Q_m(x)$ 在实数范围内分解为一系列实系数一次因子和二次因子的乘幂之积, 即

$$\begin{aligned}&Q_m(x)\\&=x^m+b_1x^{m-1}+\cdots+b_m\\&=(x-a_1)^{k_1}\cdots(x-a_l)^{k_l}\cdot\left(x^2+p_1x+q_1\right)^{t_1}\cdots\left(x^2+p_sx+q_s\right)^{t_s},\end{aligned}$$

其中 $k_1+\cdots+k_l+2(t_1+\cdots+t_s)=m$, 且 $p_i^2-4q_i<0, i=1,\cdots,s$.

第二步, 将 $\dfrac{P_n(x)}{Q_m(x)}$ 分解为

$$\begin{aligned}\frac{P_n(x)}{Q_m(x)}=&\frac{A_1}{x-a_1}+\frac{A_2}{(x-a_1)^2}+\cdots+\frac{A_{k_1}}{(x-a_1)^{k_1}}\\&+\cdots+\frac{B_1}{x-a_l}+\frac{B_2}{(x-a_l)^2}+\cdots+\frac{B_{k_l}}{(x-a_l)^{k_l}}\\&+\frac{C_1x+D_1}{x^2+p_1x+q_1}+\frac{C_2x+D_2}{(x^2+p_1x+q_1)^2}+\cdots+\frac{C_{t_1}x+D_{t_1}}{(x^2+p_1x+q_1)^{t_1}}\\&+\cdots+\frac{E_1x+F_1}{x^2+p_sx+q_s}+\frac{E_2x+F_2}{(x^2+p_sx+q_s)^2}+\cdots+\frac{E_{t_s}x+F_{t_s}}{(x^2+p_sx+q_s)^{t_s}},\end{aligned}$$

其中 $A_1,\cdots,A_{k_1};B_1,\cdots,B_{k_l};C_1,\cdots,C_{t_1};D_1,\cdots,D_{t_1};E_1,\cdots,E_{t_s};F_1,\cdots,F_{t_s}$ 为待定系数.

第三步, 确定待定系数. 将分解所得的部分分式通分, 相加, 则所得分子与有理分式的分子 $P_n(x)$ 恒等, 两个恒等的多项式同幂次项的系数必然相等, 由此得到关于待定系数的线性方程组, 这组方程的解就是所需要确定的待定系数.

例 43 将真分式 $\dfrac{1}{(1+2x)(1+x^2)}$ 分解为最简分式, 并计算

$$\int\frac{1}{(1+2x)(1+x^2)}\mathrm{d}x.$$

解 由于

$$\frac{1}{(1+2x)(1+x^2)}=\frac{A}{1+2x}+\frac{Bx+C}{1+x^2},$$

通分后两边分子相等, 得

$$A(1+x^2)+(Bx+C)(1+2x)=1,$$

比较两边 x 的同次幂系数, 得

$$\begin{cases}A+2B=0 & (x^2\text{ 的系数关系}),\\ B+2C=0 & (x\text{ 的系数关系}),\\ A+C=1 & (\text{常数项的系数}),\end{cases}$$

求解得, $A=\dfrac{4}{5}$, $B=-\dfrac{2}{5}$, $C=\dfrac{1}{5}$. 故

$$\frac{1}{(1+2x)(1+x^2)}=\frac{1}{5}\left(\frac{4}{1+2x}-\frac{2x-1}{1+x^2}\right),$$

所以,

$$\begin{aligned}\int\frac{\mathrm{d}x}{(1+2x)(1+x^2)}&=\frac{2}{5}\int\frac{\mathrm{d}(1+2x)}{1+2x}-\frac{1}{5}\int\frac{\mathrm{d}(1+x^2)}{1+x^2}+\frac{1}{5}\int\frac{\mathrm{d}x}{1+x^2}\\&=\frac{2}{5}\ln|1+2x|-\frac{1}{5}\ln(1+x^2)+\frac{1}{5}\arctan x+C.\end{aligned}$$

上述待定系数法是最基本的, 但存在计算量大的缺点. 也可以通过取 x 为特殊的值确定各系数, 称为**赋值法**.

例 44 将真分式 $\dfrac{x^3+2x+1}{(x-1)(x-2)(x-3)^2}$ 分解为最简分式.

解 设

$$\frac{x^3+2x+1}{(x-1)(x-2)(x-3)^2}=\frac{A}{x-1}+\frac{B}{x-2}+\frac{C}{x-3}+\frac{D}{(x-3)^2},$$

通分可得

$$x^3+2x^2+1=A(x-2)(x-3)^2+B(x-1)(x-3)^2$$
$$+C(x-1)(x-2)(x-3)+D(x-1)(x-2),$$

取 $x=1$, 得 $A=-1$;
取 $x=2$, 得 $B=17$;
取 $x=3$, 得 $D=23$.
将 A,B,D 代入然后取 $x=0$, 则 $c=-15$, 故

$$\frac{x^3+2x^2+1}{(x-1)(x-2)(x-3)^2}=-\frac{1}{x-1}+\frac{17}{x-2}-\frac{15}{x-3}+\frac{23}{(x-3)^2}.$$

由于有理函数不定积分的计算主要是有理函数的分解, 因此, 具体不定积分的计算, 我们就不再举例.

值得指出的是, 上述给出的有理函数的分解计算方法是这类不定积分处理的基本方法, 虽然对给定的一个题目来说, 这个方法肯定能计算出结果, 但是, 根据具体结构选择合适的方法也许更简单.

例 45 计算不定积分 $\displaystyle\int\frac{x^2}{(x^2+2x+2)^2}\mathrm{d}x$.

结构分析 若直接用真分式分解定理转化为最简分式的不定积分的计算, 可以看到解题过程较为复杂, 分析被积函数的结构采用下述方法更简单.

解 原式 $\displaystyle=\int\frac{(x^2+2x+2)-(2x+2)}{(x^2+2x+2)^2}\mathrm{d}x$

$$=\int\frac{\mathrm{d}x}{(x+1)^2+1}-\int\frac{\mathrm{d}(x^2+2x+2)}{(x^2+2x+2)^2}$$

$$=\arctan(x+1)+\frac{1}{x^2+2x+2}+C.$$

例 46 计算不定积分 $\displaystyle\int\frac{4x^6+3x^4+2x^2+1}{x^3(x^2+1)^2}\mathrm{d}x.$

解 原式 $=\int \frac{4x^6+2x^4+(x^2+1)^2}{x^3(x^2+1)^2}\mathrm{d}x$

$$=\int\left[\frac{4x^3}{(x^2+1)^2}+\frac{2x}{(x^2+1)^2}+\frac{1}{x^3}\right]\mathrm{d}x,$$

由于,

$$\int \frac{4x^3}{(x^2+1)^2}\mathrm{d}x=2\int \frac{x^2}{(x^2+1)^2}\mathrm{d}x^2=2\int \frac{x^2+1-1}{(x^2+1)^2}\mathrm{d}x^2$$

$$=2\ln(1+x^2)+\frac{2}{1+x^2}+C,$$

$$\int \frac{2x}{(x^2+1)^2}\mathrm{d}x=\int \frac{1}{(x^2+1)^2}\mathrm{d}x^2=-\frac{1}{1+x^2}+C,$$

$$\int \frac{1}{x^3}\mathrm{d}x=-\frac{1}{2x^2}+C,$$

故

$$\int \frac{4x^6+3x^4+2x^2+1}{x^3(x^2+1)^2}\mathrm{d}x=2\ln(1+x^2)+\frac{1}{1+x^2}-\frac{1}{2x^2}+C.$$

2. 三角函数有理式的不定积分

含有三角函数的不定积分的计算较为复杂, 但是对特定结构的三角函数的不定积分, 其计算仍具某种规律性.

设 $R(u,v)$ 是两个变元 u,v 的有理函数, 由于其他三角函数都可通过三角函数公式转化为 $\sin x,\cos x$ 的函数, 因此, 三角函数的有理式都可转化为形式 $R(\sin x,\cos x)$, 因而, 我们只讨论形如 $\int R(\sin x,\cos x)\mathrm{d}x$ 的三角函数有理式的不定积分的计算.

计算这类积分的一般性方法是**用万能代换将三角函数有理式的不定积分转化为有理分式的积分**, 即通过变量代换 $t=\tan\frac{x}{2}$, 将其化为有理函数的不定积分, 事实上, 若令 $t=\tan\frac{x}{2}$, 则利用三角公式:

$$\sin x=2\sin\frac{x}{2}\cos\frac{x}{2}=\frac{2\tan\frac{x}{2}}{\sec^2\frac{x}{2}}=\frac{2t}{1+t^2},$$

$$\cos x=\cos^2\frac{x}{2}-\sin^2\frac{x}{2}=\frac{1-\tan^2\frac{x}{2}}{\sec^2\frac{x}{2}}=\frac{1-t^2}{1+t^2},$$

而 $x=2\arctan t$, 故 $\mathrm{d}x=\dfrac{2}{1+t^2}\mathrm{d}t$, 故

$$\int R(\sin x,\cos x)\mathrm{d}x=\int R\left(\frac{2t}{1+t^2},\frac{1-t^2}{1+t^2}\right)\frac{2}{1+t^2}\mathrm{d}t,$$

后者便是有理函数的不定积分, 其计算是已知的.

例 47　计算 $\displaystyle\int\frac{\cot x}{1+\sin x}\mathrm{d}x$.

解　法一　利用万能公式, 则 $\cot x=\dfrac{\cos x}{\sin x}=\dfrac{1-t^2}{2t}$, 故

$$\begin{aligned}\text{原式}&=\int\frac{\frac{1-t^2}{2t}}{1+\frac{2t}{1+t^2}}\cdot\frac{2}{1+t^2}\mathrm{d}t=\int\frac{1-t^2}{t^3+2t^2+t}\mathrm{d}t\\&=\int\frac{1-t^2}{t(1+t)^2}\mathrm{d}t=\int\frac{1-t}{t(1+t)}\mathrm{d}t=\int\left(\frac{1}{t}-\frac{2}{t+1}\right)\mathrm{d}t\\&=\ln|t|-2\ln|1+t|+c=\ln\frac{\left|\tan\frac{x}{2}\right|}{\left(1+\tan\frac{x}{2}\right)^2}+C.\end{aligned}$$

万能代换法是处理三角函数有理式积分的一般性方法, 但是, 借助三角函数之间特殊的关系式, 针对特殊结构的三角函数有理式的不定积分采用特殊的方法则更为简单. 如本例的下述解法更简单.

法二

$$\begin{aligned}\text{原式}&=\int\frac{\cos x}{\sin x(1+\sin x)}\mathrm{d}x=\int\frac{\mathrm{d}\sin x}{\sin x(1+\sin x)}\\&=\int\left(\frac{1}{\sin x}-\frac{1}{1+\sin x}\right)\mathrm{d}\sin x\\&=\ln\left|\frac{\sin x}{1+\sin x}\right|+C.\end{aligned}$$

因此, 我们必须在掌握基本方法的基础上, 对具体问题具体分析, 利用其自身的结构特点寻找最简单的计算方法.

再看一系列特殊结构的题目.

(1) 形如 $\displaystyle\int\sin^m x\cos^n x\mathrm{d}x$ 的积分, 其中 m,n 至少有一个是奇数 (另一个数是任意实数).

计算这类积分, 把奇次幂的三角函数, 分离出一次幂, 用凑微分求出原函数.

例 48 计算不定积分

$$I_1=\int\sin^2 x\cos^3 x\mathrm{d}x;\quad I_2=\int\sin^{\frac{1}{5}}x\cos^3 x\mathrm{d}x.$$

解 $I_1=\int\sin^2 x(1-\sin^2 x)\cos x\mathrm{d}x=\int(\sin^2 x-\sin^4 x)\mathrm{d}\sin x=\frac{1}{3}\sin^3 x-\frac{1}{5}\sin^5 x+C.$

$$\begin{aligned}I_2&=\int\sin^{\frac{1}{5}}x\cos^2 x\cos x\mathrm{d}x=\int\sin^{\frac{1}{5}}x(1-\sin^2 x)\mathrm{d}\sin x\\&\xlongequal{\text{令}\sin x=t}\int t^{\frac{1}{5}}(1-t^2)\mathrm{d}t=\int(t^{\frac{1}{5}}-t^{\frac{11}{5}})\mathrm{d}t\\&=\frac{5}{6}t^{\frac{6}{5}}-\frac{5}{16}t^{\frac{16}{5}}+C=\frac{5}{6}\sin^{\frac{6}{5}}x-\frac{5}{16}\sin^{\frac{16}{5}}x+C.\end{aligned}$$

(2) 形如 $\int\sin^m x\cos^n x\mathrm{d}x$ 的积分, 其中 m,n 均为偶数或零.

计算这类积分, 主要采用降幂的方法, 化成 (1) 式的情况再求解.

常用的降幂三角恒等式有

$$\sin^2 x=\frac{1-\cos 2x}{2},$$
$$\cos^2 x=\frac{1+\cos 2x}{2},$$
$$2\sin x\cos x=\sin 2x.$$

例 49 计算不定积分 $\int\sin^2 x\cos^4 x\mathrm{d}x$.

解

$$\begin{aligned}\int\sin^2 x\cos^4 x\mathrm{d}x&=\int(\sin^2 x\cos^2 x)\cos^2 x\mathrm{d}x\\&=\int\frac{1}{4}\sin^2 2x\cdot\frac{(1+\cos 2x)}{2}\mathrm{d}x\\&=\frac{1}{8}\int\sin^2 2x\mathrm{d}x+\frac{1}{8}\int\sin^2 2x\cos 2x\mathrm{d}x\\&=\frac{1}{8}\int\frac{1-\cos 4x}{2}\mathrm{d}x+\frac{1}{16}\int\sin^2 2x\mathrm{d}\sin 2x\\&=\frac{1}{16}x-\frac{1}{64}\sin 4x+\frac{1}{48}\sin^3 2x+C.\end{aligned}$$

(3) 形如 $\int \sin mx\cos nx\mathrm{d}x, \int \sin mx\sin nx\mathrm{d}x, \int \cos mx\cos nx\mathrm{d}x$ 的积分，其中 m, n 是常数，且 $m \neq n$.

计算这类积分，可利用积化和差公式：

$$\sin mx\cos nx = \frac{1}{2}[\sin(m+n)x + \sin(m-n)x],$$

$$\sin mx\sin nx = \frac{1}{2}[\cos(m-n)x - \cos(m+n)x],$$

$$\cos mx\cos nx = \frac{1}{2}[\cos(m-n)x + \cos(m+n)x].$$

例 50 计算不定积分 $\int \cos 3x\cos 2x\mathrm{d}x$.

解 $\int \cos 3x\cos 2x\mathrm{d}x = \frac{1}{2}\int(\cos x + \cos 5x)\mathrm{d}x = \frac{1}{2}\sin x + \frac{1}{10}\sin 5x + C.$

(4) 形如 $\int \frac{a\cos x + b\sin x}{c\cos x + d\sin x}\mathrm{d}x$ 的积分，其中 a, b, c, d 是常数.

结构分析 被积函数结构特点是分子和分母具有相同的结构，不仅如此，其微分形式保持结构不变性：

$$\mathrm{d}(a\cos x + b\sin x) = (b\cos x - a\sin x)\mathrm{d}x,$$

因而，可将分子按分母和分母的微分形式进行分解，即令分子

$$a\cos x + b\sin x = A(c\cos x + d\sin x) + B(c\cos x + d\sin x)',$$

求出 A, B，利用凑微分的方法求解.

例 51 计算不定积分 $\int \frac{3\cos x - \sin x}{\cos x + \sin x}\mathrm{d}x$.

解 令

$$\begin{aligned} 3\cos x - \sin x &= A(\cos x + \sin x) + B(\cos x + \sin x)' \\ &= (A+B)\cos x + (A-B)\sin x, \end{aligned}$$

比较同类项系数 $\begin{cases} A + B = 3, \\ A - B = -1, \end{cases}$ 得 $A = 1$, $B = 2$.

$$\int \frac{3\cos x - \sin x}{\cos x + \sin x}\mathrm{d}x = \int \frac{(\cos x + \sin x) + 2(\cos x - \sin x)}{\cos x + \sin x}\mathrm{d}x$$

$$
\begin{aligned}
&= \int \mathrm{d}x + 2\int \frac{\mathrm{d}(\cos x + \sin x)}{\cos x + \sin x} \\
&= x + \ln|\cos x + \sin x| + C.
\end{aligned}
$$

这种将分子和分母的微分形式联系起来考虑，寻求简单的计算方法的技巧并不局限于解决上述积分问题.

例 52 求 $\int \frac{\sin 2x}{a^2\sin^2 x + b^2\cos^2 x}\mathrm{d}x$.

解 由于 $\mathrm{d}\sin^2 x = \mathrm{d}(1-\cos^2 x) = -\mathrm{d}\cos^2 x = 2\sin x\cdot\cos x\mathrm{d}x = \sin 2x\mathrm{d}x$，因此

$$
\mathrm{d}\left(a^2\sin^2 x + b^2\cos^2 x\right) = \left(a^2 - b^2\right)\sin 2x\mathrm{d}x,
$$

故,

$$
\begin{aligned}
\text{原式} &= \frac{1}{a^2-b^2}\int \frac{\mathrm{d}\left(a^2\sin^2 x + b^2\cos^2 x\right)}{a^2\sin^2 x + b^2\cos x} \\
&= \frac{1}{a^2-b^2}\ln\left(a^2\sin^2 x + b^2\cos^2 x\right) + C.
\end{aligned}
$$

抽象总结 例 51、例 52 显示了特殊结构的特殊方法——将分子分解为分母和分母的微分形式，因此，在计算三角函数的有理式的积分时，一定要分析结构，寻找最简单的计算方法，不要盲目地用万能代换.

3. 简单无理函数的不定积分

当被积函数为简单根式的有理式，可利用变量代换将无理函数形式的积分化为有理分式求积分.

(1) 形如 $\int R(x, \sqrt[n_1]{ax+b}, \sqrt[n_2]{ax+b}, \cdots, \sqrt[n_k]{ax+b})\,\mathrm{d}x$ 的积分，其中函数 R 为有理分式的形式. 可作代换 $t = \sqrt[p]{ax+b}$，p 为 $n_1, n_2, \cdots, n_k$ 的最小公倍数，则可将原积分转化为有理分式的积分.

例 53 计算不定积分 $\int \frac{1}{x}\sqrt{\frac{1+x}{x}}\mathrm{d}x$.

解 令 $\sqrt{\frac{1+x}{x}} = t$，则 $x = \frac{1}{t^2-1}$，$\mathrm{d}x = -\frac{2t\mathrm{d}t}{\left(t^2-1\right)^2}$，于是有

$$
\begin{aligned}
\int \frac{1}{x}\sqrt{\frac{1+x}{x}}\mathrm{d}x &= -\int \left(t^2-1\right) t\frac{2t}{\left(t^2-1\right)^2}\mathrm{d}t \\
&= -2\int \frac{t^2\mathrm{d}t}{t^2-1}
\end{aligned}
$$

$$
\begin{aligned}
&= -2\int\left(1+\frac{1}{t^2-1}\right)\mathrm{d}t \\
&= -2t-\ln\frac{t-1}{t+1}+C \\
&= -2\sqrt{\frac{1+x}{x}}-\ln\left[x\left(\sqrt{\frac{1+x}{x}}-1\right)^2\right]+C.
\end{aligned}
$$

例 54　计算不定积分 $\displaystyle\int\frac{1}{\sqrt{x+1}+\sqrt[3]{x+1}}\mathrm{d}x$.

解　令 $t^6=x+1$, 则 $6t^5\mathrm{d}t=\mathrm{d}x$, 于是有

$$
\begin{aligned}
&\int\frac{1}{\sqrt{x+1}+\sqrt[3]{x+1}}\mathrm{d}x \\
={}&\int\frac{1}{t^3+t^2}\cdot 6t^5\mathrm{d}t=6\int\frac{t^3}{t+1}\mathrm{d}t \\
={}&2t^3-3t^2+6t+6\ln|t+1|+C \\
={}&2\sqrt{x+1}-3\sqrt[3]{x+1}+3\sqrt[6]{x+1}+6\ln(\sqrt[6]{x+1}+1)+C.
\end{aligned}
$$

(2) 形如 $\displaystyle\int R\left(x,\sqrt[n]{\frac{ax+b}{cx+d}}\right)\mathrm{d}x$ 的积分. 可作变量代换 $t=\sqrt[n]{\dfrac{ax+b}{cx+d}}$, 将原积分转化为有理分式的积分.

例 55　计算不定积分 $\displaystyle\int\frac{\mathrm{d}x}{(x+1)^2\sqrt[3]{\left(\frac{x-1}{x+1}\right)^4}}$.

解　令 $t=\sqrt[3]{\dfrac{x-1}{x+1}}$, 则 $x+1=\dfrac{2}{1-t^3}$, $\mathrm{d}x=\dfrac{6t^2}{(1-t^3)^2}\mathrm{d}t$, 于是有

$$
\text{原式}=\int\frac{1}{\left(\frac{2}{1-t^3}\right)^2t^4}\cdot\frac{6t^2}{(1-t^3)^2}\mathrm{d}t=\frac{3}{2}\int\frac{1}{t^2}\mathrm{d}t=-\frac{3}{2t}+C=-\frac{3}{2}\sqrt[3]{\frac{x-1}{x+1}}+C.
$$

若被积函数中含有因子 $\sqrt[n]{(ax+b)^i(cx+d)^j}$ $(i+j=kn)$, 则先进行变换

$$
\sqrt[n]{(ax+b)^i(cx+d)^j}=(ax+b)^k\sqrt[n]{\frac{(cx+d)^j}{(ax+b)^j}},
$$

再作变换 $\sqrt[n]{\dfrac{cx+d}{ax+b}}=t$ $\left(\text{或}\ \sqrt[n]{\dfrac{(cx+d)^j}{(ax+b)^j}}=t^j\right)$ 进行有理化.

例 56 计算不定积分 $\displaystyle\int \frac{1}{\sqrt[4]{(x-2)^3(x+1)^5}}\mathrm{d}x.$

解 原式 $=\displaystyle\int \frac{1}{(x+1)(x-2)}\sqrt[4]{\frac{x-2}{x+1}}\mathrm{d}x$, 令 $t^4=\dfrac{x-2}{x+1}$, 则 $\mathrm{d}x=\dfrac{12t^3}{(1-t^4)^2}\mathrm{d}t$,

$$\text{原式}=\frac{4}{3}\int \mathrm{d}t=\frac{4}{3}\sqrt[4]{\frac{x-2}{x+1}}+C.$$

从以上不定积分的计算可以看出, 求不定积分要比求导数更复杂、更灵活. 计算不定积分的基础是利用基本积分公式和不定积分的运算法则、凑微分法、变量代换法、分部积分法、有理函数的积分等方法. 这几种方法都是将所求的不定积分化成基本积分表中被积函数的形式, 从而求得不定积分.

习 题 3-3

1. 用基本积分公式和线性运算法则计算下列不定积分:

(1) $\displaystyle\int \left(\frac{3}{1+x^2}-\frac{2}{\sqrt{1-x^2}}\right)\mathrm{d}x$; (2) $\displaystyle\int \mathrm{e}^x\left(1-\frac{\mathrm{e}^{-x}}{\sqrt{x}}\right)\mathrm{d}x$;

(3) $\displaystyle\int (2^x+3^x)\mathrm{e}^x\mathrm{d}x$; (4) $\displaystyle\int \sec x\,(\sec x-\tan x)\mathrm{d}x$;

(5) $\displaystyle\int \cos^2\frac{x}{2}\mathrm{d}x$; (6) $\displaystyle\int \frac{\mathrm{d}x}{1+\cos 2x}$;

(7) $\displaystyle\int (1+x)\sqrt{x\sqrt{x}}\mathrm{d}x$; (8) $\displaystyle\int \frac{x^2}{x^2+1}\mathrm{d}x$;

(9) $\displaystyle\int \frac{3x^4+2x^2}{x^2+1}\mathrm{d}x$; (10) $\displaystyle\int \frac{1+\cos^2 x}{\sin^2 x}\mathrm{d}x$;

(11) $\displaystyle\int \frac{\cos 2x}{\cos x-\sin x}\mathrm{d}x$; (12) $\displaystyle\int \frac{\cos 2x}{\cos^2 x\sin^2 x}\mathrm{d}x$.

2. 一曲线通过点 $(\mathrm{e}^2, 3)$, 且任一点处的切线斜率等于该点横坐标的倒数, 求该曲线的方程.

3. 设某型战机的起飞速度是 360km/h, 现要求飞机在 20s 内用匀加速度将飞机速度从 0 加速到起飞速度, 计算飞机需滑行的距离.

4. 用凑微分法 (第一类换元法) 计算下列不定积分:

(1) $\displaystyle\int (x^2+3x+5)^5(2x+3)\mathrm{d}x$; (2) $\displaystyle\int \frac{1}{\sqrt[3]{x-1}}\mathrm{d}x$;

(3) $\displaystyle\int \frac{x}{\sqrt{2-3x^2}}\mathrm{d}x$; (4) $\displaystyle\int \mathrm{e}^{2x+1}\mathrm{d}x$;

(5) $\displaystyle\int \frac{1}{\sqrt{x(1-x)}}\mathrm{d}x$; (6) $\displaystyle\int \frac{\arctan x}{1+x^2}\mathrm{d}x$;

(7) $\displaystyle\int \frac{\ln^2 x+\ln x+2}{x}\mathrm{d}x$; (8) $\displaystyle\int \frac{\mathrm{e}^{\sqrt{x-1}}}{\sqrt{x-1}}\mathrm{d}x$;

(9) $\displaystyle\int \frac{\sin x+\cos x}{\sqrt[3]{\sin x-\cos x}}\mathrm{d}x$; (10) $\displaystyle\int \frac{1+\ln x}{(x\ln x)^2}\mathrm{d}x$;

(11) $\int \frac{\mathrm{d}x}{x\ln x\ln\ln x}$; (12) $\int \frac{\arctan\sqrt{x}}{\sqrt{x}(1+x)}\mathrm{d}x$;

(13) $\int \frac{\mathrm{d}x}{\mathrm{e}^x+\mathrm{e}^{-x}}$; (14) $\int \sin 2x\cdot\cos 3x\mathrm{d}x$;

(15) $\int \frac{x^3}{9+x^2}\mathrm{d}x$; (16) $\int \tan^5 x\cdot\sec^3 x\mathrm{d}x$.

5. 用变量代换法 (第二类换元法) 计算下列不定积分, 并说明选择换元的原因:

(1) $\int \frac{\mathrm{d}x}{\sqrt{\mathrm{e}^{2x}+1}}$; (2) $\int \frac{\mathrm{d}x}{1+\sqrt[3]{x+2}}$;

(3) $\int \frac{\mathrm{d}x}{x^2\sqrt{x^2+2}}$; (4) $\int \frac{\mathrm{d}x}{\sqrt{x}+\sqrt[4]{x}}$;

(5) $\int \frac{\mathrm{d}x}{\sqrt{(1+x^2)^3}}$; (6) $\int (x+1)^2(x-1)^{10}\mathrm{d}x$;

(7) $\int (x^2+x)(x+1)^{\frac{1}{3}}\mathrm{d}x$; (8) $\int \frac{x^5\mathrm{d}x}{\sqrt{1+x^2}}$;

(9) $\int \frac{\mathrm{d}x}{\sqrt{4x-x^2-3}}$; (10) $\int \frac{\mathrm{d}x}{1+\sqrt{1-x^2}}$;

(11) $\int \frac{\mathrm{d}x}{x+\sqrt{1-x^2}}$.

6. 用分部积分法计算下列 (1)-(9) 的不定积分, 给出 (10)-(12) 的递推公式:

(1) $\int x^2\ln x\mathrm{d}x$; (2) $\int \mathrm{e}^{-x}\cos x\mathrm{d}x$;

(3) $\int x\cos\frac{x}{2}\mathrm{d}x$; (4) $\int t\mathrm{e}^{-2t}\mathrm{d}t$;

(5) $\int \cos\ln x\mathrm{d}x$; (6) $\int x\arctan^2 x\mathrm{d}x$;

(7) $\int \mathrm{e}^x\sin^2 x\mathrm{d}x$; (8) $\int \ln(\sqrt{1+x^2}-x)\mathrm{d}x$;

(9) $\int \mathrm{e}^{\sqrt{1+x}}\mathrm{d}x$; (10) $I_n=\int \ln^n x\mathrm{d}x$;

(11) $I_n=\int x^n\sin x\mathrm{d}x$; (12) $I_n=\int \cos^n x\mathrm{d}x$.

7. 用有理函数的积分方法计算下列不定积分:

(1) $\int \frac{2x+3}{x^2+3x-10}\mathrm{d}x$; (2) $\int \frac{\mathrm{d}x}{x(x^2+1)}$;

(3) $\int \frac{x\mathrm{d}x}{(x+1)(x+2)(x+3)}$; (4) $\int \frac{1}{x^4-1}\mathrm{d}x$;

(5) $\int \frac{\sin x\cos x}{\sin^2 x+\cos^4 x}\mathrm{d}x$; (6) $\int \cos^5 x\mathrm{d}x$;

(7) $\int \sin^2 x\cos^4 x\mathrm{d}x$; (8) $\int \frac{\sin^3 x}{\cos^4 x}\mathrm{d}x$;

(9) $\int \frac{1}{\sin x\cos^4 x}\mathrm{d}x$; (10) $\int \frac{1}{\sin^3 x}\mathrm{d}x$;

(11) $\int \sqrt{\frac{1-x}{1+x}}\frac{\mathrm{d}x}{x}$;　　(12) $\int \frac{\mathrm{d}x}{\sqrt[3]{(x+1)^2(x-1)^4}}$.

3.4 定积分的计算

根据牛顿–莱布尼茨公式, 计算定积分 $\int_a^b f(x)\mathrm{d}x$, 只需把它转化为求 $f(x)$ 的原函数 $F(x)$ 在积分区间 $[a,b]$ 上的增量 $F(b)-F(a)$. 从理论上说, 利用不定积分理论, 定积分的计算问题就得到了解决.

例 57 计算定积分 $\int_0^a \frac{1}{x+\sqrt{a^2-x^2}}\mathrm{d}x\ (a>0)$.

解 令 $x=a\sin t$, $\mathrm{d}x=a\cos t\mathrm{d}t$.

$$\begin{aligned}\int \frac{1}{x+\sqrt{a^2-x^2}}\mathrm{d}x &= \int \frac{a\cos t}{a\sin t+\sqrt{a^2(1-\sin^2 t)}}\mathrm{d}t\\ &= \int \frac{\cos t}{\sin t+\cos t}\mathrm{d}t = \frac{1}{2}\int\left(1+\frac{\cos t-\sin t}{\sin t+\cos t}\right)\mathrm{d}t\\ &= \frac{1}{2}\cdot t+\frac{1}{2}\ln|\sin t+\cos t|+C.\end{aligned}$$

根据 $x=a\sin t$, 可得 $t=\arcsin\frac{x}{a}$, $\sin t=\frac{x}{a}$, $\cos t=\frac{\sqrt{a^2-x^2}}{a}$, 因此上式回代可得

$$\int \frac{1}{x+\sqrt{a^2-x^2}}\mathrm{d}x = \frac{1}{2}\arcsin\frac{x}{a}+\frac{1}{2}\ln\left|\frac{x}{a}+\frac{\sqrt{a^2-x^2}}{a}\right|+C,$$

则

$$\int_0^a \frac{1}{x+\sqrt{a^2-x^2}}\mathrm{d}x = \frac{1}{2}\left[\arcsin\frac{x}{a}\right]_0^a+\frac{1}{2}\left[\ln\left|\frac{x}{a}+\frac{\sqrt{a^2-x^2}}{a}\right|\right]_0^a=\frac{\pi}{4}.$$

由此例可以看出, 利用不定积分的计算来实现定积分的计算对简单结构的定积分的计算是可行的, 但这样的计算是复杂的 (需要回代, 比较复杂), 甚至是很困难或者不可能的, 我们必须建立相对完善的定积分计算理论, 因此, 一方面, 利用定积分和不定积分的关系, 将不定积分计算的思想方法推广到定积分的计算中, 另一方面, 必须根据定积分与不定积分不同的结构特点, 设计有针对性的计算方法. 下面, 我们首先将不定积分计算中的两种主要计算方法 (换元法和分部积分法) 推广到定积分计算中.

3.4.1 定积分的换元法

设函数 $f(x)$ 在 $[a,b]$ 上连续, 对变换 $x=\varphi(t)$, 若有常数 α,β 满足：

(1) $\varphi(\alpha)=a$, $\varphi(\beta)=b$, 且 $\varphi(t)\in[a,b],t\in[\alpha,\beta]$(或 $[\beta,\alpha]$);

(2) 在 $[\alpha,\beta]$(或 $[\beta,\alpha]$) 上 $\varphi(t)$ 有连续的导数, 则有定积分的换元公式

$$\int_a^b f(x)\mathrm{d}x=\int_\alpha^\beta f(\varphi(t))\varphi'(t)\mathrm{d}t. \tag{3-4-1}$$

证明 由于式 (3-4-1) 两端的被积函数都是连续的, 所以它们的原函数存在, 故式 (3-4-1) 两端的定积分都可由牛顿–莱布尼茨公式来计算. 设 $f(x)$ 的一个原函数为 $F(x)$, 由牛顿–莱布尼茨公式, 有

$$\int_a^b f(x)\mathrm{d}x=F(b)-F(a).$$

另一方面, 由复合函数求导法则, 有

$$\frac{\mathrm{d}F(\varphi(t))}{\mathrm{d}t}=\frac{\mathrm{d}F(x)}{\mathrm{d}t}=\frac{\mathrm{d}F(x)}{\mathrm{d}x}\cdot\frac{\mathrm{d}x}{\mathrm{d}t}=f(x)\varphi'(t)=f(\varphi(t))\varphi'(t),$$

即 $F(\varphi(t))$ 是 $f(\varphi(t))\varphi'(t)$ 的一个原函数, 因而有

$$\int_\alpha^\beta f(\varphi(t))\varphi'(t)\mathrm{d}t=F(\varphi(\beta))-F(\varphi(\alpha))=F(b)-F(a).$$

注 (1) 在使用换元法计算定积分时, 积分变量换成新变量时, 积分限一定要换成相应于新积分变量的积分限. 即：换元必换限. 特别当变换 $\varphi(t)$ 为周期函数时, 选择上、下限 α 和 β, 应使 $[\alpha,\beta]$(或 $[\beta,\alpha]$) 为最简区间;

(2) 求出 $f(\varphi(t))\varphi'(t)$ 的一个原函数 $F(\varphi(t))$ 后, 只要把新变量的上、下限分别代入然后相减就行了, 原函数中的变量不必回代;

(3) 公式中的 α,β, 谁大谁小不受限制.

有了定积分的换元法, 例 57 的求解就不需要回代了, 只需换元的同时进行换限即可.

例 58 计算积分 $\displaystyle\int_0^{\frac{\pi}{2}}\frac{\cos x}{1+\sin^2 x}\mathrm{d}x$.

解 法一 $\displaystyle\int_0^{\frac{\pi}{2}}\frac{\cos x}{1+\sin^2 x}\mathrm{d}x=\int_0^{\frac{\pi}{2}}\frac{\mathrm{d}(\sin x)}{1+\sin^2 x}=[\arctan(\sin x)]_0^{\frac{\pi}{2}}=\frac{\pi}{4}$.

注 用凑微分法求定积分时, 由于没有引入新积分变量, 所以不必换限. 但是本题若用换元法求解, 必须换限.

法二 令 $\sin x=t$, 则当 $x=0$ 时, $t=0$; 当 $x=\dfrac{\pi}{2}$ 时, $t=1$, 且 $\mathrm{d}t=\cos x\mathrm{d}x$, 于是

$$\int_0^{\frac{\pi}{2}}\frac{\cos x}{1+\sin^2 x}\mathrm{d}x=\int_0^1\frac{1}{1+t^2}\mathrm{d}t=\arctan t\,\Big|_0^1=\frac{\pi}{4}.$$

例 59 计算积分 $\displaystyle\int_a^{2a}\frac{\sqrt{x^2-a^2}}{x^4}\mathrm{d}x$.

结构分析 类似不定积分的计算思想, 通过三角函数换元 $x=a\sec t$, 将被积函数中的根式有理化, 简化被积函数.

解 令 $x=a\sec t$, 则当 $x=a$ 时, $t=0$; 当 $x=2a$ 时, $t=\dfrac{\pi}{3}$, $\mathrm{d}x=a\sec t\tan t\mathrm{d}t$, 于是

$$\int_a^{2a}\frac{\sqrt{x^2-a^2}}{x^4}\mathrm{d}x=\int_0^{\frac{\pi}{3}}\frac{a\tan t}{a^4\sec^4 t}a\sec t\tan t\mathrm{d}t=\frac{1}{a^2}\int_0^{\frac{\pi}{3}}\sin^2 t\cos t\mathrm{d}t=\frac{\sqrt{3}}{8a^2}.$$

例 60 计算积分 $\displaystyle\int_0^4\frac{x+2}{\sqrt{2x+1}}\mathrm{d}x$.

解 令 $t=\sqrt{2x+1}$, 则 $x=\dfrac{t^2-1}{2}$, 当 $x=0$ 时, $t=1$; 当 $x=4$ 时, $t=3$, $\mathrm{d}x=t\mathrm{d}t$, 于是

$$\int_0^4\frac{x+2}{\sqrt{2x+1}}\mathrm{d}x=\int_1^3\frac{\frac{t^2-1}{2}+2}{t}t\mathrm{d}t=\frac{1}{2}\int_1^3(t^2+3)\mathrm{d}t=\frac{1}{2}\left(\frac{1}{3}t^3+3t\right)\Big|_1^3=\frac{22}{3}.$$

例 61 设函数 $f(x)$ 为连续函数, 证明

$$\int_a^b f(x)\mathrm{d}x=\int_a^b f(a+b-x)\mathrm{d}x.$$

证明 作变量代换, 令 $x=a+b-t$, 则 $\mathrm{d}x=-\mathrm{d}t$, 且当 $x=a$ 时, $t=b$; 当 $x=b$ 时, $t=a$, 于是

$$\int_a^b f(x)\mathrm{d}x=\int_b^a f(a+b-t)(-\mathrm{d}t)=\int_a^b f(a+b-t)\mathrm{d}t=\int_a^b f(a+b-x)\mathrm{d}x.$$

抽象总结 例 61 的结论一般叫做“**区间再现公式**”, 其证明过程很简单, 但是其用处很大, 在一定程度上解决了如何换元问题, 举例如下.

例 62 求积分 $I=\displaystyle\int_0^{\frac{\pi}{2}}\frac{\sin x}{\sin x+\cos x}\mathrm{d}x$.

结构分析　此题结构是三角有理式的积分, 可按该类型积分的标准步骤, 即用万能公式转化成有理函数的积分去做, 但比较繁琐. 这里采用变量代换法, 利用"区间再现公式"换元也可求解, 且计算简单.

解　使用"区间再现公式", 令 $x=\dfrac{\pi}{2}-t$, 则 $\mathrm{d}x=-\mathrm{d}t$, 且当 $x=0$ 时, $t=\dfrac{\pi}{2}$; 当 $x=\dfrac{\pi}{2}$ 时, $t=0$, 于是

$$I=\int_0^{\frac{\pi}{2}}\frac{\sin x}{\sin x+\cos x}\mathrm{d}x=\int_{\frac{\pi}{2}}^0\frac{\cos t}{\cos t+\sin t}(-\mathrm{d}t)=\int_0^{\frac{\pi}{2}}\frac{\cos t}{\cos t+\sin t}\mathrm{d}t,$$

所以,

$$2I=\int_0^{\frac{\pi}{2}}\frac{\sin x}{\sin x+\cos x}\mathrm{d}x+\int_0^{\frac{\pi}{2}}\frac{\cos x}{\cos x+\sin x}\mathrm{d}x=\int_0^{\frac{\pi}{2}}1\mathrm{d}x=\frac{\pi}{2},$$

故 $I=\dfrac{\pi}{4}$.

例 63　求积分 $I=\displaystyle\int_0^{\frac{\pi}{4}}\ln(1+\tan x)\mathrm{d}x$.

解　使用"区间再现公式", 令 $x=\dfrac{\pi}{4}-t$, $\tan x=\dfrac{1-\tan t}{1+\tan t}$, 则

$$\begin{aligned}I=\int_0^{\frac{\pi}{4}}\ln(1+\tan x)\mathrm{d}x&=\int_{\frac{\pi}{4}}^0\ln\frac{2}{(1+\tan t)}(-\mathrm{d}t)\\&=-\int_0^{\frac{\pi}{4}}\ln(1+\tan t)\mathrm{d}t+\int_0^{\frac{\pi}{4}}\ln 2\mathrm{d}t,\end{aligned}$$

所以 $2I=\displaystyle\int_0^{\frac{\pi}{4}}\ln 2\mathrm{d}t=\frac{\pi}{4}\ln 2$, 故 $I=\dfrac{\pi}{8}\ln 2$.

3.4.2　定积分的分部积分法

类似不定积分的分部积分公式, 可以得到定积分的分部积分公式：假设函数 $u(x),v(x)$ 在 $[a,b]$ 具有连续的导数, 则

$$\int_a^b u(x)v'(x)\mathrm{d}x=u(x)v(x)|_a^b-\int_a^b u'(x)v(x)\mathrm{d}x.$$

注　(1) 与不定积分的分部积分法类似, 该公式常用于求两类不同类型的函数之积的定积分, 选择合适的 u 和 v 是使用公式的关键;

(2) 在使用分部积分法计算定积分时, 不必等到原函数求出以后才将上下限代入, 可以算一步就代一步, 即边积分边代限.

例 64 计算积分 $\int_0^{\ln 3} x\mathrm{e}^{-x}\mathrm{d}x$.

解 $\int_0^{\ln 3} x\mathrm{e}^{-x}\mathrm{d}x = -\int_0^{\ln 3} x\mathrm{d}\mathrm{e}^{-x} = -xe^{-x}\big|_0^{\ln 3} + \int_0^{\ln 3} \mathrm{e}^{-x}\mathrm{d}x = \frac{1}{3}(2-\ln 3)$.

例 65 设 $G(x) = \int_0^x \frac{\sin t}{\pi - t}\mathrm{d}t$, 求 $\int_0^\pi G(x)\mathrm{d}x$.

结构分析 由于并不知道 $G(x)$, 仅知道 $G'(x)$, 故采用分部积分法, 达到消除 $G(x)$ 的目的.

解
$$\begin{aligned}\int_0^\pi G(x)\mathrm{d}x &= xG(x)\big|_0^\pi - \int_0^\pi xG'(x)\mathrm{d}x\\ &= \pi G(\pi) - \int_0^\pi x\cdot\frac{\sin x}{\pi - x}\mathrm{d}x\\ &= \pi\int_0^\pi \frac{\sin x}{\pi - x}\mathrm{d}x - \int_0^\pi x\cdot\frac{\sin x}{\pi - x}\mathrm{d}x\\ &= \int_0^\pi \sin x\mathrm{d}x = -\cos x\big|_0^\pi = 2.\end{aligned}$$

例 66 计算积分 $I_n = \int_0^{\frac{\pi}{2}} \sin^n x\mathrm{d}x$.

结构分析 这也是一个利用分部积分处理的例子, 但是, 与上述例子不同的是：此例需要从自身分离出一部分, 成为一个因子的导数形式.

解
$$\begin{aligned}I_n &= \int_0^{\frac{\pi}{2}} \sin^n x\mathrm{d}x\\ &= \int_0^{\frac{\pi}{2}} \sin^{n-1} x(-\cos x)'\mathrm{d}x\\ &= -\sin^{n-1} x\cos x\big|_0^{\frac{\pi}{2}} + \int_0^{\frac{\pi}{2}} (n-1)\sin^{n-2} x\cos^2 x\mathrm{d}x\\ &= (n-1)I_{n-2} - (n-1)I_n,\end{aligned}$$

因而, 得到递推公式

$$I_n = \frac{n-1}{n}I_{n-2},$$

由于 $I_0=\frac{\pi}{2},I_1=1$, 故, n 为偶数时,

$$I_n=\frac{(n-1)(n-3)\cdots 3\cdot 1}{n(n-2)\cdots 4\cdot 2}\cdot\frac{\pi}{2};$$

n 为奇数时,

$$I_n=\frac{(n-1)(n-3)\cdots 4\cdot 2}{n(n-2)\cdots 5\cdot 3}.$$

所以

$$I_n=\int_0^{\frac{\pi}{2}}\sin^n x\mathrm{d}x=\begin{cases}\frac{n-1}{n}\cdot\frac{n-3}{n-2}\cdots\frac{3}{4}\cdot\frac{1}{2}\cdot\frac{\pi}{2}, & n\text{ 为偶数.}\\ \frac{n-1}{n}\cdot\frac{n-3}{n-2}\cdots\frac{4}{5}\cdot\frac{2}{3}, & n\text{ 为奇数.}\end{cases}$$

例 66 中, 若令 $x=\frac{\pi}{2}-t$, 则当 $x=0$ 时, $t=\frac{\pi}{2}$; 当 $x=\frac{\pi}{2}$ 时, $t=0$, $\mathrm{d}x=-\mathrm{d}t$, 于是

$$\int_0^{\frac{\pi}{2}}\sin^n x\mathrm{d}x=\int_{\frac{\pi}{2}}^0\sin^n\left(\frac{\pi}{2}-t\right)(-\mathrm{d}t)=\int_0^{\frac{\pi}{2}}\cos^n t\mathrm{d}t=\int_0^{\frac{\pi}{2}}\cos^n x\mathrm{d}x,$$

因此

$$\int_0^{\frac{\pi}{2}}\sin^n x\mathrm{d}x=\int_0^{\frac{\pi}{2}}\cos^n x\mathrm{d}x=\begin{cases}\frac{n-1}{n}\cdot\frac{n-3}{n-2}\cdots\frac{3}{4}\cdot\frac{1}{2}\cdot\frac{\pi}{2}, & n\text{ 为偶数.}\\ \frac{n-1}{n}\cdot\frac{n-3}{n-2}\cdots\frac{4}{5}\cdot\frac{2}{3}, & n\text{ 为奇数.}\end{cases}$$

该式叫华里士 (Wallis) 公式.

利用华里士公式, 可以快速计算如下形式的积分:

$$\int_0^{\frac{\pi}{2}}\sin^5 x\mathrm{d}x=\int_0^{\frac{\pi}{2}}\cos^5 x\mathrm{d}x=\frac{4}{5}\cdot\frac{2}{3}=\frac{8}{15}.$$

$$\begin{aligned}\int_0^{\frac{\pi}{2}}\sin^2 x\cos^4 x\mathrm{d}x&=\int_0^{\frac{\pi}{2}}(1-\cos^2 x)\cos^4 x\mathrm{d}x\\&=\int_0^{\frac{\pi}{2}}\cos^4 x\mathrm{d}x-\int_0^{\frac{\pi}{2}}\cos^6 x\mathrm{d}x\\&=\frac{3\cdot 1}{4\cdot 2}\cdot\frac{\pi}{2}-\frac{5\cdot 3\cdot 1}{6\cdot 4\cdot 2}\cdot\frac{\pi}{2}=\frac{\pi}{32}.\end{aligned}$$

3.4.3 基于特殊结构的定积分的计算

虽然通过基本公式和方法可以将定积分转化为不定积分计算或利用不定积分类似的计算方法计算, 但是, 对具有特殊结构的定积分, 有时上述计算思想失效, 采用特殊的方法处理会使计算更加简单.

1. 对称区间上奇、偶函数的定积分

定理 3-9 若 $f(x)$ 在关于原点对称的区间 $[-a,a]$ 上连续, 则

$$\int_{-a}^{a} f(x)\mathrm{d}x=\begin{cases} 0, & \text{当 } f(x) \text{ 为奇函数}, \\ 2\int_{0}^{a} f(x)\mathrm{d}x, & \text{当 } f(x) \text{ 为偶函数}. \end{cases}$$

证明 根据定积分的性质知,

$$\int_{-a}^{a} f(x)\mathrm{d}x=\int_{-a}^{0} f(x)\mathrm{d}x+\int_{0}^{a} f(x)\mathrm{d}x,$$

令 $x=-t$, 则

$$\begin{aligned}\int_{-a}^{0} f(x)\mathrm{d}x&=\int_{a}^{0} f(-t)(-\mathrm{d}t)=\int_{0}^{a} f(-t)\mathrm{d}t=\int_{0}^{a} f(-x)\mathrm{d}x\\&=\begin{cases} -\int_{0}^{a} f(x)\mathrm{d}x, & \text{当 } f(x) \text{ 为奇函数}, \\ \int_{0}^{a} f(x)\mathrm{d}x, & \text{当 } f(x) \text{ 为偶函数}. \end{cases}\end{aligned}$$

故

$$\int_{-a}^{a} f(x)\mathrm{d}x=\begin{cases} 0, & \text{当 } f(x) \text{ 为奇函数}, \\ 2\int_{0}^{a} f(x)\mathrm{d}x, & \text{当 } f(x) \text{ 为偶函数}. \end{cases}$$

抽象总结 从定理可知, 定积分结构中, 积分区间具有对称性、被积函数具有奇偶性, 这是定理 3-9 作用对象特点, 因此, 当定积分的区间具有对称性时, 可以优先考虑利用定理 3-9.

例 67 计算积分 $I=\int_{-1}^{1}\frac{\sin x}{x^2+1}\mathrm{d}x$.

结构分析 定积分的结构特点：积分区间为对称区间, 被积函数为奇函数, 具备定理 3-9 作用对象的特点.

解 由于被积函数为奇函数, 因而 $I=0$.

注 利用基本计算公式和方法不能实现或很难实现此例的计算，由此体现出定积分和不定积分计算思想上的区别.

例 68 计算积分 $\int_{-1}^{1}(|x|+x^3\sqrt{1-x^2})\mathrm{d}x$.

结构分析 被积函数明显由两部分组成，前一部分为偶函数，后一部分为奇函数，且积分区间为对称区间，利用积分的性质拆成两部分，每一部分都具备定理 3-9 作用对象的特点.

解
$$\text{原式}=\int_{-1}^{1}|x|\mathrm{d}x+\int_{-1}^{1}x^3\sqrt{1-x^2}\mathrm{d}x=2\int_{0}^{1}x\mathrm{d}x+0=1.$$

例 69 计算积分 $\int_{-1}^{1}\frac{x+1}{1+\sqrt[3]{x^2}}\mathrm{d}x$.

结构分析 被积函数中含有困难因子 $\sqrt[3]{x^2}$，首先想到的处理方法是通过变量代换消去根式，进行有理化处理，将被积函数转化为有理分式形式. 但是在区间 $[-1,1]$ 内如果作变换 $\sqrt[3]{x^2}=t$，则 $x=\pm\sqrt{t^3}$，积分区间需要分成两段，$[-1,0]$ 内取 $x=-\sqrt{t^3}$，$[0,1]$ 内取 $x=\sqrt{t^3}$. 如果作变换 $\sqrt[3]{x}=t$，则 $x=t^3$，虽然不必将区间 $[-1,1]$ 分两段处理，但也不是最好的方法. 仔细审题发现被积函数可拆成两部分，然后利用奇、偶函数的积分性质，奇函数在 $[-1,1]$ 上的积分为零，偶函数在 $[-1,1]$ 的积分为 $[0,1]$ 上积分的 2 倍，而在 $[0,1]$ 上，作变换 $\sqrt[3]{x^2}=t$，则 $x=\sqrt{t^3}$，不需要考虑符号问题，会使问题简化.

解
$$\text{原式}=\int_{-1}^{1}\frac{x}{1+\sqrt[3]{x^2}}\mathrm{d}x+\int_{-1}^{1}\frac{1}{1+\sqrt[3]{x^2}}\mathrm{d}x=0+2\int_{0}^{1}\frac{1}{1+\sqrt[3]{x^2}}\mathrm{d}x,$$

作积分变量代换，令 $\sqrt[3]{x^2}=t$，则 $x=\sqrt{t^3}$，$\mathrm{d}x=\frac{3}{2}\sqrt{t}\mathrm{d}t$. 当 $x=0$ 时，$t=0$；当 $x=1$ 时，$t=1$. 于是

$$\int_{-1}^{1}\frac{x+1}{1+\sqrt[3]{x^2}}\mathrm{d}x=3\int_{0}^{1}\frac{\sqrt{t}}{1+t}\mathrm{d}t\xlongequal{\sqrt{t}=u}6\int_{0}^{1}\frac{u^2}{1+u^2}\mathrm{d}u$$
$$=6\int_{0}^{1}\left(1-\frac{1}{1+u^2}\right)\mathrm{d}u=6-6\arctan 1=6-\frac{3\pi}{2}.$$

抽象总结 将奇、偶函数在对称区间上的积分性质与前面的积分方法结合起来，会给解题带来方便.

2. 周期函数的定积分

定理 3-10 设 $f(x)$ 是周期为 T 的连续函数, 则对任意实数 a,

$$\int_a^{a+T} f(x)\mathrm{d}x = \int_0^T f(x)\mathrm{d}x.$$

事实上, 利用形式统一方法, 则

$$\int_a^{a+T} f(x)\mathrm{d}x = \int_a^0 f(x)\mathrm{d}x + \int_0^T f(x)\mathrm{d}x + \int_T^{a+T} f(x)\mathrm{d}x,$$

作代换 $x=a+T$, 则

$$\int_T^{a+T} f(x)\mathrm{d}x = \int_0^a f(T+t)\mathrm{d}t = -\int_a^0 f(t)\mathrm{d}t = -\int_a^0 f(x)\mathrm{d}x,$$

故 $\int_a^{a+T} f(x)\mathrm{d}x = \int_0^T f(x)\mathrm{d}x$.

公式表明, 对周期函数而言, 在任何一个周期长度的区间上的积分相同.

例 70 设 n 为正整数, 求 $\int_0^{2\pi} \sin^n x\mathrm{d}x$.

结构分析 积分中被积函数结构为 $\sin x$ 的 n 次幂. 类比已知: 华里士公式, 但是二者的积分区间不同. 设计思路: 将积分区间转化成 $\left[0,\frac{\pi}{2}\right]$, 这里需要注意区间转化的一些技巧.

解 $\sin^n x$ 是以 2π 为周期的周期函数, 于是

$$\int_0^{2\pi} \sin^n x\mathrm{d}x = \int_{-\pi}^{\pi} \sin^n x\mathrm{d}x,$$

若 n 为正奇数, 则 $\sin^n x$ 为奇函数; 若 n 为正偶数, 则 $\sin^n x$ 为偶函数. 从而

$$\int_0^{2\pi} \sin^n x\mathrm{d}x = \begin{cases} 0, & n \text{ 为正奇数}, \\ 2\int_0^{\pi} \sin^n x\mathrm{d}x, & n \text{ 为正偶数}. \end{cases}$$

当 n 为正偶数时, 有

$$2\int_0^{\pi} \sin^n x\mathrm{d}x = 2\left(\int_0^{\frac{\pi}{2}} \sin^n x\mathrm{d}x + \int_{\frac{\pi}{2}}^{\pi} \sin^n x\mathrm{d}x\right).$$

对第二部分积分, 作变量代换 $x=\pi-t$, 则 $\mathrm{d}x=-\mathrm{d}t$, 且当 $x=\frac{\pi}{2}$ 时, $t=\frac{\pi}{2}$; 当 $x=\pi$ 时, $t=0$. 于是

$$\begin{aligned}2\int_0^{\pi}\sin^n x\mathrm{d}x&=2\left[\int_0^{\frac{\pi}{2}}\sin^n x\mathrm{d}x+\int_{\frac{\pi}{2}}^{0}\sin^n(\pi-t)(-\mathrm{d}t)\right]\\&=2\left(\int_0^{\frac{\pi}{2}}\sin^n x\mathrm{d}x+\int_0^{\frac{\pi}{2}}\sin^n t\mathrm{d}t\right)=4\int_0^{\frac{\pi}{2}}\sin^n x\mathrm{d}x\\&=4\cdot\frac{n-1}{n}\cdot\frac{n-3}{n-2}\cdot\cdots\cdot\frac{1}{2}\cdot\frac{\pi}{2},\end{aligned}$$

所以 $\int_0^{2\pi}\sin^n x\mathrm{d}x=\begin{cases}0, & n\text{ 为正奇数},\\ 4\cdot\frac{n-1}{n}\cdot\frac{n-3}{n-2}\cdot\cdots\cdot\frac{1}{2}\cdot\frac{\pi}{2}, & n\text{ 为正偶数}.\end{cases}$

3. 涉及三角函数的特殊结构的定积分

还有一类涉及三角函数的积分, 需要充分利用三角函数的周期性质和相互的关系式来计算. 先看一个例子.

例 71　计算 $I=\int_0^{\pi}\frac{x\sin x}{1+\cos^2 x}\mathrm{d}x$.

结构分析　被积函数含有两类不同的因子, 但是不能用分部积分法削去其中一类因子而实现计算, 因此, 分部积分法失效, 需要深入挖掘被积函数的主要结构特征, 寻找其他的处理方法. 事实上, 本题中被积函数的主要因子是三角函数因子, 积分限也对应于三角函数的结构, 因此, 利用分割积分区间或者变换积分区间的方式来探索思路.

解　法一　(分割积分区间)

由于

$$I=\int_0^{\frac{\pi}{2}}\frac{x\sin x}{1+\cos^2 x}\mathrm{d}x+\int_{\frac{\pi}{2}}^{\pi}\frac{x\sin x}{1+\cos^2 x}\mathrm{d}x\triangleq I_1+I_2,$$

对第二部分, 作换元 $x=\pi-t$, 则

$$I_2=\int_0^{\frac{\pi}{2}}\frac{(\pi-t)\sin(\pi-t)}{1+\cos^2(\pi-t)}\mathrm{d}t=\pi\int_0^{\frac{\pi}{2}}\frac{\sin t}{1+\cos^2 t}\mathrm{d}t-I_1,$$

因而,

$$I=\pi\int_0^{\frac{\pi}{2}}\frac{\sin t}{1+\cos^2 t}\mathrm{d}t=\frac{\pi^2}{4}.$$

法二 (变换积分区间)

使用“区间再现公式”, 作换元 $x=\pi-t$, 则

$$\begin{aligned}
I=\int_0^{\pi}\frac{x\sin x}{1+\cos^2 x}\mathrm{d}x&=\int_{\pi}^{0}\frac{(\pi-t)\sin(\pi-t)}{1+\cos^2(\pi-t)}(-\mathrm{d}t)\\
&=\int_0^{\pi}\frac{(\pi-t)\sin t}{1+\cos^2 t}\mathrm{d}t\\
&=\pi\int_0^{\pi}\frac{\sin t}{1+\cos^2 t}\mathrm{d}t-\int_0^{\pi}\frac{t\sin t}{1+\cos^2 t}\mathrm{d}t\\
&=-\pi\arctan(\cos t)\big|_0^{\pi}-I\\
&=\frac{\pi^2}{2}-I,
\end{aligned}$$

所以 $2I=\dfrac{\pi^2}{2}$, 故 $I=\dfrac{\pi^2}{4}$.

上述例子利用基本公式计算不出来. 它反映了定积分计算和不定积分计算的区别, 求解过程中, 充分利用了三角函数的性质削去因子 x, 这也代表了这类例子处理的一种思想.

将上述求解思想总结出来, 可以得到更一般的结论.

定理 3-11 $f(x)$ 是连续函数, 则

$$\int_0^{\pi}xf(\sin x)\mathrm{d}x=\frac{\pi}{2}\int_0^{\pi}f(\sin x)\mathrm{d}x=\pi\int_0^{\frac{\pi}{2}}f(\sin x)\mathrm{d}x.$$

此定理的证明留作习题.

习 题 3-4

1. 计算下列定积分:

(1) $\displaystyle\int_0^1\frac{\arctan x}{1+x^2}\mathrm{d}x$;

(2) $\displaystyle\int_1^{\mathrm{e}^2}\frac{\mathrm{d}x}{x\sqrt{1+\ln x}}$;

(3) $\displaystyle\int_0^{\ln 2}\sqrt{\mathrm{e}^x-1}\mathrm{d}x$;

(4) $\displaystyle\int_0^1 x^3(1-x^2)^5\mathrm{d}x$;

(5) $\displaystyle\int_1^{\mathrm{e}}\ln x\mathrm{d}x$;

(6) $\displaystyle\int_0^{\sqrt{3}}x\arctan x\mathrm{d}x$;

(7) $\displaystyle\int_0^{\pi^2}\sqrt{x}\cos\sqrt{x}\mathrm{d}x$;

(8) $\displaystyle\int_0^1\frac{x}{1+\sqrt{1+x}}\mathrm{d}x$;

(9) $\displaystyle\int_{-1}^1\frac{x\cos x+|x|}{1+x^2}\mathrm{d}x$;

(10) $\displaystyle\int_{-\frac{1}{2}}^{\frac{1}{2}}\frac{(\arcsin x)^2}{\sqrt{1-x^2}}\mathrm{d}x$;

(11) $\int_{\frac{\pi}{4}}^{\frac{5\pi}{4}}(1+\cos^2 x)\mathrm{d}x$;　　(12) $\int_{-\frac{\pi}{2}}^{\frac{\pi}{2}}\sqrt{\cos x-\cos^3 x}\mathrm{d}x$.

2. 分析积分的结构, 充分利用结构特点计算定积分, 其中 $f(x)$ 为连续函数:

(1) $\int_a^b \frac{f(x)}{f(x)+f(a+b-x)}\mathrm{d}x$;　　(2) $\int_0^{\frac{\pi}{2}}\frac{f(\sin x)}{f(\sin x)+f(\cos x)}\mathrm{d}x$.

3. 设 $f(x)$ 是连续函数, 且 $f(x)=x+2\int_0^1 f(t)\mathrm{d}t$, 求 $f(x)$.

4. 设 $f(x)=\begin{cases}1+x^2, & x\leqslant 0,\\ \mathrm{e}^{-x}, & x>0,\end{cases}$ 求 $\int_1^3 f(x-2)\mathrm{d}x$.

5. 设函数 $f(x)$ 具有二阶连续导数, 若曲线 $y=f(x)$ 过点 $(0,0)$, 且与 $y=2^x$ 在点 $(1,2)$ 处相切, 求 $\int_0^1 xf''(x)\mathrm{d}x$.

6. 设 $f(x)$ 在区间 $[-a,a](a>0)$ 上连续, 证明 $\int_{-a}^a f(x)\mathrm{d}x=\int_0^a[f(x)+f(-x)]\mathrm{d}x$, 并计算 $\int_{-\frac{\pi}{4}}^{\frac{\pi}{4}}\frac{1}{1+\sin x}\mathrm{d}x$.

7. 计算 $\int_0^1\frac{f(x)}{\sqrt{x}}\mathrm{d}x$, 其中 $f(x)=\int_1^x\frac{\ln(t+1)}{t}\mathrm{d}t$.

8. 设 $f(x)=\int_x^{x+2\pi}\mathrm{e}^{\sin t}\sin t\mathrm{d}t$, 证明 $f(x)$ 恒为正常数.

9. 分析下面等式的结构特点, 设计对应的方法证明:

$$\int_0^x\frac{1}{1+t^2}\mathrm{d}t+\int_0^{\frac{1}{x}}\frac{1}{1+t^2}\mathrm{d}t=\frac{\pi}{2}\quad(x>0).$$

3.5　定积分的应用

定积分理论本身就产生于人类实践活动中的一些具体的几何和物理问题的求解, 本节, 我们就从定积分的几何意义出发, 首先导出平面几何图形的面积公式, 进一步从中抽取出定积分的微元法思想, 用于求解更多的几何量和物理量.

3.5.1　平面图形的面积

定积分理论产生的背景问题之一就是平面图形的面积计算, 因此, 我们从最基本的曲边梯形的面积计算开始, 建立各种形式的平面图形的面积计算公式.

1. 直角坐标系下面积基本公式

由定积分知识知, 由曲线段 $l: y=f(x)(x\in[a,b])$ 和直线 $x=a,x=b$ 及 x 轴所围曲边梯形的面积为 $S=\int_a^b f(x)\mathrm{d}x$.

结构分析 上述公式首先给出了用定积分计算特殊的平面图形——曲边梯形的面积公式, 进一步分析公式中积分结构的几何意义, 可以发现：定积分中的组成元素对应于曲边梯形的组成元素, 即被积函数 $f(x)=f(x)-0$ 是曲边梯形上下边界曲线所对应的函数的差, 定积分下限 a 是对应于曲边梯形的左边界, 上限 b 是曲边梯形的右边界 (图 3-6), 因此, 对曲边梯形而言, 一旦确定了各个边界, 就可以利用定积分给出其面积的计算公式.

因此, 根据上述结构特征, 进一步可以证明, 若图形的左边界为直线 $x=a$, 右边界为直线 $x=b\ (b>a)$, 上边界为曲线 $y=f(x)$, 下边界为曲线 $y=g(x)$, 其中 $f(x)\geqslant g(x)$, 如图 3-7, 则图形面积为

$$S=\int_a^b[f(x)-g(x)]\mathrm{d}x.$$

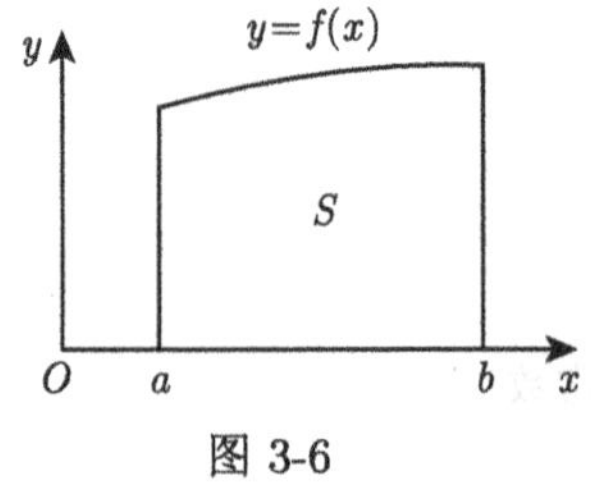

图 3-6

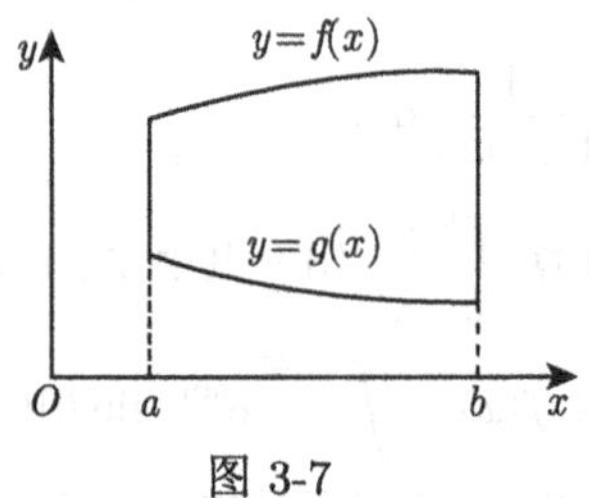

图 3-7

将上述公式推广, 可以得到更一般的面积计算公式.

(1) 设 $y=f(x)$ 为定义在 $[a,b]$ 上的连续函数, 则由曲线 $l:y=f(x)$ 和直线 $x=a,x=b$ 及 x 轴所围曲边梯形的面积为

$$S=\int_a^b|f(x)|\,\mathrm{d}x.$$

(2) 设 $y=f(x)$ 和 $y=g(x)$ 都是定义在 $[a,b]$ 上的连续函数, 则由曲线 $l:y=f(x),l':y=g(x)$ 和直线 $x=a,x=b$ 所围图形的面积为

$$S=\int_a^b|f(x)-g(x)|\,\mathrm{d}x.$$

抽象总结 上述建立的一系列公式作用对象是平面曲边梯形的面积计算. 应用思想方法是先从几何上确定曲边梯形的左右直线边界和上下的曲边界, 然后代入公式. 有时, 直线边界可能退化为一点 (如图 3-8).

确定图形的左右边界和上下边界可以用穿线方法：用平行于 x 轴的直线沿 x 轴正向的方向穿过图形区域, 先交的边界并由此进入区域的为左边界, 后交的并

由此穿出区域的边界为右边界; 用平行于 y 轴的直线沿 y 轴正向的方向穿过区域, 先交的边界并由此进入区域的为下边界, 后交的并由此穿出区域的边界为上边界 (图 3-8).

这里的函数指的是单值函数, 即对定义域中的任意一点 x, 存在唯一的 $y=f(x)$ 与之对应. 此时, 从几何角度, 对应的曲线也称为简单曲线, 即对定义域中任一点 c, 直线 $x=c$ 与曲线 $y=f(x)$ 只有一个交点.

当图形具有上下直线边界和左右曲线边界时, 也可以以 y 为积分变量计算图形的面积, 即若图形的下直线边界为 $y=c$, 上直线边界为 $y=d$, 左曲线边界为 $x=f(y)$, 右曲线边界为 $x=g(y)$, 则图形的面积为

$$S=\int_c^d[g(y)-f(y)]\mathrm{d}y.$$

因此, 可以根据图形的特点, 灵活选用公式.

当然, 在涉及几何问题时, 一定要挖掘图形的几何结构特征 (如对称性), 根据结构特点简化计算.

例 72　计算由曲线 $y=x^2$ 和 $x=y^2$ 所围图形的面积.

解　如图 3-9, 两条曲线的交点为 $(0,0),(1,1)$, 因此, 所围图形的左右直线边界为 $x=0$ 和 $x=1$, 上下曲线边界分别为 $y=\sqrt{x},y=x^2$, 故面积为

$$S=\int_0^1(\sqrt{x}-x^2)\mathrm{d}x=\frac{1}{3}.$$

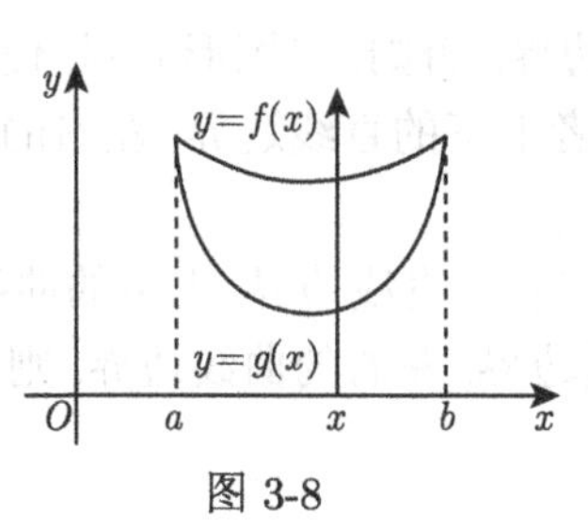

图 3-8

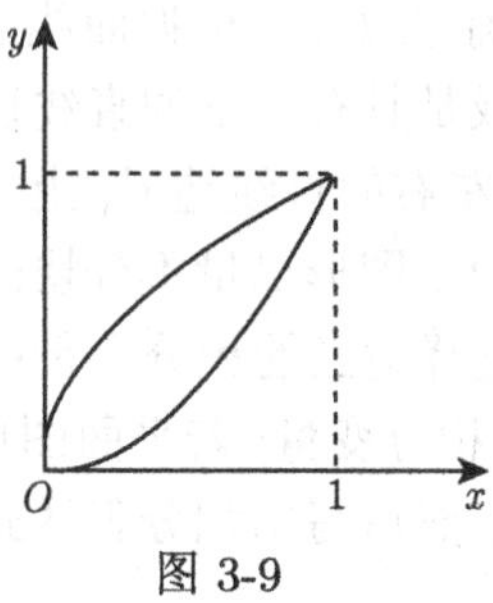

图 3-9

例 73　计算由直线 $y=-x$ 和曲线 $y^2-2y+x=0$ 所围图形的面积.

解　法一　如图 3-10, 记 $A(-3,3),B(0,2),C(1,1)$.

以 x 为积分变量计算面积时, 将区域面积视为 AOB 和 BOC 两部分, 对 AOB 部分, 左右直线边界分别为 $x=-3,x=0$, 上边界为曲线 $y=1+\sqrt{1-x}$,

下边界为直线 $y=-x$, 对 BOC 部分, 左右直线边界为 $x=0,x=1$, 上边界为曲线 $y=1+\sqrt{1-x}$, 下边界为曲线 $y=1-\sqrt{1-x}$, 因此, 所求图形的面积 S 为

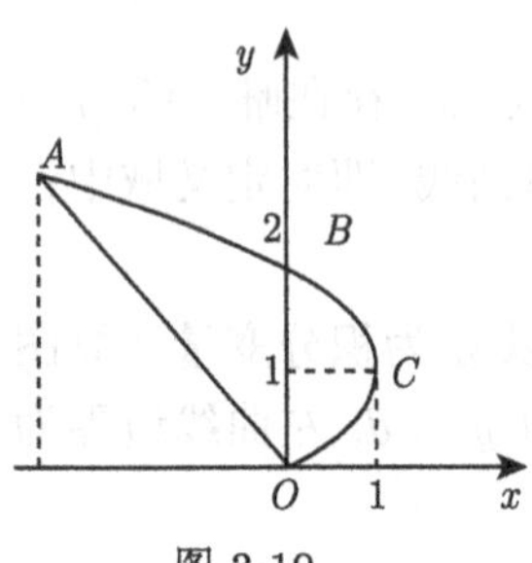

图 3-10

$$
\begin{aligned}
S &= S_{AOB}+S_{OBC}\\
&=\int_{-3}^{0}(1+\sqrt{1-x}+x)\mathrm{d}x\\
&\quad+\int_{0}^{1}[1+\sqrt{1-x}-(1-\sqrt{1-x})]\mathrm{d}x=\frac{9}{2}.
\end{aligned}
$$

法二 以 y 为积分变量计算面积, 此时, 需要确定图形的上下直线边界和左右曲线边界, 本题, 下直线边界为 $y=0$, 上直线边界为 $y=3$, 左曲线边界为直线 $x=-y$, 右边界为曲线 $x=-y^2+2y$, 故

$$
S=\int_{0}^{3}[2y-y^2-(-y)]\mathrm{d}y=\frac{9}{2}.
$$

注 例 73 说明在用定积分求面积时, 正确地选择积分变量, 可以大大地简化计算过程.

归纳总结 在利用定积分计算一般平面图形的面积时, 一般是先通过确定曲线的交点确定图形边界, 然后, 直接利用公式或通过分割转化为能用公式的图形后再代入公式计算.

尽可能画出图形, 有助于确定图形的边界. 因此, 利用定积分计算平面图形的面积的主要步骤为

(1) 画图：画出平面图形的边界线, 并尽量利用图形的对称性简化计算;

(2) 确定边界：根据曲线的交点, 观察图形是具有左右的直线边界, 上下的曲线边界, 或是具有上下的直线边界, 左右的曲线边界. 否则, 将图形分割, 使得每一小块都有左右的直线边界, 上下的曲线边界 (或者上下的直线边界, 左右的曲线边界), 原则上, 图形尽量不分块;

(3) 选择适当的积分变量：若平面图形具有左右的直线边界, 上下的曲线边界, 则以 x 为积分变量; 若平面图形具有上下的直线边界, 左右的曲线边界, 则以 y 为积分变量. 然后写出积分表达式, 进行计算.

2. 参数方程下的面积公式

若曲线由参数方程给出, 可借用已知的面积公式, 利用变量代换的思想, 将基本公式的形式转化为参数方程形式下的表达方式. 具体地

设简单曲线 l 的参数方程为

$$
x=x(t),\quad y=y(t),\quad t\in[\alpha,\beta],
$$

其中 $x(t)$ 为 $[\alpha,\beta]$ 上连续可导的递增函数 (保证了曲线是简单的), $y(t)$ 为 $[\alpha,\beta]$ 上的连续函数且 $x(\alpha)=a, x(\beta)=b$, 由基本公式, 由直线 $x=a, x=b$, 曲线 l 和 x 轴所围图形的面积为 $S=\int_a^b |y|\,\mathrm{d}x$, 在上述公式中进行换元 $x=x(t)$, 则

$$S=\int_\alpha^\beta |y(t)|\,x'(t)\mathrm{d}t,$$

这就是对应的计算公式.

当 $x(t)$ 递减时可以得到类似的公式为

$$S=\int_\alpha^\beta |y(t)|\,(-x'(t))\mathrm{d}t.$$

因而, 当 $x(t)$ 单调时, 可以统一公式为

$$S=\int_\alpha^\beta |y(t)x'(t)|\,\mathrm{d}t.$$

而当 $x'(t)$ 变号时需要分段处理, 因为此时曲线不再是简单曲线了.

例 74 计算椭圆曲线 $x=a\cos t, y=b\sin t$ 所围的椭圆面积.

解 法一 (直接利用参数方程的面积公式) 由对称性, 只需计算第一象限的面积, 此时, $t\in\left[0,\frac{\pi}{2}\right]$, 而 $x(t)=a\cos t$ 递减, 故所求面积为

$$S=4\int_0^{\frac{\pi}{2}} b\sin t\,|-a\sin t|\,\mathrm{d}t=\pi ab.$$

法二 (用面积公式和换元法思想)

由对称性, 只需计算第一象限的面积, 由于 $x=0$ 时, $t=\frac{\pi}{2}$; $x=a$ 时, $t=0$, 故所求面积为

$$S=4\int_0^a y\mathrm{d}x=4\int_{\frac{\pi}{2}}^0 b\sin t\mathrm{d}(a\cos t)=4ab\int_0^{\frac{\pi}{2}}\sin^2 t\mathrm{d}t=\pi ab.$$

3. 极坐标下的面积公式

给定曲线 l: $\rho=\rho(\theta), \theta\in[\alpha,\beta]$. 若 $\rho(\theta)$ 在区间 $[\alpha,\beta]$ 上连续, 计算由曲线 l 和射线 $\theta=\alpha, \theta=\beta$ 所围图形的面积 S.

结构分析 由于图形的几何图形为曲边扇形, 不是曲边梯形, 因此, 可以将曲线方程转化为参数方程形式, 由于不是曲边梯形, 则不能用前述的基本公式进行

计算, 即不能用直接转化方法. 为此, 采用化用方法, 即将曲边梯形面积计算公式建立过程的思想和方法移植过来, 由此确立问题的求解思路和方法：利用与曲边梯形相同的思路和方法进行求解, 即采用定积分思想, 具体方法步骤是：分割、近似、求和、取极限.

我们利用定积分的思想推导出计算公式.

(1) 分割：在 $[\alpha,\beta]$ 内插入 $\theta_1,\theta_2,\cdots,\theta_{n-1}$, 将区间 $[\alpha,\beta]$ 进行分割成 n 个小区间,

$$\alpha=\theta_0<\theta_1<\cdots<\theta_{n-1}<\theta_n=\beta,$$

记 $\Delta\theta_i=\theta_i-\theta_{i-1},\lambda=\max\{\Delta\theta_i:i=1,2,\cdots,n\}$.

(2) 近似：先计算第 i 个小曲边扇形的面积, 即曲线 l 和射线 $\theta=\theta_{i-1},\theta=\theta_i$ 所围的面积. 任取 $\xi_i\in[\theta_{i-1},\theta_i]$, 以 $\rho(\xi_i)$ 为半径作圆扇形, 用圆扇形的面积近似代替小曲边扇形的面积, 则小曲边扇形的面积近似为

$$S_i\approx\frac{1}{2}\rho^2(\xi_i)\Delta\theta_i,$$

(3) 求和：利用局部近似结论, 则

$$S=\sum_{i=1}^{n}S_i\approx\sum_{i=1}^{n}\frac{1}{2}\rho^2(\xi_i)\Delta\theta_i,$$

(4) 取极限：由定积分的定义可得

$$S=\lim_{\lambda\to 0}\sum_{i=1}^{n}\frac{1}{2}\rho^2(\xi_i)\Delta\theta_i=\frac{1}{2}\int_{\alpha}^{\beta}\rho^2(\theta)\mathrm{d}\theta.$$

抽象总结 在定积分定义建立过程中, 我们曾指出, 近似的方法是局部线性化, 此处, 我们用圆扇形近似曲边扇形, 即用圆周曲线近似曲边曲线, 以曲线代曲线, 这是局部线性化吗？事实上, 这也是线性化, 因为圆周曲线的极坐标方程是线性方程, 因此, 这是对曲线的极坐标方程进行线性化.

进一步的推广. 若图形由曲线 $\rho=\rho_1(\theta)$, $\rho=\rho_2(\theta)$, $\theta\in[\alpha,\beta]$ 和射线 $\theta=\alpha,\theta=\beta$ 所围, 且 $\rho_1(\theta)\leqslant\rho_2(\theta)$, 则图形的面积为

$$S=\frac{1}{2}\int_{\alpha}^{\beta}[\rho_2^2(\theta)-\rho_1^2(\theta)]\mathrm{d}\theta.$$

和前面情形类似, 当图形较为复杂时, 需作分割处理.

为计算的简单化，在计算封闭的曲线所围图形的面积时，要注意分析图形的几何特性，如对称性，同时要确定 α 和 β.

例 75 计算心形线 $\rho=a(1+\cos\theta)$ 所围图形的面积.

解 如图 3-11，由对称性，只需计算上半部分，故

$$S=2\times\frac{1}{2}\int_0^{\pi}a^2(1+\cos\theta)^2\mathrm{d}\theta=\frac{3}{2}\pi a^2.$$

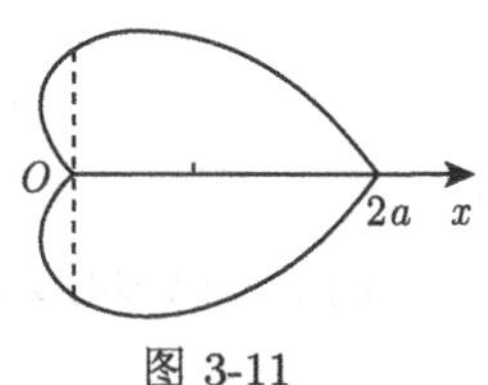

图 3-11

抽象总结 至此，我们已经利用定积分的思想和方法给出了平面图形的面积计算公式. 首先，我们要明确定积分处理的这类量是一个整体量，满足分割后的可加性，其次，其处理的过程为：① 分割——将整体量分割成若干个微元；② 近似计算——在每个微元上进行近似计算；③ 求和——将所有微元上的近似量进行相加，得到整体量的一个近似；④ 取极限——对近似和取极限. 分割是为了将整体量转化为局部的微元处理，关键是对微元的近似计算. 我们如果把定积分解决实际问题的步骤在认清实质的情况下简化，就得到处理这类问题更简洁的方法——**微元法**. 即所求量 A 若与区间 $[a,b]$ 上的某分布 $f(x)$ 有关的一个整体量，且对区间 $[a,b]$ 满足可加性，则求 A 有如下步骤：

第一步 利用“化整为零，以常代变”，求出局部量的近似值——微分表达式. 即取自变量区间中的一个微小区间 $[x,x+\mathrm{d}x]\subset[a,b],\mathrm{d}x>0$，根据可加性，则 A 分布在 $[x,x+\mathrm{d}x]$ 上的部分量为 ΔA，其近似值

$$\mathrm{d}A=f(x)\mathrm{d}x,$$

且 $|\Delta A-\mathrm{d}A|=o(\mathrm{d}x)$.

第二步 利用“积零为整，无限累加”，求出整体量的精确值——积分表达式.

$$A=\int_a^b\mathrm{d}A=\int_a^b f(x)\mathrm{d}x.$$

这种分析方法，第一步是最关键、最本质的一步，所以称为微元分析法 (简称微元法).

微元法和定积分的思想是一致的，关键的步骤仍然是近似计算，**近似计算的原则**是在满足要求的条件下尽量简单，即简单且能用，这是近似的基本原则. 因此，在计算微元的面积时，我们用矩形面积作为曲边梯形的近似，而不用连接曲边两个顶点的梯形作为曲边梯形的近似. 为了加深对微元法的理解，看下面例子.

例 76 求半径为 R 的圆的面积 S.

解 **法一** 对圆作环形分割，如图 3-12 所示.

(1) 化整为零：把 S 看成若干环形面积的叠加, 各圆环的半径长度对应的变量为 x, 显然 $x \in [0, R]$;

(2) 以常代变：求出圆面积位于 $[x, x+\mathrm{d}x]$ 上的微元 $\mathrm{d}S$, 即小环形面积的近似值 (近似长方形面积),

$$\mathrm{d}S = 2\pi x \cdot \mathrm{d}x;$$

(3) 无限累加：将各部分量无限叠加,

$$S = \int_0^R \mathrm{d}s = \int_0^R 2\pi x \cdot \mathrm{d}x = \pi x^2\Big|_0^R = \pi R^2.$$

法二 以圆心为起点绕圆心引一周射线, 对圆作扇形分割, 如图 3-13 所示.

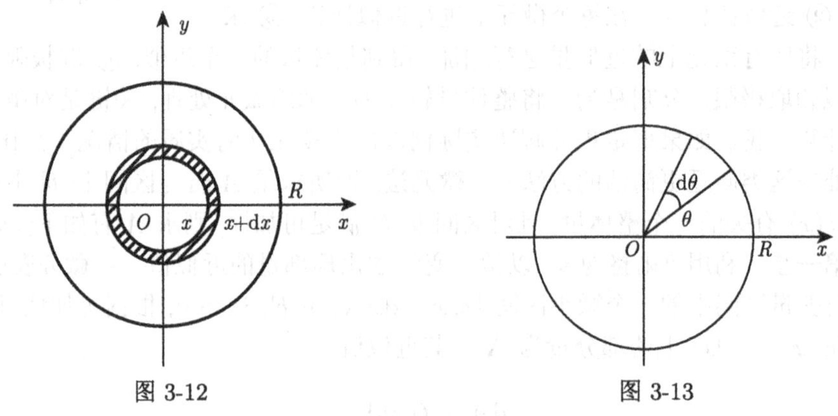

图 3-12　　图 3-13

(1) 化整为零：把 S 看成若干扇形面积的叠加, 各扇形所对圆心角自然生成为变量 θ, $\theta \in [0, 2\pi]$;

(2) 以常代变：求出圆面积位于 $[\theta, \theta+\mathrm{d}\theta]$ 上的微元 $\mathrm{d}S$, 即小扇形面积的近似值 (近似三角形面积),

$$\mathrm{d}S = \frac{1}{2}(\mathrm{d}\theta \cdot R) \cdot R;$$

(3) 无限累加：将各部分量无限叠加,

$$S = \int_0^{2\pi} \mathrm{d}s = \int_0^{2\pi} \frac{1}{2}R^2 \mathrm{d}\theta = \pi R^2.$$

法三 对圆沿坐标轴方向进行分割, 如图 3-14 所示.

(1) 化整为零：把 S 看成若干小曲边梯形面积的叠加, 各小曲边梯形所对应变量 x,$x \in [-R, R]$;

(2) 以常代变：求出圆面积位于 $[x, x+\mathrm{d}x]$ 上的微元 $\mathrm{d}S$, 即小曲边梯形面积的近似值 (近似矩形面积),

$$\mathrm{d}S = 2|y| \cdot \mathrm{d}x = 2\sqrt{R^2 - x^2}\mathrm{d}x;$$

(3) 无限累加：将各部分量无限叠加,

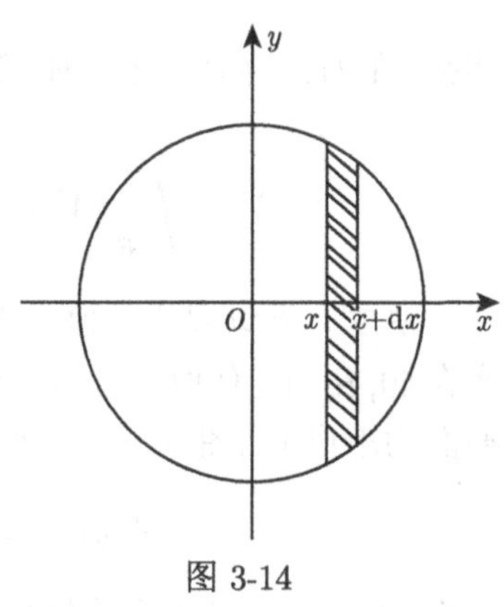

图 3-14

$$\begin{aligned} S &= \int_{-R}^{R} \mathrm{d}s = \int_{-R}^{R} 2\sqrt{R^2 - x^2}\mathrm{d}x \\ &= 4\int_{0}^{R} \sqrt{R^2 - x^2}\mathrm{d}x \\ &\xlongequal{x=R\sin t} 4\int_{0}^{\frac{\pi}{2}} R\cos t \cdot R\cos t\mathrm{d}t \\ &= 4R^2 \int_{0}^{\frac{\pi}{2}} \frac{1+\cos 2t}{2}\mathrm{d}t \\ &= 4R^2 \cdot \frac{1}{2} \cdot \frac{\pi}{2} + R^2 \sin 2t \Big|_{0}^{\frac{\pi}{2}} = \pi R^2. \end{aligned}$$

抽象总结　利用微元法对所求整体量进行分割时, 可根据所求量图形的特点选择条、带、段、环、扇、片、壳等形状进行分割.

3.5.2　已知截面积的立体和旋转体的体积

1. 已知截面积的立体的体积

设几何体夹在平面 $x=a$ 和 $x=b$ 之间, 被垂直于 x 轴的截面所截的面积为 $A(x)$, 计算此几何体的体积 V.

我们用微元法给出计算公式. 由于几何体分布在 $[a,b]$ 上, 任取小区间 $[x, x+\mathrm{d}x] \subset [a,b]$, 分布在 $[x, x+\mathrm{d}x]$ 上的体积微元可以用以 $A(x)$ 为底, $\mathrm{d}x$ 为高的圆柱体近似, 因而, 体积微元

$$\mathrm{d}V = A(x)\mathrm{d}x,$$

故, 体积

$$V = \int_a^b \mathrm{d}V = \int_a^b A(x)\mathrm{d}x.$$

例 77　一平面经过半径为 R 的圆柱体的底面中心, 并与底面交成角度 α, 计算圆柱体被平面截下的部分的体积.

解　法一　以圆柱体底面的中心为原点, 平面与底面的交线为 x 轴, 以底面为平面作平面直角坐标系, 若视所求体积分布在 $[-R, R]$ 上, 即以 x 为积分变量,

则任取 $x\in[-R,R]$, 过点 $(x,0)$ 作垂直于 x 轴的平面, 该平面与截体的截面为直角三角形 (如图 3-15), 其面积为

$$A(x)=\frac{1}{2}(R^2-x^2)\tan\alpha,$$

那么, 在 $[x,x+\mathrm{d}x]$ 上的体积微元为 $\mathrm{d}V=\frac{1}{2}(R^2-x^2)\tan\alpha\mathrm{d}x$, 故

$$V=\int_{-R}^{R}\mathrm{d}V=\frac{1}{2}\int_{-R}^{R}(R^2-x^2)\tan\alpha\mathrm{d}x=\frac{2}{3}R^3\tan\alpha.$$

法二 类似解法一建立平面直角坐标系, 若以 y 为积分变量, 则所求体积分布在 $[0,R]$ 上, 任取 $y\in[0,R]$, 过点 $(0,y)$ 作垂直于 y 轴的平面, 该平面与截体的截面为矩形 (如图 3-16), 其面积为

$$A(y)=2|x|y\tan\alpha=2y\sqrt{R^2-y^2}\tan\alpha,$$

那么, 在 $[y,y+\mathrm{d}y]$ 上的体积微元为 $\mathrm{d}V=2y\sqrt{R^2-y^2}\tan\alpha\mathrm{d}y$, 故

$$\begin{aligned}V&=\int_0^R\mathrm{d}V=2\int_0^R y\sqrt{R^2-y^2}\tan\alpha\mathrm{d}y\\&=-\tan\alpha\int_0^R\sqrt{R^2-y^2}\mathrm{d}(R^2-y^2)=\frac{2}{3}R^3\tan\alpha.\end{aligned}$$

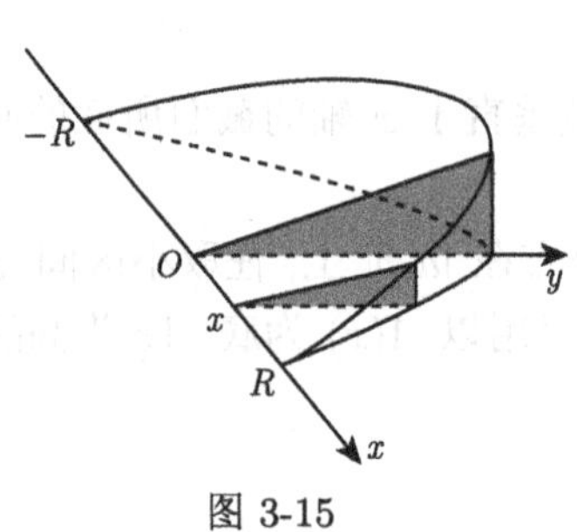

图 3-15

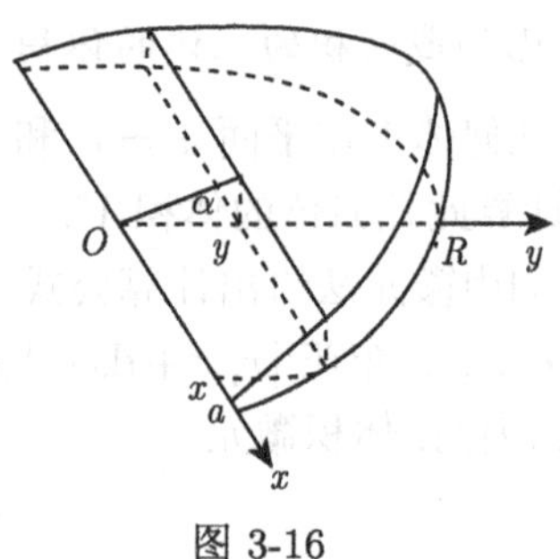

图 3-16

例 78 求两圆柱面 $x^2+y^2=a^2, x^2+z^2=a^2$ 相交所围的体积.

解 利用对称性, 只需计算在第一象限中的部分, 如图 3-17. 将截体视为分布在 x 轴上的区间 $[0,a]$ 上, 任取 $x\in[0,a]$, 过点 $(x,0)$ 作垂直于 x 轴的垂面, 其与所求体积的几何体的截面为矩形, 利用圆柱面方程可以计算交点的坐标, 因而, 截面的面积为

$$A(x)=a^2-x^2,$$

故, 所求体积为

$$V=8\int_{0}^{a}(a^{2}-x^{2})\mathrm{d}x=\frac{16}{3}a^{3}.$$

2. 旋转体的体积

一平面图形绕平面上一直线旋转一周所形成的几何体称为旋转体, 相应的直线称为旋转轴.

由连续曲线 $y=f(x)$, 直线 $x=a,x=b$ 和 x 轴所围图形分别绕 x 轴, y 轴旋转一周的旋转体的体积 V_x 和 V_y.

(1) 绕 x 轴旋转一周的旋转体的体积 V_x.

思路分析　求旋转体的体积关键是求体积微元, 需要将体积微元用已知的几何体的体积做近似, 由于我们到目前为止, 掌握的几何体的体积的计算是已知截面积计算体积, 因此, 求解的思路就是利用上述已知的公式来求解.

如图 3-18 所示, 任取 $x\in[a,b]$, 过点 $(x,0)$ 作垂直于 x 轴的垂面, 则垂面与旋转体的截面为以 $|f(x)|$ 为半径的圆, 因而, 截面积为 $A(x)=\pi f^{2}(x)$, 因而, 绕 x 轴旋转一周的旋转体的体积为

$$V_{x}=\pi\int_{a}^{b}f^{2}(x)\mathrm{d}x.$$

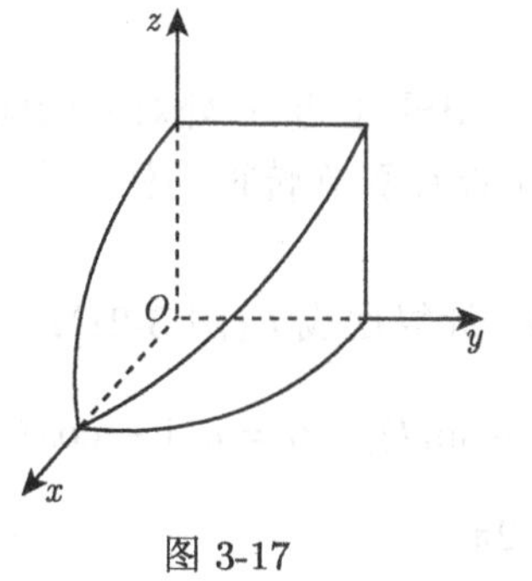

图 3-17

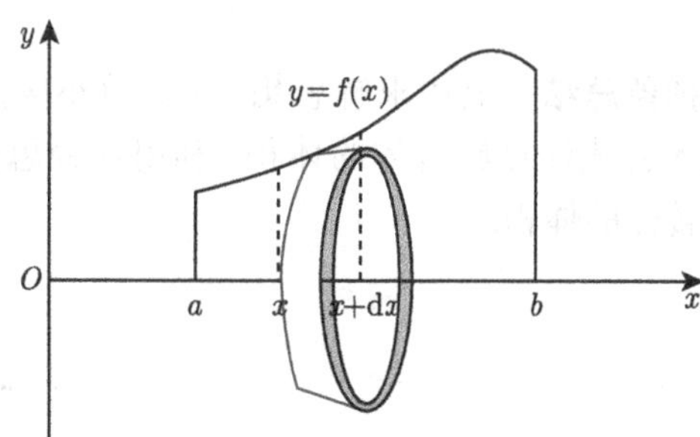

图 3-18

类似可得由连续曲线 $x=\varphi(y)$, 直线 $y=c$, $y=d$ 和 y 轴所围图形绕 y 轴旋转一周 (图 3-19) 的旋转体的体积

$$V=\int_{c}^{d}A(y)\mathrm{d}y=\pi\int_{c}^{d}\varphi^{2}(y)\mathrm{d}y.$$

(2) 绕 y 轴旋转一周的旋转体的体积 V_y.

如图 3-20 所示, 任取 $x\in[a,b]$, 任取小区间 $[x,x+\mathrm{d}x]\subset[a,b]$, 在该小区间上的以 $\mathrm{d}x$ 为底的小曲边梯形绕 y 轴旋转而成的体积 ΔV 为一个空心圆柱体 (柱壳), 将其纵向剪开, 近似为长方体, 底面面积 $2\pi x\cdot f(x)$, 体积近似值为

$$\mathrm{d}V_y=2\pi x|f(x)|\mathrm{d}x,$$

因而, 体积

$$V_y=2\pi\int_a^b x|f(x)|\mathrm{d}x.$$

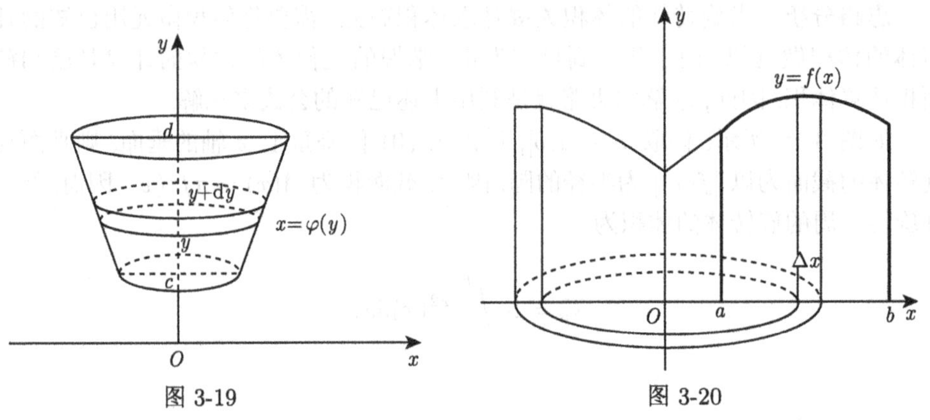

图 3-19　　图 3-20

抽象总结　上述求解思想, 先计算小区间 $[x,x+\mathrm{d}x]$ 上点 x 处对应的面积, 再代入公式计算旋转体的体积, 利用这种思想, 也可以计算旋转轴为任一直线时的旋转体的体积.

例 79　计算摆线 l (图 3-21):

$$x=a(t-\sin t),\quad y=a(1-\cos t),$$

$$0\leqslant t\leqslant 2\pi$$

与 x 轴所围的图形的下列旋转体的体积:

(1) 绕 x 轴的旋转体体积;

(2) 绕 y 轴的旋转体的体积;

(3) 绕直线 $y=2a$ 的旋转体的体积.

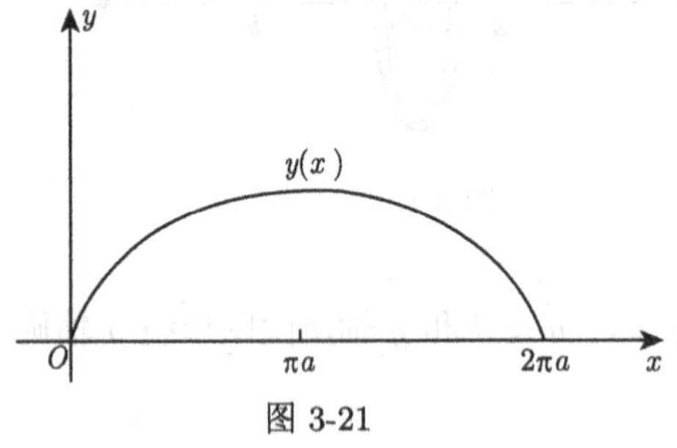

图 3-21

解　(1) 以 x 轴为旋转轴时, 代入绕 x 轴的旋转体体积公式, 则

$$V=\pi\int_0^{2\pi a}y^2(x)\mathrm{d}x$$

$$= \pi a^3 \int_0^{2\pi} (1-\cos t)^3 \mathrm{d}t = 5a^3\pi^2.$$

(2) 以 y 轴为旋转轴时, 代入绕 y 轴的旋转体的体积公式, 则

$$\begin{aligned}
V_y &= \int_0^{2\pi a} 2\pi x|f(x)|\mathrm{d}x \\
&= 2\pi \int_0^{2\pi} a(t-\sin t)\cdot a(1-\cos t)\mathrm{d}[a(t-\sin t)] \\
&= 2\pi a^3 \int_0^{2\pi} (t-\sin t)(1-\cos t)^2 \mathrm{d}t \\
&= 6\pi^3 a^3.
\end{aligned}$$

或者通过曲线的最高点 $A(\pi a, 2a)$ 将曲线分为两段简单曲线

$l_1: x = a(t-\sin t), y = a(1-\cos t), 0 \leqslant t \leqslant \pi$,

$l_2: x = a(t-\sin t), y = a(1-\cos t), \pi \leqslant t \leqslant 2\pi$,

因此, 所求的体积 V 等于 l_2 段所围的图形绕 y 轴的旋转体的体积 V_2 减去 l_1 段所围的图形绕 y 轴的旋转体的体积 V_1, 计算得

$$\begin{aligned}
V_2 &= \pi \int_0^{2a} x_{右}^2(y)\mathrm{d}y = \pi a^3 \int_{2\pi}^{\pi} (t-\sin t)^2 \sin t \mathrm{d}t, \\
V_1 &= \pi \int_0^{2a} x_{左}^2(y)\mathrm{d}y = \pi a^3 \int_0^{\pi} (t-\sin t)^2 \sin t \mathrm{d}t,
\end{aligned}$$

因而,

$$V = V_2 - V_1 = 6\pi^3 a^3.$$

(3) 以直线 $y = 2a$ 为旋转轴时, 旋转体分布在直线 $y = 2a$ 上对应的区间 $x \in [0, 2\pi a]$ 上, 任取 $x \in [0, 2\pi a]$, 作垂直于旋转体的截面, 则截面为同心圆, 其面积为

$$A(x) = \pi[(2a)^2 - (2a-y)^2],$$

因而, 旋转体的体积

$$\begin{aligned}
V &= \pi \int_0^{2\pi a} [(2a)^2 - (2a-y)^2]\mathrm{d}x \\
&= \pi \int_0^{2\pi} [(2a)^2 - (2a - a(1-\cos t))^2] a(1-\cos t)\mathrm{d}t = 7\pi^2 a^3.
\end{aligned}$$

3.5.3 平面曲线的弧长

我们已经掌握了直线段长度的计算, 下面讨论曲线段长度的计算.

1. 直角坐标系下的弧长公式

设函数 $f(x)$ 在区间 $[a,b]$ 上有连续导数, 求曲线 $y=f(x)$ 由点 $A(a,f(a))$ 到点 $B(b,f(b))$ 的一段曲线弧 $\widehat{AB}$ 的长度 S (图 3-22).

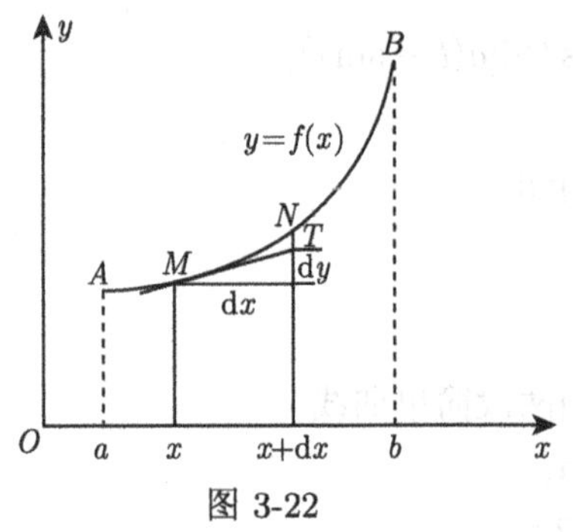

图 3-22

结构分析 利用微元法的思想, 通过化整为零, 将曲线段分割成若干小弧段, 对每一小弧段以直代曲, 用对应的小切线段的长度代替小弧段的长度, 求出弧长微元. 然后, 积零为整, 无限累加, 将弧长微元在整个区间上求积分, 得到曲线的弧长.

任取 $[a,b]$ 的一个子区间 $[x,x+\Delta x](\Delta x>0)$, 该小区间对应曲线段的两个端点分别为 M, N, 长度为 ΔS, 当 $\Delta x\to 0$ 时, 显然有

$$\Delta S\approx |MN|,$$

而

$$\begin{aligned}|MN|=\sqrt{(\Delta x)^2+(\Delta y)^2}&=\sqrt{(\Delta x)^2+[f(x+\Delta x)-f(x)]^2}\\&=\sqrt{(\Delta x)^2+[f'(\xi)\cdot\Delta x]^2}\quad(x\leqslant\xi\leqslant x+\Delta x)\\&=\sqrt{1+f'^2(\xi)}\Delta x\\&=\sqrt{1+f'^2(x)}\Delta x+\left[\sqrt{1+f'^2(\xi)}-\sqrt{1+f'^2(x)}\right]\Delta x,\end{aligned}$$

当 $\Delta x\to 0$ 时, $\xi\to x$, 由于

$$\begin{aligned}&\lim_{\Delta x\to 0}\frac{\left[\sqrt{1+f'^2(\xi)}-\sqrt{1+f'^2(x)}\right]\Delta x}{\Delta x}\\=&\lim_{\Delta x\to 0}\left[\sqrt{1+f'^2(\xi)}-\sqrt{1+f'^2(x)}\right]=0,\end{aligned}$$

所以 $\left[\sqrt{1+f'^2(\xi)}-\sqrt{1+f'^2(x)}\right]\Delta x$ 是 Δx 的高阶无穷小, 因此

$$\Delta S\approx\sqrt{1+f'^2(x)}\Delta x=\sqrt{1+f'^2(x)}\mathrm{d}x.$$

又由于曲线在点 $M(x,f(x))$ 处的切线上相应的直线段 $\overline{MT}$ 的长度

$$\mathrm{d}S=\sqrt{(\mathrm{d}x)^2+(\mathrm{d}y)^2}=\sqrt{(\mathrm{d}x)^2+(f'(x)\mathrm{d}x)^2}=\sqrt{1+f'^2(x)}\mathrm{d}x,$$

因此

$$\Delta S\approx \mathrm{d}S=\sqrt{1+f'^2(x)}\mathrm{d}x,$$

即用切线段的长度代替小弧段的长度, 于是得**弧微分**

$$\mathrm{d}S=\sqrt{1+f'^2(x)}\mathrm{d}x.$$

因此, 区间 $[a,b]$ 上的弧长为

$$S=\int_a^b\sqrt{1+f'^2(x)}\mathrm{d}x.$$

2. 由参数方程确定的曲线的弧长公式

若曲线弧 $\widehat{AB}$ 的方程为

$$\begin{cases} x=\varphi(t),\\ y=\psi(t)\end{cases}\quad(\alpha\leqslant t\leqslant\beta),$$

其中 $\varphi(t)$, $\psi(t)$ 在 $[\alpha,\beta]$ 上具有连续导数, 则曲线弧 $\widehat{AB}$ 是可求长的, 其长度 S 仍用上述思想求得.

任取小区间 $[t,t+\mathrm{d}t]\subset[\alpha,\beta]$, 该区间对应的弧长微分即为其端点处切线上相应的直线段的长度

$$\mathrm{d}S=\sqrt{(\mathrm{d}x)^2+(\mathrm{d}y)^2}=\sqrt{[\varphi'(t)\mathrm{d}t]^2+[\psi'(t)\mathrm{d}t]^2}=\sqrt{\varphi'^2(t)+\psi'^2(t)}\mathrm{d}t,$$

于是弧长

$$S=\int_\alpha^\beta\sqrt{\varphi'^2(t)+\psi'^2(t)}\mathrm{d}t.$$

3. 极坐标系下的弧长公式

若曲线弧 $\widehat{AB}$ 的方程为 $\rho=\rho(\theta)$ $(\alpha\leqslant\theta\leqslant\beta)$, 其中 $\rho(\theta)$ 在 $[\alpha,\beta]$ 上具有连续导数.

根据极坐标变换

$$\begin{cases} x=\rho(\theta)\cos\theta,\\ y=\rho(\theta)\sin\theta\end{cases}\quad(\alpha\leqslant\theta\leqslant\beta),$$

则相应的弧长微分为

$$\mathrm{d}S = \sqrt{(\mathrm{d}x)^2 + (\mathrm{d}y)^2} = \sqrt{\rho^2(\theta) + \rho'^2(\theta)}\mathrm{d}\theta,$$

因此, 弧长

$$S = \int_\alpha^\beta \sqrt{\rho^2(\theta) + \rho'^2(\theta)}\mathrm{d}\theta.$$

类似地, 对空间曲线段

$$l : x = x(t), y = y(t), z = z(t), a \leqslant t \leqslant b,$$

则弧长

$$S = \int_a^b \sqrt{(x'(t))^2 + (y'(t))^2 + (z'(t))^2}\mathrm{d}t.$$

例 80 计算曲线 $y^2 = 2x + 1$ 上从点 $A(0,1)$ 到点 $B(4,3)$ 段的长度.

解 以 y 为参数, 则此段曲线的参数方程为

$$x = \frac{y^2-1}{2}, \quad y = y, \quad 1 \leqslant y \leqslant 3,$$

故

$$\begin{aligned} S &= \int_1^3 \sqrt{y^2+1}\mathrm{d}y = \frac{1}{2}\left[y\sqrt{1+y^2} + \ln(y+\sqrt{1+y^2})\right]\Big|_1^3 \\ &= \frac{1}{2}[3\sqrt{10} + \ln(3+\sqrt{10}) - \sqrt{2} - \ln(1+\sqrt{2})]. \end{aligned}$$

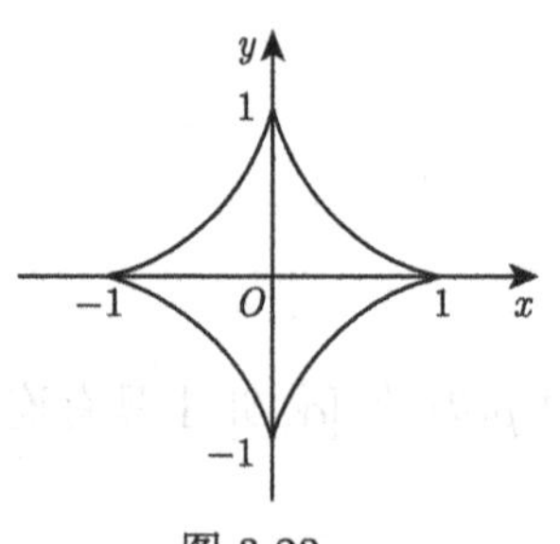

图 3-23

例 81 计算星形线 $x = a\cos^3 t, y = a\sin^3 t, 0 \leqslant t \leqslant 2\pi$ (图 3-23) 的长度.

解 星形线是关于原点和坐标轴对称的封闭曲线, 因而, 只需计算第一象限中的部分, 故

$$S = 4\int_0^{\frac{\pi}{2}} \sqrt{(x'(t))^2 + (y'(t))^2}\mathrm{d}t = 6a.$$

由例 80、例 81 可以看出, 在计算时, 要充分考虑方程的特点和曲线的几何特征, 灵活应用.

例 82 求阿基米德螺线 $\rho = a\theta (a > 0)$ 上相应于 θ 从 0 到 2π 的弧长.

解 $\rho' = a$, 故弧长

$$S=\int_{\alpha}^{\beta}\sqrt{\rho^2(\theta)+\rho'^2(\theta)}\mathrm{d}\theta=\int_{\alpha}^{\beta}\sqrt{a^2\theta^2+a^2}\mathrm{d}\theta=a\int_{\alpha}^{\beta}\sqrt{\theta^2+1}\mathrm{d}\theta$$
$$=\frac{a}{2}\left[2\pi\sqrt{1+4\pi^2}+\ln(2\pi+\sqrt{1+4\pi^2})\right].$$

*3.5.4 旋转体的侧面积

设 $f(x)$ 有连续的导数, 求由曲线 $y=f(x)(f(x)>0)$, 直线 $x=a, x=b$ 和 x 轴所围图形绕 x 轴旋转一周的旋转体的侧面积 S (图 3-24).

思路分析 利用微元法求旋转体的侧面积, 关键是求侧面积微元, 需要将其用形状相近, 且侧面积已知的几何体做近似.

任取 $[a,b]$ 的子区间 $[x,x+\Delta x]$, 把该区间的侧面积 ΔS 近似看成是上底半径为 $f(x)$, 下底半径为 $f(x+\Delta x)$ (图 3-25) 的圆台, 由圆台的侧面积公式, 则

$$\Delta S\approx\pi\left[|f(x)|+|f(x+\Delta x)|\right]\sqrt{(\mathrm{d}x)^2+(\mathrm{d}y)^2}$$
$$=\pi\left[|f(x)|+|f(x+\Delta x)|\right]\sqrt{1+\left(\frac{\mathrm{d}y}{\mathrm{d}x}\right)^2}\mathrm{d}x$$
$$=\pi\left[|f(x)|+|f(x)+\alpha|\right]\sqrt{1+f'^2(x)}\mathrm{d}x$$
$$=2\pi|f(x)|\sqrt{1+f'^2(x)}\mathrm{d}x+o(\mathrm{d}x),$$

其中当 $\Delta x\to 0$ 时 $\alpha\to 0$. 所以旋转体的侧面积微元为

$$\mathrm{d}S=2\pi|f(x)|\sqrt{1+f'^2(x)}\mathrm{d}x,$$

故旋转体的侧面积为

$$S=2\pi\int_a^b|f(x)|\sqrt{1+(f'(x))^2}\mathrm{d}x.$$

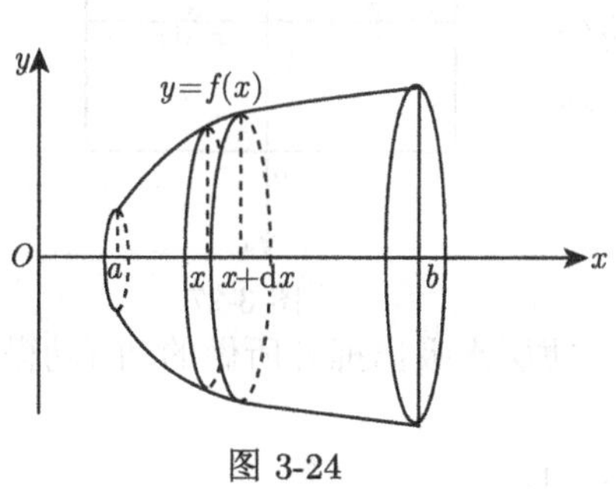

图 3-24

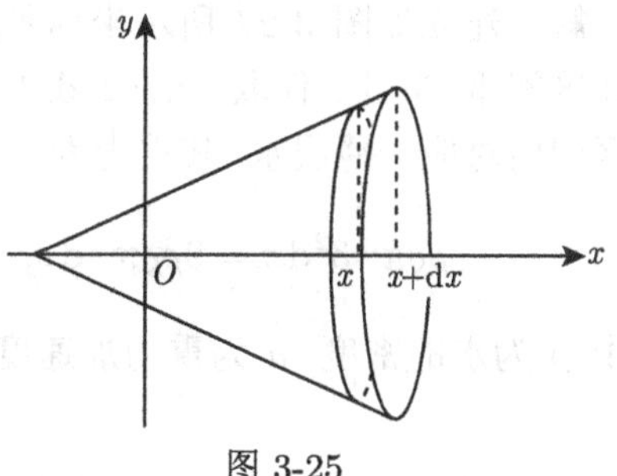

图 3-25

注 在公式的导出过程中, 我们用圆台的侧面积作近似计算, 但是, 不能用圆柱的侧面积作近似, 因为此时的误差不是 $\mathrm{d}x$ 的高阶无穷小量.

例 83 计算心形线 $r=a(1+\cos t)$ 绕极轴的旋转体的侧面积.

解 由对称性, 只需计算上半部分对应的侧面积, 代入公式得

$$S=2\pi\int_0^{\pi}a(1+\cos t)\sin t\sqrt{r^2(t)+(r'(t))^2}\mathrm{d}t=\frac{32}{5}\pi a^2.$$

3.5.5 定积分的物理应用

定积分应用的范围很广, 这里仅简要介绍应用定积分解决变力做功、液体的静压力、引力、质心、转动惯量等方面的问题.

1. 变力做功问题

假设物体在连续变力 $F(x)$ 作用下沿 x 轴从 a 移动到 b (图 3-26), 力的方向与运动方向平行, 求变力所做的功 W.

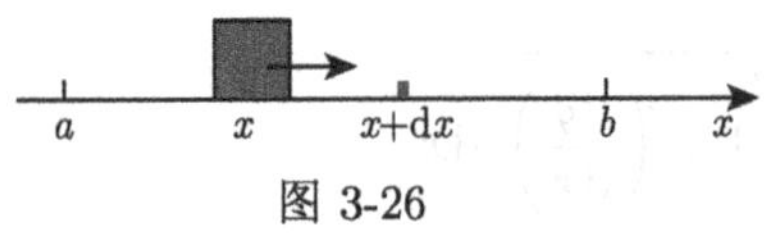

图 3-26

任取 $[a,b]$ 的子区间 $[x,x+\mathrm{d}x]$, 由于 $\mathrm{d}x$ 很小, $F(x)$ 在 $[x,x+\mathrm{d}x]$ 上可近似为常力, 取点 x 处的力 $F(x)$ 作为 $[x,x+\mathrm{d}x]$ 上的力, 则 $F(x)$ 在 $[x,x+\mathrm{d}x]$ 上所做功 ΔW 近似等于 $F(x)\mathrm{d}x$, 即功的微元

$$\mathrm{d}W=F(x)\mathrm{d}x,$$

于是 $F(x)$ 在 $[a,b]$ 上所做功

$$W=\int_a^b F(x)\mathrm{d}x.$$

例 84 一圆柱形蓄水池高为 5 米, 底半径为 3 米, 池内盛满了水. 问要把池内的水全部吸出, 需做多少功?

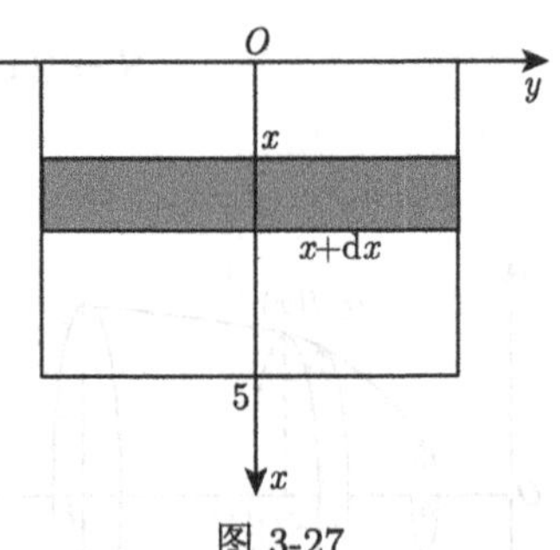

图 3-27

解 建立如图 3-27 所示坐标系, 所求功分布在区间 $[0,5]$ 上, 任取 $[x,x+\mathrm{d}x]\subset[0,5]$, 这一区间内对应一薄层水, 其重力为

$$\rho g\pi\cdot 3^2\mathrm{d}x=9\rho g\pi\cdot\mathrm{d}x,$$

其中 ρ 为水的密度, g 为重力加速度. 将这一薄层水吸出桶外所做的功 (功微元) 为

$$\mathrm{d}w=9\rho g\pi\cdot x\cdot\mathrm{d}x,$$

故所求功为

$$w = 9\rho g\pi\int_0^5 x\mathrm{d}x = 112.5\pi\rho g.$$

2. 液体的静压力

在水坝、闸门、船体等工程设计中, 常需要计算它们所承受的净水总压力. 由物理学知, 净水压强 p (单位为 Pa) 与水深 h (单位为 m) 的关系是

$$p = \rho g h,$$

其中 ρ 为水的密度, g 为重力加速度.

如果有一面积为 S 的平板, 水平地放置在水深为 h 处的地方, 那么, 平板一侧所受的水压力为

$$P = p\cdot S = \rho g h S.$$

当平板不与水面平行时, 由于水深不同导致压强不同, 平板一侧所受的总压力就不能直接用上述公式, 需用定积分的微元法解决.

例 85　一个横放着的圆柱形水桶, 桶内盛有半桶水, 设桶的底半径为 R, 水的比重为 ρ, 计算桶的一端面上所受的压力.

解　在端面建立坐标系如图 3-28.

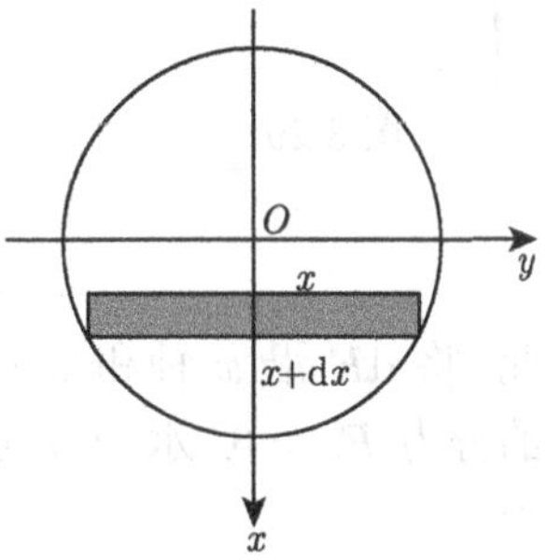

取 x 为积分变量, $x\in[0,R]$. 任取 $[x,x+\mathrm{d}x]\subset[0,R]$, 由于 $\mathrm{d}x$ 很小, 与 $[x,x+\mathrm{d}x]$ 对应的小矩形片上各处的压强近似相等, 取点 x 处的压强作为小矩形片上所受的压强, 则 $p=\rho g x$, 小矩形片的面积为 $2\sqrt{R^2-x^2}\mathrm{d}x$, 因此, 小矩形片的压力元素为

$$\mathrm{d}P = 2\rho g x\sqrt{R^2-x^2}\mathrm{d}x,$$

图 3-28

端面上所受的压力为

$$\begin{aligned}P &= \int_0^R 2\rho g x\sqrt{R^2-x^2}\mathrm{d}x\\ &= -\rho g\int_0^R \sqrt{R^2-x^2}\mathrm{d}(R^2-x^2)\\ &= -\rho g\left[\frac{2}{3}\left(\sqrt{R^2-x^2}\right)^3\right]_0^R = \frac{2\rho g}{3}R^3.\end{aligned}$$

3. 引力问题

由物理学知, 质量分别为 m_1 和 m_2, 相距为 r 的两个质点间的引力大小为

$$F = G\frac{m_1 m_2}{r^2},$$

其中 G 为引力系数, 引力方向沿着两质点连接方向.

如果要计算一根细棒 (视为有质量无体积) 对一质点的引力, 由于细棒上各点与质点的距离不同, 且各点与质点的引力的方向也是变化的, 所以不能直接用上述公式计算, 需用定积分的微元法解决.

例 86 有一长度为 l, 线密度为 ρ 的均匀细棒, 在其中垂线上距棒 a 单位处有一质量为 m 的质点 P, 计算该棒对质点 P 的引力.

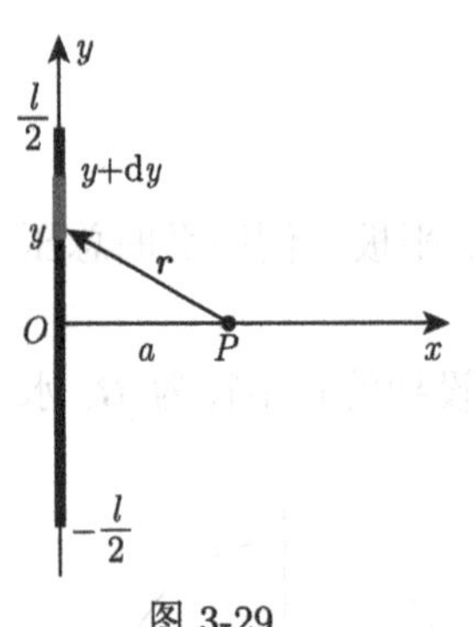

图 3-29

解 建立坐标系如图 3-29, 将细棒置于 y 轴上, 取细棒中点为坐标原点, 质点 P 位于点 $(a,0)$ 处.

取 y 为积分变量, $y \in \left[-\frac{l}{2}, \frac{l}{2}\right]$, 在 $\left[-\frac{l}{2}, \frac{l}{2}\right]$ 上任取区间 $[y, y+\mathrm{d}y]$, 相应该小区间上小段细棒近似看成质点, 质量为 $\rho\mathrm{d}y$, 其对质点 P 的引力大小为

$$\mathrm{d}F = G\frac{m\rho\mathrm{d}y}{a^2+y^2},$$

该引力方向为由点 P 指向点 $(0,y)$ 的连线. 由于对不同的小区间 $[y, y+\mathrm{d}y]$, 引力方向不同, 故不具有可加性. 为此, 将 $\mathrm{d}F$ 沿 x 轴和 y 轴方向分解为 $\mathrm{d}F_x$ 与 $\mathrm{d}F_y$. 注意到对称性, 有 y 轴方向上的分力 $F_y = 0$. 水平方向的分力微元

$$\mathrm{d}F_x = -G\frac{am\rho\mathrm{d}y}{(a^2+y^2)^{\frac{3}{2}}},$$

这里的负号表示 $\mathrm{d}F_x$ 指向 x 轴的负方向, 于是

$$F_x = -\int_{-\frac{l}{2}}^{\frac{l}{2}} G\frac{am\rho\mathrm{d}y}{(a^2+y^2)^{\frac{3}{2}}} = \frac{-2Gm\rho l}{a(4a^2+l^2)^{\frac{1}{2}}}.$$

注 学习过多元函数及其积分理论后, 可以计算平面薄片、空间立体对质点的引力.

4. 质心问题

由物理学知, 平面上有 n 个质点 (x_i,y_i), 对应的质量为 m_i $(i=1,2,\cdots,n)$, 则质点系的坐标为

$$\bar{x}=\frac{\sum_{i=1}^{n}m_ix_i}{\sum_{i=1}^{n}m_i},\quad \bar{y}=\frac{\sum_{i=1}^{n}m_iy_i}{\sum_{i=1}^{n}m_i}.$$

如果要求一曲线段的质心, 不能直接用上述公式计算, 计算的思路是将其离散化为质点系, 进行近似计算, 借助极限理论实现准确计算, 仍是定积分微元法思想的应用.

例 87　设曲线段 $l{:}y=f(x),a\leqslant x\leqslant b$ 上分布有密度为 ρ 质量, 计算曲线段的质心.

解　对曲线段 l 进行 n 分割, 分割成 n 段, 在每一段上任取一点 (ξ_i,η_i), 将此段近似为质点 (ξ_i,η_i), 此点分布的质量近似为 $\rho\Delta l_i$, 其中 Δl_i 为第 i 段的长度, 因此, 利用质点系的质心计算公式, 曲线段的质心近似计算为

$$\bar{x}\approx\frac{\sum_{i=1}^{n}\rho\Delta l_ix_i}{\sum_{i=1}^{n}\rho\Delta l_i}=\frac{\sum_{i=1}^{n}\Delta l_ix_i}{\sum_{i=1}^{n}\Delta l_i},\quad \bar{y}\approx\frac{\sum_{i=1}^{n}\rho\Delta l_iy_i}{\sum_{i=1}^{n}\rho\Delta l_i}=\frac{\sum_{i=1}^{n}\Delta l_iy_i}{\sum_{i=1}^{n}\Delta l_i},$$

利用极限理论和弧长计算公式, 则

$$\bar{x}=\lim_{\lambda(T)\to 0}\frac{\sum_{i=1}^{n}\Delta l_ix_i}{\sum_{i=1}^{n}\Delta l_i}=\frac{\int_a^b x\sqrt{1+f'^2(x)}\mathrm{d}x}{\int_a^b\sqrt{1+f'^2(x)}\mathrm{d}x},$$

类似地,

$$\bar{y}=\frac{\int_a^b y\sqrt{1+f'^2(x)}\mathrm{d}x}{\int_a^b\sqrt{1+f'^2(x)}\mathrm{d}x}.$$

注　学习过多元函数及其积分理论后, 可以计算非均匀的线、面及体上的质量分布的质心.

5. 转动惯量

由物理学知, 质量为 m, 与转轴 l 的垂直距离为 r 的质点, 关于轴 l 的转动惯量为

$$I = mr^2.$$

如果要求一个圆盘的转动惯量, 不能直接用质点的转动惯量公式计算, 解题思路仍然是微元法的思想.

例 88 设有一个半径为 R 的圆盘, 均匀分布有密度为 ρ 的质量, 求圆盘对通过中心与其垂直的轴的转动惯量 I.

解 以圆盘的圆心为原点, 沿径向作 x 轴, 在 x 轴上任取小区间 $[x, x+\mathrm{d}x] \subset [0, R]$, 则该区间对应的圆环的面积为

$$\Delta S = \pi(x+\mathrm{d}x)^2 - \pi x^2 = 2\pi x\mathrm{d}x + \pi(\mathrm{d}x)^2 = 2\pi x\mathrm{d}x + o(\mathrm{d}x),$$

因此, 对应的面积微元为

$$\Delta S \approx \mathrm{d}S = 2\pi\rho x\mathrm{d}x,$$

对应的转动惯量微元为

$$\mathrm{d}I = x^2\rho\mathrm{d}S = 2\pi\rho x^3\mathrm{d}x,$$

故

$$I = \int_0^R 2\pi\rho x^3\mathrm{d}x = \frac{1}{2}\pi\rho R^4 = \frac{1}{2}MR^2,$$

其中 M 为圆盘的质量.

习 题 3-5

1. 计算下列曲线所围的图形的面积.

(1) $y = x, y = x^2$;　　(2) $y = \sqrt{x}, y = x$;

(3) $y = x+2, y^2 = 4-x$;　　(4) $\rho = 2a\cos\theta$;

(5) $\rho = \sqrt{2}\sin\theta, \rho^2 = \cos 2\theta, \theta \in \left(-\dfrac{\pi}{4}, \dfrac{\pi}{4}\right) \cup \left(\dfrac{3}{4}\pi, \dfrac{5}{4}\pi\right)$;

(6) $x = \cos^3 t, y = \sin^3 t, t \in [0, 2\pi]$.

2. 计算下列旋转体的体积.

(1) $y = \sin x, 0 \leqslant x \leqslant \pi$ 绕 x 轴旋转;　　(2) $y = x^2, x = y^2$ 绕 y 轴旋转;

(3) $x^2 + (y-1)^2 = 1$ 绕 x 轴旋转;

(4) $x = \sin^3 t, y = \cos^3 t, t \in [0, 2\pi]$ 分别绕 x 轴和 y 轴旋转;

(5) 摆线 $x = t - \sin t, y = 1 - \cos t, 0 \leqslant x \leqslant 2\pi$ 的一拱分别绕 x 轴和 y 轴旋转;

(6) $\rho = 1 + \cos t \ \in [0, 2\pi]$ 绕极轴旋转.

3. 设函数 $f(x)$ 在闭区间 $[0,1]$ 上连续, 在开区间 $(0,1)$ 内大于零, 并且满足

$$xf'(x)=f(x)+\frac{3a}{2}x^2 \quad (a\text{ 为常数}),$$

又曲线 $y=f(x)$ 与 $x=1, y=0$ 所围的图形 T 的面积为 2, 求函数 $y=f(x)$, 并问 a 为何值时, 图形 T 绕 x 轴旋转一周所得的旋转体的体积最小.

4. 计算下列曲线的弧长.

(1) $x=t-\sin t, y=1-\cos t, t\in[0,2\pi]$;　　(2) $\rho=a(1+\cos t), t\in[0,2\pi]$;

(3) $\rho=a\theta,\ \theta\in[0,2\pi]$;　　(4) $x=\frac{1}{4}y^2-\frac{1}{2}\ln y, 1\leqslant y\leqslant \mathrm{e}$;

(5) $y=x^2, 0\leqslant x\leqslant 1$.

*5. 计算下列旋转体的侧面积.

(1) 摆线 $x=t-\sin t, y=1-\cos t, 0\leqslant x\leqslant 2\pi$ 的一拱分别绕 x 轴和 y 轴旋转;

(2) 星形线 $x=\sin^3 t, y=\cos^3 t, t\in[0,2\pi]$ 绕 x 轴旋转.

6. 一个带正 q 电量的点电荷放在 r 轴的原点处形成电场, 在电场中, 距原点 r 处的单位正电荷在电场力的作用下从 $r=a$ 处移动到 $r=b$ 处, 计算电场力在此过程中所做的功 (已知距原点 r 处单位正电荷所受的电场力公式为 $F=k\frac{q}{r^2}$).

7. 设一圆锥形贮水池, 深 15 米, 口径 20 米, 盛满水, 今以泵将水吸尽, 问要做多少功?

8. 用铁锤将一铁钉击入木板, 设木板对铁钉的阻力与铁钉击入木板的深度成正比, 在击第一次时, 将铁钉击入木板 1cm. 如果铁锤每次打击铁钉所做的功相等, 问锤击第二次时, 铁钉又击入多少?

9. 有一等腰梯形闸门, 它的两条底边各长 10 米和 6 米, 高为 20 米, 较长的底边与水面相齐. 计算闸门的一侧所受的水压力.

10. 一底为 8 厘米、高为 6 厘米的等腰三角形片, 铅直地沉没在水中, 顶在上, 底在下且与水面平行, 而顶离水面 3 厘米, 试求它每面所受的压力.

11. 设有一半径为 R、中心角为 φ 的圆弧形细棒, 其线密度为常数 μ. 在圆心处有一质量为 m 的质点 M. 试求这细棒对质点 M 的引力.

3.6 反常积分

定积分有两个先决条件: ① 被积函数有界; ② 积分限有限. 这极大地限制了定积分的应用范围, 因此, 我们需要从更广的角度考虑积分理论.

首先, 从理论层面上看, 在建立一套基本理论之后, 人们会不断去掉各种条件的限制, 尽可能扩大理论的外延, 以便涵盖更多的东西, 丰富其内涵. 因此, 定积分理论建立后, 不可避免地考虑这样的问题: 能否去掉上述两个限制条件? 去掉上述两个条件后, 会产生什么问题? 如何解决?

其次, 从应用角度看, 定积分的产生源于人类改造自然过程中要解决的实际问题, 如计算面积、做功等. 随着人类认识实践活动的深入, 涌现出更多的实际问题, 要解决这些问题, 必须突破上述两个限制条件.

如空天探测是当前热门领域, 中国发射了神舟系列、嫦娥系列、天宫系列, 取得了显著的航天成绩, 但是, 航天技术中要解决的基本问题是航天器发射过程中火箭克服地球引力所做的功, 并由此计算出宇宙速度, 这正是一个数学问题, 把这个问题具体为如下问题.

引例 3 理想状态下, 从地球表面垂直发射火箭, 使火箭远离地球, 求火箭克服地球引力所做的功 W.

简析 由于是理想状态, 只需考虑地球引力, 根据定积分的应用, 在数学上, 做功问题就是一个定积分问题, 因此, 只需给出引力公式, 做功问题即可解决. 下面, 我们来建立数学模型.

解 假设地球半径为 R, 质量为 M, 火箭的质量 m, 根据万有引力定律, 火箭在离地心 x 处受到地球引力为 $f(x)=G\dfrac{Mm}{x^2}$, 其中 G 为万有引力系数. 由于火箭在地面时受到的地球引力就是火箭的重力, 因此 $G\dfrac{Mm}{R^2}=mg$, 其中 g 为重力加速度, 于是 $GM=gR^2$, 故 $f(x)=\dfrac{mgR^2}{x^2}$.

假设把火箭发射到距离地心 h 处, 那么根据定积分知识, 克服地球引力所做的功应该是

$$W(h)=\int_R^h f(x)\mathrm{d}x=\int_R^h \frac{mgR^2}{x^2}\mathrm{d}x=mgR^2\left(\frac{1}{R}-\frac{1}{h}\right).$$

至此, 引例 3 的问题已经得到解决. 我们对公式作进一步分析. 公式表明, 积分区间 $[R,h]$ 是个有限区间, 这是一个定积分, 上述问题的解决正是定积分的应用的体现. 观察结果可知, 功 $W(h)$ 和发射质量成正比, 和发射高度 h 成正比. 因此, 要完成发射目的, 必须使火箭的发动机具备充分大的动力, 达到上述的做功要求.

进一步分析结果, 虽然随着高度 h 的增加, 要求所做的功也越来越大, 但是, 由于

$$\lim_{h\to+\infty}W(h)=\lim_{h\to+\infty}\int_R^h F(x)\mathrm{d}x=mgR,$$

因此, 从理论来说, 只要发动机功率足够大到能够克服引力功 mgR, 我们就可以把航天器发射到任意的高度, 这就解决了航天器发射中的基本理论问题, 第二宇宙速度 (v_0 =11.2km/s) 就是利用这个结果计算出来的. 事实上, 若火箭的发动机提供的动力使火箭发射的初速度为 v_0, 由能量守恒定律, 则 $\dfrac{1}{2}mv_0^2=mgR$, 因而, $v_0=\sqrt{2gR}\approx 11.2\ \mathrm{km/s}$.

工程技术领域还有很多问题涉及上述相同的定积分的极限 $\lim\limits_{h\to+\infty}\int_R^h f(x)\mathrm{d}x$ 问题, 对上述问题进行数学抽象、简化和深入的研究完善, 形成数学理论, 这就是无穷限反常积分 $\int_R^{+\infty} f(x)\mathrm{d}x$ 的理论.

还有一类问题涉及的积分形式需要突破定积分的被积函数有界的限制条件. 仍从平面图形的面积谈起, 有界封闭区域的平面图形的面积可以用定积分计算, 我们将其做简单的推广.

引例 4 研究曲线 $y=\dfrac{1}{x^p}\left(p=1,\dfrac{1}{2}\right)$ 与 y 轴, x 轴及直线 $x=1$ 所围区域的面积问题 (图 3-30).

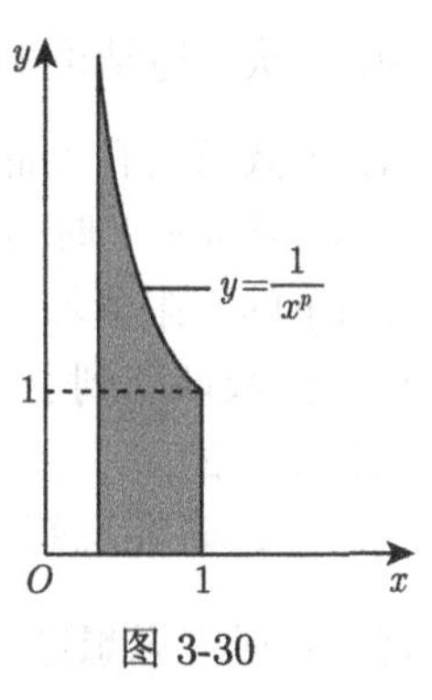

图 3-30

结构分析 所求面积的区域具有特点: ① 区域是非封闭的平面区域. 由于曲线 l 以 y 轴为渐近线, 即当 x 充分接近 0 时, 曲线无限靠近 y 轴, 但永远达不到 y 轴, 曲线与 y 轴没有交点, 因而, 区域是非封闭的; ② 区域是无限区域. 正是由于它的非封闭性, 使得区域不会包含在以任意长度为半径的圆内, 因而, 区域是无限 (无界) 区域; ③ 区域是 “几乎” 封闭的. 因为曲线 l 以 y 轴为渐近线, 因此, 在 y 轴无限远处, 曲线越来越靠近 y 轴, 即对任意的充分小的正数 d, 当 x 充分接近 0 (或 y 充分大) 时, 曲线上对应的点到 y 轴的距离总小于 d, 或者, 直线 $x=d$ 总与曲线相交, 因此, 所围区域又好像封闭的. 显然, 这样的区域即区别于有界的封闭区域, 又区别于开放式的无界区域, 因而, 其面积的问题较为复杂, 因为必须先解决面积是否有界——即可求性的问题, 然后才能讨论如何计算. 那么, 如何解决这类问题?

为了研究上述问题, 我们分析已经掌握的已知理论和相关工具: 我们已经知道了有限区域面积的计算, 知道了 “有限”, 要计算 “无限”, 因此, 要解决此问题就是如何实现由有限到无限的过渡. 而由有限过渡到无限正是极限所处理的问题的特征, 因此, 可以设想, 我们可以借助极限理论, 通过有限区域面积的极限过渡到无限区域的面积计算, 即先用有限区域逼近上述无限区域, 这正是近似研究思想的应用. 这样, 我们找到了解决问题的思路和方法——借用有界区域面积计算的定积分理论, 通过极限, 实现由有限到无限的过渡. 不妨用此思想讨论上述的面积.

解 首先计算曲线 $l: y=\dfrac{1}{x^p}$ 与 x 轴及直线 $x=1$, $x=b<1$ 所围有界区域

的面积. 利用定积分理论, 上述面积为

$$I=\int_b^1 x^{-p}\mathrm{d}x=\begin{cases}2(1-\sqrt{b}), & p=\dfrac{1}{2},\\ -\ln b, & p=1.\end{cases}$$

其次, 考察上述面积计算公式当 $b\to 0^+$ 的极限. 由于

$$\lim_{b\to 0^+}\int_b^1 x^{-p}\mathrm{d}x=\begin{cases}2, & p=\dfrac{1}{2},\\ +\infty, & p=1,\end{cases}$$

因而, 从上述结论中可以猜想：所围的区域的面积 S 与 p "严重" 相关, 当 $p=\dfrac{1}{2}$ 时, 区域应具有 "面积" 为 2, 此时, 区域是一个有有限面积 (或面积存在) 的无限区域; 当 $p=1$ 时, 区域的面积为无穷, 此时, 区域是一个没有有限面积 (或面积不存在) 的无限区域. 因此, 借助于这种思想和方法, 我们把平面图形的面积问题从有界区域推广到了无界区域, 实际上给出了无界区域面积存在的定义, 这种研究是有意义的.

上述研究思想可以解决大量的工程技术领域和科学理论研究领域中的问题, 将这种研究思想进行抽象、精炼, 其实质相当于研究一类新的积分形式 $\int_a^b f(x)\mathrm{d}x$, 其中 $f(x)$ 在积分区间 $[a,b]$ 上无界, 突破定积分被积函数有界的条件, 不再是常义定积分, 对这类积分的深入研究, 形成了无界函数的反常积分理论.

因此, 不论从实践上, 还是从理论上, 都要求我们突破定积分两个先决条件的约束, 将定积分推广到一个新的高度, 这就是反常积分 (反常积分) 理论.

3.6.1 无穷限反常积分

突破定积分的积分限有界的限制条件, 把积分限由有限推广到无限, 用到的工具是极限, 因此, 无穷限反常积分理论建立的理论基础就是定积分和极限理论.

根据突破的积分限不同, 引入相应的无穷限反常积分.

1. $\int_a^{+\infty} f(x)\mathrm{d}x$ 型的反常积分

我们首先突破积分上限的有限性, 引入对应的反常积分.

定义 3-3 设 $f(x)$ 在 $[a,+\infty)$ 有定义, 且对任意 $A>a$, 都有 $f(x)\in R[a,A]$, 若存在实数 I, 使得

$$\lim_{A\to+\infty}\int_a^A f(x)\mathrm{d}x=I,$$

称 $f(x)$ 在 $[a,+\infty)$ 上是 (反常) 可积的, I 称为 $f(x)$ 在 $[a,+\infty)$ 上的反常积分, 记为 $I=\int_a^{+\infty} f(x)\mathrm{d}x$, 此时, 也称反常积分 $\int_a^{+\infty} f(x)\mathrm{d}x$ 收敛 (于 I) 或 $\int_a^{+\infty} f(x)\mathrm{d}x$ 存在. 即

$$\int_a^{+\infty} f(x)\mathrm{d}x=\lim_{A\to+\infty}\int_a^A f(x)\mathrm{d}x.$$

若 $\lim\limits_{A\to+\infty}\int_a^A f(x)\mathrm{d}x$ 不存在, 称反常积分 $\int_a^{+\infty} f(x)\mathrm{d}x$ 发散.

2. $\int_{-\infty}^b f(x)\mathrm{d}x$ **型的反常积分**

类似可以定义反常积分 $\int_{-\infty}^b f(x)\mathrm{d}x$ 的收敛性.

定义 3-4　设 $f(x)$ 在 $(-\infty,b]$ 有定义, 且对任意 $A<b$, 都有 $f(x)\in R[A,b]$, 若存在实数 I, 使得

$$\lim_{A\to-\infty}\int_A^b f(x)\mathrm{d}x=I,$$

称 $f(x)$ 在 $(-\infty,b]$ 上是 (反常) 可积的, I 称为 $f(x)$ 在 $(-\infty,b]$ 上的反常积分, 记为 $\int_{-\infty}^b f(x)\mathrm{d}x=\lim\limits_{A\to-\infty}\int_A^b f(x)\mathrm{d}x$, 此时, 也称反常积分 $\int_{-\infty}^b f(x)\mathrm{d}x$ 收敛 (于 I).

若 $\lim\limits_{A\to-\infty}\int_A^b f(x)\mathrm{d}x$ 不存在, 称反常积分 $\int_{-\infty}^b f(x)\mathrm{d}x$ 发散.

3. $\int_{-\infty}^{+\infty} f(x)\mathrm{d}x$ **型的反常积分**

对同时突破积分上下限的反常积分, 可以用两种方法进行定义. 其一是直接借用法, 即借用已知的反常积分定义未知的反常积分; 其二为化用法, 即化用已知反常积分的定义思想定义新的反常积分.

定义 3-5　若对任意实数 a, 反常积分 $\int_a^{+\infty} f(x)\mathrm{d}x, \int_{-\infty}^a f(x)\mathrm{d}x$ 都收敛, 称

反常积分 $\int_{-\infty}^{+\infty} f(x)\mathrm{d}x$ 收敛, 此时有

$$\int_{-\infty}^{+\infty} f(x)\mathrm{d}x = \int_{-\infty}^{a} f(x)\mathrm{d}x + \int_{a}^{+\infty} f(x)\mathrm{d}x,$$

否则, 称反常积分 $\int_{-\infty}^{+\infty} f(x)\mathrm{d}x$ 发散.

也可以利用定义 3-3 的思想方法, 定义反常积分 $\int_{-\infty}^{+\infty} f(x)\mathrm{d}x$ 的敛散性.

定义 3-5′ 若对任意实数 a, 及任意 $A > a, A' < a$, 极限 $\lim\limits_{A\to+\infty}\int_{a}^{A} f(x)\mathrm{d}x$, $\lim\limits_{A'\to-\infty}\int_{A'}^{a} f(x)\mathrm{d}x$ 同时存在, 称反常积分 $\int_{-\infty}^{+\infty} f(x)\mathrm{d}x$ 收敛, 此时

$$\int_{-\infty}^{+\infty} f(x)\mathrm{d}x = \lim_{A'\to-\infty}\int_{A'}^{a} f(x)\mathrm{d}x + \lim_{A\to+\infty}\int_{a}^{A} f(x)\mathrm{d}x,$$

也可记为 $\int_{-\infty}^{+\infty} f(x)\mathrm{d}x = \lim\limits_{\substack{A'\to-\infty\\ A\to+\infty}}\int_{A'}^{A} f(x)\mathrm{d}x$.

特别注意, 定义 3-5′ 中, 两个极限过程是相互独立的, 即要求 $A \neq A'$. 否则会影响对反常积分 $\int_{-\infty}^{+\infty} f(x)\mathrm{d}x$ 的敛散性的正确判断. 如对反常积分 $\int_{-\infty}^{+\infty} \sin x\mathrm{d}x$, 若计算 $\int_{-\infty}^{+\infty} \sin x\mathrm{d}x = \lim\limits_{A\to+\infty}\int_{-A}^{A} \sin x\mathrm{d}x = 0$ 得反常积分收敛, 是错误的. 事实上,

$$\int_{-\infty}^{+\infty} \sin x\mathrm{d}x = \int_{-\infty}^{a} \sin x\mathrm{d}x + \int_{a}^{+\infty} \sin x\mathrm{d}x,$$

任取其中一个研究其敛散性, 如 $\lim\limits_{A\to+\infty}\int_{a}^{A} \sin x\mathrm{d}x = \lim\limits_{A\to+\infty}(\cos a - \cos A)$ 不存在, 利用定义, 反常积分 $\int_{a}^{+\infty} \sin x\mathrm{d}x$ 发散, 故反常积分 $\int_{-\infty}^{+\infty} \sin x\mathrm{d}x$ 也发散.

由于反常积分是利用定积分和极限定义的, 因而, 利用已知的定积分理论和极限理论很容易计算反常积分并判断敛散性. 为了方便, 记

$$\int_{a}^{+\infty} f(x)\mathrm{d}x = [F(x)]_{a}^{+\infty} = F(+\infty) - F(a),$$

$$\int_{-\infty}^{b} f(x)\mathrm{d}x = [F(x)]_{-\infty}^{b} = F(b) - F(-\infty),$$

$$\int_{-\infty}^{+\infty} f(x)\mathrm{d}x = [F(x)]_{-\infty}^{+\infty} = F(+\infty) - F(-\infty),$$

其中 $F(x)$ 是连续函数 $f(x)$ 的原函数, $F(+\infty)=\lim\limits_{x\to+\infty} F(x)$, $F(-\infty)=\lim\limits_{x\to-\infty} F(x)$.

例 89　用定义讨论反常积分 $\displaystyle\int_{1}^{+\infty} f(x)\mathrm{d}x$ 的收敛性, 其中:

(1) $f(x) = C \neq 0$;　　(2) $f(x) = x$;　　(3) $f(x) = \dfrac{1}{1+x^2}$.

解 (1) 由于 $\displaystyle\lim_{A\to+\infty}\int_{1}^{A} C\mathrm{d}x = \lim_{A\to+\infty} C(A-1) = \infty$, 故, $\displaystyle\int_{a}^{+\infty} f(x)\mathrm{d}x$ 发散.

(2) 由于 $\displaystyle\lim_{A\to+\infty}\int_{1}^{A} x\mathrm{d}x = \lim_{A\to+\infty}\frac{1}{2}\left(A^2-1\right) = +\infty$, 故, $\displaystyle\int_{a}^{+\infty} f(x)\mathrm{d}x$ 发散.

(3) 由于 $\displaystyle\lim_{A\to+\infty}\int_{0}^{A}\frac{1}{1+x^2}\mathrm{d}x = \lim_{A\to+\infty}\arctan A = \frac{\pi}{2}$, 故, $\displaystyle I = \int_{0}^{+\infty}\frac{1}{1+x^2}\mathrm{d}x$ 收敛.

类似, $\displaystyle\int_{-\infty}^{0}\frac{1}{1+x^2}\mathrm{d}x = \frac{\pi}{2}, \int_{-\infty}^{+\infty}\frac{1}{1+x^2}\mathrm{d}x = \pi$.

例 90　讨论 p-积分 $\displaystyle\int_{1}^{+\infty}\frac{1}{x^p}\mathrm{d}x$ 的敛散性.

解　当 $p=1$ 时, $\displaystyle\int_{1}^{+\infty}\frac{1}{x^p}\mathrm{d}x = \int_{1}^{+\infty}\frac{1}{x}\mathrm{d}x = [\ln x]_{1}^{+\infty} = +\infty$;

当 $p \neq 1$ 时,

$$\int_{1}^{+\infty}\frac{1}{x^p}\mathrm{d}x = \left[\frac{x^{1-p}}{1-p}\right]_{1}^{+\infty} = \begin{cases} +\infty, & p<1, \\ \dfrac{1}{p-1}, & p>1, \end{cases}$$

因此, 反常积分 $\displaystyle\int_{1}^{+\infty}\frac{1}{x^p}\mathrm{d}x$ 当 $p>1$ 时收敛, 其值为 $\dfrac{1}{p-1}$, 当 $p\leqslant 1$ 时发散.

抽象总结　(1) 结论表明, p-积分的敛散性存在临界现象, 即 $p=1$ 是积分敛散性分界点, 也称为临界点.

(2) 结果的进一步分析: 当 $p>0$ 时, $\displaystyle\lim_{x\to+\infty}\frac{1}{x^p} = 0$, 即 $f(x) = \dfrac{1}{x^p}$ 为 $x\to+\infty$ 时的无穷小量, 研究无穷小量的重要指标是 "阶", 即其收敛于 0 的速度, 上述结果表明, 当 p 由小变大时, $\displaystyle\int_{1}^{+\infty}\frac{1}{x^p}\mathrm{d}x$ 由发散到收敛, 由于 p 越大, 被积函数

$f(x)=\dfrac{1}{x^p}$ 收敛于 0 的速度就越快, 对应的反常积分 $\displaystyle\int_1^{+\infty}\frac{1}{x^p}\mathrm{d}x$ 收敛的可能性就越大, 由此可以进一步思考：猜想影响反常积分收敛的因素是什么？此处, 作为无穷小量的阶对敛散性的贡献该如何评价？

上述例子表明, 反常积分的计算基础是定积分的计算理论, 因此, 我们的重点不是反常积分的计算, 而是反常积分的敛散性分析, 即在不必计算的条件下, 依靠被积函数的结构给出反常积分的敛散性的判断, 这将在后续 3.6.3 节中给出.

3.6.2 无界函数的反常积分

1. 瑕点的概念

定义 3-6 若存在 $x=b$ 点的邻域 $U(b)$, 使得 $f(x)$ 在 $U(b)$ 内无界, 称 $x=b$ 为 $f(x)$ 的瑕点.

瑕点实际就是使 $f(x)$ 无界或无意义的点. 如 $x=0$ 为函数 $f(x)=\dfrac{1}{x}$ 的瑕点; 而 $f(x)=\dfrac{1}{x(1-x)}$ 则有两个瑕点 $x=0$ 和 $x=1$. 有些形式上的瑕点, 可以通过重新定义瑕点处的函数值去掉奇性. 如 $f(x)=\dfrac{x^2+\sin x}{x}$, $x=0$ 为假瑕点, 因为此时定义 $f(0)=1$, 函数在 $[-1,1]$ 上连续有界.

2. 瑕积分的概念

有了瑕点的概念, 我们考虑无界函数的反常积分, 即被积函数在积分区间上存在瑕点, 因而, 被积函数在积分区间上是无界函数, 从而, 突破定积分的被积函数有界的限制条件, 把定积分推广到无界函数的反常积分. 用到的工具是极限, 理论基础仍是定积分和极限理论.

定义 3-7 设 $f(x)$ 定义在 $[a,b)$ 上, $x=b$ 为 $f(x)$ 在 $[a,b)$ 上唯一的瑕点, 若存在实数 I, 对任意充分小的 $\varepsilon>0$, $f(x)$ 在 $[a,b-\varepsilon]$ 上可积且

$$\lim_{\varepsilon\to0^+}\int_a^{b-\varepsilon}f(x)\mathrm{d}x=I,$$

称 $f(x)$ 在 $[a,b)$ 上反常可积, 称 I 为 $f(x)$ 在 $[a,b)$ 上的反常积分, 记为 $I=\displaystyle\int_a^b f(x)\mathrm{d}x$, 此时, 称反常积分 $\displaystyle\int_a^b f(x)\mathrm{d}x$ 收敛于 I.

若极限 $\displaystyle\lim_{\varepsilon\to0^+}\int_a^{b-\varepsilon}f(x)\mathrm{d}x$ 不存在, 称 $f(x)$ 在 $[a,b)$ 上不反常可积, 或称反常积分 $\displaystyle\int_a^b f(x)\mathrm{d}x$ 发散.

类似地, 可定义以端点 $x=a$ 为瑕点的反常积分 $\int_a^b f(x)\mathrm{d}x$ 的敛散性.

$$\int_a^b f(x)\mathrm{d}x=\lim_{\varepsilon\to 0^+}\int_{a+\varepsilon}^b f(x)\mathrm{d}x.$$

若 $f(x)$ 在区间 $[a,b]$ 上有内部瑕点 $x=c\in(a,b)$, 则定义无界函数的积分为

$$\begin{aligned}\int_a^b f(x)\mathrm{d}x&=\int_a^c f(x)\mathrm{d}x+\int_c^b f(x)\mathrm{d}x\\&=\lim_{\varepsilon_1\to 0^+}\int_a^{c-\varepsilon_1} f(x)\mathrm{d}x+\lim_{\varepsilon_2\to 0^+}\int_{c+\varepsilon_2}^b f(x)\mathrm{d}x,\end{aligned}$$

其中 ε_1 和 ε_2 是彼此无关的正数, 这里只有上式中两个极限同时存在, 反常积分才是收敛的.

对区间内部含有多个瑕点的反常积分的敛散性可类似定义.

注　瑕积分与普通意义下的积分形式相同, 但含义不同. 区分二者的关键在于被积函数是否无界.

例 91　计算反常积分 $\int_0^a \frac{\mathrm{d}x}{\sqrt{a^2-x^2}}\ (a>0)$.

简析　无界函数的反常积分, 函数有唯一瑕点 $x=a$, 用定义处理.

解　首先, 确定瑕点.

由于 $\lim\limits_{x\to a-0}\frac{1}{\sqrt{a^2-x^2}}=+\infty$, $x=a$ 为被积函数的瑕点.

然后, 利用定义判断敛散性. 由于

$$\begin{aligned}\int_0^a \frac{\mathrm{d}x}{\sqrt{a^2-x^2}}&=\lim_{\varepsilon\to+0}\int_0^{a-\varepsilon}\frac{\mathrm{d}x}{\sqrt{a^2-x^2}}=\lim_{\varepsilon\to+0}\left[\arcsin\frac{x}{a}\right]_0^{a-\varepsilon}\\&=\lim_{\varepsilon\to+0}\left[\arcsin\frac{a-\varepsilon}{a}-0\right]=\frac{\pi}{2}.\end{aligned}$$

例 92　讨论 p-积分 $\int_a^b \frac{1}{(x-a)^p}\mathrm{d}x\ (p>0)$ 的敛散性.

简析　无界函数的反常积分, 函数有唯一瑕点 $x=a$, 用定义处理.

解　(1) 确定瑕点. 由于 $p>0$, $x=a$ 为被积函数的唯一瑕点.

(2) 利用定义判断敛散性. 由于

$$\lim_{\eta\to 0^+}\int_{a+\eta}^b\frac{1}{(x-a)^p}\mathrm{d}x=\begin{cases}\frac{1}{1-p}(b-a)^{1-p}, & 0<p<1,\\ +\infty, & p=1,\\ +\infty, & p>1,\end{cases}$$

故, 反常积分 $\int_a^b \frac{1}{(x-a)^p}\mathrm{d}x$ 当 $p \geqslant 1$ 时发散, $0 < p < 1$ 时收敛.

抽象总结 与无穷限反常 p-积分作比较, 注意二者的敛散性对应 p 值的不同.

*3.6.3 反常积分收敛性的判别法

当被积函数的原函数求不出来, 或者求原函数的计算过于复杂时, 利用反常积分的定义来判断它的敛散性就不合适了. 因此, 我们需要其他判别反常积分敛散性的方法.

1. 无穷区间上反常积分收敛性的判别法

这里只就积分区间为 $[a,+\infty)$ 的情况加以讨论, 其所得结论可类似推广到 $(-\infty,b]$ 和 $(-\infty,+\infty)$.

我们采用从简单到复杂的研究思路建立反常积分敛散性的判别法则. 先研究一类特殊的反常积分——非负函数的反常积分.

由于结构的特殊性, 我们可以建立关于非负函数的反常积分敛散性的判别法, 基本判别思想是通过与已知敛散性的反常积分作比较得到相应的敛散性.

定理 3-12 设函数 $f(x)$ 在 $[a,+\infty)$ 上非负连续, 若

$$F(x) = \int_a^x f(t)\mathrm{d}t$$

在 $[a,+\infty)$ 上有界, 则反常积分 $\int_a^{+\infty} f(x)\mathrm{d}x$ 收敛.

证明 由于 $f(x) \geqslant 0$, 而 $F'(x) = f(x) \geqslant 0$, 故 $F(x)$ 在 $[a,+\infty)$ 上单调递增, 又 $F(x)$ 在 $[a,+\infty)$ 上有界, 因而 $F(x)$ 在 $[a,+\infty)$ 上有上界, 根据极限收敛准则知,

$$\lim_{x\to+\infty} F(x) = \lim_{x\to+\infty}\int_a^x f(t)\mathrm{d}t$$

存在, 故反常积分 $\int_a^{+\infty} f(x)\mathrm{d}x$ 收敛.

定理 3-13 (比较判别法) 设非负函数 $f(x), g(x)$ 在 $[a,+\infty)$ 上连续, 且存在 $c \geqslant a$ 使得 $x \geqslant c$ 时, 有

$$0 \leqslant f(x) \leqslant g(x),$$

则

(1) 当 $\int_a^{+\infty} g(x)\mathrm{d}x$ 收敛时, $\int_a^{+\infty} f(x)\mathrm{d}x$ 收敛;

(2) 当 $\int_a^{+\infty} f(x)\mathrm{d}x$ 发散时, $\int_a^{+\infty} g(x)\mathrm{d}x$ 发散.

证明 (1) 若 $\int_a^{+\infty} g(x)\mathrm{d}x$ 收敛, 则存在 $M>0$, 对一切 $t\in[a,+\infty)$, 有

$$\int_a^t g(x)\mathrm{d}x \leqslant M.$$

于是

$$\int_a^t f(x)\mathrm{d}x \leqslant \int_a^t g(x)\mathrm{d}x \leqslant M,$$

由定理 3-12 知, 积分 $\int_a^{+\infty} f(x)\mathrm{d}x$ 收敛.

(2) 用反证法. 假设 $\int_a^{+\infty} g(x)\mathrm{d}x$ 收敛, 由 (1) 知积分 $\int_a^{+\infty} f(x)\mathrm{d}x$ 收敛. 与条件 $\int_a^{+\infty} f(x)\mathrm{d}x$ 发散相矛盾, 故假设不成立, 因此, $\int_a^{+\infty} g(x)\mathrm{d}x$ 发散.

比较判别法也简述为 "大的收敛, 小的也收敛; 小的发散, 大的也发散."

例 93 判别反常积分 $\int_1^{+\infty} \frac{\sin^2 x}{\sqrt[3]{x^4+1}}\mathrm{d}x$ 的敛散性.

解 因为 $0\leqslant \frac{\sin^2 x}{\sqrt[3]{x^4+1}} < \frac{1}{\sqrt[3]{x^4}} = \frac{1}{x^{\frac{4}{3}}}$, 由比较判别法可知原积分收敛.

比较判别法的关键是找一个已知敛散性的无穷限反常积分来作比较, 常用 $\int_a^{+\infty} \frac{1}{x^p}\mathrm{d}x$ 作比较. 由此可得比较判别法的极限形式.

定理 3-14 (比较判别法的极限形式) 设函数 $f(x)$ 在 $[a,+\infty)$ 上非负连续, 且 $\lim\limits_{x\to+\infty} \frac{f(x)}{\frac{1}{x^p}} = \lim\limits_{x\to+\infty} x^p f(x) = l$, 那么

(1) 若 $0<l<+\infty$, 即 $f(x)\sim \frac{1}{x^p}(x\to+\infty)$, 则反常积分 $\int_a^{+\infty} f(x)\mathrm{d}x$ 与 $\int_1^{+\infty} \frac{1}{x^p}\mathrm{d}x$ 同敛散, 即当 $p>1$ 时 $\int_a^{+\infty} f(x)\mathrm{d}x$ 收敛, 当 $p\leqslant 1$ 时 $\int_a^{+\infty} f(x)\mathrm{d}x$ 发散;

(2) 若 $l=0$, 且 $p>1$, 则 $\int_a^{+\infty} f(x)\mathrm{d}x$ 收敛;

(3) 若 $l=+\infty$, 且 $p\leqslant 1$, 则 $\int_a^{+\infty} f(x)\mathrm{d}x$ 发散.

结构分析 从定理的条件形式看，其作用对象主要为被积函数是非负的，且 $\lim\limits_{x\to+\infty} f(x)=0$，因此考虑与 p-积分作对比. p-积分 $\displaystyle\int_1^{+\infty}\frac{1}{x^p}\mathrm{d}x$ 的被积函数 $\dfrac{1}{x^p}$，当 $p>0$ 时 $\lim\limits_{x\to+\infty}\dfrac{1}{x^p}=0$，即 $\dfrac{1}{x^p}$ 为 $x\to+\infty$ 时的无穷小量，研究 $x\to+\infty$ 时 $f(x)\to 0$ 的速度，而极限 $\lim\limits_{x\to+\infty}x^p f(x)=\lim\limits_{x\to+\infty}\dfrac{f(x)}{\frac{1}{x^p}}$ 的大小就刻画了 $x\to+\infty$ 时 $f(x)$ 与 $\dfrac{1}{x^p}$ 相比，趋于 0 的快慢程度.

证明 (1) 当 $0<l<+\infty$ 时，由于 $\lim\limits_{x\to+\infty}\dfrac{f(x)}{\frac{1}{x^p}}=l$，所以对 $\varepsilon=\dfrac{l}{2}>0$，存在 $a>0$，当 $x>a$ 时，有 $-\dfrac{l}{2}<\dfrac{f(x)}{\frac{1}{x^p}}-l<\dfrac{l}{2}$，即

$$0<\frac{l}{2}\frac{1}{x^p}<f(x)<\frac{3l}{2}\frac{1}{x^p},$$

由比较判别法和 p-积分的敛散性知，当 $p>1$ 时 $\displaystyle\int_a^{+\infty}f(x)\mathrm{d}x$ 收敛，当 $p\leqslant 1$ 时 $\displaystyle\int_a^{+\infty}f(x)\mathrm{d}x$ 发散.

(2) $l=1$，即 $\lim\limits_{x\to+\infty}\dfrac{f(x)}{\frac{1}{x^p}}=0$，对 $\varepsilon=1$，存在 $a>0$，当 $x>a$ 时，有 $\dfrac{f(x)}{\frac{1}{x^p}}<1$，即 $f(x)<\dfrac{1}{x^p}$，由比较判别法和 p-积分的敛散性知，若 $p>1$，则 $\displaystyle\int_a^{+\infty}f(x)\mathrm{d}x$ 收敛.

(3) $l=+\infty$，即 $\lim\limits_{x\to+\infty}\dfrac{f(x)}{\frac{1}{x^p}}=+\infty$，对 $M=1$，存在 $a>0$，当 $x>a$ 时，有 $\dfrac{f(x)}{\frac{1}{x^p}}>1$，即 $f(x)>\dfrac{1}{x^p}$，由比较判别法和 p-积分的敛散性知，若 $p\leqslant 1$，则 $\displaystyle\int_a^{+\infty}f(x)\mathrm{d}x$ 发散.

在应用该定理时, 首先看能否找到当 $x\to+\infty$ 时, $f(x)$ 的等价量 $\dfrac{A}{x^p}$, 如果找不到, 再考虑 (2) 或 (3).

例 94　判断 $\displaystyle\int_1^{+\infty}\frac{1}{x^{\alpha}\left(x^2-x-1\right)^{\frac{1}{3}}}\mathrm{d}x\ (\alpha>0)$ 的敛散性.

结构分析　题型属反常积分的敛散性判别. 结构特点, 被积函数为非负函数, 且具有有理式结构, 对其进行无穷小的阶的分析: $x\to+\infty$ 时, $\dfrac{1}{x^{\alpha}\left(x^2-x-1\right)^{\frac{1}{3}}}\sim\dfrac{1}{x^{\alpha}x^{\frac{2}{3}}}=\dfrac{1}{x^{\frac{2}{3}+\alpha}}$, 因此, 应选择 $\displaystyle\int_1^{+\infty}\frac{1}{x^{\frac{2}{3}+\alpha}}\mathrm{d}x$ 为比较的对象.

解　由于

$$\lim_{x\to+\infty}x^{\frac{2}{3}+\alpha}\frac{1}{x^{\alpha}\left(x^2-x-1\right)^{\frac{1}{3}}}=1,$$

故, $\displaystyle\int_1^{+\infty}\frac{1}{x^{\alpha}\left(x^2-x-1\right)^{\frac{1}{3}}}\mathrm{d}x$ 与 $\displaystyle\int_1^{+\infty}\frac{1}{x^{\frac{2}{3}+\alpha}}\mathrm{d}x$ 具有相同的敛散性, 因而, 由 p-积分的敛散性知, 当 $\alpha>\dfrac{1}{3}$ 时 $\displaystyle\int_1^{+\infty}\frac{1}{x^{\alpha}\left(x^2-x-1\right)^{\frac{1}{3}}}\mathrm{d}x$ 收敛, 当 $\alpha\leqslant\dfrac{1}{3}$ 时 $\displaystyle\int_1^{+\infty}\frac{1}{x^{\alpha}\left(x^2-x-1\right)^{\frac{1}{3}}}\mathrm{d}x$ 发散.

例 95　判断 $\displaystyle\int_1^{+\infty}x^{\alpha}\mathrm{e}^{-x}\mathrm{d}x\ (\alpha>0)$ 的敛散性.

简析　对象：非负函数的无穷限反常积分. 被积函数结构：主因子为 e^{-x}, 次因子为 x^{α}, 次因子对主因子起到相反的作用. 类比已知：由函数阶的理论, 我们知道, $\mathrm{e}^{-x}\to0$ 的速度比任意阶的 $x^{\alpha}\to0$ 的速度要快得多. 体现为下述的极限关系：对任意的 p,

$$\lim_{x\to+\infty}x^{p}x^{a}\mathrm{e}^{-x}=\lim_{x\to+\infty}\frac{x^{a+p}}{\mathrm{e}^{-x}}=0,$$

因而, 次因子的反作用可以忽略. 由于 $l=0$, 只能得到收敛性的结论, 选择适当的 $p>1$ 即可.

证明　由于 $\displaystyle\lim_{x\to+\infty}x^2x^a\mathrm{e}^{-x}=\lim_{x\to+\infty}\frac{x^{a+2}}{\mathrm{e}^{-x}}=0$, 由比较判别法的极限形式, 故, 反常积分 $\displaystyle\int_1^{+\infty}x^{\alpha}\mathrm{e}^{-x}\mathrm{d}x\ (\alpha>0)$ 收敛.

例 96　判断 $\displaystyle\int_2^{+\infty}\frac{\mathrm{d}x}{x^{\lambda}\ln x}$ 的敛散性, 其中 $\lambda>0$.

结构分析 由函数阶的理论可知, 当 $\lambda>0$, $x\to+\infty$ 时, $x^{\lambda}\to+\infty$, $\ln x\to+\infty$, 但是, 相对于 $x^{\lambda}\to+\infty$ 的速度, $\ln x\to+\infty$ 的速度可以忽略不计, 反过来, $\dfrac{1}{\ln x}\to 0$ 的速度相对于 $\dfrac{1}{x^{\lambda}}\to 0$ 的速度可用忽略, 因而, 反常积分的收敛性基本取决于 $\dfrac{1}{x^{\lambda}}\to 0$ 的速度, 因而, 可以设想 $\lambda>1$ 时此反常积分收敛, $\lambda\leqslant 1$ 时此反常积分发散. 具体的过程体现在下面极限行为的分析中, 考虑下述极限:

$$\lim_{x\to+\infty} x^{p}\frac{1}{x^{\lambda}\ln x}=\lim_{x\to+\infty}\frac{x^{p-\lambda}}{\ln x}=l=\begin{cases}+\infty, & p-\lambda>0,\\ 0, & p-\lambda\leqslant 0,\end{cases}$$

由于 $l=+\infty$ 时, 只能得到发散性结论, 此时必须有 $p\leqslant 1$, 而此时又有 $p-\lambda>0$, 因而, λ 应满足 $\lambda<p\leqslant 1$, 故, 可设想当 $\lambda<1$ 时, 反常积分应该是发散的; 当 $l=0$ 时, 只能得到收敛性结论, 为此必须有 $p>1$, 而此时又有 $p-\lambda\leqslant 0$, 因而, λ 应满足 $\lambda\geqslant p>1$, 故, 可设想当 $\lambda>1$ 时, 反常积分应该是收敛的. 因此, $\lambda=1$ 是临界情况, 对临界情形通常用定义法处理.

证明 $\lambda=1$ 时, 用定义法, 考虑

$$I(A)=\int_{2}^{A}\frac{1}{x\ln x}\mathrm{d}x=\ln\ln A-\ln\ln 2\to+\infty,\quad A\to+\infty,$$

此时, 反常积分发散.

$\lambda<1$ 时, 取 $p:1>p>\lambda$, 则

$$\lim_{x\to+\infty} x^{p}\frac{1}{x^{\lambda}\ln x}=\lim_{x\to+\infty}\frac{x^{p-\lambda}}{\ln x}=+\infty,$$

此时, 反常积分发散.

$\lambda>1$ 时, 取 $p=\lambda>1$, 则

$$\lim_{x\to+\infty} x^{p}\frac{1}{x^{\lambda}\ln x}=\lim_{x\to+\infty}\frac{1}{\ln x}=0,$$

此时, 反常积分收敛.

因此, 当 $\lambda>1$ 时, $\displaystyle\int_{2}^{+\infty}\frac{\mathrm{d}x}{x^{\lambda}\ln x}$ 收敛; 当 $\lambda\leqslant 1$ 时, $\displaystyle\int_{2}^{+\infty}\frac{\mathrm{d}x}{x^{\lambda}\ln x}$ 发散.

抽象总结 由本题的结论可以看出, 当被积函数收敛于 0 的速度由慢变快时, 反常积分的敛散性发生改变, 由发散性逐渐过渡到收敛性, 其中还存在一个临界结果 (门槛结果), 临界情形通常采用定义法处理.

比较判别法及其极限形式都是当 x 充分大时, $f(x) \geqslant 0$ 的条件下才能使用. 对于 $f(x) \leqslant 0$ 的情形, 可化为 $-f(x)$ 来讨论. 对于一般的可变号函数 $f(x)$, 利用化用的思想, 先 $\int_a^{+\infty} |f(x)|\mathrm{d}x$ 运用上述的方法来判定, 然后根据 $f(x)$ 和 $|f(x)|$ 的关系, 确定 $\int_a^{+\infty} f(x)\mathrm{d}x$ 的敛散性, 从而得到绝对收敛的一类反常积分.

定理 3-15 (绝对收敛准则)　设 $f(x)$ 在 $[a,+\infty)$ 上连续, 若 $\int_a^{+\infty} |f(x)|\mathrm{d}x$ 收敛, 则 $\int_a^{+\infty} f(x)\mathrm{d}x$ 收敛.

证明　由于 $0 \leqslant f(x)+|f(x)| \leqslant 2|f(x)|$, 所以由比较判别法知 $\int_a^{+\infty} [f(x)+|f(x)|]\mathrm{d}x$ 收敛, 故

$$\int_a^{+\infty} f(x)\mathrm{d}x = \int_a^{+\infty} [f(x)+|f(x)|]\mathrm{d}x - \int_a^{+\infty} |f(x)|\mathrm{d}x \text{ 收敛.}$$

当 $\int_a^{+\infty} |f(x)|\mathrm{d}x$ 收敛时, 称 $\int_a^{+\infty} f(x)\mathrm{d}x$ 为绝对收敛.

当 $\int_a^{+\infty} |f(x)|\mathrm{d}x$ 发散, 而 $\int_a^{+\infty} f(x)\mathrm{d}x$ 收敛时, 称 $\int_a^{+\infty} f(x)\mathrm{d}x$ 为条件收敛.

上述简单的结论隐藏了深刻的研究思想：通过引入绝对收敛, 将一般函数反常积分的敛散性判断转化为非负函数反常积分敛散性的判断, 从而可以利用已知的非负函数的反常积分判别理论判断一般函数的反常积分的敛散性.

例 97　讨论 $\int_1^{+\infty} \dfrac{\sin x}{x\sqrt{1+x^2}}\mathrm{d}x$ 的敛散性.

简析　被积函数的结构中含有一个因子 $\sin x$, 是有界函数 $|\sin x| \leqslant 1$. 另外一个因子具有性质：$\dfrac{1}{x\sqrt{1+x^2}} \sim \dfrac{1}{x^2}(x \to +\infty)$, 且 $\int_1^{+\infty} \dfrac{1}{x^2}\mathrm{d}x$ 收敛, 由此决定, 可以利用 $\sin x$ 的有界性和定理 3-15 证明其收敛性.

证明　由于 $0 \leqslant \left|\dfrac{\sin x}{x\sqrt{1+x^2}}\right| \leqslant \dfrac{1}{x^2}, x>1$, 故由比较判别法和定理 3-15, 反常积分 $\int_1^{+\infty} \dfrac{\sin x}{x\sqrt{1+x^2}}\mathrm{d}x$ 绝对收敛, 因而也收敛.

2. 无界函数的反常积分收敛性的判别法

类似无穷区间上反常积分的判别法, 无界函数的反常积分也有以下的判别法.

定理 3-16 设 $f(x),g(x)$ 是 $(a,b]$ 上的非负连续函数, 且 $f(x),g(x)$ 都以 $x=a$ 为奇点, 并在 a 点的某个邻域内满足 $0\leqslant f(x)\leqslant g(x)$, 则

(1) 当 $\int_a^b g(x)\mathrm{d}x$ 收敛时, $\int_a^b f(x)\mathrm{d}x$ 也收敛;

(2) 当 $\int_a^b f(x)\mathrm{d}x$ 发散时, $\int_a^b g(x)\mathrm{d}x$ 也发散.

在定理 3-16 中, 取 $g(x)=\dfrac{1}{(x-a)^p}$, 得到比较判别法的极限形式.

定理 3-17 设 $f(x)$ 是 $(a,b]$ 上的非负连续函数, a 是 $f(x)$ 的瑕点, 且

$$\lim_{x\to a^+}(x-a)^p f(x)=l,$$

则

(1) 若 $0<l<+\infty$, 则 $\int_a^b f(x)\mathrm{d}x$ 与 $\int_a^b \dfrac{c}{(x-a)^p}\mathrm{d}x$ 同敛散, 即当 $p<1$ 时 $\int_a^b f(x)\mathrm{d}x$ 收敛, 当 $p\geqslant 1$ 时 $\int_a^b f(x)\mathrm{d}x$ 发散;

(2) 若 $l=0$, 且 $p<1$, 则 $\int_a^b f(x)\mathrm{d}x$ 收敛;

(3) 若 $l=+\infty$, 且 $p\geqslant 1$, 则 $\int_a^b f(x)\mathrm{d}x$ 发散.

定理 3-18 设 $f(x)$ 在 $(a,b]$ 上连续, a 是 $f(x)$ 的瑕点, 若 $\int_a^b |f(x)|\mathrm{d}x$ 收敛, 则 $\int_a^b f(x)\mathrm{d}x$ 收敛. 这时, 称 $\int_a^b f(x)\mathrm{d}x$ 为绝对收敛.

例 98 判别反常积分 $\int_1^3 \dfrac{\mathrm{d}x}{\ln x}$ 的敛散性.

结构分析 这是以 $x=1$ 为奇点的无界函数的反常积分, 被积函数不变号, 可考虑用比较判别法或比较判别法的极限形式. 进一步分析被积函数的结构, 当 $x\to 1^+$ 时, $\dfrac{1}{\ln x}\to+\infty$, 故, 考察极限

$$\lim_{x\to 1^+}(x-1)^p\frac{1}{\ln x}=\begin{cases}0, & p>1,\\ p, & p=1,\\ +\infty, & p<1,\end{cases}$$

当 $l=0$ 时, 只能得到积分收敛的结论, 此时要求 $p<1$, 与 $p>1$ 没有公共的 p 值;

当 $l=p$ 时, 积分与 $\int_a^b \frac{1}{(x-1)^p}\mathrm{d}x$ 同敛散收敛, 此时 $p<1$ 时 $\int_a^b f(x)\mathrm{d}x$ 收敛, $p\geqslant 1$ 时 $\int_a^b f(x)\mathrm{d}x$ 发散, 而这里 $p=1$, 故发散;

当 $l=+\infty$ 时, 只能得到发散性的结论, 此时要求 $p\geqslant 1$, 与这里的 $p<1$ 没有公共的 p 值, 因而不能得到发散性.

通过上述分析, 可以确定比较对象 $p=1$, 于是得到如下的求解过程.

解　$x=1$ 是瑕点, 由于

$$\lim_{x\to 1^+}(x-1)\frac{1}{\ln x}=\lim_{x\to 1^+}\frac{1}{\frac{1}{x}}=1,$$

根据定理 3-17, 积分 $\int_1^3 \frac{\mathrm{d}x}{\ln x}$ 发散.

例 99　判断反常积分 $\int_0^1 \frac{\ln x}{\sqrt{x}}\mathrm{d}x$ 的敛散性.

结构分析　积分是以 $x=0$ 为奇点的无界函数的反常积分, 被积函数不变号, 可考虑用非负反常积分的判别法. 进一步分析被积函数的结构, 当 $x\to 0^+$ 时, $\frac{1}{\sqrt{x}}\to+\infty$, 虽然也有 $-\ln x\to+\infty$, 但是其所具有的性质 $-x^\alpha\ln x\to 0\ (\forall\alpha>0)$ 表明, 相对于 $\frac{1}{\sqrt{x}}\to+\infty$, $-\ln x\to+\infty$ 的速度可以忽略不计, 或者说, $\ln x$ 对整个被积函数 $\frac{\ln x}{\sqrt{x}}$ 的奇性的贡献可以忽略不计, 因而, 反常积分的敛散性由因子 $\frac{1}{\sqrt{x}}$ 决定, 故, 积分应该是收敛的. 注意到 $\frac{1}{\sqrt{x}}$ 的结构, 很容易用比较判别法证明其收敛性, 为了说明判别法的应用, 详细给出分析过程.

考察极限

$$\lim_{x\to 0^+}x^p\frac{-\ln x}{\sqrt{x}}=\begin{cases}0, & p>\frac{1}{2},\\ +\infty, & p\leqslant\frac{1}{2},\end{cases}$$

当 $l=0$ 时, 只能得到收敛性的结论, 此时要求 $p<1$, 故, 在 $\frac{1}{2}<p<1$ 中, 任意取一个 p 值即可.

当 $l=+\infty$ 时, 只能得到发散性的结论, 此时要求 $p\geqslant 1$, 而在 $p\leqslant\frac{1}{2}$ 与 $p\geqslant 1$ 中, 没有公共的 p 值, 因而不能得到发散性.

通过上述分析, 可以确定比较对象, 得到如下的证明.

证明 由于

$$\lim_{x\to0^+} x^{\frac{3}{4}}\frac{-\ln x}{\sqrt{x}}=0,$$

且非负反常积分 $\int_0^1 \frac{1}{x^{\frac{3}{4}}}\mathrm{d}x$ 收敛, 因而, 非负反常积分 $\int_0^1 \frac{-\ln x}{\sqrt{x}}\mathrm{d}x$ 收敛, 故原反常积分也收敛.

习 题 3-6

1. 讨论下列反常积分的敛散性:

(1) $\int_1^{+\infty}\frac{\mathrm{d}x}{\sqrt{x}}$;

(2) $\int_0^{+\infty} x\mathrm{e}^{-x^2}\mathrm{d}x$;

(3) $\int_{-\infty}^{+\infty}\frac{\mathrm{d}x}{x^2+2x+2}$;

(4) $\int_{\mathrm{e}}^{+\infty}\frac{\mathrm{d}x}{x\ln^2 x}$;

(5) $\int_1^{+\infty}\frac{\arctan x}{x^2}\mathrm{d}x$;

(6) $\int_1^{+\infty}\frac{\ln x}{(1+x)^2}\mathrm{d}x$;

(7) $\int_0^1\frac{x\mathrm{d}x}{\sqrt{1-x^2}}$;

(8) $\int_0^2\frac{\mathrm{d}x}{(1-x)^2}$;

(9) $\int_1^2\frac{\mathrm{d}x}{x\sqrt{x^2-1}}$;

(10) $\int_0^1 \ln x\mathrm{d}x$;

(11) $\int_0^1 \sqrt{x}\ln x\mathrm{d}x$;

(12) $\int_1^{\mathrm{e}}\frac{1}{x\sqrt{1-\ln^2 x}}\mathrm{d}x$.

2. 当 k 为何值时, 反常积分 $\int_a^b \frac{\mathrm{d}x}{(x-a)^k}(b>a)$ 收敛? 当 k 为何值时, 该反常积分发散?

3. 当 k 为何值时, 反常积分 $\int_2^{+\infty}\frac{\mathrm{d}x}{x(\ln x)^k}$ 收敛? 当 k 为何值时, 该反常积分发散? 又当 k 为何值时, 该反常积分取得最小值?

*4. 分析结构, 给出思路, 讨论反常积分的敛散性:

(1) $\int_1^{+\infty}\frac{\mathrm{d}x}{x^3\sqrt{x^2+1}}$;

(2) $\int_0^{+\infty}\mathrm{e}^{-x^2}\mathrm{d}x$;

(3) $\int_1^{+\infty}\frac{\arctan x}{x^2}\mathrm{d}x$;

(4) $\int_1^{+\infty}\left(\frac{1}{x}-\sin\frac{1}{x}\right)\mathrm{d}x$;

(5) $\int_0^1\frac{\ln x}{1-x^2}\mathrm{d}x$;

(6) $\int_0^{\frac{\pi}{2}}\frac{1-\cos x}{x^m}\mathrm{d}x$.

第 4 章 微分方程

函数反映的是客观事物或物质的运动及其变化规律在数量方面的联系，对客观事物或物质的运动的研究就是对函数的研究. 在许多较复杂的运动过程中，往往不能直接找出所需要的函数关系，但是能比较容易地列出满足某些条件的一个或者几个未知函数及其导数或微分之间的关系，这种含有导数或微分的关系式就是微分方程. 建立微分方程之后，应用数学方法，找出未知函数，就是解微分方程.

微分方程是数学联系实际问题的重要渠道之一，它差不多是和微积分同时产生的，它的形成与发展是和力学、天文学、物理学等自然科学的发展密切相关，如牛顿研究天体力学和机械力学时利用了微分方程这个工具，从理论上得到了行星运动规律，法国天文学家勒维烈和英国天文学家亚当斯使用微分方程各自计算出那时尚未发现的海王星的位置. 这些都使数学家更加深信微分方程在认识自然、改造自然方面的巨大力量. 随着现代社会的发展，微分方程在人口、经济、金融、保险等社会科学领域也有着广泛的应用，如马尔萨斯 (Malthus) 人口模型、布莱克–斯科尔斯 (Black-Scholes) 期权定价模型等都是典型的微分方程. 不难预见，微分方程理论及其应用今后仍将在自然科学和社会科学的各个领域中发挥重要的作用.

4.1 微分方程的基本概念

4.1.1 微分方程的基本概念

下面我们通过几何和物理学中的两个具体例题来说明微分方程的基本概念.

引例 1 (曲线的方程问题) 已知一曲线通过点 (1, 2)，且在该曲线上任一点处的切线斜率等于该点横坐标的两倍，求这曲线的方程.

结构分析 所求问题：求解曲线的方程. 类比已知：已知任一点 $P(x,y)$ 处的切线斜率为 $2x$，根据导数的几何意义可以建立与所求曲线方程的导数有关的等式，类比导数与积分的关系，只要对上述与曲线方程的导数有关的等式进行积分，得出一簇满足切线斜率等于该点横坐标的 2 倍的曲线，再根据限定条件，曲线通过点 (1, 2)，即可得出所求曲线方程.

解 设所求曲线为 $y=y(x)$，根据导数的几何意义，可知未知函数 $y=y(x)$

应满足关系式

$$\frac{\mathrm{d}y}{\mathrm{d}x}=2x. \tag{4-1-1}$$

此外, 未知函数 $y=y(x)$ 还应满足条件,

$$当x=1时,y=2. \tag{4-1-2}$$

对式 (4-1-1) 两端积分, 得

$$y=\int 2x\mathrm{d}x, 即y=x^2+c, \tag{4-1-3}$$

其中 c 为任意常数.

把条件 "当 $x=1$ 时, $y=2$" 代入式 (4-1-3), 得

$$2=1^2+c,$$

由此确定任意常数 $c=1$, 把 $c=1$ 代入式 (4-1-3), 即得所求曲线方程

$$y=x^2+1.$$

引例 2 (自由落体运动问题) 设一质量为 m 的物体只受重力作用由静止自由降落, 求物体下落的距离与时间的关系.

结构分析 所求问题: 求物体下落的距离与时间的关系, 就是在重力作用下求物体在任意时刻 t 物体下落的距离 $x(t)$. 类比已知: 根据牛顿第二定律 $F=ma$, 以及物体的加速度 a 与距离 $x(t)$ 的关系, 可以建立与位移 $x(t)$ 的二阶导数有关的等式, 类似引例 1 的方法即可得出所求距离与时间的关系.

解 以物体降落的起点为坐标原点, 以物体降落的铅垂线为 x 轴, 其正方向垂直向下建立坐标系. 假设物体开始降落的时间 $t=0$, 并设在任意时刻 t 物体下落的距离为 $x(t)$, 物体下落的初始速度为 $v_0=0$.

由于物体下落时, 只受重力作用, 因此物体所受的力为 $F=mg$. 根据牛顿第二定律 $F=ma$, 及物体的加速度 $a=\dfrac{\mathrm{d}^2x}{\mathrm{d}t^2}$, 得 $m\dfrac{\mathrm{d}^2x}{\mathrm{d}t^2}=mg$, 即

$$\frac{\mathrm{d}^2x}{\mathrm{d}t^2}=g. \tag{4-1-4}$$

此外, 距离函数 $x(t)$ 还应满足条件

$$当t=0时,x=0 \tag{4-1-5}$$

和条件

$$\text{当} t=0\text{时}, \quad v_0=0, \text{即} \left.\frac{\mathrm{d}x}{\mathrm{d}t}\right|_{t=0}=0. \tag{4-1-6}$$

将式 (4-1-4) 改写成为 $\mathrm{d}\left(\frac{\mathrm{d}x}{\mathrm{d}t}\right)=g\mathrm{d}t$. 两边积分一次得

$$\frac{\mathrm{d}x}{\mathrm{d}t}=gt+c_1. \tag{4-1-7}$$

其中 c_1 为任意常数, 两边再积分一次得

$$x=\frac{1}{2}gt^2+c_1t+c_2, \tag{4-1-8}$$

其中 c_2 为任意常数, 上式即为微分方程式 (4-1-4) 的解. 由于求解过程中作了两次积分, 因此式 (4-1-8) 中含有两个任意常数, 且这两个任意常数不能合并成一个.

将条件 $t=0$ 时 $v_0=0$ 即 $\left.\frac{\mathrm{d}x}{\mathrm{d}t}\right|_{t=0}=0$, 代入式 (4-1-7), 得

$$0=0+c_1, \text{即} c_1=0.$$

再将条件 $t=0$ 时 $x=0$, 代入式 (4-1-9), 得

$$0=0+0+c_2, \text{即} c_2=0.$$

因此, 满足题设条件的解为

$$x=\frac{1}{2}gt^2.$$

它反映了初始位置为 0, 初始速度为 0 的自由落体的运动规律.

1. 微分方程及微分方程的阶数

定义 4-1　凡含有未知函数及其导数 (或微分) 的方程称为 **微分方程**. 未知函数是一元函数的, 即只含一个自变量的微分方程, 称为**常微分方程**. 本书我们只讨论常微分方程.

定义 4-2　在微分方程中出现的未知函数导数的最高阶数, 称为 **微分方程的阶数**. 即微分方程的阶数取决于方程中出现的最高次导数的阶数. 例如, 上面例子中方程 (4-1-1) 中导数的阶数是一阶的, 对应的方程是一阶微分方程, 而方程 (4-1-4) 中最高阶导数的阶数为 2, 因此方程是二阶微分方程.

一般的 n 阶微分方程具有形式

$$F\left(x, y, \frac{\mathrm{d}y}{\mathrm{d}x}, \cdots, \frac{\mathrm{d}^n y}{\mathrm{d}x^n}\right) = 0. \tag{4-1-9}$$

这里 $F\left(x, y, \frac{\mathrm{d}y}{\mathrm{d}x}, \cdots, \frac{\mathrm{d}^n y}{\mathrm{d}x^n}\right)$ 是 x, y, $\frac{\mathrm{d}y}{\mathrm{d}x}$, $\cdots$, $\frac{\mathrm{d}^n y}{\mathrm{d}x^n}$ 的已知函数, 而且一定含有 $\frac{\mathrm{d}^n y}{\mathrm{d}x^n}$, y 是未知函数, x 是自变量.

2. 线性微分方程和非线性微分方程

定义 4-3 如果微分方程是关于未知函数及它的各阶导数的一次方程, 则称它为**线性微分方程**. 引例 1 和引例 2 中出现的微分方程都是线性微分方程. n 阶线性微分方程的一般形式为

$$\frac{\mathrm{d}^n y}{\mathrm{d}x^n} + a_1(x)\frac{\mathrm{d}^{n-1} y}{\mathrm{d}x^{n-1}} + \cdots + a_{n-1}(x)\frac{\mathrm{d}y}{\mathrm{d}x} + a_n(x)y = f(x), \tag{4-1-10}$$

这里 $a_1(x), a_2(x), \cdots, a_n(x), f(x)$ 是 x 的已知函数. 不是线性方程的微分方程称为**非线性微分方程**.

微分方程反映的是变量之间的间接关系, 要想得到变量之间的直接关系需要寻求微分方程的解.

3. 微分方程的解、通解和特解

定义 4-4 如果将某一函数 $y = f(x)$ 代入微分方程, 能使方程成为恒等式, 则称函数 $y = f(x)$ 为**微分方程的解**.

如将函数 $y = \cos\omega x$ 代入方程 $\frac{\mathrm{d}^2 y}{\mathrm{d}x^2} + \omega^2 y = 0$ 中, 发现其为恒等式, 那么就称 $y = \cos\omega x$ 为方程 $\frac{\mathrm{d}^2 y}{\mathrm{d}x^2} + \omega^2 y = 0$ 的解.

定义 4-5 如果微分方程的解中含有独立的任意常数, 且任意常数的个数与微分方程的阶数相同, 则这样的解称为**微分方程的通解**.

例如, 引例 1 中 $y = x^2 + c$ 是方程 $\frac{\mathrm{d}y}{\mathrm{d}x} = 2x$ 的通解, 引例 2 中 $x(t) = \frac{1}{2}gt^2 + c_1 t + c_2$ 是方程 $\frac{\mathrm{d}^2 x}{\mathrm{d}t^2} = g$ 的通解.

定义 4-6 在一定的条件下, 通解中的任意常数能取确定的值, 此时所得的解称为**微分方程的特解**.

例如, 引例 1 中微分方程 $\frac{\mathrm{d}y}{\mathrm{d}x} = 2x$ 的通解 $y = x^2 + c$ 中任意常数 $c = 1$, 于

是得到特解 $y=x^2+1$, 在微分方程 $\dfrac{\mathrm{d}^2x}{\mathrm{d}t^2}=g$ 的通解 $x(t)=\dfrac{1}{2}gt^2+c_1t+c_2$ 中任意常数 $c_1=0,c_2=0$, 于是得到特解 $x(t)=\dfrac{1}{2}gt^2$.

4. 定解条件和初始条件

定义 4-7 从通解中确定特解的条件称为**定解条件**.

一阶微分方程的通解中有一个任意常数, 需要一个定解条件, 记为 $y|_{x=x_0}=y_0$; 二阶微分方程的通解中有两个任意常数, 需要两个定解条件, 记为 $y|_{x=x_0}=y_0$, $\left.\dfrac{\mathrm{d}y}{\mathrm{d}x}\right|_{x=x_0}=y_0'$, 其中 y_0, y_0' 都是已知常数. 例如, 引例 1 的微分方程 $\dfrac{\mathrm{d}y}{\mathrm{d}x}=2x$ 有一个定解条件是式 (4-1-2), 当 $x=1$ 时 $y=2$. 引例 2 的微分方程 $\dfrac{\mathrm{d}^2x}{\mathrm{d}t^2}=g$ 有两个定解条件是式 (4-1-5), 当 $t=0$ 时 $x=0$ 和式 (4-1-6), 当 $t=0$ 时 $\left.\dfrac{\mathrm{d}x}{\mathrm{d}t}\right|_{t=0}=0$. 因为 n 阶方程的通解中含有 n 个任意常数, 所以需要 n 个定解条件.

若定解条件都是在自变量的同一点上 (此点常称为初始点) 给定的, 则称为**初始条件**. 一个 n 阶方程 $F(x,y,y',\cdots,y^{(n)})=0$ 的初始条件即为

$$y|_{x=x_0}=y_0,\quad \left.\frac{\mathrm{d}y}{\mathrm{d}x}\right|_{x=x_0}=y_0',\quad \cdots,\quad \left.\frac{\mathrm{d}^{n-1}y}{\mathrm{d}x^{n-1}}\right|_{x=x_0}=y_0^{(n-1)}, \tag{4-1-11}$$

其中 $y_0,y_0',\cdots,y_0^{(n-1)}$ 都是已知常数. 微分方程与初始条件合称**初值问题**.

4.1.2 微分方程建模简介

微分方程建模是数学建模的重要方法. 根据实际问题的信息, 将实际问题用数学的语言和方法, 通过抽象、简化建立微分方程数学模型, 求解微分方程的定解问题, 并将所得的结论代入实际问题进行验证, 从而推广其应用, 这就是微分方程模型.

本节我们简要讨论如何用微分方程来构建数学模型, 初步体会数学建模的方法. 把各种各样的实际问题化成微分方程的定解问题, 大体上可以按以下步骤:

第一步, 根据实际要求确定要研究的量 (自变量、未知函数、必要的参数等) 并确定坐标系;

第二步, 找出这些量所满足的基本规律 (物理的、几何的、化学的或生物学的等等);

第三步, 运用这些规律列出方程和定解条件.

其中列方程常见的方法有

(1) 根据规律列方程.

利用数学、力学、物理、化学等学科中的定理或经过实验检验的规律, 如牛顿

第二定律、放射性物质的放射性规律等, 我们常利用这些规律对某些实际问题列出微分方程.

(2) 微元分析法与任意区域上取积分的方法.

自然界中有许多现象所满足的规律是通过变量的微元之间的关系式来表达的. 对于这类问题, 我们不能直接列出自变量和未知函数及其变化率之间的关系式, 而是通过微元分析法, 利用已知的规律建立一些变量 (自变量与未知函数) 的微元之间的关系式, 然后再通过取极限的方法得到微分方程, 或等价地通过任意区域上取积分的方法来建立微分方程.

(3) 模拟近似法.

在生物、经济等学科中, 许多现象所满足的规律并不很清楚而且相当复杂, 因而需要根据实际资料或大量的实验数据, 提出各种假设. 在一定的假设下, 给出实际现象所满足的规律, 然后利用适当的数学方法列出微分方程. 在实际的微分方程建模过程中, 也往往是上述方法的综合应用. 不论应用哪种方法, 通常要根据实际情况, 作出一定的假设与简化, 并要把模型的理论或计算结果与实际情况进行对照验证, 以修改模型使之更准确地描述实际问题并进而达到预测预报的目的.

因为关于实际现象的假设经常包括一个或几个变量的变化率, 所以所有这些假设的数学模型可能是一个或几个包含导数的方程. 换句话说, 数学模型可能是一个微分方程或几个微分方程, 即微分方程组.

下面我们利用上述方法通过两个模型简单介绍微分方程具体的建模方法.

1. 弹簧振动模型

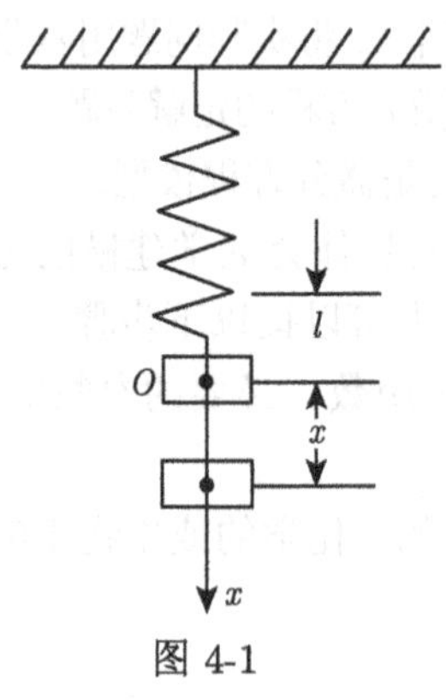

图 4-1

设有一弹簧, 它的上端固定下端挂一个质量为 m 的物体, 弹簧伸长 l 后就会处于静止状态, 这个位置就是物体的平衡位置. 如果用力将物体向下拉至某一位置, 然后突然放开, 那么物体就会在平衡位置附近做上下振动, 试确定物体的运动规律.

如果取物体的平衡位置为坐标原点, x 轴竖直向下建立坐标系 (如图 4-1), 要确定物体的运动规律, 就是求物体在任意时刻 t 离开平衡位置的位移函数 $x(t)$. 这是一个动力学问题, 需要分析物体在运动过程中所受的外力.

(1) 如果不计摩擦力和介质阻力, 则物体在任意时刻所受的力只有弹性力和重力. 但因为物体在平衡位置时处于静止状态, 作用在物体上的重力 mg 与弹性力 cl 大小相等, 方向相反, 所以使物体回到平衡位置的力

只是弹性恢复力

$$f = -cx,$$

其中 $c(c > 0)$ 为弹簧的弹性系数, x 为物体离开平衡位置的位移, 负号表示弹性恢复力的方向和物体位移方向相反.

根据牛顿第二定律, 有

$$m\frac{\mathrm{d}^2x}{\mathrm{d}t^2} = -cx, \tag{4-1-12}$$

这个关系式代表的运动叫**无阻尼自由振动**或**简谐振动**.

(2) 如果物体在振动过程中还受到阻力作用, 由实验知道, 阻力 R 总是与运动方向相反, 当振动不大时, 其大小与物体的速度成正比, 设比例系数为 $\mu(\mu > 0)$, 则有

$$R = -\mu\frac{\mathrm{d}x}{\mathrm{d}t},$$

从而, (4-1-12) 式可以修正为

$$m\frac{\mathrm{d}^2x}{\mathrm{d}t^2} = -cx - \mu\frac{\mathrm{d}x}{\mathrm{d}t}.$$

令 $2n = \frac{\mu}{m}, k^2 = \frac{c}{m}$, 则上式可化为

$$\frac{\mathrm{d}^2x}{\mathrm{d}t^2} + 2n\frac{\mathrm{d}x}{\mathrm{d}t} + k^2x = 0. \tag{4-1-13}$$

这个关系式代表的运动叫**有阻尼的自由振动**.

(3) 如果物体在振动过程中还受铅直干扰力

$$F = H\sin pt,$$

令 $h = \frac{H}{m}$, 则 (4-1-13) 式可以修正为

$$\frac{\mathrm{d}^2x}{\mathrm{d}t^2} + 2n\frac{\mathrm{d}x}{\mathrm{d}t} + k^2x = h\sin pt. \tag{4-1-14}$$

这个关系式反映了**有阻尼强迫振动的物体的运动规律**.

2. 人口模型

最早通过数学方法测量人口增长的模型是英国经济学家托马斯 · 马尔萨斯在 1798 年所建立的模型.

(1) 如果人口的增长率 r 是常数 (增长率 = 出生率 − 死亡率), 人口数量的变化是封闭的, 即人口数量的增加与减少只取决于人口中个体的生育和死亡, 且每一个体都具有同样的生育能力与死亡率. 假设 t 时刻的人口数是 $x(t)$(当 $t=t_0$ 时设人口数为 x_0), 且 $x(t)$ 连续可微.

利用微元分析法, t 时刻到 $t+\Delta t$ 时刻人口的增量为

$$x(t+\Delta t)-x(t)=rx(t)\cdot\Delta t,$$

于是得

$$\frac{\mathrm{d}x}{\mathrm{d}t}=rx, \tag{4-1-15}$$

两边同时积分, 根据初始条件 $t=t_0$ 时人口数为 x_0, 得

$$x(t)=x_0\mathrm{e}^{rt}, \tag{4-1-16}$$

这就是马尔萨斯人口模型.

(2) 由于地球上资源有限, 它只能提供一定数量的生命生存所需的条件. 随着人口数量的增加, 自然资源、环境条件等对人口再增长的限制作用将越来越显著. 因此在人口较少时, 我们可以把增长率 r 看成常数, 当自然资源和环境条件所能容纳的人口达到饱和 (假设所能容纳的最大人口数为 x_m), 增长率 $r=0$, 此后, r 随着人口的增加而减小的量, 即将增长率 r 表示为人口 $x(t)$ 的函数 $r(x)$, 且 $r(x)$ 为 x 的减函数. 依据工程师原则, 假设 $r(x)$ 为 x 的线性函数,

$$r(x)=r-sx,$$

将条件 $x=x_m$ 时, $r=0$ 代入上式, 得 $s=\dfrac{r}{x_m}$, 因此 $r(x)=r-sx=r\left(1-\dfrac{x}{x_m}\right)$, 则 (4-1-15) 式可以修正为

$$\frac{\mathrm{d}x}{\mathrm{d}t}=r\left(1-\frac{x}{x_m}\right)x.$$

习 题 4-1

1. 验证下列函数是否为指定微分方程的解:

(1) $y''+y=0, y=3\sin x-4\cos x$;

(2) $y''+\omega^2y=0, y=c_1\cos\omega x+c_2\sin\omega x$($c_1,c_2,\omega$ 为常数);

(3) $(x+y)\mathrm{d}x+x\mathrm{d}y=0, y=\dfrac{c^2-x^2}{2x}$;

(4) $y''-2y'+y=0, y=x^2\mathrm{e}^x$.

2. 检验下列函数 (其中 c 为任意常数) 是否为所给方程的解, 是通解还是特解?

(1) $y'-2y=0, y=\sin 2x, y=\mathrm{e}^{2x}, y=c\mathrm{e}^{2x}$;

(2) $xy'=y\left(1+\ln\dfrac{y}{x}\right), y=x, y=x\mathrm{e}^{cx}$.

3. $y=\sin(x+c)$(c 为任意常数) 是微分方程 $y'^2+y^2-1=0$ 的通解, 并验证 $y=\pm 1$ 也是解.

4. 验证函数 $y=-6\cos 2x+8\sin 2x$ 是方程 $y''+y'+\dfrac{5}{2}y=25\cos 2x$ 的解, 且满足初始条件 $y|_{x=0}=-6, y'|_{x=0}=16$.

5. 写出由下列条件确定的曲线所满足的微分方程:

(1) 曲线在点 (x,y) 处的切线的斜率等于该点横坐标的平方;

(2) 曲线上点 $P(x,y)$ 处的法线与 x 轴的交点为 Q, 且线段 PQ 被 y 轴平分.

6. 有高为 1m 的半球形容器, 水从它的底部小孔流出. 小孔横截面积为 1 cm^2. 开始时容器内盛满了水, 求水从小孔流出过程中容器里水面的高度 h(水面与孔口中心的距离) 随时间 t 变化的规律.

4.2　一阶微分方程的初等解法

4.2.1　可分离变量微分方程

形如

$$\frac{\mathrm{d}y}{\mathrm{d}x}=f(x)g(y) \tag{4-2-1}$$

的微分方程, 称为**可分离变量微分方程**, 其中函数 $f(x)$ 和 $g(y)$ 分别是 x,y 的连续函数.

结构分析　可分离变量微分方程的结构特点: 方程一端是关于 y 的一阶导数, 另一端能分解成一个 x 的一元函数和一个 y 的一元函数的乘积, 要求解方程, 必须消去导数. 由此确定求解思路: 对方程进行积分. 解题技巧: 形式统一法, 将含有 y 的一元函数部分与 $\mathrm{d}y$ 统一移至方程一端, 含有 x 的一元函数部分与 $\mathrm{d}x$ 统一移至方程的另一端, 由于方程本身隐含着 y 是 x 的函数, 至此, 方程两端同时对 x 进行积分即可求解方程. 当然, 如果方程是关于 x 的一阶导数, 求解方法类似.

具体地, 如果 $g(y)\neq 0$, 先将方程 (4-2-1) 进行变量分离, 化为

$$\frac{\mathrm{d}y}{g(y)}=f(x)\mathrm{d}x,$$

然后两端同时积分得

$$\int\frac{\mathrm{d}y}{g(y)}=\int f(x)\mathrm{d}x+c,$$

若 $G(y)=\int\frac{\mathrm{d}y}{g(y)}, F(x)=\int f(x)\mathrm{d}x$, 则上式可写为

$$G(y)=F(x)+c, \tag{4-2-2}$$

式 (4-2-2) 就是所求微分方程 (4-2-1) 的通解. 这种通过分离变量求解微分方程的方法称为**分离变量法**.

上面的解法依据是当 $g(y)\neq 0$ 时的解, 如果存在 y_0 使 $g(y_0)=0$, 可知 $y=y_0$ 也是方程 (4-2-1) 的解. 可能它不包含在方程的通解 (4-2-2) 中, 必须予以补上.

例 1 求微分方程 $\frac{\mathrm{d}y}{\mathrm{d}x}=-\frac{x}{y}$ 的通解.

结构分析 结构特点：方程一端为 y 的一阶导数, 另一端能分解成一个 $-x$ 和 $\frac{1}{y}$ 的乘积, 方程是可分离变量微分方程. 解题方法：先进行变量分离, 再两端积分.

解 先变量分离

$$y\mathrm{d}y=-x\mathrm{d}x,$$

再两边积分

$$\int y\mathrm{d}y=\int -x\mathrm{d}x,$$

并求出积分, 便得

$$\frac{y^2}{2}=-\frac{x^2}{2}+\frac{c}{2},$$

整理得通解为

$$x^2+y^2=c\quad (c>0), \tag{4-2-3}$$

其中 c 是任意的正常数. 也可以解出通解的显式形式

$$y=\pm\sqrt{c-x^2}\quad (c>0). \tag{4-2-4}$$

注 常数 c 的选取保证式 (4-2-3)、式 (4-2-4) 有意义.

例 2 解方程 $\frac{\mathrm{d}y}{\mathrm{d}x}=y^2\cos x$, 并求满足定解条件：当 $x=0$ 时, $y=1$ 的特解.

解 先变量分离, 得到

$$\frac{\mathrm{d}y}{y^2}=\cos x\mathrm{d}x,$$

再两端同时积分

$$\int\frac{\mathrm{d}y}{y^2}=\int\cos x\mathrm{d}x,$$

计算积分得

$$-\frac{1}{y}=\sin x+c,$$

因而, 方程的通解为

$$y=-\frac{1}{\sin x+c},$$

这里的 c 是任意的常数. 此外, 方程还有解 $y=0$.

为确定所求的特解, 将定解条件 $x=0$, $y=1$ 代入通解中确定常数 c, 得到 $c=-1$ 于是所求的特解为

$$y=\frac{1}{1-\sin x}.$$

注　(1) 方程变量分离的过程不一定是同解变形, 可能出现增、减解, 因此, 方程的通解不一定是方程的全部解, 如果通解不能包含方程的所有解, 此时, 还应求出不含在通解中的其他解, 即将遗漏的解要弥补上.

(2) 微分方程的通解表示的是一族曲线, 而特解表示的是满足特定条件 $y(x_0)=y_0$ 的一个解, 表示的是一条过点 (x_0,y_0) 的曲线.

例 3　求方程 $\cos y\mathrm{d}x+(1+\mathrm{e}^{-x})\sin y\mathrm{d}y=0$ 的通解, 并求满足定解条件：当 $x=0$ 时, $y=\frac{\pi}{4}$ 的特解.

解　将方程改写为

$$\frac{\mathrm{d}y}{\mathrm{d}x}=-\frac{\cos y}{(1+\mathrm{e}^{-x})\sin y},$$

这是可分离变量微分方程, 变量分离, 得

$$\frac{\sin y}{\cos y}\mathrm{d}y=-\frac{\mathrm{e}^x}{(\mathrm{e}^x+1)}\mathrm{d}x,$$

两端同时积分得

$$\ln|\cos y|=\ln(1+\mathrm{e}^x)+\ln|c|,$$

由对数的定义, 即有

$$\cos y=c(1+\mathrm{e}^x),$$

由定解条件：当 $x=0$ 时, $y=\frac{\pi}{4}$, 可得

$$\frac{\sqrt{2}}{2}=c(1+\mathrm{e}^0),$$

即 $c=\dfrac{\sqrt{2}}{4}$, 故原方程在定解条件：当 $x=0$ 时 $y=\dfrac{\pi}{4}$ 下的特解为

$$\sec y(1+\mathrm{e}^x)=2\sqrt{2}.$$

4.2.2 一阶线性微分方程

形如

$$\frac{\mathrm{d}y}{\mathrm{d}x}+p(x)y=q(x) \tag{4-2-5}$$

的方程称为**一阶线性微分方程.** 函数 $q(x)$ 称为方程的自由项.

若 $q(x)\equiv 0$, (4-2-5) 式变为

$$\frac{\mathrm{d}y}{\mathrm{d}x}+p(x)y=0, \tag{4-2-6}$$

称方程 (4-2-6) 为一阶齐次线性微分方程. 有时也称方程 (4-2-6) 为方程 (4-2-5) 对应的齐次方程. 此时方程 (4-2-6) 是可分离变量微分方程.

若 $q(x)\neq 0$, 方程 (4-2-5) 称为**一阶非齐次线性微分方程**.

结构分析 由式 (4-2-5) 可以看出一阶线性微分方程的结构特点：方程中关于 y 的导数是一阶的, 且方程简化后的每一项关于 y 和 y' 的指数是一次的. 要求解方程, 仍须消去导数, 由此确定求解思路：对方程进行积分. 解题技巧：将 $\mathrm{d}y$ 移至方程一端, 且 $\mathrm{d}y$ 的系数为 1, 方程的另一端含有 y, x 的函数以及 $\mathrm{d}x$, 由于 y 是 x 的函数, 视为 $y(x)$, 方程两端同时对 x 进行积分, 最后寻找所求的解里隐藏的信息, 尽可能地归纳总结出更高级的理论方法.

具体地, 首先解齐次线性微分方程 (4-2-6). 分离变量得

$$\frac{\mathrm{d}y}{y}=-p(x)\mathrm{d}x,$$

两端同时积分, 得

$$\ln|y|=-\int p(x)\mathrm{d}x+c_1,$$

去对数, 即得方程 (4-2-5) 的通解

$$y=c\mathrm{e}^{-\int P(x)\mathrm{d}x}\quad (c=\pm\mathrm{e}^{c_1}), \tag{4-2-7}$$

这里 c 是任意的常数.

下面讨论一阶非齐次线性微分方程 (4-2-5) 的求解方法.

既然方程 (4-2-6) 是与方程 (4-2-5) 对应的齐次方程, 那么两个方程的解一定有着内在的联系. 将方程 (4-2-5) 变形为

$$\frac{\mathrm{d}y}{\mathrm{d}x}=q(x)-p(x)y,$$

将其进行变量分离, 可得

$$\frac{\mathrm{d}y}{y}=\left[\frac{q(x)}{y}-p(x)\right]\mathrm{d}x,$$

两端同时积分, 可形式地得到

$$y=\left(\pm\mathrm{e}^{\int\frac{q(x)}{y}\mathrm{d}x}\right)\mathrm{e}^{-\int p(x)\mathrm{d}x}.$$

注意到 $\pm\mathrm{e}^{\int\frac{q(x)}{y}\mathrm{d}x}$ 是 x 的函数, 因此我们猜测方程 (4-2-5) 解的形式应为

$$y=u(x)\mathrm{e}^{-\int p(x)\mathrm{d}x}. \tag{4-2-8}$$

比较式 (4-2-7) 和式 (4-2-8) 的结构, 式 (4-2-8) 可视为把式 (4-2-7) 中的任意常数 c 变易为**待定函数** $u(x)$.

将式 (4-2-8) 代入方程 (4-2-5), 得到

$$\frac{\mathrm{d}}{\mathrm{d}x}\left(u(x)\mathrm{e}^{-\int p(x)\mathrm{d}x}\right)+p(x)\cdot u(x)\mathrm{e}^{-\int p(x)\mathrm{d}x}=q(x).$$

整理化简, 得

$$\frac{\mathrm{d}u}{\mathrm{d}x}=q(x)\mathrm{e}^{\int p(x)\mathrm{d}x},$$

变量分离, 再积分得

$$u=\int q(x)\mathrm{e}^{\int p(x)\mathrm{d}x}\mathrm{d}x+c, \tag{4-2-9}$$

将式 (4-2-9) 代入式 (4-2-8), 便得一阶非齐次线性微分方程 $\frac{\mathrm{d}y}{\mathrm{d}x}+p(x)y=q(x)$ 的通解公式

$$\begin{aligned}y&=\mathrm{e}^{-\int p(x)\mathrm{d}x}\left[\int q(x)\mathrm{e}^{\int p(x)\mathrm{d}x}\mathrm{d}x+c\right]\\&=c\mathrm{e}^{-\int p(x)\mathrm{d}x}+\mathrm{e}^{-\int p(x)\mathrm{d}x}\cdot\int q(x)\mathrm{e}^{\int p(x)\mathrm{d}x}\mathrm{d}x.\end{aligned} \tag{4-2-10}$$

公式 (4-2-10) 中的 $-\int p(x)\mathrm{d}x$ 与 $\int q(x)\mathrm{e}^{\int p(x)\mathrm{d}x}\mathrm{d}x$ 可分别理解为不含任意常数的某一个原函数.

观察公式 (4-2-10) 的结构, 容易看出非齐线性微分方程的通解由两项叠加而成, 其中 $c\mathrm{e}^{-\int p(x)\mathrm{d}x}$ 是对应的齐次微分方程 (4-2-6) 的通解; 另一项 $\mathrm{e}^{-\int p(x)\mathrm{d}x}\cdot\int q(x)\mathrm{e}^{\int p(x)\mathrm{d}x}\mathrm{d}x$ 是非齐线性微分方程 (4-2-5) 的一个特解. 由此可得如下结论.

非齐线性微分方程的通解等于它对应的齐次线性微分方程的通解加上原非齐线性微分方程的一个特解.

以后会看到, 这个结论是所有非线性微分方程的共同特征.

这种将常数变易为待定函数的方法, 通常称为**常数变易法**. 实际上常数变易法也是一种变量变换的方法. 通过变换 (4-2-7) 可将方程 (4-2-5) 化为变量分离方程. 这是一个具有普遍性的方法, 对于高阶非线性方程也适用.

例 4 求方程 $(x+1)\dfrac{\mathrm{d}y}{\mathrm{d}x}-ny=\mathrm{e}^x(x+1)^{n+1}$ 的通解, 这里 n 为常数.

结构分析 题目是关于是一阶线性微分方程的求解, 将方程整理成一阶线性微分方程的标准形式, 用常数变易法求解, 当然, 也可以直接套用公式 (4-2-10) 求解, 这里着重介绍常数变易法.

解 将方程改写为

$$\frac{\mathrm{d}y}{\mathrm{d}x}-\frac{n}{x+1}y=\mathrm{e}^x(x+1)^n,$$

可见它是一阶非齐次线性微分方程. 先求解对应的齐次微分方程

$$\frac{\mathrm{d}y}{\mathrm{d}x}-\frac{n}{x+1}y=0,$$

分离变量, 并积分, 得

$$y=c(x+1)^n,$$

再用常数变易法求解非齐次线性微分方程, 令

$$y=c(x)(x+1)^n, \tag{4-2-11}$$

微分之, 得

$$\frac{\mathrm{d}y}{\mathrm{d}x}=\frac{\mathrm{d}c(x)}{\mathrm{d}x}(x+1)^n+n(x+1)c(x),$$

代入原方程并整理, 得

$$c'(x)=\mathrm{e}^x,$$

积分得

$$c(x)=\mathrm{e}^x+\widetilde{c},$$

将其代入式 (4-2-11), 即得原方程的通解

$$y=(x+1)^n(\mathrm{e}^x+\widetilde{c}),$$

这里 $\widetilde{c}$ 是任意的常数.

例 5 求方程 $\dfrac{\mathrm{d}y}{\mathrm{d}x}=\dfrac{y}{2x-y^2}$ 的通解.

结构分析 方程关于 y 的指数是二次的, 故不是关于 y 的一阶线性微分方程. 因此, 考虑以 y 为自变量, x 为因变量, 方程是 x 的一阶微分方程, 且关于 x 和 $\dfrac{\mathrm{d}x}{\mathrm{d}y}$ 的指数是一次的, 因此, 方程是关于 x 的一阶线性微分方程.

解 原方程改写为

$$\frac{\mathrm{d}x}{\mathrm{d}y}-\frac{2}{y}x=-y, \tag{4-2-12}$$

把 x 看作未知函数, y 看作自变量, 这样, 对于 x 及 $\dfrac{\mathrm{d}x}{\mathrm{d}y}$ 来说, 方程 (4-2-12) 就是一个一阶非齐次线性微分方程了.

先求方程 (4-2-12) 对应的齐次线性方程的通解

$$\frac{\mathrm{d}x}{\mathrm{d}y}=\frac{2}{y}x,$$

变量分离, 并积分得

$$x=cy^2,$$

再用常数变易法, 令 $x=c(y)y^2$, 于是

$$\frac{\mathrm{d}x}{\mathrm{d}y}=\frac{\mathrm{d}c(y)}{\mathrm{d}y}y^2+2c(y)y,$$

代入式 (4-2-12), 得

$$c(y)=-\ln|y|+\widetilde{c},$$

从而, 原方程的通解为

$$x=y^2(\widetilde{c}-\ln|y|),$$

这里 $\widetilde{c}$ 是任意的常数, 另外 $y=0$ 也是方程的解.

抽象总结 一阶线性微分方程解法的核心思想是常数变易法. 即将非齐线性微分方程对应的齐次线性方程解的常数变易为待定函数, 使其变易后的解函数代入非齐次线性微分方程, 求出待定函数 $c(x)$, 求出非齐次微分方程的解.

4.2.3 利用变量代换求解一阶微分方程

变量代换是一种常用的数学方法, 在求解微分方程中也是如此, 通常是找一个适当的变换, 将不易求解的方程变为可解的方程.

1. 齐次微分方程

形如

$$\frac{\mathrm{d}y}{\mathrm{d}x}=g\left(\frac{y}{x}\right) \tag{4-2-13}$$

的一阶微分方程称为齐次方程, 这里的 $g(u)$ 是 u 的连续函数.

结构分析 齐次方程中每一项关于 x, y 的次数都是相等的, 换句话说, 方程中 x 和 y 的地位是一样的, 困难因子是 $\dfrac{y}{x}$, 按照我们常规的化难为易的思想, 把困难因子简单化, 即作变换 $u=\dfrac{y}{x}$, 把方程转换为关于 u 与 x 的可分离变量微分方程即可求解.

具体地, 对齐次方程 (4-2-13) 利用变量替换可化为变量分离方程再求解. 只需令

$$u=\frac{y}{x},\quad 即\ y=ux, \tag{4-2-14}$$

于是

$$\frac{\mathrm{d}y}{\mathrm{d}x}=x\frac{\mathrm{d}u}{\mathrm{d}x}+u,$$

代入原方程 (4-2-13) 有

$$x\frac{\mathrm{d}u}{\mathrm{d}x}+u=g(u),$$

整理, 得

$$\frac{\mathrm{d}u}{\mathrm{d}x}=\frac{g(u)-u}{x},$$

这是可分离变量微分方程, 按照变量分离法求解, 然后将所求的解代回原变量, 所得的解便是原方程 (4-2-13) 的解.

例 6 求解方程 $\dfrac{\mathrm{d}y}{\mathrm{d}x}=\dfrac{y}{x}+\tan\dfrac{y}{x}$.

结构分析 题目是齐次方程, 作变换 $u=\dfrac{y}{x}$, 即 $y=xu$, 把方程转换为关于 u 与 x 的可分离变量的微分方程.

解 这是齐次方程, 令 $\dfrac{y}{x}=u$, $\dfrac{\mathrm{d}y}{\mathrm{d}x}=x\dfrac{\mathrm{d}u}{\mathrm{d}x}+u$, 代入原方程得

$$x\frac{\mathrm{d}u}{\mathrm{d}x}+u=u+\tan u,$$

即

$$\frac{\mathrm{d}u}{\mathrm{d}x}=\frac{\tan u}{x},$$

分离变量, 即有

$$\cot u\mathrm{d}u=\frac{\mathrm{d}x}{x},$$

两端同时积分, 得

$$\ln|\sin u|=\ln|x|+\ln|c| \quad (c\neq 0),$$

整理, 得

$$\sin u=cx. \tag{4-2-15}$$

此外, 方程还有解 $\tan u=0$, 即 $\sin u=0$. 如果 (4-2-15) 中允许 $c=0$, 则 $\sin u=0$ 就包含在 (4-2-15) 中, 这就是说, 方程的通解为 $\sin u=cx$(c 为任意常数).

将原来的变量代回式 (4-2-15), 得原方程的通解为

$$\sin\frac{y}{x}=cx.$$

例 7 求解方程 $x\frac{\mathrm{d}y}{\mathrm{d}x}+2\sqrt{xy}=y(x<0)$.

结构分析 题目是一阶微分方程的求解问题, 但是方程的类型不明显, 需要先将方程进行整理, 即方程两边同除以 x, 使得一阶导数的系数为 1, 转化成齐次方程的标准形式, 用变量代换法进行求解.

解 将方程改写为

$$\frac{\mathrm{d}y}{\mathrm{d}x}=2\sqrt{\frac{y}{x}}+\frac{y}{x} \quad (x<0),$$

这是齐次方程, 以 $\frac{y}{x}=u$, $\frac{\mathrm{d}y}{\mathrm{d}x}=x\frac{\mathrm{d}u}{\mathrm{d}x}+u$ 代入, 则原方程变为

$$x\frac{\mathrm{d}u}{\mathrm{d}x}=2\sqrt{u}, \tag{4-2-16}$$

分离变量, 得

$$\frac{\mathrm{d}u}{2\sqrt{u}}=\frac{\mathrm{d}x}{x},$$

两端同时积分, 得

$$\sqrt{u}=\ln(-x)+c \quad (x<0),$$

即

$$u=[\ln(-x)+c]^2 \quad (\ln(-x)+c>0),$$

这里的 c 是任意常数.

代回原来的变量, 即得原方程的通解

$$y=x[\ln(-x)+c]^2 \quad (\ln(-x)+c>0).$$

此外, 方程 (4-2-16) 还有解 $u=0$, 对应的原方程解为 $y=0$.

因此, 原方程的通解可表示为

$$y=\begin{cases} x[\ln(-x)+c]^2, & \ln(-x)+c>0, \\ 0, \end{cases}$$

它定义于整个负半轴上.

注 (1) 对于齐次方程 $\dfrac{\mathrm{d}y}{\mathrm{d}x}=g\left(\dfrac{y}{x}\right)$ 的求解方法, 关键的一步是令 $u=\dfrac{y}{x}$ 后, 解出 $y=ux$, 再对两边求关于 x 的导数得 $\dfrac{\mathrm{d}y}{\mathrm{d}x}=u+x\dfrac{\mathrm{d}u}{\mathrm{d}x}$, 再将其代入齐次方程使方程变为关于 u,x 的可分离变量微分方程.

(2) 齐次方程也可以通过变换 $v=\dfrac{x}{y}$ 转化为可分离变量方程. 这时 $x=vy$, 再对两边求关于 y 的导数得 $\dfrac{\mathrm{d}x}{\mathrm{d}y}=v+y\dfrac{\mathrm{d}v}{\mathrm{d}y}$, 将其代入齐次方程 $\dfrac{\mathrm{d}x}{\mathrm{d}y}=f\left(\dfrac{x}{y}\right)$ 使方程变为 v,y 的可分离方程.

抽象总结 ① 齐次方程的求解是通过变量代换化为可分离变量方程进行求解, 因而, 一定要熟练掌握可分离方程的解法.② 变量代换法又称换元法, 是我们解题常用的方法之一. 当遇到复杂的难以处理的部分, 利用变量代换, 可以化繁为简, 化难为易, 从而找到解题的捷径. 这也是我们下面可化为齐次的微分方程、可化为一阶非齐次线性方程的微分方程——伯努利方程以及可降阶的二阶微分方程求解所用的方法.

2. 可化为齐次的微分方程

形如

$$\frac{\mathrm{d}y}{\mathrm{d}x}=\frac{a_1x+b_1y+c_1}{a_2x+b_2y+c_2} \tag{4-2-17}$$

的微分方程经变量代换可化为齐次方程, 这里的 a_1,a_2,b_1,b_2,c_1,c_2 均为常数.

分三种情况来讨论:

(i) $c_1=c_2=0$ 情形.

这时方程 (4-2-17) 属齐次方程, 有

$$\frac{\mathrm{d}y}{\mathrm{d}x}=\frac{a_1x+b_1y}{a_2x+b_2y}=g\left(\frac{y}{x}\right),$$

此时, 令 $u=\dfrac{y}{x}$, 即可化为可分离变量微分方程.

(ii) c_1,c_2 至少有一个为零的情形.

(1) 当 $\begin{vmatrix} a_1 & b_1 \\ a_2 & b_2 \end{vmatrix}=0$, 即 $\dfrac{a_1}{a_2}=\dfrac{b_1}{b_2}$ 时, 设 $\dfrac{a_1}{a_2}=\dfrac{b_1}{b_2}=k$, 则方程 (4-2-17) 可写成

$$\frac{\mathrm{d}y}{\mathrm{d}x}=\frac{k(a_2x+b_2y)+c_1}{(a_2x+b_2y)+c_2}=f(a_2x+b_2y),$$

令 $a_2x+b_2y=u$, 则方程化为

$$\frac{\mathrm{d}u}{\mathrm{d}x}=a_2+b_2f(u),$$

这是一个可分离变量的微分方程.

(2) 当 $\begin{vmatrix} a_1 & b_1 \\ a_2 & b_2 \end{vmatrix}\neq 0$ 时, 方程 (4-2-17) 右端的分子、分母都是 x,y 的一次式, 因此

$$\begin{cases} a_1x+b_1y+c_1=0, \\ a_2x+b_2y+c_2=0, \end{cases} \tag{4-2-18}$$

代表 xOy 平面上两条相交的直线, 设交点为 (α,β).

显然, $\alpha\neq 0$ 或 $\beta\neq 0$(否则必有 $c_1=c_2=0$, 这正是情形 (i)), 只需进行坐标平移, 将坐标原点 (0,0) 移至 (α,β) 就行了, 令

$$\begin{cases} X=x-\alpha, \\ Y=y-\beta, \end{cases} \tag{4-2-19}$$

则式 (4-2-18) 化为

$$\begin{cases} a_1X+b_1Y=0, \\ a_2X+b_2Y=0, \end{cases}$$

从而方程 (4-2-17) 变为

$$\frac{\mathrm{d}Y}{\mathrm{d}X}=\frac{a_1X+b_1Y}{a_2X+b_2Y}=g\left(\frac{Y}{X}\right). \tag{4-2-20}$$

因此, 求解方程 (4-2-17) 的一般步骤如下：

第一步, 解联立代数方程 (4-2-18), 设其解为 $x=\alpha, y=\beta$;

第二步, 作变换 (4-2-19) 将方程化为齐次方程 (4-2-20);

第三步, 再经变换 $u=\dfrac{Y}{X}$ 将 (4-2-20) 化为变量分离方程;

第四步, 求解上述变量分离方程, 最后代回原变量可得原方程 (4-2-17) 的解.

上述解题的方法和步骤也适用于比方程 (4-2-17) 更一般的方程类型

$$\frac{\mathrm{d}y}{\mathrm{d}x}=f\left(\frac{a_1x+b_1y+c_1}{a_2x+b_2y+c_2}\right).$$

此外, 诸如

$$\frac{\mathrm{d}y}{\mathrm{d}x}=f(ax+by+c),$$

$$y(xy)\mathrm{d}x+xg(xy)\mathrm{d}y=0,$$

$$x^2\frac{\mathrm{d}y}{\mathrm{d}x}=f(xy),$$

$$\frac{\mathrm{d}y}{\mathrm{d}x}=xf\left(\frac{y}{x^2}\right)$$

以及

$$M(x,y)(x\mathrm{d}x+y\mathrm{d}y)+N(x,y)(x\mathrm{d}y-y\mathrm{d}x)=0$$

(其中 M,N 为 x,y 的齐次函数, 次数可以不相同) 等一些方程类型, 均可通过适当的变量变换化为变量分离方程.

例 8 求解方程 $\dfrac{\mathrm{d}y}{\mathrm{d}x}=\dfrac{x-y+1}{x+y-3}$.

结构分析 题目是可化为齐次的微分方程, 且 $\begin{vmatrix}1 & -1\\ 1 & 1\end{vmatrix}\neq 0$, 按照解方程 (4-2-17) 的一般步骤进行求解即可.

解 解方程组 $\begin{cases}x-y+1=0,\\ x+y-3=0,\end{cases}$ 得 $x=1, y=2$.

令 $\begin{cases} x = X+1, \\ y = Y+2, \end{cases}$ 代入方程, 得

$$\frac{\mathrm{d}Y}{\mathrm{d}X} = \frac{X-Y}{X+Y},$$

整理得

$$\frac{\mathrm{d}Y}{\mathrm{d}X} = \frac{1-\dfrac{Y}{X}}{1+\dfrac{Y}{X}}, \tag{4-2-21}$$

再令

$$u = \frac{Y}{X}, \quad 即 Y = uX,$$

则式 (4-2-21) 化为

$$\frac{\mathrm{d}X}{X} = \frac{1+u}{1-2u-u^2}\mathrm{d}u,$$

两端同时积分, 得

$$\ln X^2 = -\ln\left|u^2+2u-1\right| + \widetilde{c},$$

因此

$$X^2(u^2+2u-1) = \pm \mathrm{e}^{\widetilde{c}},$$

记 $\pm \mathrm{e}^{\widetilde{c}} = c_1$, 并代回原变量, 得

$$Y^2 + 2XY - X^2 = c_1,$$

$$(y-2)^2 + 2(x-1)(y-2) - (x-1)^2 = c_1,$$

此外, 易验证

$$u^2+2u-1=0,$$

即

$$Y^2 + 2XY - X^2 = 0,$$

也是方程 (4-2-21) 的解. 因此原方程的通解为

$$y^2 + 2xy - x^2 - 6y - 2x = c,$$

其中 c 为任意的常数.

3. 可化为一阶非齐次线性方程的微分方程——伯努利方程

形如

$$\frac{\mathrm{d}y}{\mathrm{d}x}+P(x)y=Q(x)y^n \quad (n\neq 0,1) \tag{4-2-22}$$

的方程, 称为伯努利 (Bernoulli) 方程, 这里 $P(x),Q(x)$ 为关于 x 的连续函数.

利用变量变换可将伯努利方程化为线性方程来求解.

事实上, 对于 $y\neq 0$, 用 y^{-n} 乘 (4-2-22) 两边, 得到

$$y^{-n}\frac{\mathrm{d}y}{\mathrm{d}x}+y^{1-n}P(x)=Q(x),$$

引入变量变换 $z=y^{1-n}$, 则

$$\frac{\mathrm{d}z}{\mathrm{d}x}=(1-n)y^{-n}\frac{\mathrm{d}y}{\mathrm{d}x},$$

代入原方程得

$$\frac{\mathrm{d}z}{\mathrm{d}x}+(1-n)P(x)z=(1-n)Q(x),$$

这是关于 z 的一阶线性微分方程, 用上面介绍的方法求得它的通解, 然后再代回原来的变量, 便得到方程 (4-2-22) 的通解. 此外, 当 $n>0$ 时, 方程还有解 $y=0$.

例 9 求方程 $\dfrac{\mathrm{d}y}{\mathrm{d}x}-6\dfrac{y}{x}=-xy^2$ 的通解.

结构分析 题目是 $n=2$ 时的伯努利方程, 利用变量代换, $z=y^{-1}$, 化为关于 z 的一阶线性微分方程, 按照一阶线性微分方程的求解方法进行求解.

解 令 $z=y^{-1}$, 得

$$\frac{\mathrm{d}z}{\mathrm{d}x}=-y^{-2}\frac{\mathrm{d}y}{\mathrm{d}x},$$

代入原方程得到

$$\frac{\mathrm{d}z}{\mathrm{d}x}=-\frac{6}{x}z+x,$$

这是关于 z 的一阶线性微分方程, 求得它的通解为

$$z=\frac{c}{x^6}+\frac{x^2}{8},$$

代回原来的变量 y, 得到

$$\frac{1}{y}=\frac{c}{x^6}+\frac{x^2}{8},$$

或者

$$\frac{x^6}{y} - \frac{x^8}{8} = c,$$

这是原方程的通解. 此外, 方程还有解 $y = 0$.

习 题 4-2

1. 分析微分方程的结构, 求下列微分方程的通解:

(1) $y' - xy' = a\left(y^2 + y'\right)$;

(2) $\sec^2 x \tan y \mathrm{d}x + \sec^2 y \tan x \mathrm{d}y = 0$;

(3) $\dfrac{\mathrm{d}y}{\mathrm{d}x} = 10^{x+y}$;

(4) $\left(\mathrm{e}^{x+y} - \mathrm{e}^x\right)\mathrm{d}x + \left(\mathrm{e}^{x+y} + \mathrm{e}^y\right)\mathrm{d}y = 0$;

(5) $\cos x \sin y \mathrm{d}x + \sin x \cos y \mathrm{d}y = 0$;

(6) $y\mathrm{d}x + \left(x^2 - 4x\right)\mathrm{d}y = 0$.

2. 分析微分方程的结构, 求下列微分方程满足所给初始条件的特解:

(1) $\cos x \sin y \mathrm{d}y = \cos y \sin x \mathrm{d}x$, $y|_{x=0} = \dfrac{\pi}{4}$;

(2) $x\mathrm{d}y + 2y\mathrm{d}x = 0$, $y|_{x=2} = 1$.

3. 若连续函数 $f(x)$ 满足关系式 $f(x) = \displaystyle\int_0^{2x} f\left(\frac{t}{2}\right)\mathrm{d}t + \ln 2$, 求 $f(x)$.

4. 小船从河边点 O 处出发驶向对岸 (两岸为平行直线). 设船速为 a, 船行方向始终与河岸垂直. 又设河宽为 h, 河中任一点处的水流速度与该点到两岸距离的乘积成正比 (比例系数为 k). 求小船的航行路线.

5. 容器内有 $100\mathrm{L}^3$ 的盐水, 含 10kg 的盐. 现在以 $3\mathrm{L}^3/\mathrm{min}$ 的均匀速率往容器内注入净水 (假定净水与盐水立即混合), 又以 $2\mathrm{L}^3/\mathrm{min}$ 的均匀速率从容器中抽出盐水, 问 60min 后容器内盐水中盐的含量是多少?

6. 分析微分方程的结构, 求下列一阶线性微分方程的通解:

(1) $\dfrac{\mathrm{d}\rho}{\mathrm{d}\theta} + 3\rho = 2$;

(2) $\dfrac{\mathrm{d}y}{\mathrm{d}x} + 2xy = 4x$;

(3) $y\ln y\mathrm{d}x + (x - \ln y)\mathrm{d}y = 0$;

(4) $(x-2)\dfrac{\mathrm{d}y}{\mathrm{d}x} = y + 2(x-2)^3$;

(5) $\left(y^2 - 6x\right)\dfrac{\mathrm{d}y}{\mathrm{d}x} + 2y = 0$.

7. 求下列一阶线性微分方程满足所给初始条件的特解:

(1) $\dfrac{\mathrm{d}y}{\mathrm{d}x} + y\cot x = 5\mathrm{e}^{\cos x}$, $y|_{x=\frac{\pi}{2}} = -4$;

(2) $\dfrac{\mathrm{d}y}{\mathrm{d}x} + 3y = 8$, $y|_{x=0} = 2$;

(3) $\frac{\mathrm{d}y}{\mathrm{d}x}+\frac{2-3x^2}{x^3}y=1, y|_{x=1}=0$.

8. 设函数 $y(x)$ 是微分方程 $y'+xy=\mathrm{e}^{-\frac{x^2}{2}}$ 满足条件 $y(0)=0$ 的特解.

(1) 求 $y(x)$;

(2) 求曲线 $y=y(x)$ 的凹凸区间及拐点.

9. 分析微分方程的结构, 求下列微分方程的通解:

(1) $\left(x^2+y^2\right)\mathrm{d}x-xy\mathrm{d}y=0$;

(2) $\left(x^3+y^3\right)\mathrm{d}x-3xy^2\mathrm{d}y=0$;

(3) $\left(1+2\mathrm{e}^{\frac{x}{y}}\right)\mathrm{d}x+2\mathrm{e}^{\frac{x}{y}}\left(1-\frac{x}{y}\right)\mathrm{d}y=0$;

(4) $\frac{\mathrm{d}y}{\mathrm{d}x}-\frac{y}{x}=\frac{1}{\ln\left(x^2+y^2\right)-2\ln x}$.

10. 求下列齐次方程满足所给初始条件的特解:

(1) $y'=\frac{x}{y}+\frac{y}{x}, y|_{x=1}=2$;

(2) $\left(x^2+2xy-y^2\right)\mathrm{d}x+\left(y^2+2xy-x^2\right)\mathrm{d}y=0, y|_{x=1}=1$.

11. 分析微分方程的结构, 用适当的变量代换将下列方程化为可分离变量方程, 然后求出通解:

(1) $\frac{\mathrm{d}y}{\mathrm{d}x}=\frac{1}{x-y}+1$;

(2) $xy'+y=y(\ln x+\ln y)$;

(3) $y'=y^2+2(\sin x-1)y+\sin^2 x-2\sin x-\cos x+1$;

(4) $y(xy+1)\mathrm{d}x+x\left(1+xy+x^2y^2\right)\mathrm{d}y=0$.

4.3 可降阶的高阶微分方程

前面, 我们主要讨论了一阶微分方程的求解问题, 对于二阶及二阶以上的微分方程 (即高阶微分方程), 其求解一般是比较复杂的, 对于有些高阶方程我们可以通过适当的变量替换化成较低阶的方程来求解. 自然地, 选择适合的变量替换往往是一件困难的事情.

下面我们以二阶微分方程 $y''=f(x,y,y')$ 为例, 设法作变量代换, 把它从二阶降至一阶.

4.3.1 $y''=f(x)$ 型微分方程

形如

$$y''=f(x) \tag{4-3-1}$$

的微分方程, 其**结构特点**是方程 (4-3-1) 的左端是 y 的二阶导数, 右端仅显含自变量 x. 显然, 积分两次, 就能得到它的解.

积分一次, 得

$$y' = \int f(x)\mathrm{d}x + c_1,$$

再积分一次, 得

$$y = \int \left[\int f(x)\mathrm{d}x + c_1\right]\mathrm{d}x + c_2,$$

上式含有两个相互独立的任意常数 c_1, c_2, 这就是方程 (4-3-1) 的通解.

类似地, 高阶微分方程的右端仅显含自变量 x, 如 $y^{(n)} = f(x)$, 只需对方程的两边连续积分 n 次即可得其通解.

例 10 求方程 $y''' = x + \mathrm{e}^x$ 的通解.

结构分析 左端是 y 的三阶导数, 右端仅显含自变量 x. 连续积分三次, 就能得到方程的解.

解 对方程接连积分三次得

$$y'' = \frac{1}{2}x^2 + \mathrm{e}^x + C,$$

$$y' = \frac{1}{6}x^3 + \mathrm{e}^x + Cx + C_2,$$

$$y = \frac{1}{24}x^4 + \mathrm{e}^x + C_1x^2 + C_2x + C_3 \quad (\text{其中 } C_1 = \frac{1}{2}C),$$

这就是所求方程的通解.

4.3.2 $y'' = f(x, y')$ 型微分方程

形如

$$y'' = f(x, y') \tag{4-3-2}$$

的二阶微分方程, 其**结构特点**是右端不显含未知函数 y.

把 y' 看作未知函数, 并把 y 视为 x 的函数, 即令 $y' = p(x)$, 那么 $y'' = \dfrac{\mathrm{d}p}{\mathrm{d}x} = p'(x)$, 于是方程 (4-3-2) 就变成为

$$p' = f(x, p),$$

这是一个关于变量 x, p 的一阶微分方程, 用前面讨论过的一阶微分方程的求解方法能够求出其通解, 设为

$$p = \varphi(x, C_1),$$

而 $p=\dfrac{\mathrm{d}y}{\mathrm{d}x}$ 这样又得到一个一阶微分方程

$$\frac{\mathrm{d}y}{\mathrm{d}x}=\varphi(x,C_1),$$

再积分就得到原方程的通解

$$y=\int\varphi(x,C_1)\mathrm{d}x+C_2.$$

例 11 求方程 $y''=\dfrac{1}{x}y'$ 的通解.

结构分析 题目是二阶微分方程的求解, 且方程不明显含有自变量 y. 作变换 $y'=p(x)$, 化二阶微分方程为一阶微分方程进行求解.

解 设 $y'=p(x)$, 则 $y''=\dfrac{\mathrm{d}p}{\mathrm{d}x}$, 于是原方程变为

$$\frac{\mathrm{d}p}{\mathrm{d}x}=\frac{p}{x},$$

解此方程得 $p=Cx$, 即 $\dfrac{\mathrm{d}y}{\mathrm{d}x}=Cx$. 积分得方程的通解为

$$y=\frac{1}{2}Cx^2+C_2=C_1x^2+C_2\quad\left(C_1=\frac{1}{2}C\right).$$

例 12 求微分方程 $(1+x^2)y''=2xy'$ 满足初始条件 $y|_{x=0}=1,y'|_{x=0}=3$ 的特解.

解 设 $y'=p$, 将之代入方程, 得

$$(1+x^2)\cdot\frac{\mathrm{d}p}{\mathrm{d}x}=2xp,$$

分离变量有

$$\frac{\mathrm{d}p}{p}=\frac{2x}{1+x^2}\mathrm{d}x,$$

两端同时积分, 得

$$\ln|p|=\ln(1+x^2)+\ln|c_1|,$$
$$p=y'=c_1\left(1+x^2\right),$$

由条件 $y'|_{x=0}=3$, 得 $c_1=3$, 从而

$$y' = 3(1 + x^2),$$

再积分, 得

$$y = x^3 + 3x + c_2,$$

又由条件 $y|_{x=0} = 1$, 得 $c_2 = 1$, 故所求特解为

$$y = x^3 + 3x + 1.$$

注 求高阶方程满足初始条件的特解时, 对任意常数应尽可能及时定出来, 而不要待求出通解之后再逐一确定, 这样处理会使运算大大简化.

例 13 (悬链线) 设一均匀、柔软的绳索, 两端固定, 由于绳本身的重量自然下垂. 试问该绳在平衡状态时是怎样的曲线?

解 设绳索的最低点为 A. 取 y 轴通过点 A 铅直向上, x 轴水平向右. 且 $|OA|$ 等于某个定值. 设绳索曲线的方程为 $y = y(x)$, 在曲线上任取一点 M, 设 $\overset{\frown}{AM}$ 的长为 s, 假定绳索的线密度为 ρ, 由于绳索是均匀的, 所以 $\overset{\frown}{AM}$ 弧段的重量为 ρgs, 曲线上任意点处的切线存在. 在 A 点处的张力沿水平方向, 大小设为 H, 在 M 点处的张力沿该点处的切线方向, 设其倾角为 θ, 大小为 T.

根据力的平衡原理得

$$\begin{cases} T\sin\theta = \rho gs, \\ T\cos\theta = H, \end{cases}$$

将上两式相除, 得

$$\tan\theta = \frac{1}{a}s \quad \left(a = \frac{H}{\rho g}\right),$$

由于 $\tan\theta = y', s = \int_0^x \sqrt{1+y'^2}\mathrm{d}x$ 代入上式, 得

$$y' = \frac{1}{a}\int_0^x \sqrt{1+y'^2}\mathrm{d}x,$$

将上式两端对 x 求导, 得

$$y'' = \frac{1}{a}\sqrt{1+y'^2}, \tag{4-3-3}$$

取 $|OA| = a$, 那么初始条件为

$$y|_{x=0} = a, \quad y'|_{x=0} = 0,$$

方程 (4-3-3) 属于 $y'' = f(x, y')$ 型微分方程.

设 $y'=p$, 则 $y''=\dfrac{\mathrm{d}p}{\mathrm{d}x}$ 代入方程 (4-3-3), 并分离变量, 得

$$\frac{\mathrm{d}p}{\sqrt{1+p^2}}=\frac{\mathrm{d}x}{a},$$

解此方程得

$$\operatorname{arsh}p=\frac{x}{a}+C_1,$$

把条件 $y'|_{x=0}=0$ 代入, 得 $C_1=0$. 于是上式就变为

$$\operatorname{arsh}p=\frac{x}{a}, \text{即} y'=\operatorname{sh}\frac{x}{a},$$

解此方程, 得

$$y=a\operatorname{ch}\frac{x}{a}+C_2,$$

把条件 $y|_{x=0}=a$ 代入, 得 $C_2=0$, 于是所求曲线方程为

$$y=a\operatorname{ch}\frac{x}{a}=\frac{a}{2}(\mathrm{e}^{\frac{x}{a}}+\mathrm{e}^{-\frac{x}{a}}),$$

该曲线我们称为**悬链线**.

4.3.3 $y''=f(y,y')$ 型微分方程

形如

$$y''=f(y,y') \tag{4-3-4}$$

的二阶微分方程, 方程 (4-3-4) 的**结构特点**是右端不显含自变量 x.

我们仍然把 y' 看作未知函数, 但是把 y' 视为 y 的函数, 即令 $y'=p(y)$, 利用复合函数的求导法则把 y'' 化为对 y 的导数, 即

$$y''=\frac{\mathrm{d}p(y)}{\mathrm{d}x}=\frac{\mathrm{d}p}{\mathrm{d}y}\cdot\frac{\mathrm{d}y}{\mathrm{d}x}=p\frac{\mathrm{d}p}{\mathrm{d}y},$$

代入 (4-3-4), 方程就化为

$$p\frac{\mathrm{d}p}{\mathrm{d}y}=f(y,p),$$

这是一关于 y,p 的一阶微分方程, 求出其通解, 设为

$$y'=p=\varphi(y,C_1),$$

再分离变量并积分, 便可得到方程 (4-3-4) 的通解为

$$\int \frac{\mathrm{d}y}{\varphi(y, c_1)} = x + C_2.$$

例 14　求方程 $yy'' - y'^2 = 0$ 的通解.

结构分析　题目是二阶微分方程的求解, 且方程不显含自变量 x. 作变换 $y' = p(y)$, 化二阶微分方程为一阶微分方程.

解　令 $y' = p$, 则 $y'' = p\dfrac{\mathrm{d}p}{\mathrm{d}y}$, 代入原方程, 得

$$yp\frac{\mathrm{d}p}{\mathrm{d}y} - p^2 = 0,$$

即

$$p\left(y\frac{\mathrm{d}p}{\mathrm{d}y} - p\right) = 0,$$

若 $p = 0$, 则 $\dfrac{\mathrm{d}y}{\mathrm{d}x} = 0$, 从而 $y = C$.

若 $p \neq 0$, 则 $y\dfrac{\mathrm{d}p}{\mathrm{d}y} - p = 0$, 分离变量, 得

$$\frac{\mathrm{d}p}{p} = \frac{\mathrm{d}y}{y},$$

解此方程得

$$\ln|p| = \ln|y| + \ln|C_1|,$$

即

$$p = y' = C_1 y$$

再分离变量, 并两边积分得原方程的通解为

$$\ln|y| = C_1 x + \ln|C_2|,$$

即

$$y = C_2 \mathrm{e}^{C_1 x}.$$

习　题　4-3

1. 分析下列微分方程的结构, 求各微分方程的通解:

(1) $y''' = x\mathrm{e}^x$;　　(2) $y'' = 1 + y'^2$;

(3) $xy'' + 3y' = 0$;　　(4) $y^3 y'' - 1 = 0$;

(5) $y''=\dfrac{1}{\sqrt{y}}$; (6) $yy''+y'^2=0$.

2. 分析下列微分方程的结构, 求各方程满足所给初始条件的特解:

(1) $y'''=\mathrm{e}^{ax}, y|_{x=1}=y'|_{x=1}=y''|_{x=1}=0$;

(2) $y''=3\sqrt{y}, y|_{x=0}=1, y'|_{x=0}=2$;

(3) $2y''-\sin 2y=0, y|_{x=0}=\dfrac{\pi}{2}, y'|_{x=0}=1$.

3. 试求 $y''=x$ 的经过点 $M(0,1)$ 且在此点与直线 $y=\dfrac{x}{2}+1$ 相切的积分曲线.

4. 如果对任意 $x>0$, 曲线 $y=y(x)$ 上的点 (x,y) 处的切线在 y 轴上的截距等于 $\dfrac{1}{x}\displaystyle\int_0^x y(t)\mathrm{d}t$, 求函数 $y=y(x)$ 的表达式.

4.4节课件

4.4 二阶线性微分方程

线性微分方程的理论研究比较完整. 应用中许多问题都可归为线性方程, 即使非线性问题, 有时也可利用局部线性化的方法来处理. 本节我们以二阶线性微分方程为例, 首先介绍二阶线性微分方程的通解的构成, 即解的结构. 然后介绍常系数齐次 (非齐次) 线性微分方程及某些特殊的变系数线性微分方程的解法.

二阶线性微分方程的一般形式是

$$y''+p(x)y'+q(x)y=f(x), \tag{4-4-1}$$

它是关于未知函数 y 及其导数 y',y'' 的微分方程, 而且 y,y',y'' 的幂是一次的, $p(x),q(x),f(x)$ 是关于 x 的函数, 函数 $f(x)$ 称为方程的自由项.

如果 $f(x)\equiv 0$, 则方程 (4-4-1) 成为

$$y''+p(x)y'+q(x)y=0, \tag{4-4-2}$$

称为二阶线性齐次微分方程, 而称一般的方程 (4-4-1) 为二阶线性非齐次微分方程, 并且通常把方程 (4-4-2) 叫对应于方程 (4-4-1) 的线性齐次微分方程.

下面讨论二阶线性微分方程的解的一些性质, 这些性质可以推广到 n 阶线性微分方程.

4.4.1 二阶线性微分方程解的结构

1. 二阶线性齐次微分方程的解的性质与结构

先讨论二阶线性齐次微分方程

$$y''+p(x)y'+q(x)y=0. \tag{4-4-2}$$

定理 4-1 (二阶线性齐次微分方程解的叠加原理) 如果 $y_1(x)$ 和 $y_2(x)$ 是方程 (4-4-2) 的两个解, 则它们的线性组合

$$y = c_1y_1(x) + c_2y_2(x) \tag{4-4-3}$$

也是方程 (4-4-2) 的解, 其中 c_1, c_2 是任意常数.

定理 4-2 (二阶线性非齐次微分方程解的叠加原理 1) 如果 $y^*(x)$ 是二阶线性非齐次方程 (4-4-1) 的一个解, $y_1(x)$ 和 $y_2(x)$ 是方程 (4-4-1) 对应的齐次方程 (4-4-2) 的解, 则

$$y = c_1y_1(x) + c_2y_2(x) + y^*(x)$$

也是方程 (4-4-1) 的解, 其中 c_1, c_2 是任意常数.

关于这两个定理的证明, 读者可将其表达式代入方程自行完成.

表达式 (4-4-3) 从形式上看含有两个任意常数, 但它不一定是方程 (4-4-2) 的通解. 例如, 设 $y_1(x)$ 是方程 (4-4-2) 的一个解, 则 $y_2(x) = 2y_1(x)$ 也是方程 (4-4-2) 的一个解, 这时 (4-4-3) 式成为 $y = c_1y_1(x) + 2c_2y_1(x) = (c_1 + 2c_2)y_1(x)$, 可以改写成 $y = cy_1(x)$, 其中 $c = c_1 + 2c_2$, 这显然不是方程 (4-4-2) 的通解. 那么在什么条件下, 表达式 (4-4-3) 能够成为二阶齐次线性微分方程 (4-4-2) 的通解？为了讨论的需要, 引进函数线性相关与线性无关的概念.

定义 4-8 设 $y_1(x), y_2(x), \cdots, y_n(x)$ 是定义在区间 I 上的 n 个函数, 如果存在不全为零的常数 $k_1, k_2, \cdots, k_n$, 使得恒等式

$$k_1y_1 + k_2y_2 + \cdots + k_ny_n \equiv 0$$

对于所有 $x \in I$ 都成立, 称这些函数是**线性相关**的, 否则称这些函数在所给区间上线性无关, 即当且仅当 $k_1 = k_2 = \cdots = k_n = 0$ 时, 上述恒等式才成立, 称这些函数在所给区间上**线性无关**.

由此定义不难推出如下的两个结论:

(1) 在函数组 $y_1, y_2, \cdots, y_n$ 中如果有一个函数为零, 则 $y_1, y_2, \cdots, y_n$ 在区间 I 上线性相关.

(2) 如果两个函数 y_1, y_2 之比 $\dfrac{y_1}{y_2}$ 在区间 I 有定义, 则它们在区间 I 上线性无关等价于比式 $\dfrac{y_1}{y_2}$ 在区间 I 上不恒等于常数.

例 15 证明在任意区间上,

(1) 函数组 $y_1 = \mathrm{e}^x, y = \mathrm{e}^{-x}$ 是线性无关的;

(2) 函数组 $y_1 = \sin^2 x, y_2 = \cos^2 x, y_3 = 1$ 是线性相关的.

证明 (1) 由比式 $\dfrac{y_1}{y_2}=\dfrac{\mathrm{e}^x}{\mathrm{e}^{-x}}=\mathrm{e}^{2x}$ 不恒等于常数, 可知函数组 $y_1=\mathrm{e}^x, y=\mathrm{e}^{-x}$ 在任意区间上是线性无关的.

(2) 若取 $k_1=1, k_2=1, k_3=-1$, 则

$$k_1\cdot\sin^2 x+k_2\cdot\cos^2 x+k_3\cdot 1=0,$$

故函数组 $y_1=\sin^2 x, y_2=\cos^2 x, y_3=1$ 是线性相关.

有了函数线性相关与线性无关的概念后, 我们有如下关于二阶线性齐次微分方程 (4-4-2) 的通解结构定理.

定理 4-3 (二阶线性齐次微分方程通解结构定理) 如果 $y_1(x)$ 和 $y_2(x)$ 是方程 (4-4-2) 的两个线性无关的特解, 则它们的线性组合

$$y=c_1y_1(x)+c_2y_2(x)$$

就是方程 (4-4-2) 的通解, 其中 c_1, c_2 是任意常数.

推论 4-1 如果 $y_1(x), y_2(x), \cdots, y_n(x)$ 是 n 阶齐线性微分方程

$$y^{(n)}+a_1(x)y^{(n-1)}+\cdots+a_{n-1}(x)y'+a_n(x)y=0$$

的 n 个线性无关的特解, 那么, 此方程的通解为

$$y=c_1y_1(x)+c_2y_2(x)+\cdots+c_ny_n(x),$$

其中 $c_1, c_2, \cdots, c_n$ 是任意常数.

2. 二阶线性非齐次微分方程解的性质与结构

定理 4-4 (二阶线性非齐次微分方程通解的结构) 设 $y^*(x)$ 是二阶线性非齐次方程 (4-4-1) 的一个特解, $Y(x)$ 是与 (4-4-1) 对应的齐次方程 (4-4-2) 的通解, 那么 $y=Y(x)+y^*(x)$ 是二阶线性非齐次微分方程 (4-4-1) 的通解.

证明 由定理 4-1 和定理 4-2 易知 $y=Y(x)+y^*(x)$ 是方程 (4-4-1) 的解. 又因它含有两个独立的任意常数, 因此 $y=Y(x)+y^*(x)$ 是方程 (4-4-1) 的通解.

注 由定理 4-3 和定理 4-4 可知, 二阶线性齐次和非齐次微分方程通解的表达式并不是唯一的.

定理 4-5 (二阶线性非齐次微分方程解的叠加原理 2) 如果非齐次方程 (4-4-1) 的右端 $f(x)$ 是几个函数之和, 如

$$y''+p(x)y'+q(x)y=f_1(x)+f_2(x), \tag{4-4-4}$$

而 $y_1^*(x)$ 与 $y_2^*(x)$ 分别是方程

$$y''+p(x)y'+q(x)y=f_1(x),$$

$$y''+p(x)y'+q(x)y=f_2(x)$$

的特解, 那么 $y_1^*(x)+y_2^*(x)$ 就是原方程的特解.

证明 将 $y=y_1^*(x)+y_2^*(x)$ 代入方程 (4-4-4) 的左端, 得

$$\begin{aligned}&(y_1^*+y_2^*)''+p(x)(y_1^*+y_2^*)'+q(x)(y_1^*+y_2^*)\\=&[y_1^{*\prime\prime}+p(x)y_1^{*\prime}+q(x)y_1^*]+[y_2^{*\prime\prime}+p(x)y_2^{*\prime}+q(x)y_2^*]\\=&f_1(x)+f_2(x),\end{aligned}$$

因此, $y_1^*(x)+y_2^*(x)$ 是方程 (4-4-4) 的一个特解.

4.4.2 二阶常系数线性齐次微分方程及其解法

1. 二阶常系数线性齐次微分方程的一般形式

二阶线性齐次微分方程 (4-4-2) 中, 如果 y',y 的系数 $p(x),q(x)$ 均为常数,

$$y''+py'+qy=0, \tag{4-4-5}$$

其中 p,q 是常数, 称之为二阶常系数线性齐次微分方程.

如果 p,q 不全为常数, 则称它为二阶变系数线性齐次微分方程.

2. 二阶常系数线性齐次微分方程的通解

由定理 4-3 可知, 要找二阶常系数线性齐次微分方程 (4-4-5) 的通解, 可先求出它的两个特解 y_1 与 y_2, 如果 $\dfrac{y_1}{y_2}\neq$ 常数, 即 y_1 与 y_2 线性无关, 那么 $y=c_1y_1+c_2y_2$ 就是方程 (4-4-5) 的通解.

观察微分方程 (4-4-5), 其特点是未知函数 y 与函数的一阶导数 y'、二阶导数 y'' 是常数关系, 考虑到基本初等函数中仅有指数函数 $y=\mathrm{e}^{rx}$(r 为常数) 和它的各阶导数都只相差一个常数因子, 因此我们尝试用 $y=\mathrm{e}^{rx}$(r 为待定常数), 看能否选取适当的常数 r, 使 $y=\mathrm{e}^{rx}$ 满足方程 (4-4-5).

将 $y=\mathrm{e}^{rx}$ 求导, 得 $y'=r\mathrm{e}^{rx}$, $y''=r^2\mathrm{e}^{rx}$, 把 y,y',y'' 代入方程 (4-4-5), 得

$$(r^2+pr+q)\mathrm{e}^{rx}=0,$$

由于 $\mathrm{e}^{rx}\neq0$, 所以

$$r^2+pr+q=0. \tag{4-4-6}$$

由此可见, 若 r 是二次方程 $r^2+pr+q=0$ 的根, 则 $y=\mathrm{e}^{rx}$ 就是微分方程 (4-4-5) 的特解, 于是方程 (4-4-5) 的求解问题, 就转化为求代数方程 (4-4-6) 的根的问题. 我们把代数方程 (4-4-6) 叫做微分方程 (4-4-5) 的**特征方程**.

特征方程 (4-4-6) 是一个以 r 为未知数的一元二次代数方程. 特征方程的两个根 r_1,r_2 称为**特征根**. 由代数学知识, 特征根 r_1,r_2 可用公式

$$r_{1,2}=\frac{-p\pm\sqrt{p^2-4q}}{2}$$

求出, 它们有三种可能的情形, 下面我们分别进行讨论.

(1) 当 $p^2-4q>0$ 时, r_1,r_2 是两个不相等的实根:

$$r_1=\frac{-p+\sqrt{p^2-4q}}{2},\quad r_2=\frac{-p-\sqrt{p^2-4q}}{2}.$$

(2) 当 $p^2-4q=0$ 时, r_1,r_2 是两个相等的实根:

$$r_1=r_2=-\frac{p}{2}.$$

(3) 当 $p^2-4q<0$ 时, r_1,r_2 是一对共轭复根:

$$r_1=\alpha+\mathrm{i}\beta,\quad r_2=\alpha-\mathrm{i}\beta,$$

其中 $\alpha=-\dfrac{p}{2}$, $\beta=\dfrac{\sqrt{4q-p^2}}{2}$.

相应地, 微分方程 (4-4-5) 的通解也就有三种不同的情形, 现分别讨论如下.

(1) 特征方程有两个不相等的实根: $r_1\neq r_2$.

由上面的讨论知道, $y_1=\mathrm{e}^{r_1x}$ 与 $y_2=\mathrm{e}^{r_2x}$ 均是微分方程的两个解, 并且 $\dfrac{y_2}{y_1}=\dfrac{\mathrm{e}^{r_2x}}{\mathrm{e}^{r_1x}}=\mathrm{e}^{(r_2-r_1)x}$ 不是常数, 即 y_1 与 y_2 线性无关, 由定理 4-3 知, 微分方程 (4-4-5) 的通解为

$$y=c_1\mathrm{e}^{r_1x}+c_2\mathrm{e}^{r_2x}.$$

(2) 特征方程有两个相等的实根: $r_1=r_2$.

这时, 我们只得到微分方程 (4-4-5) 的一个特解 $y_1=\mathrm{e}^{r_1x}$, 为了得到方程的通解, 还需另求一个特解 y_2, 并且要求 $\dfrac{y_2}{y_1}\neq$ 常数.

设 $\dfrac{y_2}{y_1}=u(x)$, 即 $y_2=u(x)\mathrm{e}^{r_1x}$, 下面来求 $u(x)$.

由于

$$y_2' = u' \cdot \mathrm{e}^{r_1 \cdot x} + r_1 u \cdot \mathrm{e}^{r_1 \cdot x} = \mathrm{e}^{r_1 \cdot x}\left(u' + r_1 \cdot u\right),$$

$$y_2'' = r_1 \mathrm{e}^{r_1 \cdot x}\left(u' + r_1 \cdot u\right) + \mathrm{e}^{r_1 \cdot x}\left(u'' + r_1 \cdot u'\right) = \mathrm{e}^{r_1 \cdot x}\left(u'' + 2r_1 u' + r_1^2 u\right),$$

代入方程 (4-4-5), 得

$$\mathrm{e}^{r_1 \cdot x}\left[\left(u'' + 2r_1 u' + r_1^2 u\right) + \left(pu' + pr_1 u\right) + qu\right] = 0,$$

约去 $\mathrm{e}^{r_1 \cdot x}$, 整理得

$$u'' + (2r_1 + p)u' + (r_1^2 + pr_1 + q)u = 0,$$

由于 $r_1 = -\dfrac{p}{2}$ 是特征方程的二重根, 因此

$$2r_1 + p = 0, \quad r_1^2 + pr_1 + q = 0,$$

于是, $u'' = 0$. 因只要得到一个不为常数的解, 可取 $u(x) = x$, 由此得到微分方程的另一个特解

$$y_2 = x\mathrm{e}^{r_1 x},$$

从而得到微分方程 (4-4-5) 的通解为

$$y = (c_1 + c_2 x)\mathrm{e}^{r_1 x}.$$

(3) 特征方程有一对共轭复根：$r_1 = \alpha + \mathrm{i}\beta$, $r_2 = \alpha - \mathrm{i}\beta$ $(\beta \neq 0)$.

由上面的讨论知道, $y_1 = \mathrm{e}^{(\alpha+\mathrm{i}\beta)x}$ 与 $y_2 = \mathrm{e}^{(\alpha-\mathrm{i}\beta)x}$ 均是微分方程的两个解, 但这是复数形式, 根据欧拉公式

$$y_1 = \mathrm{e}^{(\alpha+\mathrm{i}\beta)x} = \mathrm{e}^{\alpha x} \cdot \mathrm{e}^{\mathrm{i}\beta x} = \mathrm{e}^{\alpha x}(\cos\beta x + \mathrm{i}\sin\beta x),$$

$$y_2 = \mathrm{e}^{(\alpha-\mathrm{i}\beta)x} = \mathrm{e}^{\alpha x} \cdot \mathrm{e}^{-\mathrm{i}\beta x} = \mathrm{e}^{\alpha x}(\cos\beta x - \mathrm{i}\sin\beta x)$$

是微分方程 (4-4-5) 的两个解, 根据齐次方程解的叠加原理, 有

$$\bar{y}_1 = \frac{1}{2}(y_1 + y_2) = \mathrm{e}^{\alpha x}\cos\beta x,$$

$$\bar{y}_2 = \frac{1}{2\mathrm{i}}(y_1 - y_2) = \mathrm{e}^{\alpha x}\sin\beta x,$$

也是微分方程 (4-4-5) 的解, 且

$$\frac{\bar{y}_2}{\bar{y}_1} = \frac{\mathrm{e}^{\alpha x}\sin\beta x}{\mathrm{e}^{\alpha x}\cos\beta x} = \tan\beta x \neq \text{常数},$$

所以, 微分方程 (4-4-5) 的通解为

$$y=\mathrm{e}^{\alpha x}(c_1\cos\beta x+c_2\sin\beta x).$$

综上所述, 求二阶常系数齐次线性微分方程 (4-4-5) 的通解的步骤如下:

第一步, 写出微分方程 (4-4-5) 的特征方程 (4-4-6);

第二步, 求出特征方程 (4-4-6) 的两个特征根 r_1,r_2;

第三步, 据特征方程的两个根的不同情形, 依表 4-1 写出微分方程的通解.

表 4-1

特征方程 $r^2+pr+q=0$ 的两个根 r_1,r_2	微分方程 $y''+py'+qy=0$ 的通解
两个不相等的实根 r_1,r_2	$y=c_1\mathrm{e}^{r_1x}+c_2\mathrm{e}^{r_2x}$
两个相等的实根 $r_1=r_2$	$y=(c_1+c_2x)\mathrm{e}^{r_1x}$
一对共轭复根 $r_{1,2}=\alpha\pm\mathrm{i}\beta$	$y=\mathrm{e}^{\alpha x}(c_1\cos\beta x+c_2\sin\beta x)$

例 16 求微分方程 $y''-2y'-3y=0$ 的通解.

结构分析 题目是二阶常系数齐次线性微分方程的求解问题, 先写出对应的特征方程, 然后求出特征方程的两个特征根, 据特征根的情形, 写出对应的微分方程的通解.

解 所给微分方程的特征方程为

$$r^2-2r-3=0,$$

其特征根为

$$r_1=-1,\quad r_2=3,$$

因此所求通解为

$$y=c_1\mathrm{e}^{-x}+c_2\mathrm{e}^{3x}.$$

例 17 求微分方程 $y''-2y'+5y=0$ 的通解.

解 所给方程的特征方程为

$$r^2-2r+5=0,$$

其特征根为

$$r=\frac{2\pm\sqrt{4-4\cdot5}}{2}=1\pm2\mathrm{i},$$

因此所求方程的通解为

$$y=\mathrm{e}^{x}(c_1\cos2x+c_2\sin2x).$$

例 18 求一个二阶常系数线性齐次微分方程, 使其通解为 $y=c_1\mathrm{e}^{x}+c_2x\mathrm{e}^{x}$.

解 因为所求方程的通解为

$$y = c_1\mathrm{e}^x + c_2x\mathrm{e}^x,$$

所以, 该方程的特征方程具有两个相同的特征根 $r_1 = r_2 = 1$, 故, 其特征方程为

$$(r-1)^2 = 0,$$

即

$$r^2 - 2r + 1 = 0,$$

所以, 所求的二阶常系数线性齐次方程为

$$y'' - 2y' + y = 0.$$

上述结论可以推广到 n 阶常系数线性齐次微分方程.

n 阶常系数线性齐次微分方程的一般形式是

$$y^{(n)} + p_1y^{(n-1)} + \cdots + p_{n-1}y' + p_ny = 0, \tag{4-4-7}$$

其中 $p_1, p_2, \cdots, p_n$ 都是常数.

令

$$y = \mathrm{e}^{rx},$$

那么

$$y' = r\mathrm{e}^{rx}, \quad y'' = r^2\mathrm{e}^{rx}, \quad \cdots, \quad y^{(n)} = r^n\mathrm{e}^{rx},$$

将 $y, y', y'', \cdots, y^{(n)}$ 代入方程, 得

$$\mathrm{e}^{rx}(r^n + p_1r^{n-1} + p_2r^{n-2} + \cdots + p_{n-1}r + p_n) = 0,$$

可见, 如果选取 r 是 n 次代数方程

$$r^n + p_1r^{n-1} + p_2r^{n-2} + \cdots + p_{n-1}r + p_n = 0 \tag{4-4-8}$$

的根, 那么函数 $y = \mathrm{e}^{rx}$ 就是 n 阶常系数线性齐次微分方程 (4-4-7) 的一个解.

方程 (4-4-8) 叫做微分方程 (4-4-7) 的特征方程.

根据特征方程的根, 可以写出其对应的微分方程的解如表 4-2.

表 4-2

特征方程的根	微分方程通解中对应的项
(1) 单实根 r	给出一项: $c\mathrm{e}^{r\cdot x}$
(2) 一对单复根 $r_{1,2} = \alpha \pm \mathrm{i}\beta$	给出两项: $\mathrm{e}^{\alpha\cdot x}(c_1\cos\beta x + c_2\sin\beta x)$
(3)k 重实根 r	给出 k 项: $\mathrm{e}^{r\cdot x}(c_1 + c_2x + \cdots + c_kx^{k-1})$
(4) 一对 k 重共轭复根 $r_{1,2} = \alpha \pm \mathrm{i}\beta$	给出 $2k$ 项: $\mathrm{e}^{\alpha\cdot x}[(c_1 + c_2x + \cdots + c_kx^{k-1})\cos\beta x$ $+(d_1 + d_2x + \cdots + d_kx^{k-1})\sin\beta x]$

从代数学知道, n 次特征方程有 n 个根, 且每一个根都对应着通解中的一项, 而每项中又各含一个任意常数, 这样就得到了 n 阶常系数齐次线性微分方程的通解.

例 19 求方程 $\dfrac{\mathrm{d}^3x}{\mathrm{d}t^3}-3\dfrac{\mathrm{d}^2x}{\mathrm{d}t^2}+3\dfrac{\mathrm{d}x}{\mathrm{d}t}-x=0$ 的通解.

结构分析 题目是三阶常系数齐次线性微分方程的求解问题, 先写出对应的特征方程, 然后求出特征方程的三个特征根, 据特征根的情形, 写出对应的微分方程的通解.

解 所给方程的特征方程为

$$r^3-3r^2+3r-1=0 \quad 或 \quad (r-1)^3=0,$$

即特征根 $r=1$ 是三重根, 因此方程的通解具有形状

$$x=(c_1+c_2t+c_3t^2)\mathrm{e}^t,$$

其中 c_1,c_2,c_3 为任意常数.

例 20 求微分方程 $y^{(4)}-2y^{(3)}+5y''=0$ 的通解.

解 所给方程的特征方程

$$r^4-2r^3+5r^2=0,$$

整理得

$$r^2(r^2-2r+5)=0,$$

其特征根为

$$r_{1,2}=0(二重根), \quad r_{3,4}=1\pm 2\mathrm{i}.$$

故微分方程的通解为

$$\begin{aligned} y&=\mathrm{e}^{0\cdot x}(c_1+c_2x)+\mathrm{e}^x(c_3\cos 2x+c_4\sin 2x)\\ &=c_1+c_2x+\mathrm{e}^x(c_3\cos 2x+c_4\sin 2x). \end{aligned}$$

4.4.3 二阶常系数线性非齐次微分方程及其解法

1. 二阶常系数线性非齐次微分方程的一般形式

二阶常系数线性非齐次微分方程的一般形式是

$$y''+py'+qy=f(x), \tag{4-4-9}$$

其中 p,q 是常数.

2. 二阶常系数线性非齐次微分方程的通解

由定理 4-4(二阶线性非齐次微分方程解的结构) 可知, 方程 (4-4-9) 的通解为对应的齐次方程 (4-4-5) 的通解 Y 和方程 (4-4-9) 自身的一个特解 y^* 之和. 即 $y=Y+y^*$. 在 4.4.2 节中, 我们已解决了二阶常系数线性齐次方程的通解问题, 因此, 这里只需求二阶常系数线性非齐次微分方程 $y''+py'+qy=f(x)$ 的一个特解 y^*.

3. 二阶常系数线性非齐次微分方程的特解

方程 $y''+py'+qy=f(x)$ 的特解显然与方程右端的自由项 $f(x)$ 有关. 在工程技术中, 自由项 $f(x)$ 常以多项式、指数函数、三角函数或它们之间的某种组合形式出现, 对于这些函数可以用所谓的待定系数法求出特解. 下面介绍当 $f(x)$ 取以下两种常见形式时特解 y^* 的求法.

第一种形式：$f(x)=\mathrm{e}^{\lambda x}P_m(x)$ 型.

这种形式, 方程 (4-4-9) 右端自由项 $f(x)$ 是指数函数 $\mathrm{e}^{\lambda x}$ 与 m 次多项式 $P_m(x)$ 的乘积, 而指数函数与多项式的乘积的导数仍是这类函数, 因此, 我们推测:

方程 (4-4-9) 的特解应为 $y^*=Q(x)\mathrm{e}^{\lambda x}$ ($Q(x)$ 是某个次数待定的多项式),

$$y^{*\prime}=\lambda Q(x)\mathrm{e}^{\lambda x}+Q'(x)\mathrm{e}^{\lambda x},$$

$$y^{*\prime\prime}=\lambda^2 Q(x)\mathrm{e}^{\lambda x}+2\lambda Q'(x)\mathrm{e}^{\lambda x}+Q''(x)\mathrm{e}^{\lambda x},$$

代入方程 (4-4-9), 得

$$\mathrm{e}^{\lambda x}[Q''(x)+(2\lambda+p)Q'(x)+(\lambda^2+p\lambda+q)Q(x)]=\mathrm{e}^{\lambda x}\cdot P_m(x),$$

消去 $\mathrm{e}^{\lambda x}$, 得

$$Q''(x)+(2\lambda+p)Q'(x)+(\lambda^2+p\lambda+q)Q(x)=P_m(x), \tag{4-4-10}$$

讨论

(1) 如果 λ 不是特征方程 $r^2+pr+q=0$ 的根.

即

$$\lambda^2+p\lambda+q\neq 0,$$

由于 $P_m(x)$ 是一个 m 次的多项式, 欲使 (4-4-10) 式的两端恒等, 那么 $Q(x)$ 必为一个 m 次多项式, 设为

$$Q_m(x)=b_0x^m+b_1x^{m-1}+\cdots+b_{m-1}x+b_m,$$

将之代入式 (4-4-10), 比较恒等式两端 x 的同次幂的系数, 就得到以 $b_0, b_1, \cdots, b_{m-1}, b_m$ 为未知数的 $m+1$ 个线性方程的联立方程组, 解此方程组可得到这 $m+1$ 个待定的系数, 并得到特解

$$y^* = Q_m(x)\mathrm{e}^{\lambda x}.$$

(2) 如果 λ 是特征方程 $r^2+pr+q=0$ 的单根.

即

$$\lambda^2 + p\lambda + q = 0,$$

但

$$2\lambda + p \neq 0,$$

欲使 (4-4-10) 式的两端恒等, 那么 $Q'(x)$ 必是一个 m 次多项式. 因此, 可令

$$Q(x) = x \cdot Q_m(x),$$

并且用同样的方法来确定 $Q(x)$ 的系数 $b_0, b_1, \cdots, b_{m-1}, b_m$.

(3) 如果 λ 是特征方程 $r^2+pr+q=0$ 的二重根.

即

$$\lambda^2 + p\lambda + q = 0,$$

且

$$2\lambda + p = 0.$$

欲使 (4-4-10) 式的两端恒等, 那么 $Q''(x)$ 必是一个 m 次多项式.

因此, 可令

$$Q(x) = x^2 \cdot Q_m(x),$$

并且用同样的方法来确定 $Q(x)$ 的系数 $b_0, b_1, \cdots, b_{m-1}, b_m$.

综上所述, 我们有结论

如果 $f(x) = \mathrm{e}^{\lambda x}P_m(x)$, 则方程 $y''+py'+qy=f(x)$ 的特解形式为

$$y^* = x^k \mathrm{e}^{\lambda x} Q_m(x),$$

其中 $Q_m(x)$ 是与 $P_m(x)$ 同次的多项式, k 的取值应满足条件

$$k = \begin{cases} 0, & \lambda\text{不是特征方程的根}, \\ 1, & \lambda\text{是特征方程的单根}, \\ 2, & \lambda\text{是特征方程的重根}. \end{cases}$$

例 21 求方程 $y''-6y'+9y=2x^2-x+3$ 的通解.

结构分析 题目结构：二阶常系数线性非齐次微分方程的求解问题, 非齐次项函数 $f(x)$ 属于第一种形式 $e^{\lambda x}P_m(x)$ 型, 其中 $\lambda=0, m=2$. 解题方法：先写出对应的齐次线性微分方程的特征方程, 解出特征方程的特征根, 写出对应齐次方程的通解 Y. 观察自由项 $f(x)$ 的形式, 再结合特征根, 设出非齐次特解的正确形式, 代入原方程, 解出特解 y^*, 进而得到原方程的通解 $y=Y+y^*$.

解 由于与方程对应的齐次微分方程为 $y''-6y'+9y=0$, 故齐次微分方程的特征方程为 $r^2-6r+9=0$, 解出特征根 $r_{1,2}=3$, 所以对应齐次微分方程的通解为

$$Y=(c_1+c_2x)e^{3x}.$$

自由项 $f(x)=2x^2-x+3=e^{0x}(2x^2-x+3)$, 而 $\lambda=0$ 不是特征根, 故可设特解为

$$y^*=ax^2+bx+c\,,$$

将 $y^{*\prime}=2ax+b$, $y^{*\prime\prime}=2a$ 及 $y^*=ax^2+bx+c$, 代入原方程, 整理得

$$9ax^2+(9b-12a)x+(2a-6b+9c)=2x^2-x+3\,,$$

比较 x 同次幂的系数, 得联立方程

$$\begin{cases} 9a=2, \\ 9b-12a=-1, \\ 2a-6b+9c=3, \end{cases}$$

解之得 $a=\dfrac{2}{9}, b=\dfrac{5}{27}, c=\dfrac{11}{27}$. 由此得方程的一个特解为

$$y^*=\frac{2}{9}x^2+\frac{5}{27}x+\frac{11}{27},$$

故方程通解为 $y=(c_1+c_2x)e^{3x}+\dfrac{2}{9}x^2+\dfrac{5}{27}x+\dfrac{11}{27}$.

例 22 求方程 $y''-3y'+2y=xe^{2x}$ 的通解.

解 与方程对应的齐次微分方程的征方程为 $r^2-3r+2=0$, 特征根 $r_1=1, r_2=2$, 故对应齐次微分方程的通解为

$$Y=c_1e^x+c_2e^{2x}.$$

自由项 $f(x)=xe^{2x}$, 而 $\lambda=2$ 是特征单根, 故可设特解为

$$y^*=x(Ax+B)e^{2x},$$

将

$$y^{*\prime}=(2Ax+B)\mathrm{e}^{2x}+2(Ax^2+Bx)\mathrm{e}^{2x}=[2Ax^2+2(A+B)x+B]\mathrm{e}^{2x},$$

$$\begin{aligned}y^{*\prime\prime}&=[4Ax+2(A+B)]\mathrm{e}^{2x}+2[2Ax^2+2(A+B)x+B]\mathrm{e}^{2x}\\&=[4Ax^2+(8A+4B)x+2A+4B]\mathrm{e}^{2x}\end{aligned}$$

及 $y^*=x(Ax+B)\mathrm{e}^{2x}$, 代入原方程, 整理得 $2Ax+B+2A=x$, 比较 x 同次幂的系数, 得联立方程

$$\begin{cases}2A=1,\\B+2A=0,\end{cases}\quad 解之得\begin{cases}A=\dfrac{1}{2},\\B=-1,\end{cases}$$

于是方程的一个特解为

$$y^*=x\left(\frac{1}{2}x-1\right)\mathrm{e}^{2x},$$

所以方程通解为

$$y=c_1\mathrm{e}^{x}+c_2\mathrm{e}^{2x}+x\left(\frac{1}{2}x-1\right)\mathrm{e}^{2x}.$$

例 23 求方程 $y''-8y'+16y=x+\mathrm{e}^{4x}$ 的通解.

解 与方程对应的齐次微分方程的特征方程为 $r^2-8r+16=0$, 特征根 $r_{1,2}=4$, 因此, 对应齐次微分方程的通解为

$$Y=(c_1+c_2x)\mathrm{e}^{4x}.$$

自由项 $f(x)=x+\mathrm{e}^{4x}$, 不属于 $f(x)=\mathrm{e}^{\lambda\cdot x}P_m(x)$ 型, 将其拆为两项

$$f(x)=f_1(x)+f_2(x),\quad 其中 f_1(x)=x, f_2(x)=\mathrm{e}^{4x}.$$

对 $f_1(x)=x=x\mathrm{e}^{0x}$, 由于 $\lambda=0$ 不是特征根, 故可设特解为 $y_1^*=Ax+B$.
对 $f_2(x)=\mathrm{e}^{4x}=1\cdot\mathrm{e}^{4x}$, 由于 $\lambda=4$ 是特征重根, 故可设特解为 $y_2^*=Cx^2\mathrm{e}^{4x}$.
根据解的叠加原理, 故可设原方程的特解为

$$y^*=y_1^*+y_2^*=Ax+B+Cx^2\mathrm{e}^{4x},$$

将 $y^*, y^{*\prime}$ 及 $y^{*\prime\prime}$ 代入原方程, 整理得 $(-8A+16B)+16Ax+2C\mathrm{e}^{4x}=x+\mathrm{e}^{4x}$, 比较 x 同次幂的系数, 得联立方程

$$\begin{cases}-8A+16B=0,\\16A=1,\\2C=1,\end{cases}\quad 解之有\quad A=\frac{1}{16},\quad B=\frac{1}{32},\quad C=\frac{1}{2}.$$

于是原方程的一个特解为

$$y^* = \frac{1}{16}x + \frac{1}{32} + \frac{1}{2}x^2 e^{4x},$$

故原方程的通解为 $y = (c_1 + c_2 x)e^{4x} + \frac{1}{16}x + \frac{1}{32} + \frac{1}{2}x^2 e^{4x}$.

例 24 设函数 $\varphi(x)$ 连续, 且满足 $\varphi(x) = e^x + \int_0^x t\varphi(t)dt - x\int_0^x \varphi(t)dt$, 求 $\varphi(x)$.

解 等式两端同时对 x 求导有

$$\varphi'(x) = e^x + x\varphi(x) - \int_0^x \varphi(t)dt - x\varphi(x),$$

整理得

$$\varphi'(x) = e^x - \int_0^x \varphi(t)dt, \tag{4-4-11}$$

式 (4-4-11) 两端再对 x 求导得

$$\varphi''(x) = e^x - \varphi(x),$$

即

$$\varphi''(x) + \varphi(x) = e^x,$$

这是一个二阶线性非齐次微分方程. 它对应的齐次微分方程的特征方程为

$$r^2 + 1 = 0,$$

解出特征根 $r_{1,2} = \pm i$. 故对应齐次方程的通解

$$Y = c_1 \cos x + c_2 \sin x.$$

自由项 $f(x) = e^x$, 而 $\lambda = 1$ 不是特征根, 故可设特解为

$$y^* = Be^x,$$

将 $y^{*\prime} = Be^x$, $y^{*\prime\prime} = Be^x$ 和 $y^* = Be^x$ 代入原方程, 整理得 $B = \frac{1}{2}$. 于是原方程的一个特解为 $y^* = \frac{1}{2}e^x$, 故原方程通解为

$$\varphi(x) = c_1 \cos x + c_2 \sin x + \frac{1}{2}e^x. \tag{4-4-12}$$

由题设方程, 显然有 $\varphi(0)=1$.

由 (4-4-11) 又有 $\varphi'(0)=1$.

将 $\varphi(0)=1,\varphi'(0)=1$ 代入 (4-4-12) 及 (4-4-12) 的导数形式, 得 $c_1=c_2=\dfrac{1}{2}$, 则 $\varphi(x)=\dfrac{1}{2}\cos x+\dfrac{1}{2}\sin x+\dfrac{1}{2}\mathrm{e}^x$.

第二种形式: $f(x)=\mathrm{e}^{\lambda x}[A_l(x)\cos\omega x+B_n(x)\sin\omega x]$ 型.

即求形如

$$y''+py'+qy=\mathrm{e}^{\lambda x}[A_l(x)\cos\omega x+B_n(x)\sin\omega x] \tag{4-4-13}$$

的微分方程的特解, 其中 λ,ω 为常数, $A_l(x)$ 和 $B_n(x)$ 分别是 l 次和 n 次多项式.

结构分析 从自由项 $f(x)=\mathrm{e}^{\lambda x}[A_l(x)\cos\omega x+B_n(x)\sin\omega x]$ 的形式上看, 其结构与二阶常系数线性齐次方程当特征方程有一对共轭复根时的结构接近, 这就启发我们将自由项 $f(x)$ 也转化成虚数形式, 再寻求解决办法.

由欧拉公式

$$\cos\beta x=\frac{\mathrm{e}^{\mathrm{i}\beta x}+\mathrm{e}^{-\mathrm{i}\beta x}}{2},\quad \sin\beta x=\frac{\mathrm{e}^{\mathrm{i}\beta x}-\mathrm{e}^{-\mathrm{i}\beta x}}{2\mathrm{i}},$$

有

$$\begin{aligned}
f(x)&=\mathrm{e}^{\lambda x}[A_l\cos\omega x+B_n\sin\omega x]\\
&=\mathrm{e}^{\lambda x}\left[A_l\frac{\mathrm{e}^{\mathrm{i}\omega x}+\mathrm{e}^{-\mathrm{i}\omega x}}{2}+B_n\frac{\mathrm{e}^{\mathrm{i}\omega x}-\mathrm{e}^{-\mathrm{i}\omega x}}{2\mathrm{i}}\right]\\
&=\left(\frac{A_l}{2}+\frac{B_n}{2\mathrm{i}}\right)\mathrm{e}^{(\lambda+\mathrm{i}\omega)x}+\left(\frac{A_l}{2}-\frac{B_n}{2\mathrm{i}}\right)\mathrm{e}^{(\lambda-\mathrm{i}\omega)x}\\
&=\left(\frac{A_l}{2}-\frac{B_n}{2}\mathrm{i}\right)\mathrm{e}^{(\lambda+\mathrm{i}\omega)x}+\left(\frac{A_l}{2}+\frac{B_n}{2}\mathrm{i}\right)\mathrm{e}^{(\lambda-\mathrm{i}\omega)x},
\end{aligned}$$

上式中 $\dfrac{A_l}{2}-\dfrac{B_n}{2}\mathrm{i}$ 和 $\dfrac{A_l}{2}+\dfrac{B_n}{2}\mathrm{i}$ 是两个互为共轭的 m 次多项式, 其中 $m=\max\{n,l\}$. 设

$$P_m(x)=\frac{A_l}{2}-\frac{B_n}{2}\mathrm{i},$$

则

$$f(x)=P_m(x)\mathrm{e}^{(\lambda+\mathrm{i}\omega)x}+\overline{P_m}(x)\mathrm{e}^{(\lambda-\mathrm{i}\omega)x},$$

对于 $f(x)$ 中的第一项 $P_m(x)\mathrm{e}^{(\lambda+\mathrm{i}\omega)x}$ 对应的二阶微分方程

$$y''+py'+qy=P_m(x)\mathrm{e}^{(\lambda+\mathrm{i}\omega)x},$$

可设其特解为 $\bar{y}_1^* = x^k Q_m \mathrm{e}^{(\lambda+\mathrm{i}\omega)x}$;

对于 $f(x)$ 中的第二项 $\overline{P_m}(x)\mathrm{e}^{(\lambda-\mathrm{i}\omega)x}$ 对应的二阶微分方程

$$y'' + py' + qy = \overline{P_m}(x)\mathrm{e}^{(\lambda-\mathrm{i}\omega)x},$$

设其特解为 $\bar{y}_2^*$,

由于 $P_m(x)\mathrm{e}^{(\lambda+\mathrm{i}\omega)x}$ 与 $\overline{P_m}(x)\mathrm{e}^{(\lambda-\mathrm{i}\omega)x}$ 成共轭, 所以可设 $\bar{y}_2^* = x^k \bar{Q}_m \mathrm{e}^{(\lambda-\mathrm{i}\omega)x}$, 其中 $\bar{Q}_m$ 是与 $Q_m(x)$ 成共轭的 m 次多项式.

根据解的叠加原理, 这样方程

$$y'' + py' + qy = \mathrm{e}^{\lambda x}[A_l(x)\cos\omega x + B_n(x)\sin\omega x]$$

就具有形如

$$y^* = \bar{y}_1^* + \bar{y}_2^* = x^k Q_m \mathrm{e}^{(\lambda+\mathrm{i}\omega)x} + x^k \bar{Q}_m \mathrm{e}^{(\lambda-\mathrm{i}\omega)x}$$

的特解, 而 y^* 可以写成

$$\begin{aligned} y^* &= x^k \mathrm{e}^{\lambda x}[Q_m \mathrm{e}^{\mathrm{i}\omega x} + \bar{Q}_m \mathrm{e}^{-\mathrm{i}\omega x}] \\ &= x^k \mathrm{e}^{\lambda x}[Q_m(x)(\cos\omega x + \mathrm{i}\sin\omega x) + \overline{Q_m}(x)(\cos\omega x - \mathrm{i}\sin\omega x)], \end{aligned}$$

由于方括号内的两项互为共轭, 相加后可消去虚部, 这样特解 y^* 可写成实函数形式

$$y^* = x^k \mathrm{e}^{\lambda x}[R_m^{(1)}(x)\cos\omega x + R_m^{(2)}(x)\sin\omega x],$$

其中 $R_m^{(1)}(x), R_m^{(2)}(x)$ 是 m 次多项式, $m = \max\{l, n\}$.

这样我们可得到如下结论.

二阶常系数线性非齐次微分方程

$$y'' + py' + qy = \mathrm{e}^{\lambda x}[A_l(x)\cos\omega x + B_n(x)\sin\omega x]$$

的特解可设为

$$y^* = x^k \mathrm{e}^{\lambda x}[R_m^{(1)}(x)\cos\omega x + R_m^{(2)}(x)\sin\omega x],$$

其中 $R_m^{(1)}(x), R_m^{(2)}(x)$ 是两个 m 次多项式, $m = \max\{l, n\}$, k 按 $\lambda \pm \mathrm{i}\omega$ 是不是特征根, 分别取 0 或 1, 具体地

$$k = \begin{cases} 0, & \lambda \pm \mathrm{i}\omega\text{不是特征根}, \\ 1, & \lambda \pm \mathrm{i}\omega\text{是特征单根}. \end{cases}$$

注 上述结论可推广到 n 阶常系数线性非齐次微分方程.

例 25 求方程 $y''+y=4\sin x$ 的通解.

结构分析 观察自由项 $f(x)=4\sin x$, 它属于第二种 $f(x)=\mathrm{e}^{\lambda x}[A_l(x)\cos\omega x+B_n(x)\sin\omega x]$ 型. 类比已知：把它写成标准形式 $f(x)=4\sin x=4\mathrm{e}^{0x}(0\cdot\cos x+1\cdot\sin x)$, 对应的 $\lambda=0,\omega=1$, 故 $\lambda\pm\mathrm{i}\omega=\pm\mathrm{i}$. 方法设计：可设特解为 $y^*=x^k\mathrm{e}^{\lambda x}[R_m^{(1)}(x)\cos\omega x+R_m^{(2)}(x)\sin\omega x]$, 其中 $R_m^{(1)}(x),R_m^{(2)}(x)$ 是两个 0 次多项式, k 的取值, 只需检验 $\lambda\pm\mathrm{i}\omega=\pm\mathrm{i}$ 是否为特征根即得.

解 对应齐次微分方程的特征方程为 $r^2+1=0$, 特征根为 $r_{1,2}=\pm\mathrm{i}$, 所求齐次方程的通解为 $Y=c_1\cos x+c_2\sin x$.

自由项 $f(x)=4\sin x=4\mathrm{e}^{0x}(0\cdot\cos x+1\cdot\sin x)$, 因此 $\lambda\pm\mathrm{i}\omega=\pm\mathrm{i}$, 而 $\pm i$ 是特征根, $P_l(x)=0,P_n(x)=1$, 这两个多项式都是 0 次多项式, 故可设方程的特解为

$$y^*=x^1\mathrm{e}^{0x}(a\cos x+b\sin x)=x(a\cos x+b\sin x),$$

将 $y^{*\prime\prime}$ 和 y^* 代入原方程, 得

$$-2a\sin x+2b\cos x=4\sin x,$$

比较同类项的系数, 可得 $a=-2,b=0$, 于是所求方程的特解为

$$y^*=-2x\cos x.$$

所以方程通解为 $y=c_1\cos x+c_2\sin x-2x\cos x$.

例 26 求方程 $y''+y=(x-2)\mathrm{e}^{3x}+x\sin x$ 的通解.

结构分析 自由项 $f(x)$ 属于第一种形式 $\mathrm{e}^{\lambda\cdot x}P_m(x)$ 型和第二种 $\mathrm{e}^{\lambda x}[P_l(x)\cos\omega x+P_n(x)\sin\omega x]$ 型的叠加. 类比已知：4.4.1 节中介绍了二阶线性非齐次微分方程通解的结构 (定理 4-4) 和二阶线性非齐次微分方程解的叠加原理 2(定理 4-5), 由此确立解题思路.

解 对应齐次微分方程的特征方程为 $r^2+1=0$, 特征根为 $r_{1,2}=\pm\mathrm{i}$, 所求齐次微分方程的通解为 $Y=c_1\cos x+c_2\sin x$.

将方程 $y''+y=(x-2)\mathrm{e}^{3x}+x\sin x$ 拆成两个方程:

$$y''+y=(x-2)\mathrm{e}^{3x} \tag{4-4-14}$$

和

$$y''+y=x\sin x. \tag{4-4-15}$$

对于方程 (4-4-14), 其自由项 $f_1(x)=(x-2)\mathrm{e}^{3x}$, 属于 $\mathrm{e}^{\lambda\cdot x}P_m(x)$ 型. 由于 $\lambda=3$ 不是特征方程的特征根, 又 $P_n(x)=x-2$ 为一次多项式, 所以, 可设其特解形式为 $y_1^*=(ax+b)\mathrm{e}^{3x}$. 将 y_1^* 和 $y_1^{*\prime\prime}$ 代入方程 (4-4-14), 得

$$10ax+6a+10b=x-2,$$

比较两边 x 的同次幂的系数, 可得 $a=\frac{1}{10},b=-\frac{13}{50}$, 于是方程 (4-4-14) 的特解为

$$y_1^*=\left(\frac{1}{10}x-\frac{13}{50}\right)\mathrm{e}^{3x}.$$

对于方程 (4-4-15), 其自由项 $f_2(x)=x\sin x$, 属于 $\mathrm{e}^{\lambda x}[A_l(x)\cos\omega x+B_n(x)\sin\omega x]$ 型. 对应的 $\lambda=0,\omega=1$, 故 $\lambda\pm\mathrm{i}\omega=\pm\mathrm{i}$, 又 $\pm\mathrm{i}$ 是特征方程的根, $A_l(x)=0,B_n(x)=x$, 这两个多项式的最高次是一次多项式, 故方程 (4-4-15) 的特解形式为

$$y_2^*=x[(a_1x+a_0)\cos x+(b_1x+b_0)\sin x].$$

将 y_2^* 和 $y_2^{*\prime\prime}$ 代入方程 (4-4-15), 得

$$(4b_1x+2a_1+2b_0)\cos x+(-4a_1x+2b_1-2a_0)\sin x=x\sin x,$$

比较同类项的系数, 有

$$\begin{cases}4b_1=0,\\2a_1+2b_0=0,\\-4a_1=1,\\2b_1-2a_0=0,\end{cases}\text{解得}\begin{cases}a_1=-\dfrac{1}{4},\\a_0=0,\\b_1=0,\\b_0=\dfrac{1}{4}.\end{cases}$$

于是, 方程 (4-4-15) 的特解为

$$y_2^*=x\left[\left(-\frac{1}{4}x\right)\cos x+\frac{1}{4}\cdot\sin x\right]=-\frac{1}{4}x^2\cdot\cos x+\frac{1}{4}x\cdot\sin x.$$

所以, 所求方程的通解为

$$\begin{aligned}y&=Y+y_1^*+y_2^*\\&=c_1\cos x+c_2\sin x+\left(\frac{1}{10}x-\frac{13}{50}\right)\mathrm{e}^{3x}-\frac{1}{4}x^2\cdot\cos x+\frac{1}{4}x\cdot\sin x.\end{aligned}$$

综上所述, 对于二阶常系数线性非齐次微分方程

$$y''+py'+qy=f(x),$$

当自由项 $f(x)$ 为上述所列两种特殊形式时, 其特解 y^* 可用待定系数法求得, 其特解形式列表如表 4-3:

表 4-3

自由项 $f(x)$ 形式	特解形式
$f(x)=\mathrm{e}^{\lambda\cdot x}P_m(x)$	当 λ 不是特征方程根时, $y^*=Q_m(x)\mathrm{e}^{\lambda x}$; 当 λ 是特征方程单根时, $y^*=xQ_m(x)\mathrm{e}^{\lambda x}$; 当 λ 是特征方程重根时, $y^*=x^2Q_m(x)\mathrm{e}^{\lambda x}$.
$f(x)=\mathrm{e}^{\lambda x}[A_l(x)\cos\omega x+B_n(x)\sin\omega x]$	当 $\lambda\pm\mathrm{i}\omega$ 不是特征方程的根时, $y^*=\mathrm{e}^{\lambda x}[R_m^{(1)}(x)\cos\omega x+R_m^{(2)}(x)\sin\omega x]$; 当 $\lambda\pm\mathrm{i}\omega$ 是特征方程的根时, $y^*=x\mathrm{e}^{\lambda x}[R_m^{(1)}(x)\cos\omega x+R_m^{(2)}(x)\sin\omega x]$; $m=\max\{l,n\}$.

以上求二阶常系数线性非齐次微分方程的特解的方法, 也可以推广到高阶的情况.

例 27 求方程 $y'''+3y''+3y'+y=\mathrm{e}^x$ 的通解.

解 对应齐次方程的特征方程为 $r^3+3r^2+3r+1=0$, 特征根为 $r_1=r_2=r_3=-1$, 所求齐次方程的通解为

$$Y=(c_1+c_2x+c_3x^2)\mathrm{e}^{-x}.$$

由于 $\lambda=1$ 不是特征方程的根, 因此方程的特解形式为 $y^*=a\mathrm{e}^x$, 代入方程可解得 $a=\dfrac{1}{8}$, 故所求方程的通解为

$$y=Y+y^*=(c_1+c_2x+c_3x^2)\mathrm{e}^{-x}+\frac{1}{8}\mathrm{e}^x.$$

4.4.4 某些变系数线性微分方程的解法

变系数的线性常微分方程, 一般来说都是不容易求解的. 但是有些特殊的变系数线性常微分方程, 则可以通过变量代换化为常系数线性微分方程.

1. 欧拉方程

形如

$$x^ny^{(n)}+a_1x^{n-1}y^{(n-1)}+\cdots+a_ny=f(x)$$

的微分方程叫做欧拉方程, 其中 $a_1,a_2,\cdots,a_n$ 为常数. 它的特点是: y 的 k 阶导数 ($k=0,1,\cdots,n$; 规定 $y^{(0)}=y$) 的系数是 x 的 k 次方乘以常数.

结构分析 从形式上看, 欧拉方程与 n 阶常系数线性微分方程很像. 由此猜测能否找到一个变换, 使方程仍保持线性, 且将变系数化为常系数.

作变量代换

$$x = \mathrm{e}^t \text{ 或 } t = \ln x^{①},$$

将自变量 x 换成 t, 就可达到此目的. 下面以二阶为例说明.

对于二阶欧拉方程

$$x^2y'' + a_1xy' + a_2y = f(x), \tag{4-4-16}$$

作变量代换, 令 $x = \mathrm{e}^t$, 即引入新变量 $t(t = \ln x)$, 有

$$y' = \frac{\mathrm{d}y}{\mathrm{d}x} = \frac{\mathrm{d}y}{\mathrm{d}t} \cdot \frac{\mathrm{d}t}{\mathrm{d}x} = \frac{\mathrm{d}y}{\mathrm{d}t} \cdot \frac{1}{x} = \frac{1}{x} \cdot \frac{\mathrm{d}y}{\mathrm{d}t},$$

$$y'' = \frac{\mathrm{d}^2y}{\mathrm{d}x^2} = \frac{\mathrm{d}}{\mathrm{d}x}\left(\frac{1}{x} \cdot \frac{\mathrm{d}y}{\mathrm{d}t}\right) = -\frac{1}{x^2} \cdot \left(\frac{\mathrm{d}y}{\mathrm{d}t}\right) + \frac{1}{x} \cdot \frac{\mathrm{d}}{\mathrm{d}x}\left(\frac{\mathrm{d}y}{\mathrm{d}t}\right)$$

$$= -\frac{1}{x^2} \cdot \frac{\mathrm{d}y}{\mathrm{d}t} + \frac{1}{x^2} \cdot \frac{\mathrm{d}^2y}{\mathrm{d}t^2},$$

代入方程 (4-4-16), 得

$$\left(\frac{\mathrm{d}^2y}{\mathrm{d}t^2} - \frac{\mathrm{d}y}{\mathrm{d}t}\right) + a_1\frac{\mathrm{d}y}{\mathrm{d}t} + a_2y = f(\mathrm{e}^t),$$

整理得

$$\frac{\mathrm{d}^2y}{\mathrm{d}t^2} + (a_1 - 1)\frac{\mathrm{d}y}{\mathrm{d}t} + a_2y = f(\mathrm{e}^t),$$

这是 y 关于 t 的常系数线性微分方程.

例 28 求 $x^2y'' + xy' = 6\ln x - \dfrac{1}{x}$ 的通解.

解 所求方程是二阶欧拉方程, 作变量代换, 令 $x = \mathrm{e}^t$, 有

$$y' = \frac{\mathrm{d}y}{\mathrm{d}x} = \frac{1}{x} \cdot \frac{\mathrm{d}y}{\mathrm{d}t},$$

$$y'' = \frac{\mathrm{d}^2y}{\mathrm{d}x^2} = \frac{\mathrm{d}}{\mathrm{d}x}\left(\frac{1}{x} \cdot \frac{\mathrm{d}y}{\mathrm{d}t}\right) = \frac{1}{x^2} \cdot \frac{\mathrm{d}^2y}{\mathrm{d}t^2} - \frac{1}{x^2} \cdot \frac{\mathrm{d}y}{\mathrm{d}t},$$

代入原方程, 得

$$\frac{\mathrm{d}^2y}{\mathrm{d}t^2} = 6t - \mathrm{e}^{-t},$$

① 这里仅在 $x > 0$ 范围内求解. 如果需要在 $x < 0$ 范围内求解, 可取 $x = -\mathrm{e}^t$ 或 $t = \ln(-x)$, 所得结果与在 $x > 0$ 内的结果类似.

两次积分, 可得其通解为

$$y = c_1 + c_2 t + t^3 - \mathrm{e}^{-t},$$

将 $t = \ln x$ 回代, 得原方程的通解

$$y = c_1 + c_2 \ln x + (\ln x)^3 - \frac{1}{x}.$$

2. 降阶法

n 阶变系数线性齐次微分方程

$$y^{(n)} + a_1(x) y^{(n-1)} + \cdots + a_n(x) y = 0,$$

其中 $a_1(x), a_2(x), \cdots, a_n(x)$ 是区间 $[a, b]$ 上的连续函数. 当 $n \geqslant 2$ 时, 变系数微分方程一般不能用初等积分法求解, 而且阶数越高越难求解.

结构分析 n 阶变系数齐次微分方程与一元 n 次代数方程的结构相仿, 联想一元 n 次代数方程的求根办法, 如果知道它的 k 个根 $(k < n)$, 则可以提出 k 个因式, 使 n 次代数方程降低 k 次, 化成 $n - k$ 次代数方程. 微分方程与代数方程, 甚至其他方程, 有很多基本思想方法是一脉相通的. 因此, 如果知道 n 阶变系数齐次微分方程的 k 个线性无关解, 则可选择一系列同类型的变换, 使方程降为 $n - k$ 阶齐次微分方程, 这种方法称为降阶法. 尤其是对于二阶变系数齐次微分方程, 如果知道它的一个解 (由经验猜测出来也可), 就可将它降成一阶线性微分方程, 从而利用一阶线性微分方程的求解办法就可以求出通解.

下面以二阶微分方程为例说明这种方法.

二阶变系数线性齐次微分方程

$$y'' + a_1(x) y' + a_2(x) y = 0, \tag{4-4-17}$$

其中 $a_1(x), a_2(x)$ 是区间 $[a, b]$ 上的连续函数. 设 $y_1(x)$ 是方程的一个不恒为零的解, 为寻找与 $y_1(x)$ 线性无关的另一个解, 作变量代换

$$y = y_1(x) \cdot z,$$

求导数得

$$y' = y_1' z + y_1 z',$$

$$y'' = y_1'' z + 2 y_1' z' + y_1 z''.$$

代入方程 (4-4-17), 整理得

$$y_1 z'' + [2 y_1' + a_1(x) y_1] z' + [y_1'' + a_1(x) y_1' + a_2(x) y_1] z = 0.$$

由于 $y_1(x)$ 是方程的解, 故上式化为

$$y_1z''+[2y_1'+a_1(x)y_1]z'=0,$$

令 $z'=u$, 则上式变为

$$y_1u'+[2y_1'+a_1(x)y_1]u=0,$$

即

$$u'+\frac{2y_1'+a_1(x)y_1}{y_1}u=0,$$

这是一个一阶可分离变量微分方程, 求出其通解

$$u=c_1\mathrm{e}^{-\int\frac{2y_1'+a_1(x)y_1}{y_1}\mathrm{d}x}=\frac{c_1}{y_1^2}\mathrm{e}^{-\int a_1(x)\mathrm{d}x},$$

将 $u=z'$ 回代, 再积分, 得

$$z=c_1\int\frac{1}{y_1^2}\mathrm{e}^{-\int a_1(x)\mathrm{d}x}\mathrm{d}x+c_2.$$

因此, 方程的通解为

$$y=y_1(x)\left[c_1\int\frac{1}{y_1^2}\mathrm{e}^{-\int a_1(x)\mathrm{d}x}\mathrm{d}x+c_2\right],$$

其中, c_1,c_2 是任意常数.

例 29 求 $(2x-1)y''-(2x+1)y'+2y=0$ 的通解.

解 将方程整理为

$$(2xy''-2xy')-y''-y'+2y=0,$$

显然 $y_1=\mathrm{e}^x$ 为方程有一个解. 令 $y_2=z\mathrm{e}^x$, 代入原方程, 并整理, 得

$$(2x-1)z''+(2x-3)z'=0,$$

令 $z'=u$, 则上式变为

$$(2x-1)u'+(2x-3)u=0,$$

解此一阶可分离变量方程, 得

$$u=c(2x-1)\mathrm{e}^{-x},$$

再积分, 得

$$z=\int c(2x-1)\mathrm{e}^{-x}\mathrm{d}x=c_1[(2x-1)\mathrm{e}^{-x}+2\mathrm{e}^{-x}]+c_2 \quad (c_1=-c),$$

所以方程的通解为

$$y=c_1(2x+1)+c_2\mathrm{e}^{x}.$$

其中, c_1,c_2 是任意常数.

习 题 4-4

1. 已知方程 $\left(x^2-1\right)y''-2xy'+2y=0(1)$ 与方程 $2yy''-y'^2=0(2)$ 都有解 $y_1=(x-1)^2$ 与 $y_2=(x+1)^2$, 这两个函数的任意线性组合 $y=C_1y_1+C_2y_2$ 是否仍为方程 (1) 与方程 (2) 的解?

2. 求下列二阶线性齐次微分方程的通解:

(1) $4\dfrac{\mathrm{d}^2x}{\mathrm{d}t^2}-20\dfrac{\mathrm{d}x}{\mathrm{d}t}+25x=0$; (2) $y''-4y'+5y=0$;

(3) $y^{(4)}-y=0$; (4) $y^{(4)}+2y''+y=0$;

(5) $y^{(4)}-2y'''+y''=0$.

3. 求下列二阶线性齐次微分方程满足所给初始条件的特解:

(1) $y''-3y'-4y=0,\ y|_{x=0}=0,\ y'|_{x=0}=-5$;

(2) $y''+4y'+29y=0,\ y|_{x=0}=0,\ y'|_{x=0}=15$;

(3) $y''+25y=0,\ y|_{x=0}=2,\ y'|_{x=0}=5$;

(4) $y''-4y'+13y=0,\ y|_{x=0}=0,\ y'|_{x=0}=3$.

4. 求一个四阶的常系数线性齐次方程, 使之有如下四个特解: $y_1=\mathrm{e}^x, y_2=x\mathrm{e}^x, y_3=\cos 2x, y_4=2\sin 2x$, 并求此微分方程的通解.

5. 分析下列二阶线性非齐次微分方程的结构, 并求各方程的通解:

(1) $2y''+5y'=5x^2-2x-1$; (2) $y''+3y'+2y=3x\mathrm{e}^{-x}$;

(3) $y''-2y'+5y=\mathrm{e}^x\sin 2x$; (4) $y''-6y'+9y=\mathrm{e}^{3x}(x+1)$;

(5) $y''+5y'+4y=3-2x$; (6) $y''+4y=x\cos x$;

(7) $y''+y=\mathrm{e}^x+\cos x$; (8) $y''-y=\sin^2 x$.

6. 分析下列二阶线性非齐次微分方程的结构, 并求方程满足所给初始条件的特解:

(1) $y''-10y'+9y=\mathrm{e}^{2x},\ y|_{x=0}=\dfrac{6}{7},\ y'|_{x=0}=\dfrac{33}{7}$;

(2) $y''-y=4x\mathrm{e}^x,\ y|_{x=0}=0,\ y'|_{x=0}=1$;

(3) $y''-4y'=5,\ y|_{x=0}=1,\ y'|_{x=0}=0$.

7. 设函数 $\varphi(x)$ 连续, 且满足 $\varphi(x)=\mathrm{e}^x+\displaystyle\int_0^x t\varphi(t)\mathrm{d}t-x\int_0^x\varphi(t)\mathrm{d}t$, 求 $\varphi(x)$.

8. 设函数 $y=f(x)$ 满足微分方程 $y''-3y'+2y=2\mathrm{e}^x$, 其图形在点 $(0,1)$ 处的切线与曲线 $y=x^2-x+1$ 在该点处的切线重合, 求函数 y 的解析表达式.

9. 求解欧拉方程 $x^2y''-xy'+2y=x\ln x$.

10. 已知 $y=\mathrm{e}^x$ 是方程 $xy''-2(x+1)y'+(x+2)y=0$ 的一个特解, 求方程的通解.

*4.5 微分方程的数值解

到目前为止, 利用初等积分法可以求得几类特殊的常微分方程的精确解. 但是, 对许多微分方程, 例如形式上很简单的方程 $y'=x^2+y^2$, 都不能通过初等积分法求解. 通常情况下, 需要用数值方法求解.

本节主要介绍一阶初值问题 $\dfrac{\mathrm{d}y}{\mathrm{d}x}=f(x,y), y(x_0)=y_0$ 的数值解法, 主要思想是用离散化方法将初值问题化为关于离散变量的相应问题来求解.

4.5.1 欧拉方法与误差分析

1. 欧拉方法

对一阶初值问题

$$\frac{\mathrm{d}y}{\mathrm{d}x}=f(x,y),\quad x\in[a,b], \tag{4-5-1}$$

$$y(a)=y_0, \tag{4-5-2}$$

将区间 $[a,b]$ 进行 N 等分, 记 $x_0=a$, 则等分点 $x_n=x_0+nh, n=0,1,\cdots,N$, 其中 $h=\dfrac{b-a}{N}$.

下面我们来求相应与 x_n 和初值问题 (4-5-1)~(4-5-2) 的近似解 y_n.

从式 (4-5-1) 可见, 方程

$$\frac{\mathrm{d}y}{\mathrm{d}x}=f(x,y)$$

含有导数项 $y'(x)$, 这是微分方程的本质特征, 也是它难于求解的关键. 所以, 数值解法的关键, 就在于消去导数项, 将式 (4-5-1) 离散化.

设 $y=y(x)$ 是初值问题 (4-5-1)~(4-5-2) 的解, 根据导数的定义, 导数是差商的极限, 因此, 用差商作导数的近似运算, 即在 x_n 处, 有

$$y'(x_n)=\lim_{h\to 0}\frac{y(x_{n+1})-y(x_n)}{h}\approx\frac{y(x_{n+1})-y(x_n)}{h}, \tag{4-5-3}$$

用 y_n, y_{n+1} 分别代替 $y(x_n), y(x_{n+1})$, 并用差商近似代替导数, 则有

$$\frac{y_{n+1}-y_n}{h}=f(x_n,y_n),$$

于是得

$$y_{n+1}=y_n+hf(x_n,y_n),\quad n=0,1,2,\cdots,N-1, \tag{4-5-4}$$

上式即称为**欧拉公式**. 利用式 (4-5-4), 由已知的初始值 y_0 出发, 逐步算出 $y_1, y_2,\cdots,y_N$, 这种形式的方程称为差分方程. 利用欧拉公式求解初值问题数值解的方法称为**欧拉方法**.

欧拉公式也可用数值积分方法将初值问题 (4-5-1)~(4-5-2) 离散化, 将公式 (4-5-1) 两边同时积分得

$$y_{n+1}-y_n=\int_{x_n}^{x_{n+1}}f(x,y(x))\mathrm{d}x, \tag{4-5-5}$$

用数值积分公式将式 (4-5-5) 右端离散化, 由最简单的左矩形公式计算积分值, 即

$$\int_{x_n}^{x_{n+1}}f(x,y(x))\mathrm{d}x\approx hf[x_n,y(x_n)], \tag{4-5-6}$$

用 y_n, y_{n+1} 代替 $y(x_n), y(x_{n+1})$, 由式 (4-5-5) 及式 (4-5-6) 可得下面的计算公式:

$$y_{n+1}=y_n+hf(x_n,y_n), \tag{4-5-7}$$

这与式 (4-5-4) 一样. 由此可见, 对一般初值问题, 我们可以用数值微分、数值积分等方法, 将其离散化, 得到差分方程, 进而可得数值解.

方程 (4-5-1) 的解 $y=y(x)$ 在几何上是 xOy 平面上的一族积分曲线. 初值问题 (4-5-1)~(4-5-2) 的解, 在几何上表示为过点 $P_0(a,y_0)$ 的一条特殊的积分曲线 $y=y(x)$, 见图 4-2.

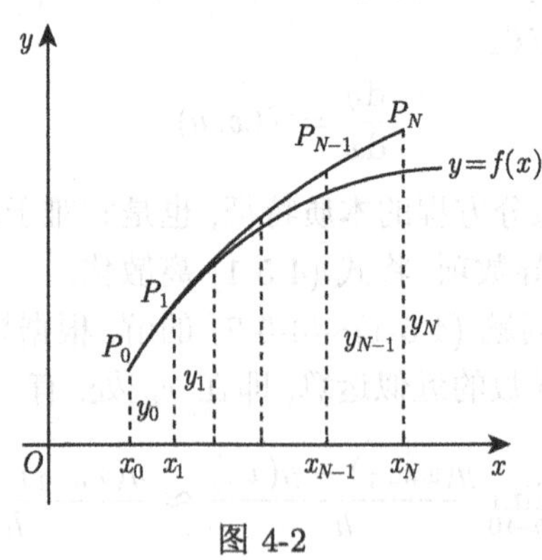

图 4-2

从图上可见欧拉方程的求解过程是这样的: 首先, 在 $P_0(x_0,y_0)$ 点引过该点积分曲线的切线 (其斜率为 $f(x_0,y_0)$) 与直线 $x=x_1$ 相交于点 $P_1(x_1,y_1)$, 得到

$y_1(x)$ 的近似值 y_1, 然后再通过 $P_1(x_1,y_1)$ 作过该点的积分曲线的切线 (其斜率为 $f(x_1,y_1)$) 与直线 $x=x_2$ 相交于点 $P_2(x_2,y_2)$, 即得 $y_2(x)$ 的近似值 y_2, 如此继续下去, 得到一条从点 $P_0(x_0,y_0)$ 出发的折线, 用于代替积分曲线, 进而得到近似解 $y_1,y_2,\cdots,y_N$, 因此, 欧拉方法, 又称为折线法.

显然, 欧拉方法简单的取切线的端点作为折线的一个顶点, 精度非常差, 当 N 增大时, 由于误差的积累, 折线会越来越偏离积分曲线 $y=y(x)$.

例 30　求解初值问题 $\begin{cases}\dfrac{\mathrm{d}y}{\mathrm{d}x}=y-\dfrac{2x}{y},\\ y(0)=1.\end{cases}$

解　利用欧拉公式, 有

$$y_{n+1}=y_n+h\left(y_n-\frac{2x_n}{y_n}\right),$$

其中 $y_0=1$. 取 $h=0.1$, 计算结果 y_n 见表 4-4(该初值问题的解析解为 $y=\sqrt{1+2x}$, 为了便于比较, 表中也列出了按这个解析式子算出的精确解 $y(x_n)$).

表 4-4

x_n	y_n	$y(x_n)$	x_n	y_n	$y(x_n)$
0.1	1.1000	1.0954	0.6	1.5090	1.4832
0.2	1.1918	1.1832	0.7	1.5803	1.5492
0.3	1.2774	1.2649	0.8	1.6498	1.6165
0.4	1.3582	1.3416	0.9	1.7178	1.6733
0.5	1.4351	1.4142	1.0	1.7848	1.7321

比较欧拉方法得出的近似解 y_n 和解析式得出的精确解 $y(x_n)$, 不难看出, 欧拉方法给出的数值解误差较大. 下面我们作一些改进.

2. 改进的欧拉方法

在推导式 (4-5-7) 时, 我们将式 (4-5-5) 右端用左矩形积分公式离散化而得的. 现在我们把式 (4-5-5) 右端用梯形公式离散化, 即

$$\int_{x_n}^{x_{n+1}}f(x,y(x))\mathrm{d}x\approx\frac{h}{2}[f(x_n,y(x_n))+f(x_{n+1},y(x_{n+1}))],$$

这样, 即得下面的差分方程

$$y_{n+1}=y_n+\frac{h}{2}[f(x_n,y_n)+f(x_{n+1},y_{n+1})], \tag{4-5-8}$$

这个公式称为改进的欧拉公式.

3. 误差分析

在选择和使用数值方法解初值问题时, 我们必须意识到各种可能的误差来源, 各种不断传递的误差会降低近似计算的精度, 以致使近似计算显得毫无意义. 另一方面, 基于数值方法的计算, 没有必要要求非常高的精度, 那样只会耗费资源, 增加复杂度.

1) 舍入误差

误差的一个来源是计算过程中产生的舍入误差. 这个误差的来源是因为任何计算器或计算机只能利用有限位数来存储数据, 例如一个十进制的计算器, 只能存储四位数, 因此在计算器中 $\frac{1}{3}$ 只能表示为 0.3333, $\frac{1}{9}$ 表示为 0.1111, 若我们用这个计算器计算当 $x=0.3334$ 时 $\left(x^2-\frac{1}{9}\right)\Big/\left(x-\frac{1}{3}\right)$ 的值, 则可以得到

$$\frac{(0.3334)^2-0.1111}{0.3334-0.3333}\approx\frac{0.1112-0.1111}{0.3334-0.3333}=1,$$

然而, 利用代数知识可知

$$\frac{x^2-\frac{1}{9}}{x-\frac{1}{3}}=\frac{\left(x+\frac{1}{3}\right)\left(x-\frac{1}{3}\right)}{x-\frac{1}{3}}=x+\frac{1}{3}\approx 0.3334+0.3333=0.6667,$$

由此例可见, 舍入误差的影响是很大的. 减少舍入误差影响的一种方法是使数值计算量减到最少, 另一种是使用双精度十进制的计算机技术进行运算. 一般来说, 舍入误差是不可预测并且是很难分析的, 所以在接下来的误差分析中我们将忽略它. 我们主要分析用公式求解近似值时产生的误差.

2) 截断误差

在实际计算中, 即使初始值是准确的, 但用公式计算所得到的数值解 $y_n(n=1,2,3,\cdots)$ 往往与初值问题的准确解 $y(x_n)(n=1,2,3,\cdots)$ 有一定的误差. 这种误差称为截断误差 (或公式误差, 或离散误差).

为了推导欧拉方法的截断误差, 我们使用带拉格朗日余项的泰勒公式. 如果函数 $y(x)$ 有 $n+1$ 阶导数, 这些导数在一个包含 x 和 x_0 的开区间上是连续的, 那么

$$y(x)=y(x_0)+\frac{y'(x_0)}{1!}(x-x_0)+\cdots+\frac{y^{(n)}(x_0)}{n!}(x-x_0)^n+\frac{y^{(n+1)}(\xi)}{(n+1)!}(x-x_0)^{n+1},$$

其中 ξ 是介于 x 与 x_0 之间的某个点. 令 $n=1, x_0=x_n, x=x_{n+1}=x_n+h$, 可以得到

$$y(x_{n+1}) = y(x_n) + y'(x_n)h + \frac{y''(\xi_n)}{2!}h^2, \quad x_n < \xi_n < x_{n+1},$$

由欧拉公式, 有

$$y_{n+1} = y_n + hf(x_n, y_n) = y_n + hy'(x_n),$$

两式相减, 即得欧拉公式的截断误差为

$$E_{n+1} = y(x_{n+1}) - y_{n+1} = \frac{h^2}{2}y''(\xi_n), \quad x_n < \xi_n < x_{n+1}, \tag{4-5-9}$$

ξ_n 的值通常是未知的, 所以准确的误差是不能计算出来的, 但是若记 $M = \max\limits_{x_n < x < x_{n+1}} |y''(x)|$, 则误差的绝对值的上界为

$$|E_{n+1}| \leqslant \frac{h^2 M}{2} = O(h^2).$$

用类似的方法可以得出改进的欧拉公式的截断误差绝对值的上界为

$$|E_{n+1}| \leqslant O(h^3), \tag{4-5-10}$$

其精度高于欧拉方法.

4.5.2 龙格–库塔法

本节介绍求解初值问题 (4-5-1)~(4-5-2) 近似解的一种最流行且最精确的龙格–库塔 (Runge-Kutta) 法. 由于这类方法和泰勒级数密切相关, 下面我们先介绍泰勒展开法.

1. *泰勒展开方法*

如果函数 $y(x)$ 有任意阶导数, 这些导数在一个包含 x 和 x_0 的开区间上是连续的, 那么对应的泰勒级数为

$$y(x) = y(x_0) + \frac{y'(x_0)}{1!}(x - x_0) + \cdots + \frac{y^{(n)}(x_0)}{n!}(x - x_0)^n + \cdots,$$

若令 $x_0 = x_n, x = x_{n+1} = x_n + h$, 那么上述公式可以写为

$$y(x_{n+1}) = y(x_n) + hy'(x_n) + \cdots + \frac{y^{(n)}(x_n)}{n!}h^n + \cdots, \tag{4-5-11}$$

若略去 h 的非线性项, 就是欧拉公式

$$y_{n+1} = y_n + hy'(x_n) = y_n + hf(x_n, y_n).$$

显然可见, 为了获得求解初值问题 (4-5-1)~(4-5-2) 的更好方法, 应当采用泰勒级数更多的项, 比如 $k+1$ 项, 这样就得到 k 阶泰勒展开法:

$$y_{n+1} = y_n + hy_n' + \frac{h^2}{2!}y_n'' + \cdots + \frac{h^k}{k!}y_n^{(k)}, \tag{4-5-12}$$

其截断误差为

$$E_{n+1}=y(x_{n+1})-y_{n+1}=\frac{h^{k+1}}{(k+1)}!y^{(k+1)}(\xi_n),\tag{4-5-13}$$

利用式 (4-5-12) 计算 y_{n+1}, 实际上归结为求 y 的各阶导数 $y_n^{(k)}$, 根据复合函数求导法则, 并注意到 $y_n=y(x_n)$, 计算公式为

$$\left.\begin{array}{l}y_n'=f(x_n,y_n),\\ y_n''=f_x(x_n,y_n)+f_y(x_n,y_n)y_n',\\ y_n'''=f_{xx}(x_n,y_n)+2f_{xy}(x_n,y_n)y_n'+f_{yy}(x_n,y_n)(y_n')^2+f_y(x_n,y_n)y'',\\ \cdots\cdots\end{array}\right\}\tag{4-5-14}$$

例 31 用一、二、四阶泰勒展开法求解初值问题

$$\begin{cases}\dfrac{\mathrm{d}y}{\mathrm{d}x}=y^2, \quad 0\leqslant x\leqslant\dfrac{1}{2},\\ y(0)=1.\end{cases}$$

其中取 $h=0.1$.

解 用泰勒展开法, 由求导公式得

$$y'=y^2,\quad y''=2yy'=2y^3,$$

$$y'''=6y^2y'=6y^4,\quad y^{(4)}=24y^3y'=24y^5,$$

于是, 由式 (4-5-12), 一、二、四阶泰勒展开法计算公式分别为

$$y_{n+1}=y_n+hy_n^2=y_n(hy_n+1),$$

$$y_{n+1}=y_n+hy_n^2+\frac{h^2}{2!}2y_n^3=y_n[(hy_n+1)hy_n+1],$$

$$y_{n+1}=y_n+hy_n^2+\frac{h^2}{2!}2y_n^3+\frac{h^3}{3!}6y_n^4+\frac{h^4}{4!}24y_n^5=y_n\{\{[(hy_n+1)hy_n+1]hy_n+1\}hy_n+1\},$$

由初始条件 $y_0=1$ 开始, 按上述公式分别计算, 计算结果见表 4-5. 为了便于比较, 将本题的解析解 $y=\dfrac{1}{1-x}$ 在 x_n 时的函数值 $y(x_n)$ 列于表 4-5 的最后一行.

表 4-5

y_n \ x_n / n 阶泰勒展开法	0.1	0.2	0.3	0.4	0.5
1	1.10000	1.22100	1.37008	1.55779	1.80046
2	1.11000	1.24689	1.42174	1.66262	1.97087
4	1.11110	1.24966	1.42848	1.66645	1.99942
$y(x_n)$	1.11111	1.25000	1.42857	1.66667	2.00000

由表 4-5 可以看出, 阶数越高, 所得数值解与解析解的差越小. 一般来说, 对于泰勒展开法, 阶数越高, 误差越小, 这从式 (4-5-13) 也可看出, 若阶为 k, 则截断误差为 $O(h^{k+1})$. 从理论上讲, 只要 $y(x)$ 充分光滑, 泰勒展开法可以构造任意有限阶的计算公式. 但事实上, 具体构造这种公式往往相当困难, 因为复合函数 $f(x,y(x))$ 的高阶导数往往是很烦琐的, 因此泰勒展开法一般不直接使用, 使用比较广泛的是龙格–库塔法, 简称 R–K 法.

2. *龙格–库塔法*

龙格–库塔法的基本思想是通过函数在某些点上的线性组合得到初值问题的数值解. 比如二阶龙格–库塔法的形式为

$$\left.\begin{aligned} &y_{n+1}=y_n+\lambda_1k_1+\lambda_2k_2,\\ &k_1=hf(x_n,y_n),\\ &k_2=hf(x_n+\alpha h,y_n+\beta k_1),\end{aligned}\right\} \tag{4-5-15}$$

且截断误差为

$$E_{n+1}=y(x_{n+1})-y_{n+1}=y(x_{n+1})-(y_n+\lambda_1k_1+\lambda_2k_2),$$

先展开 $y(x_{n+1})$, 由泰勒展开式 (4-5-11) 和导数的计算公式 (4-5-14) 知

$$\begin{aligned} y(x_{n+1})=&\,y(x_n)+hf(x_n,y_n)+\frac{h^2}{2!}[f_x(x_n,y_n)+f_y(x_n,y_n)f(x_n,y_n)]\\ &+\frac{h^3}{3!}\{f_{xx}(x_n,y_n)+2f_{xy}(x_n,y_n)f(x_n,y_n)+f_{yy}(x_n,y_n)f^2(x_n,y_n)\\ &+f_y(x_n,y_n)[f_x(x_n,y_n)+f_y(x_n,y_n)f(x_n,y_n)]\}+\cdots,\end{aligned}$$

为了方便起见, 我们将 $f(x_n,y_n)$ 及其偏导数中的 x_n,y_n 略去不写, 并作局部化假设 $y(x_n)=y_n$, 有

$$\begin{aligned} y(x_{n+1})=&y_n+hf+\frac{h^2}{2!}(f_x+f_yf)\\ &+\frac{h^3}{6}[f_{xx}+2f_{xy}f+f_{yy}f^2+f_y(f_x+f_yf)]+\cdots. \end{aligned} \tag{4-5-16}$$

再展开 k_2, 有

$$k_2 = h\left[f + \alpha h f_x + \beta k_1 f_y + \frac{1}{2!}(\alpha^2 h^2 f_{xx} + 2\alpha\beta h f_{xy} + \beta^2 k_1^2 f_{yy}) + \cdots\right],$$

将上式代入式 (4-5-15), 并利用 $k_1 = hf$, 即有

$$\begin{aligned} y_{n+1} =& y_n + h(\lambda_1 + \lambda_2)f + \lambda_2 h^2(\alpha f_x + \beta f_y f) \\ &+ \frac{\lambda_2 h^3}{2!}(\alpha^2 f_{xx} + 2\alpha\beta f_{xy} f + \beta^2 f_{yy} f^2) + \cdots, \end{aligned} \tag{4-5-17}$$

由式 (4-5-16) 和式 (4-5-17), 可得截断误差

$$\begin{aligned} E_{n+1} &= y(x_{n+1}) - y_{n+1} \\ &= h(1 - \lambda_1 - \lambda_2)f + h^2\left[\left(\frac{1}{2} - \alpha\lambda_2\right)f_x + \left(\frac{1}{2} - \beta\lambda_2\right)f_y f\right] \\ &\quad + h^3\Bigg[\left(\frac{1}{6} - \frac{1}{2}\alpha^2\lambda_2\right)f_{xx} + \left(\frac{1}{3} - \alpha\beta\lambda_2\right)f_{xy} f \\ &\quad + \left(\frac{1}{6} - \frac{1}{2}\beta^2\lambda_2\right)f_{yy} f^2 + \frac{1}{6}f_y(f_x + f_y f)\Bigg] + \cdots, \end{aligned}$$

显然, 要使 E_{n+1} 的阶数尽可能高, 应选取 $\lambda_1, \lambda_2, \alpha, \beta$, 使上式右端的 h 和 h^2 系数为零, 即满足

$$\begin{cases} 1 - \lambda_1 - \lambda_2 = 0, \\ \dfrac{1}{2} - \alpha\lambda_2 = 0, \\ \dfrac{1}{2} - \beta\lambda_2 = 0, \end{cases}$$

这是含有四个未知数的方程组, 该方程组有三个方程, 故, 其中一个未知数为自由变量, 可任意选取, 如选 $\lambda_2 = a$, 则得

$$\left.\begin{aligned} &\lambda_2 = a, \\ &\lambda_1 = 1 - a, \\ &\alpha = \beta = \frac{1}{2a}, \\ &E_{n+1} = h^3\left[\left(\frac{1}{6} - \frac{1}{8a}\right)(f_{xx} + 2f_{xy} + f_{yy}f^2) + \frac{1}{6}f_y(f_x + f_y f)\right] + \cdots, \end{aligned}\right\} \tag{4-5-18}$$

由于对一般的函数 $f(x,y), f_y(f_x+f_yf)\neq 0$, 因此上式即使选取 $\alpha=\dfrac{3}{4}$, 使

$$\frac{1}{6}-\frac{1}{8a}=0,$$

也只能有

$$E_{n+1}=O(h^3),$$

所以, 式 (4-5-15) 是至多二阶的方法.

若式 (4-5-15) 中的系数满足式 (4-5-18), 则称式 (4-5-15) 为二级二阶龙格–库塔法. α 取不同的值, 就得到不同的二级二阶龙格–库塔法.

类似二级二阶龙格–库塔法, 我们可以列出一些常用的高级高阶的龙格–库塔法.

三级三阶龙格–库塔法:

$$\left.\begin{aligned}&y_{n+1}=y_n+\frac{1}{6}(k_1+4k_2+k_3),\\&k_1=hf(x_n,y_n),\\&k_2=hf\left(x_n+\frac{1}{2}h,y_n+\frac{1}{2}k_1\right),\\&k_3=hf(x_n+h,y_n-k_1+2k_2).\end{aligned}\right\}\tag{4-5-19}$$

四级四阶龙格–库塔法:

$$\left.\begin{aligned}&y_{n+1}=y_n+\frac{1}{6}(k_1+2k_2+2k_3+k_4),\\&k_1=hf(x_n,y_n),\\&k_2=hf\left(x_n+\frac{1}{2}h,y_n+\frac{1}{2}k_1\right),\\&k_3=hf\left(x_n+\frac{1}{2}h,y_n+\frac{1}{2}k_2\right),\\&k_4=hf(x_n+h,y_n+k_3).\end{aligned}\right\}\tag{4-5-20}$$

从理论上讲, 我们可以构造任意级的龙格–库塔法, 但随着级数或阶数的提高, 计算量也随之增大, 因此实际中很少使用高于四阶的龙格–库塔法, 四阶龙格–库塔法的第一个方程与泰勒多项式是一致的, 所以该方法的截断误差为

$$E_{n+1}=y^{(5)}(\xi)\frac{h^5}{5!}\text{或}O(h^5).$$

对于许多问题, 四级的龙格–库塔法即可满足对精度的要求, 因此, 四级四阶龙格–库塔法也称为标准龙格–库塔法.

例 32 用标准龙格–库塔法求解初值问题 $\begin{cases} \dfrac{\mathrm{d}y}{\mathrm{d}x} = y - \dfrac{2x}{y}, \\ y(0) = 1. \end{cases}$

解 利用标准龙格–库塔公式 (4-5-20), 有

$$\left.\begin{aligned} y_{n+1} &= y_n + \frac{1}{6}(k_1 + 2k_2 + 2k_3 + k_4), \\ k_1 &= h\left(y_n - \frac{2x_n}{y_n}\right), \\ k_2 &= h\left(y_n + \frac{1}{2}k_1 - \frac{2x_n + h}{y_n + \frac{1}{2}k_1}\right), \\ k_3 &= h\left(y_n + \frac{1}{2}k_2 - \frac{2x_n + h}{y_n + \frac{1}{2}k_2}\right), \\ k_4 &= h\left[y_n + k_3 - \frac{2(x_n + h)}{y_n + k_3}\right]. \end{aligned}\right\}$$

取 $h = 0.2$, 计算结果见表 4-6.

表 4-6

n	x_n	y_n	n	x_n	y_n
0	0	1.00000	3	0.6	1.48300
1	0.2	1.18323	4	0.8	1.61251
2	0.4	1.34167	5	1.0	1.73214

与例 30 相比, 显然标准龙格–库塔法比欧拉方法精度要高, 虽然标准龙格–库塔法的计算量比欧拉方法计算量大, 但这里放大了步长 h, 且精度更高. 由此说明了选择算法的重要性.

4.5.3 多步法

欧拉方法、改进的欧拉方法以及龙格–库塔法都是只需要知道 y_n 就能算出 y_{n+1}, 这类方法称为单步法. 如果在计算 y_{n+1} 时, 需要使用前面几步的计算结果, 这类方法称为多步法. 最流行的一种多步法是四阶亚当斯–巴什福思/亚当斯–莫尔顿方法 (Adams-Bashforth/Adams-Moulton Method). 设 y_{n+1}^* 为 y_{n+1} 的预测值, 利用亚当斯–巴什福思公式得

$$y_{n+1}^* = y_n + \frac{h}{24}(55y_n' - 59y_{n-1}' + 37y_{n-2}' - 9y_{n-3}'), \tag{4-5-21}$$

$$\begin{aligned} y'_n &= f(x_n, y_n), \\ y'_{n-1} &= f(x_{n-1}, y_{n-1}), \\ y'_{n-2} &= f(x_{n-2}, y_{n-2}), \\ y'_{n-3} &= f(x_{n-3}, y_{n-3}), \end{aligned}$$

这里 $n \geqslant 3$. 然后把 y^*_{n+1} 的值代入亚当斯–莫尔顿公式进行修正,

$$y_{n+1} = y_n + \frac{h}{24}(9y'_{n+1} + 19y'_n - 5y'_{n-1} + y'_{n-2}), \tag{4-5-22}$$

$$y'_{n+1} = f(x_{n+1}, y^*_{n+1}).$$

四阶亚当斯–巴什福思/亚当斯–莫尔顿方法的截断误差为 $O(h^5)$.

注意到用式 (4-5-21) 求 y_4 的值, 需要知道 y_0, y_1, y_2 和 y_3 的值. 这里 y_0 的值是已给的初始条件. y_1, y_2 和 y_3 的值通常用具有同阶误差性质的其他方法来计算, 比如用四阶龙格–库塔法.

例 33 用亚当斯–巴什福思/亚当斯–莫尔顿方法求

$$y' = x + y - 1, \quad y(0) = 1$$

的解 $y(0.8)$ 的近似值, 其中取步长 $h = 0.2$.

解 首先使用 $x_0 = 0, y_0 = 1, h = 0.2$ 的龙格–库塔法, 解得

$$y_1 = 1.02140000, \quad y_2 = 1.09181796, \quad y_3 = 1.22210646.$$

又 $x_0 = 0, x_1 = 0.2, x_2 = 0.4, x_3 = 0.6, f(x, y) = x + y - 1$, 可以得到

$$\begin{aligned} y'_0 &= f(x_0, y_0) = x_0 + y_0 - 1 = 0 + 1 - 1 = 0, \\ y'_1 &= f(x_1, y_1) = x_1 + y_1 - 1 = 0.2 + 1.02140000 - 1 = 0.22140000, \\ y'_2 &= f(x_2, y_2) = x_2 + y_2 - 1 = 0.4 + 1.09181796 - 1 = 0.49181796, \\ y'_3 &= f(x_3, y_3) = x_3 + y_3 - 1 = 0.6 + 1.22210646 - 1 = 0.82210646, \end{aligned}$$

用上述值及预测公式 (4-5-21) 预测

$$y^*_4 = y_3 + \frac{0.2}{24}(55y'_3 - 59y'_2 + 37y'_1 - 9y'_0) = 1.42535975.$$

使用 $y'_4 = f(x_4, y^*_4) = 0.8 + 1.42535975 - 1 = 1.22535975$ 修正, 得

$$y_4 = y_3 + \frac{0.2}{24}(9y'_4 + 19y'_3 - 5y'_2 + y'_1) = 1.42552788.$$

请读者自证该例 $y(0.8)$ 的精确值为 $y(0.8) = 1.42554093$.

习 题 4-5

在 1~4 中构造一个表格, 比较用欧拉方法、改进的欧拉方法以及龙格–库塔法计算 $y(x)$ 的值. 要求保留四位小数. 取步长 $h=0.1$.

1. $y'=2\ln xy, y(1)=2; y(1.1), y(1.2), y(1.3), y(1.4), y(1.5)$.

2. $y'=\sin x^2+\cos y^2, y(0)=0; y(0.1), y(0.2), y(0.3), y(0.4), y(0.5)$.

3. $y'=\sqrt{x+y}, y(0.5)=0.5; y(0.6), y(0.7), y(0.8), y(0.9), y(1.0)$.

4. $y'=xy+y^2, y(1)=1; y(1.1), y(1.2), y(1.3), y(1.4), y(1.5)$.

习题答案

第 1 章

习题 1-1

1. (1) -1 是 A 的一个下界, 1 是 A 的一个上界.

(2) 0 是 A 的一个下界, 1 是 A 的一个上界.

(3) 0 是 A 的一个下界, 2 是 A 的一个上界.

(4) 0 是 A 的一个下界, A 无上界.

(5) 0 是 A 的一个下界, A 无上界.

(6) A 既无上界又无下界.

习题 1-2

1. $y=\mathrm{e}^x-1$.

2. $f(f(x))=\dfrac{1}{f(x)}=x(x\neq 0)$, $f(f(f(x)))=\dfrac{1}{f(f(x))}=\dfrac{1}{x}(x\neq 0)$.

3. (1) $f(x)$ 的定义域为 $(-\infty,+\infty)$, $g(x)$ 的定义域为 $(-\infty,0)\cup(0,+\infty)$.

(2) $f(g(x))=\dfrac{g(x)+1}{g^2(x)+1}=\dfrac{x^2+x^4}{1+x^4}, x\neq 0$.

4. $f(g(x))=\begin{cases} x^2+1, & x\geqslant 0,\\ x^2, & x<0.\end{cases}$

5. 略. 6. 略.

7. (1) 对 $\forall M>0$, 取 $x_M=-2M$, 则 $y_M=\dfrac{x_M}{1+x_M^2}=\dfrac{-2M}{1+4M^2}<-M$, 所以 $y=\dfrac{x}{1+x^2}$ 无下界. 又因为 $y=\dfrac{x}{1+x^2}\leqslant\dfrac{\frac{1+x^2}{2}}{1+x^2}=\dfrac{1}{2}$, 所以 $\dfrac{1}{2}$ 是 $y=\dfrac{x}{1+x^2}$ 的一个上界.

(2) 对 $\forall M>1$, 取 $x_M=\dfrac{1}{\ln(2M)}$, 则 $y_M=\mathrm{e}^{\frac{1}{x_M}}=2M>M$, 所以 $y=\mathrm{e}^{\frac{1}{x}}$ 无上界. 又因为 $y=\mathrm{e}^{\frac{1}{x}}\geqslant 0$, 所以 0 是 $y=\mathrm{e}^{\frac{1}{x}}$ 的一个下界.

习题 1-3

1. (1) 对 $\forall\varepsilon>0$, 取 $N=\left[\sqrt{\dfrac{1}{\varepsilon}}\right]+1$, 当 $n>N$ 时, 有 $0<\dfrac{1}{n^2}<\dfrac{1}{N^2}<\varepsilon$, 所以, $\lim\limits_{n\to\infty}\dfrac{1}{n^2}=0$.

(2) 对 $\forall\varepsilon>0$, 取 $N=\left[\sqrt{\frac{1}{8\varepsilon}}\right]+1$, 当 $n>N$ 时, 有 $\left|\frac{3n+1}{2n+1}-\frac{3}{2}\right|=\left|\frac{-1}{2(2n+1)}\right|<\frac{1}{8n}<\frac{1}{8N}<\varepsilon$, 所以, $\lim\limits_{n\to\infty}\frac{3n+1}{2n+1}=\frac{3}{2}$.

2. D.

3. 对 $\forall\varepsilon>0$, 因为 $\lim\limits_{n\to\infty}u_n=a$, 所以存在 $N>0$, 当 $n>N$ 时, 有 $|u_n-a|<\varepsilon$, 此时, $||u_n|-|a||\leqslant|u_n-a|<\varepsilon$, 所以, $\lim\limits_{n\to\infty}|u_n|=|a|$. 反之不成立, 反例为 $u_n=(-1)^n$.

4. 因为数列 $\{x_n\}$ 有界, 那么存在 $M>0$, 使得 $|x_n|<M$. 又因为 $\lim\limits_{n\to\infty}y_n=0$, 所以对 $\forall\varepsilon>0$, 存在 $N>0$, 当 $n>N$ 时, 有 $|y_n|<\frac{\varepsilon}{M}$, 那么, $|x_ny_n|\leqslant M|y_n|<\varepsilon$, 所以, $\lim\limits_{n\to\infty}x_ny_n=0$.

5. C.

6. C.

7. (1) 对 $\forall\varepsilon>0$, 取 $\delta=\frac{\varepsilon}{10}>0$, 当 $0<|x-2|<\delta$ 时, 有 $|(5x+2)-12|=|5(x-2)|<5\delta<\varepsilon$, 所以, $\lim\limits_{x\to2}(5x+2)=12$.

(2) 对 $\forall\varepsilon>0$, 取 $M=\frac{1}{4\varepsilon}+1>1$, 当 $|x|>M$ 时, 有 $\left|\frac{1+x^3}{2x^3}-\frac{1}{2}\right|=\left|\frac{1}{2x^3}\right|<\frac{1}{2|x|}<\frac{1}{2M}<\varepsilon$, 所以, $\lim\limits_{x\to\infty}\frac{1+x^3}{2x^3}=\frac{1}{2}$.

8. 因为 $\lim\limits_{x\to0^+}f(x)=\lim\limits_{x\to0^+}\frac{x}{x}=1$, $\lim\limits_{x\to0^-}f(x)=\lim\limits_{x\to0^-}\frac{x}{x}=1$, 故 $\lim\limits_{x\to0}f(x)=1$. 又因为 $\lim\limits_{x\to0^+}\varphi(x)=\lim\limits_{x\to0^+}\frac{|x|}{x}=\lim\limits_{x\to0^+}\frac{x}{x}=1$, $\lim\limits_{x\to0^-}\varphi(x)=\lim\limits_{x\to0^-}\frac{|x|}{x}=\lim\limits_{x\to0^-}\frac{-x}{x}=-1$, 所以 $\lim\limits_{x\to0^+}\varphi(x)\neq\lim\limits_{x\to0^-}\varphi(x)$, 故 $\lim\limits_{x\to0}\varphi(x)$ 不存在.

9. (1) 对 $\forall\varepsilon>0$, 取 $\delta=\frac{\varepsilon}{2}>0$, 当 $0<|x-3|<\delta$ 时, 有 $\left|\frac{x^2-9}{x+3}-0\right|=|x-3|<\delta<\varepsilon$, 所以, $\lim\limits_{x\to3}\frac{x^2-9}{x+3}=0$.

(2) 对 $\forall\varepsilon>0$, 取 $\delta=\frac{\varepsilon}{2}>0$, 当 $0<|x-0|<\delta$ 时, 有 $\left|x\sin\frac{1}{x}-0\right|\leqslant|x|<\delta<\varepsilon$, 所以, $\lim\limits_{x\to0}x\sin\frac{1}{x}=0$. 即 $y=x\sin\frac{1}{x}$ 当 $x\to0$ 时为无穷小.

10. (1) 因为 x^2 当 $x\to0$ 时为无穷小, $\sin\frac{1}{x}$ 是有界量, 利用无穷小的运算法则, 可得 $\lim\limits_{x\to0}x^2\sin\frac{1}{x}=0$.

(2) 因为 $\frac{1}{x}$ 当 $x\to\infty$ 时为无穷小, $\arctan x$ 是有界量, 且 $\frac{\pi}{2}$ 是它的一个界, 利用无穷小的运算法则, 可得 $\lim\limits_{x\to\infty}\frac{\arctan x}{x}=0$.

11. 对 $\forall M>0$, 取 $x_M=\dfrac{1}{\dfrac{\pi}{2}+2M\pi}\in(0,1]$, 则

$$y_M=\frac{1}{x_M}\sin\frac{1}{x_M}=\left(\frac{\pi}{2}+2M\pi\right)\sin\left(\frac{\pi}{2}+2M\pi\right)=\frac{\pi}{2}+2M\pi>1,$$

所以函数 $y=\dfrac{1}{x}\sin\dfrac{1}{x}$ 在区间 $(0,1]$ 上无界.

取 $x_n^{(1)}=\dfrac{1}{2n\pi}\in(0,1]$, 则

$$\lim_{n\to+\infty}\frac{1}{x_n^{(1)}}\sin\frac{1}{x_n^{(1)}}=\lim_{n\to+\infty}(2n\pi)\sin(2n\pi)=0,$$

取 $x_n^{(2)}=\dfrac{1}{\dfrac{\pi}{2}+2n\pi}\in(0,1]$, 则

$$\lim_{n\to+\infty}\frac{1}{x_n^{(2)}}\sin\frac{1}{x_n^{(2)}}=\lim_{n\to+\infty}\left(\frac{\pi}{2}+2n\pi\right)\sin\left(\frac{\pi}{2}+2n\pi\right)=\lim_{n\to+\infty}\left(\frac{\pi}{2}+2n\pi\right)=\infty,$$

所以 $y=\dfrac{1}{x}\sin\dfrac{1}{x}$ 不是 $x\to0^+$ 时的无穷大.

12. (1) 0. (2) $2x$. (3) 2. (4) 0. (5) $\dfrac{2}{3}$. (6) 2. (7) 2. (8) -1.

13. (1) 3. (2) 1. (3) 2. (4) x. (5) $\dfrac{\sqrt{2}}{8}$. (6) e^{-1}. (7) e^2. (8) e^{-k}. (9) e^{-2}. (10) -1.

14. (1) $\lim\limits_{n\to\infty}\sqrt[n]{1+a^n}=\begin{cases}a, & a>1,\\ 1, & 0\leqslant a\leqslant 1.\end{cases}$ (2) 1. (3) $\dfrac{3}{2}$. (4) $\lim\limits_{n\to\infty}a_n=2$.

(5) $\{x_n\}$ 单调递增, 有界, $\{x_n\}$ 收敛于 $\dfrac{3+\sqrt{21}}{2}$.

15. (1) $\dfrac{3}{2}$.(2) $\begin{cases}0, & n>m,\\ 1, & n=m,\\ \infty, & n<m.\end{cases}$ (3) $\dfrac{1}{2}$.(4) -3.(5) $\dfrac{1}{2}$.

16. 从低阶到高阶的排序为 $\arcsin\sqrt{x}$, $(1+x^2)^{\frac{1}{2}}-1$, $\tan(x^3)$, $\cos(x^2)-1$.

17. (1) 因为 $f(x)=x^2+\sin x^3\sim x^2+x^3, x\to0$, 所以该无穷小的阶是 2, 主部是 x^2.

(2) 因为 $f(x)=\mathrm{e}^{\sin x^2}-1\sim\sin x^2\sim x^2, x\to0$, 所以该无穷小的阶是 2, 主部是 x^2.

(3) 因为 $f(x)=(1+2\ln(1+x))^3-1\sim6\ln(1+x)\sim6x, x\to0$, 所以该无穷小的阶是 1, 主部是 $6x$.

(4) 因为 $f(x)=2^x+x^2-1\sim x\ln2+x^2, x\to0$, 所以该无穷小的阶是 1, 主部是 $x\ln2$.

18.(1) 该无穷大量的阶是 1, 主部是 x^4.

(2) 该无穷大量的阶是 $\dfrac{1}{2}$, 主部是 $x^{\frac{1}{2}}$.

19. (1) $\dfrac{5}{2}$. (2) $\ln\dfrac{3}{2}$. (3) $\mathrm{e}^{-\frac{2}{\pi}}$. (4) 1. (5) $\dfrac{4}{3}$. (6) $\dfrac{1}{m}a+\dfrac{1}{n}b$. (7) e^2. (8) $\dfrac{7}{36}$.

20. $a=2,b=-8$.

21. $\lim\limits_{x\to 0} f(x)=-1$, $\lim\limits_{x\to 0}\dfrac{1+f(x)}{x^2}=\dfrac{1}{2}$.

习题 1-4

1.$x=0$ 是 $y=f(x)$ 的第二类无穷间断点, $x=x_0$ 是 $y=f(x)$ 的第一类可去间断点, 渐近线为 $x=0$ 和 $y=0$.

2.(1) $x=2$ 是 $y=f(x)$ 的第二类无穷间断点, $x=-1$ 是 $y=f(x)$ 的第一类可去间断点.

(2) $x=k, k\in\mathbf{Z}$ 是 $y=f(x)$ 的第一类跳跃间断点.

(3) $x=0$ 是 $y=f(x)$ 的第二类无穷间断点.

(4) $x=0$ 是 $y=f(x)$ 的第二类振荡间断点.

3. $x=0$ 是 $f(x)$ 的第一类可去间断点.

4. $x=0$ 是 $f(x)$ 的第一类可去间断点.

5. $a=0,b=\mathrm{e}$.

6. $x=1$ 是 $f(x)$ 的第一类可去间断点.

$x=2k\neq 0$ 是 $f(x)$ 的第二类无穷间断点.

$x=0$ 是 $f(x)$ 的第一类可去间断点.

7. $x=-1$ 是第一类跳跃间断点. $x=1$ 是第一类跳跃间断点. $x=0$ 是第一类可去间断点.

8.$f(x)=\begin{cases}-1, & x>0,\\ 0, & x=0,\\ 1, & x<0,\end{cases}$ $x=0$ 是第一类跳跃间断点.

9.(1) 对 $\forall x_0$, 因为 $f(x)$ 在 $x=x_0$ 处连续, 所以 $\lim\limits_{x\to x_0} f(x)=f(x_0)$, 由极限的性质可得, $\lim\limits_{x\to x_0}|f(x)|=|f(x_0)|$ 和 $\lim\limits_{x\to x_0} f^2(x)=f^2(x_0)$, 所以 $|f(x)|$ 和 $f^2(x)$ 在 $x=x_0$ 处连续. 由 x_0 的任意性可得 $|f(x)|$ 和 $f^2(x)$ 连续.

(2) 不成立. 反例: $f(x)=\begin{cases}1, & x>0,\\ -1, & x\leqslant 0.\end{cases}$

10. 记 $g(x)=\begin{cases}f(x), & x\in(a,b),\\ A, & x=a,b,\end{cases}$ 容易验证 $g(x)\in C[a,b]$. 利用连续函数的性质可知, 则 $g(x)$ 在 $[a,b]$ 上必有最大值和最小值. 因为 $g(a)=g(b)$, 所以 $g(x)$ 在 (a,b) 上必有最大值或最小值. 不妨设 $g(x)$ 在 (a,b) 上必有最大值, 即 $\exists\xi\in(a,b)$, 使得 $g(x)\leqslant g(\xi),\forall x\in(a,b)$, 那么 $f(x)\leqslant f(\xi),\forall x\in(a,b)$, 即 $f(x)$ 在 (a,b) 上必有最大值. 同理可证, 若 $g(x)$ 在 (a,b) 上取得最小值, 则 $f(x)$ 在 (a,b) 上必有最小值. 总之, $f(x)$ 在 (a,b) 上必有最大值或最小值.

11. 记 $f(x)=x^5-4x^4+x+1$, 则 $f(0)=1>0, f(-1)=-5<0, f(2)=-1<0$, 又 $f(x)\in C(-\infty,+\infty)$, $f(0)f(-1)<0, f(0)f(1)<0$, 所以在 $[-1,0],[0,1]$ 上分别应用介值定理可得, $f(x)=0$ 在 $(-1,0)$ 和 $(0,1)$ 内分别至少存在一个根, 所以 $x^5-4x^4+x+1=0$ 至少存在两个根.

12. 不妨设 $f(x_1) \leqslant f(x_2) \leqslant \cdots \leqslant f(x_n)$, 则 $f^n(x_1) \leqslant f(x_1)f(x_2)\cdots f(x_n) \leqslant f^n(x_n)$. 记 $g(x)=f^n(x)$, 设 $x_{\min}=\min\{x_1,x_2,\cdots,x_n\}, x_{\max}=\max\{x_1,x_2,\cdots,x_n\}$, 则在 $[x_{\min},x_{\max}]$ 上有 $g(x)\in C[x_{\min},x_{\max}]$ 且 $g(x_1)\leqslant f(x_1)f(x_2)\cdots f(x_n)\leqslant g(x_n)$. 利用介值定理可知, $\exists\xi\in(x_{\min},x_{\max})$, 使得 $g(\xi)=f(x_1)f(x_2)\cdots f(x_n)$, 即 $f(\xi)=\sqrt[n]{f(x_1)f(x_2)\cdots f(x_n)}$.

13. 记 $g(x)=f(x)-f(x+l)$, 则 $g(0)=f(0)-f(l)=-f(l)\leqslant 0, g(-l)=f(1-l)-f(1)=f(1-l)\leqslant 0$. 若 $g(0)=0$ 或 $g(1-l)=0$, 则结论成立. 否则, $g(0)g(1-l)<0$, 利用介值定理可得, $\exists\xi\in(0,1-l)$, 使得 $g(\xi)=0$, 即 $f(\xi)=f(\xi+l)$.

14. (1) 记 $g(x)=f(x)-f\left(x+\dfrac{1}{4}\right)$, 则 $g(0)=f(0)-f\left(\dfrac{1}{4}\right), g\left(\dfrac{1}{4}\right)=f\left(\dfrac{1}{4}\right)-f\left(\dfrac{1}{2}\right)$, $g\left(\dfrac{1}{2}\right)=f\left(\dfrac{1}{2}\right)-f\left(\dfrac{3}{4}\right), g\left(\dfrac{3}{4}\right)=f\left(\dfrac{3}{4}\right)-f(1)$, 那么 $g(0)+g\left(\dfrac{1}{4}\right)+g\left(\dfrac{1}{2}\right)+g\left(\dfrac{3}{4}\right)=f(0)-f(1)=0$. 此时分两种情况, 要么有, $g(0)=g\left(\dfrac{1}{4}\right)=g\left(\dfrac{1}{2}\right)=g\left(\dfrac{3}{4}\right)=0$, 要证明的结论自然成立；要么 $g(0), g\left(\dfrac{1}{4}\right), g\left(\dfrac{1}{2}\right), g\left(\dfrac{3}{4}\right)$ 中至少有一个大于 0, 有一个小于 0, 即存在 $\xi_1,\xi_2\in\left\{0,\dfrac{1}{4},\dfrac{2}{4},\dfrac{3}{4}\right\}$, 使得 $g(\xi_1)>0, g(\xi_2)<0$, 利用零点定理可得, 存在 $\xi\in(0,1)$, 使得 $g(\xi)=0$, 即 $f(\xi)=f\left(\xi+\dfrac{1}{4}\right)$.

(2) 记 $g(x)=f(x)-f\left(x+\dfrac{1}{n}\right)$, 则 $g(0)+g\left(\dfrac{1}{n}\right)+\cdots+g\left(\dfrac{n-1}{n}\right)=f(0)-f(1)=0$, 利用 (1) 中相同的方法可以证明相应的结论.

15.(1) 因为 $f(x)\in C[0,1]$, 所以

$$f(0)=\lim_{x\to 0^+}f(x)=\lim_{x\to 0^+}\frac{f(x)}{x}\cdot x=\lim_{x\to 0^+}\frac{f(x)}{x}\cdot\lim_{x\to 0^+}x=0.$$

(2) 因为 $\displaystyle\lim_{x\to 0^+}\frac{f(x)}{x}=-1<0$, 利用极限的保号性可得, $\exists\delta>0$, 当 $x\in(0,2\delta)$ 时, 有 $\dfrac{f(x)}{x}<0$, 特别地, $\dfrac{f(\delta)}{\delta}<0$, 所以 $f(\delta)<0$. 利用零点定理可得, 存在 $\xi\in(\delta,1)$, 使得 $f(\xi)=0$, 即 $f(x)=0$ 在 $(0,1)$ 内至少有一个实根.

16. 不妨设 $f(x_1)\leqslant f(x_2)\leqslant\cdots\leqslant f(x_n)$, 因为 $\lambda_i>0$ 且 $\displaystyle\sum_{i=1}^n\lambda_i=1$, 所以

$$f(x_1)=\sum_{i=1}^n\lambda_i f(x_1)\leqslant\sum_{i=1}^n\lambda_i f(x_i)\leqslant\sum_{i=1}^n\lambda_i f(x_n)=f(x_n),$$

由介值定理可得, 存在 $x_0\in[a,b]$, 使得 $f(x_0)=\displaystyle\sum_{i=1}^n\lambda_i f(x_i)$.

第 2 章

习题 2-1

1. (1) 1. (2) $2+\frac{\pi}{4}$. (3) 3, -3.

2. (1) $A=-f'(x_0)$. (2) $A=f'(x_0)$. (3) $A=2f'(x_0)$. (4) $A=f'(x_0)$.

3. B.

4.(1) $f'_+(0)=+\infty$, $f'_-(0)=-\infty$, $f(x)$ 在 $x_0=0$ 处不可导.

(2) $f'_+(0)=0$, $f'_-(0)=1$, $f(x)$ 在 $x_0=0$ 处不可导.

5. $f'(x)=\begin{cases}\cos x, & x<0,\\ 1, & x\geqslant 0.\end{cases}$

6. $f'_+(0)=0$, $f'_-(0)=0$, $f(x)$ 在 $x=0$ 处可导.

7. 记 $g(n)=n\dfrac{f\left(x_0+\frac{1}{n}\right)-f(x_0)}{f(x_0)}$, 那么 $\lim\limits_{n\to\infty}g(n)=\dfrac{f'(x_0)}{f(x_0)}$, 利用第二个重要极限结论, 有 $\lim\limits_{n\to\infty}\left(\dfrac{f\left(x_0+\frac{1}{n}\right)}{f(x_0)}\right)^n=\lim\limits_{n\to\infty}\left(1+\dfrac{g(n)}{n}\right)^{\frac{n}{g(n)}\cdot g(n)}=\mathrm{e}^{\frac{f'(x_0)}{f(x_0)}}$.

8. $a=2, b=-1$.

9.$a=1, b=-1$.

10. (1) $0<k\leqslant 1$ 时 $f(x)$ 在 $x=0$ 处连续但不可导.

(2) $1<k\leqslant 2$ 时 $f(x)$ 在 $x=0$ 处可导但导函数不连续.

(3) $k>2$ 时 $f(x)$ 在 $x=0$ 处导函数连续.

11. 存在.

习题 2-2

1. (1) $f'(x)=2x\sin x+x^2\cos x+\mathrm{e}^x\ln x+\frac{1}{x}\mathrm{e}^x$.

(2) $f'(x)=(x-2)(x-3)+(x-1)(x-3)+(x-1)(x-2)$.

(3) $f'(x)=\dfrac{x^2\mathrm{e}^x-2\mathrm{e}^x}{x^4}$.

(4) $f'(x)=\dfrac{\cos x+\sin x+1}{(1+\cos x)^2}$.

(5) $f'(x)=\dfrac{(\sin x+x\cos x)\ln x-\sin x}{(\ln x)^2}$.

(6) $f'(x)=2x(\ln x)(\cos x)+x\cos x-x^2(\sin x)(\ln x)$.

(7) $f'(x)=2x\arctan x+1-3^x\ln 3$.

(8) $f'(x)=\dfrac{\tan x}{2\sqrt{x}}+\sqrt{x}\sec^2 x+\dfrac{1}{3}x^{-\frac{2}{3}}\ln x+x^{-1}+x^{-\frac{2}{3}}$.

2.(1) 记 $y=\arccos x$, 则 $x=f(y)=\cos y$, 利用反函数求导法则可得

$$(\arccos x)'=\frac{1}{f'(y)}=\frac{1}{-\sin y}=-\frac{1}{\sqrt{1-\cos^2 y}}=-\frac{1}{\sqrt{1-x^2}}.$$

(2) 记 $y=\operatorname{arccot} x$ 则 $x=f(y)=\cot y$, 利用反函数求导法则可得

$$(\operatorname{arccot} x)'=\frac{1}{f'(y)}=\frac{1}{-\csc^2 y}=-\frac{1}{1+\cot^2 y}=-\frac{1}{1+x^2}.$$

3. (1) $f'(x)=4x(1+x^2)\sin(1+2x)+2(1+x^2)^2\cos(1+2x)$.

(2) $f'(x)=\dfrac{2x}{1+x^2}+2x\sin\dfrac{1}{x}-\cos\dfrac{1}{x}$.

(3) $f'(x)=-\dfrac{x}{\sqrt{1-x^2}}\arcsin x+1$.

(4) $f'(x)=\dfrac{2x+2\sin x+2x\cos x-2x^2\sin x+2x^3\cos x}{(1+x^2)(x^2+2x\sin x)}$.

(5) $f'(x)=\dfrac{a^2}{(a^2+x^2)^{\frac{3}{2}}}$.

(6) $f'(x)=\dfrac{\mathrm{e}^x}{1+\mathrm{e}^{2x}}$.

(7) $f'(x)=\dfrac{2\arcsin x}{\sqrt{1-x^2}}$.

(8) $f'(x)=\dfrac{x}{\sqrt{a^2+x^2}}\ln(x+\sqrt{a^2+x^2})+1$.

(9) $f'(x)=-\dfrac{1}{x^2}\mathrm{e}^{\sin\frac{1}{x}}\cos\dfrac{1}{x}+\dfrac{2}{(1-x)^2}\mathrm{e}^{\sqrt{x}}+\dfrac{1}{2}\dfrac{1+x}{(1-x)\sqrt{x}}\mathrm{e}^{\sqrt{x}}$.

4. (1) $y'=(2x+2^{\sin x}\cos x\ln 2)f'(x^2+2^{\sin x})$.

(2) $y'=(1+2x\mathrm{e}^{x^2}f'(\mathrm{e}^{x^2}))f'(x+f(\mathrm{e}^{x^2}))$.

(3) $y'=\dfrac{2f(f(f(x)))f'(f(f(x)))f'(f(x))f'(x)}{1+f^2(f(f(x)))}$.

(4) $y'=\dfrac{2g'(\ln(1+u^2(x))u(x)u'(x)}{1+u^2(x)}$.

5. $y'=\dfrac{f(x)f'(x)+g(x)g'(x)}{\sqrt{f^2(x)+g^2(x)}}$.

6. (1) $\dfrac{\mathrm{d}y}{\mathrm{d}x}=2xf'(x^2)$.

(2) $\dfrac{\mathrm{d}y}{\mathrm{d}x}=2\left(f'(\sin^2 x)-f'(\cos^2 x)\right)\sin x\cos x$.

7. $f'(x)=a^{a^x+x}(\ln a)^2+a^a x^{a^a-1}+(a\ln a)x^{a-1}a^{x^a}$.

8. (1) $y^{(4)}=-\dfrac{15}{16}\dfrac{x^2}{(1+x)^{\frac{7}{2}}}+\dfrac{3x}{(1+x)^{\frac{5}{2}}}-\dfrac{3}{(1+x)^{\frac{3}{2}}}$.

(2) $y^{(8)}=-128x^3\cos 2x-1536x^2\sin 2x+5376x\cos 2x+5376\sin 2x$.

(3) $y^{(4)}=-\dfrac{6}{x}+\dfrac{12}{x}-\dfrac{36}{x}+\dfrac{24}{x}=-\dfrac{6}{x}$.

(4) $y'''=\dfrac{4}{(1+x^2)^2}$.

9. (1) $y^{(n)}=-\dfrac{1}{16}\dfrac{(-1)^n n!}{\left(x-\dfrac{1}{2}\right)^{n+1}}+\dfrac{1}{16}\dfrac{(-1)^n n!}{\left(x+\dfrac{1}{2}\right)^{n+1}}$.

(2) $y^{(n)}=\left(\dfrac{1+\cos 2x}{2}\right)^{(n)}=\dfrac{1}{2}(\cos 2x)^{(n)}=2^{n-1}\cos\left(2x+\dfrac{n\pi}{2}\right)$.

(3) $y^{(n)}=2^n x\mathrm{e}^{2x}+2^{n-1}n\mathrm{e}^{2x}$.

(4) $y^{(n)}=\dfrac{(-1)^n n!}{2}\left(\dfrac{1}{(x-1)^{n+1}}+\dfrac{(-1)^{n+1}}{(x+1)^{n+1}}\right)$.

10. (1) $y'=\dfrac{ay-x^2}{y^2-ax}$. (2) $y'=\dfrac{\mathrm{e}^{x+y}-y}{x-\mathrm{e}^{x+y}}$. (3) $y'=-\dfrac{\mathrm{e}^y}{1+x\mathrm{e}^y}$.

(4) $y'=\dfrac{1+\dfrac{1}{y-x}-y\cos(xy)}{x\cos(xy)+\dfrac{1}{y-x}}$. (5) $y'=\dfrac{1-2^{xy}y\ln 2}{2^{xy}x\ln 2-1}$. (6) $y'=\dfrac{x+y}{x-y}$.

11. (1) $y'=\dfrac{1-xy}{x^2}$, $y''=\dfrac{3-2xy}{x^3}$.

(2) $y'=\dfrac{2xy}{(1-2y^2)(1+x^2)}$, $y''=-\dfrac{(y')^2(1+2y^2)(1+x^2)^2+2(1-x^2)y^2}{(y-2y^3)(1+x^2)^2}$.

(3) $y'=1+\dfrac{2(y-x)}{2y-\mathrm{e}^{x+y}(x^2+y^2)}$,

$$y''=\frac{2(y'-1)\left[2y-\mathrm{e}^{x+y}(x^2+y^2)\right]-2(y-x)\left[2y'-\mathrm{e}^{x+y}(1+y')(x^2+y^2)-\mathrm{e}^{x+y}(2x+2yy')\right]}{\left[2y-\mathrm{e}^{x+y}(x^2+y^2)\right]^2}.$$

12. $\left.\dfrac{\mathrm{d}y}{\mathrm{d}x}\right|_{t=0}=\dfrac{1}{2}$.

13. (1) $-\dfrac{1}{2t^3}$. (2) $-\dfrac{1}{(1-\cos t)^2}$.

14. (1) $f'(x)=(1+x^2)^x\left[\ln(1+x^2)+x\cdot\dfrac{2x}{1+x^2}\right]$.

(2) $f'(x)=x^{x^x}\left(x^x\ln x\,(\ln x+1)+x^{x-1}\right)$.

(3) $f'(x)=(1+x)^2\left(\dfrac{1-x^2}{1+x^2}\right)^{\frac{1}{3}}\left(\dfrac{2}{1+x}-\dfrac{2x}{3(1-x^2)}-\dfrac{2x}{3(1+x^2)}\right)$

15. $y'=\dfrac{xy\ln y-y^2}{xy\ln x-x^2}$.

16. 切线方程为 $y=2x$, 法线方程为 $y=-\dfrac{1}{2}x$.

17.(1) $v(t)=v_0-gt$. (2) $t=\dfrac{v_0}{g}$.

18. $\dfrac{16}{25\pi}\mathrm{m}^3/\mathrm{min}$.

19. $f'(t)=(1+2t)\mathrm{e}^{2t}$.

20. $y'=\dfrac{1}{(1+x)^2}\ln\dfrac{2x-1}{x+1}$.

21. $\lim\limits_{n\to\infty}n\left[f\left(\dfrac{1}{n}\right)-1\right]=\lim\limits_{n\to\infty}\dfrac{f\left(\dfrac{1}{n}\right)-1}{\dfrac{1}{n}}=f'(0)=1$.

22. $\dfrac{\mathrm{d}y}{\mathrm{d}x}=\dfrac{f'(x)\varphi(x)\ln\varphi(x)-\varphi'(x)f(x)\ln f(x)}{\varphi(x)\ln^2\varphi(x)}$.

习题 2-3

1. (1) $\Delta y|_{x_0=0}=\mathrm{e}^{\Delta x}-1=\Delta x+o(\Delta x)=\mathrm{d}x+o(\Delta x)$, 所以 $y=\mathrm{e}^x$ 在 $x_0=0$ 处可微, 并且 $\mathrm{d}y|_{x_0=0}=\mathrm{d}x$.

(2) $\Delta y|_{x_0=0}=\ln(1+\Delta x)-\ln(1)=\ln(1+\Delta x)=\Delta x+o(\Delta x)=\mathrm{d}x+o(\Delta x)$, 所以 $y=\ln(1+x)$ 在 $x_0=0$ 处可微, 并且 $\mathrm{d}y|_{x_0=0}=\mathrm{d}x$.

2. (1) $\mathrm{d}f|_{x_0=1}=(2\ln 2+1)\,\mathrm{d}x$. (2) $\mathrm{d}f|_{x_0=a}=\dfrac{1}{\sqrt{2}|a|}\mathrm{d}x$.

3. (1) $\mathrm{d}f=\dfrac{\mathrm{d}x}{(x^2+1)^{\frac{3}{2}}}$. (2) $\mathrm{d}f=\left(\dfrac{2\sin x\cos x}{1+\sin^2 x}+\dfrac{3}{x}-\dfrac{2x}{1+x^2}\right)\mathrm{d}x$.

(3) $\mathrm{d}f=\left(-2x\mathrm{e}^{-x^2+\arctan x}+\dfrac{\mathrm{e}^{-x^2+\arctan x}}{1+x^2}\right)\mathrm{d}x$. (4) $\mathrm{d}f=\dfrac{da-bc}{2\,(ax+b)^{\frac{1}{2}}\,(cx+d)^{\frac{3}{2}}}\mathrm{d}x$.

4. (1) $\mathrm{d}f=\dfrac{2\,(x\ln x-x)}{1+(x\ln x-x)^2}\ln x\mathrm{d}x$.

(2) $\mathrm{d}f=\cos(2^u+\ln u)\left(2^u\ln 2+\dfrac{1}{u}\right)\left(2x+\dfrac{\mathrm{e}^{1+\sqrt{x}}}{2\sqrt{x}}\right)\mathrm{d}x$, 其中 $u=x^2+\mathrm{e}^{1+\sqrt{x}}$.

5. (1) $\sqrt{99.9}=(100-0.1)^{\frac{1}{2}}=10\times(1-0.0001)^{\frac{1}{2}}\approx 10\times\left(1-\frac{1}{2}\times 0.0001\right)^{\frac{1}{2}}=9.995$.

(2) $\sin 29^\circ=\sin\left(\dfrac{\pi}{6}-\dfrac{\pi}{180}\right)\approx\sin\dfrac{\pi}{6}+\left(-\dfrac{\pi}{180}\right)\cos\dfrac{\pi}{6}=\dfrac{1}{2}-\dfrac{\sqrt{3}}{2}\times\dfrac{\pi}{180}\approx 0.4849$.

(3) $32.01^{\frac{1}{5}}\approx 32^{\frac{1}{5}}+\dfrac{1}{5}\times 32^{-\frac{4}{5}}\times 0.01=2.000125$.

6. $\mathrm{d}S=\dfrac{\pi}{3}R\mathrm{d}R=\dfrac{\pi}{3}\times 100\times 1\approx 104.72\mathrm{cm}^2$.

7. 相对误差大约为 $\dfrac{\mathrm{d}S|_{x=60.03}}{S(60.03)}\approx\dfrac{4.71}{2830.26}\approx 0.17\%$.

习题 2-4

1. 提示: $f(0)=-1, f(1)=-1$.
2. 提示: 设 $f(x)=ax^3+bx^2+cx$, $f(0)=0, f(1)=a+b+c=0$.
3. 提示: 设 $f(x)=\dfrac{a_n}{n+1}x^{n+1}+\dfrac{a_{n-1}}{n}x^n+\cdots+\dfrac{a_1}{2}x^2+a_0x$, $f(0)=0, f(1)=0$.
4. 提示: 设 $g(x)=\mathrm{e}^{kx}f(x)$.
5. 提示: 设 $F(x)=f(x)-x$.
6. 提示: (1) $y'=\dfrac{1}{1+x^2}-\dfrac{1}{1+x^2}\equiv 0$, (2) $y'\equiv 0$.
7. 提示: 设 $g(x)=\dfrac{1}{x}$, 利用柯西中值定理.
8. 提示: (1) 设 $f(x)=\sin x$, 在 $[a,b]$ 上利用拉格朗日中值定理.

(2) 设 $f(x)=\arctan x$, 在 $[0,h]$ 上利用拉格朗日中值定理可得.

(3) 设 $f(x)=\ln(1+x)$, 在 $[0,x]$ 上利用拉格朗日中值定理可得.

(4) 设 $f(x)=x^n$, 在 $[a,b]$ 上利用拉格朗日中值定理可得.

9. 提示: 设 $g(x)=x^2$, 利用柯西中值定理.
10. 提示: 设 $f(x)=\mathrm{e}^{\frac{1}{x}}, g(x)=x^2$, 利用柯西中值定理.
11. 提示: 设 $F(x)=f^2(x), G(x)=\arctan x$, 利用柯西中值定理.
12. 提示: (1) 设 $F(x)=f(x)-1+x$, 利用零点定理.

(2) 利用拉格朗日中值定理可得, $\exists\xi_1\in(0,\xi)$, $f'(\xi_1)=\dfrac{1-\xi}{\xi}$.$\exists\xi_2\in(\xi,1)$, 使得 $f'(\xi_2)=\dfrac{\xi}{1-\xi}$. 所以 $f'(\xi_1)f'(\xi_2)=1$.

13 提示: 设 $g(x)=f^2(x)$, 利用拉格朗日中值定理可得, $\exists\xi\in(a,b)$, 使得 $\dfrac{f(a)-f(b)}{a-b}=f'(\xi)$, $\exists\eta\in(a,b)$, 使得 $\dfrac{g(a)-g(b)}{a-b}=g'(\eta)$, 所以 $(f(a)+f(b))f'(\xi)=2f(\eta)f'(\eta)$.

14. 提示: 设 $g(x)=f(x)\arctan x$.

习题 2-5

1. (1) 1. (2) $\frac{1}{6}$. (3) 0. (4) $\frac{1}{2}$. (5) $e^{-\frac{1}{2}}$.

(6) $e^{-\frac{1}{6}}$. (7) 1. (8) $\frac{1}{3}$. (9) $\frac{1}{3}$. (10) -1.

2. $f''(a)$.

3. $-\dfrac{f''(a)}{2\left(f'(a)\right)^2}$.

4. 提示: 利用洛必达法则可得 $\lim\limits_{x\to+\infty}\dfrac{f(x)}{x}=\lim\limits_{x\to+\infty}f'(x)=A$.

5. 提示: $\lim\limits_{x\to+\infty}\dfrac{x^\alpha f(x)}{x^\alpha}=\lim\limits_{x\to+\infty}\dfrac{\alpha x^{\alpha-1}f(x)+x^\alpha f'(x)}{\alpha x^{\alpha-1}}=\lim\limits_{x\to+\infty}\dfrac{\alpha f(x)+xf'(x)}{\alpha}=\dfrac{\beta}{\alpha}$.

习题 2-6

1. (1) 单增区间是 $\left(\frac{1}{2},1\right)$, 单减区间是 $\left(-\infty,\frac{1}{2}\right)$ 和 $(1,+\infty)$.

(2) 单增区间是 $\left(\frac{1}{2},+\infty\right)$, 单减区间是 $\left(-\infty,\frac{1}{2}\right)$.

(3) 单增区间是 $\left(-\infty,\frac{2}{3}a\right)$ 和 $(a,+\infty)$, 单减区间是 $\left(\frac{2}{3}a,a\right)$.

(4) 单增区间是 $(0,n)$, 单减区间是 $(-\infty,0)$ 和 $(n,+\infty)$.

2. 提示: (1) 记 $f(x)=1+x\ln\left(x+\sqrt{1+x^2}\right)-\sqrt{1+x^2}$, 则 $f'(x)>0$.

(2) 记 $f(x)=\sin x+\tan x-2x$.

(3) 记 $f(x)=\tan x-x-\frac{1}{3}x^3$.

(4) 记 $f(x)=\ln(1+x)-x, x>0$, 记 $g(x)=\ln\left(1+\frac{1}{x}\right)-\frac{1}{1+x}, x>0$.

3. (1) 极小值是 $y(0)=0$.

(2) 极小值是 $y(-2)=\frac{8}{3}$, 极大值为 $y(0)=4$.

(3) 无极值.

4. $a=2.f(x)$ 在 $x=\frac{\pi}{3}$ 处取得极大值, $f\left(\frac{\pi}{3}\right)=2\sin\frac{\pi}{3}+\frac{1}{3}\sin 3x=\sqrt{3}$.

5. $f(x)$ 在 $x=1$ 处取最大值, 最大值为 $y(1)=-29$.

6. $f(x)$ 在 $x=-3$ 处取最小值, 最大值为 $y(-3)=27$.

7. $f(x)$ 在 $x=-\frac{1}{2}$ 处取最大值 $y\left(-\frac{1}{2}\right)=2e^{-\frac{1}{4}}$, 在 $x=1$ 处取最小值 $y(1)=-e^{-1}$.

8. 单增区间为 $(1,2-\frac{\sqrt{3}}{3})$、$\left(2,2+\frac{\sqrt{3}}{3}\right)$ 和 $(3,+\infty)$, 单减区间 $(-\infty,1)$、$\left(2-\frac{\sqrt{3}}{3},2\right)$ 和 $\left(2+\frac{\sqrt{3}}{3},3\right)$, 最小值 $y(1)=0$.

9. $r=\sqrt[3]{\dfrac{V}{2\pi}}, h=\sqrt[3]{\dfrac{4V}{\pi}}, \dfrac{2r}{h}=1$.

10. (1) 凸区间为 $(-\infty,0)$, 凹区间为 $(0,+\infty)$.

(2) $y=x\arctan x$ 是凹函数.

11. (1) 凸区间为 $\left(\dfrac{5}{3},+\infty\right)$, 凹区间为 $\left(-\infty,\dfrac{5}{3}\right)$, 拐点为 $\left(\dfrac{5}{3},\dfrac{20}{27}\right)$.

(2) 函数是凹函数, 没有拐点.

(3) 凸区间为 $(-\infty,-1)$ 和 $(1,+\infty)$, 凹区间为 $(-1,1)$, 拐点为 $(-1,\ln 2),(1,\ln 2)$.

(4) 凸区间为 $(0,\mathrm{e}^{\frac{5}{12}})$, 凹区间为 $(\mathrm{e}^{\frac{5}{12}},+\infty)$, 拐点为 $(\mathrm{e}^{\frac{5}{12}},-2\mathrm{e}^{\frac{5}{3}})$.

12. 提示: (1) 设 $f(x)=\mathrm{e}^x$. (2) 设 $f(x)=x\ln x$. (3) 略.

13. $k=\pm\dfrac{\sqrt{2}}{8}$.

14. $a=-3,b=0,c=1$.

15. (1) 单增区间为 $(-\infty,-2)$ 和 $(0,+\infty)$, 单减区间为 $(-2,0)$, 凹区间为 $(-1,+\infty)$, 凸区间为 $(-\infty,-1)$, 渐近线: 无.

(2) 单增区间为 $(-1,1)$, 单减区间为 $(-\infty,-1)$ 和 $(1,+\infty)$, 凹区间为 $(-\sqrt{3},0)$ 和 $(\sqrt{3},+\infty)$, 凸区间为 $(-\infty,-\sqrt{3})$ 和 $(0,\sqrt{3})$. 有水平渐进线 $y=0$, 无垂直和斜渐近线.

(3) 单增区间为 $\left(\dfrac{3}{2},+\infty\right)$, 单减区间为 $(-\infty,0)$ 和 $\left(1,\dfrac{3}{2}\right)$,

凹区间为 $(-\infty,0)$ 和 $(1,+\infty)$. 垂直渐进线 $x=1$, 斜渐进线 $y=x+\dfrac{1}{2},y=-x-\dfrac{1}{2}$.

(4) 单增区间为 $(-\infty,-2)$ 和 $(3,+\infty)$, 单减区间为 $(-2,0)$ 和 $(0,3)$, 凸区间为 $\left(-\infty,-\dfrac{6}{13}\right)$, 凹区间为 $\left(-\dfrac{6}{13},0\right)$ 和 $(0,+\infty)$. 拐点为 $\left(-\dfrac{6}{13},\dfrac{72}{13}\mathrm{e}^{-\frac{13}{6}}\right)$. 有垂直渐近线 $x=0$, 斜渐近线 $y=x+7$. 无水平渐近线.

习题 2-7

1. (1) $y=\dfrac{1}{4}\sum\limits_{k=1}^{n}\dfrac{(-1)^{k-1}(3-3^{2k-1})}{(2k-1)!}x^{2k-1}+o(x^{2n-1})$.

(2) $y=\dfrac{1}{8}\left(3-\sum\limits_{k=2}^{n}\dfrac{(-1)^k}{(2k)!}(2^{2k+2}-2^{4k})x^{2k}\right)+o(x^{2n})$.

(3) $f(x)=\sum\limits_{k=1}^{n}\dfrac{-1+(-1)^k}{k}x^k+o(x^n)$.

(4) $f(x)=\sum\limits_{k=0}^{n}(-1)^k\left(\dfrac{1}{3^{k+1}}-\dfrac{1}{4^{k+1}}\right)x^k+o(x^{n+1})$.

2. (1) $f(x)=-\dfrac{x^2}{2}-\dfrac{x^4}{12}+o(x^4)$.

(2) $f(x)=1+x+\dfrac{x^2}{2}-\dfrac{x^4}{8}+o(x^4)$.

(3) $f(x)=\frac{1}{2}-\frac{1}{4}x+\frac{1}{48}x^3+o(x^4)$.

(4) $f(x)=x-\frac{1}{2}x^3-\frac{1}{2}x^4+o(x^4)$.

3. $f(x)=-56+21(x-4)+37(x-4)^2+11(x-4)^3+(x-4)^4$.

4. $f(x)=\ln 2+\frac{x-2}{2}-\frac{(x-2)^2}{2\cdot 2^2}+\frac{(x-2)^3}{3\cdot 2^3}-\cdots+\frac{(-1)^{n-1}(x-2)^n}{n\cdot 2^n}+o((x-2)^n)$.

5. $f(x)=-\left[1+(x+1)+(x+1)^2+\cdots+(x+1)^n+\frac{(x+1)^{n+1}}{(1+\theta(x+1))^{n+2}}\right]$.

6. (1) 2. (2) 1. (3) $-\frac{1}{2}$. (4) $\frac{1}{6}$. (5) $-\frac{1}{9}$. (6) $-\frac{1}{12}$.

(7) $-\frac{1}{2}$. (8) $-\frac{1}{4}$. (9) -3. (10) $\frac{1}{3}$. (11) $-\frac{1}{2}$. (12) 1.

7. $a=-1,b=\frac{1}{2},k=-\frac{1}{3}$.

8. $a=0,b=2,c=0$, 或 $a=-1,b=0,c=2$, 或 $a<-1,b=0,c=0$.

9. 提示: 对 $f(x)$ 在 $x=0$ 处做泰勒展开: $f(x)=f(0)+f'(0)x+\frac{1}{2}f''(\xi)x^2$.

10. 提示: 对 $f(x)$ 在 $x=\frac{a+b}{2}$ 处做泰勒展开有

$$f(x)=f\left(\frac{a+b}{2}\right)+f'\left(\frac{a+b}{2}\right)\left(x-\frac{a+b}{2}\right)+\frac{1}{2}f''(\xi)\left(x-\frac{a+b}{2}\right)^2.$$

11. 提示: 当 $x\in\left(0,\frac{\pi}{2}\right)$ 时, 由泰勒展开式可得

$$\sin x=x-\frac{x^3}{3!}+\frac{x^5}{5!}-\cdots+(-1)^m\frac{\cos\theta x}{(2m+1)!}x^{2m+1},\theta\in(0,1).$$

习题 2-8

1. 2.　2. $k=2$, $R=\frac{1}{2}$.　3. $\frac{\sqrt{6}}{4\left|a\cos t_0\sin t_0\right|}$.

4. (1) $x=\frac{\pi}{2}$ 时, k 取最大值 1, 曲率半径为 1.

(2) k 在 $u=2$ 处取得最大值, 此时 $x=\frac{1}{\sqrt{2}}$, 最大曲率为 $\frac{2\sqrt{3}}{9}$, 此时的曲率半径为 $\frac{3\sqrt{3}}{2}$.

5. 砂轮半径取为 1.25 最合适.

习题 2-9

1. (1) 二分法: 因为 $f(-3)=3,f(-4)=-28$, 所以取 $a=-4,b=-3$, 根据二分法迭代 13 次, $|f(c)|=\frac{11}{39097}<0.001$, 所以 $c=-\frac{906}{289}$ 可以看作方程的近似解.

(2) 切线法: 设 $f(x)=x^3-6x+12$, 则 $f'(x)=3x^2-6$, 根据切线法, 迭代公式为 $x_{k+1}=x_k-\frac{f(x_k)}{f'(x_k)}$, 因为 $|f(x_2)|=\frac{47}{80033}<0.001$, 所以 $x=-\frac{2439}{778}$ 可以作为方程的近似解.

2. (1) 设 $f(x)=x^4-x-1$, 则 $f'(x)=4x^3-1$, 根据切线法, 迭代公式为 $x_{k+1}=x_k-\dfrac{f(x_k)}{f'(x_k)}$, 因为 $f(x_4)=\dfrac{23}{161397}<0.001$, 所以 $x=-\dfrac{1765}{2436}$ 可以作为方程的近似解.

(2) 设 $f(x)=x+\mathrm{e}^x$, 则 $f'(x)=1+\mathrm{e}^x$, 根据切线法, 迭代公式为 $x_{k+1}=x_k-\dfrac{f(x_k)}{f'(x_k)}$, $f(x_3)=\dfrac{1}{1472773}<0.001$, 所以 $x=-\dfrac{397}{700}$ 可以作为方程的近似解.

第 3 章

习题 3-1

1. (1) $\dfrac{5}{2}$. (2) $\dfrac{9}{2}\pi$.

2. $a=0,b=1$ 时, $\int_a^b(x-x^2)\mathrm{d}x$ 取得最大值.

3. (1) $\int_{\frac{\pi}{4}}^{\frac{5\pi}{4}}\left(1+\sin^2x\right)\mathrm{d}x\in(\pi,2\pi)$.

(2) $\int_2^0\mathrm{e}^{x^2-x}\mathrm{d}x\in\left(-2\mathrm{e}^2,-2\mathrm{e}^{-1/4}\right)$.

4. (1) $\int_0^1x\mathrm{d}x$. (2) $\int_0^1\dfrac{1}{1+x}\mathrm{d}x$. (3) $\int_0^1\sqrt{1+x}\mathrm{d}x$.

(4) $\int_0^1\ln(1+x)\mathrm{d}x$. (5) $\int_0^1\sin2\pi x\mathrm{d}x$. (6) $\int_0^1\dfrac{1}{\sqrt{4-x^2}}\mathrm{d}x$.

5. $S=\lim\limits_{n\to+\infty}\dfrac{n(n+1)(2n+1)}{6n^3}=\dfrac{1}{3}$.

6. 不可积, $\lim\limits_{n\to+\infty}\dfrac{1}{n}\sum\limits_{k=1}^{n}f\left(\dfrac{k}{n}\right)=\lim\limits_{n\to+\infty}\dfrac{1}{n}\sum\limits_{k=1}^{n}\dfrac{n}{k}=\lim\limits_{n\to+\infty}\sum\limits_{k=1}^{n}\dfrac{1}{k}=+\infty$.

7. 略.

习题 3-2

1. (1) $2x\sqrt{1+x^4}$.(2) $\dfrac{3x^2}{\sqrt{1+x^{12}}}-\dfrac{2x}{\sqrt{1+x^8}}$.

(3) $-\sin x\cos\left(\pi\cos^2x\right)-\cos x\cos\left(\pi\sin^2x\right)$.

2. $\dfrac{\mathrm{d}y}{\mathrm{d}x}=\cot t$.

3. 当 $x=0$ 时 $I(x)$ 有极值.

4. (1) 0.(2) 1.(3) $\arctan\sqrt{3}$.(4) $2\arctan\dfrac{1}{2}$.(5) 9.

5. (1) 2.(2) 1.(3) 1.(4) 2.

6. 当 $x\in[0,1)$ 时, $\varPhi(x)=\int_0^xf(t)\,\mathrm{d}t=\int_0^x3t^2\mathrm{d}t=x^3$, 当 $x\in[1,2)$ 时, $\varPhi(x)=\int_0^12t\mathrm{d}t+\int_1^x3t^2\mathrm{d}t=x^3$, 所以 $\varPhi(x)=x^3,x\in[0,2]$. 容易看出, $\varPhi(x)$ 在 $(0,2)$ 内的连续性.

7. $\Phi(x)=\begin{cases}0, & x<0,\\ 1-\cos x, & 0\leqslant x\leqslant \pi,\\ 2, & x>\pi.\end{cases}$

8. 略.

习题 3-3

1. (1) $3\arctan x-2\arcsin x+C$. (2) $\mathrm{e}^x-2\sqrt{x}+C$.

(3) $(2\mathrm{e})^x\ln(2\mathrm{e})+(3\mathrm{e})^x\ln(3\mathrm{e})+C$. (4) $\tan x-\sec x+C$.

(5) $\dfrac{1}{2}x+\dfrac{1}{2}\sin x+C$. (6) $\dfrac{1}{2}\tan x+C$. (7) $\dfrac{4}{7}x^{\frac{7}{4}}+\dfrac{4}{11}x^{\frac{11}{4}}+C$.

(8) $x-\arctan x+C$. (9) $x^3-x+\arctan x+C$. (10) $-2\cot x-x+C$.

(11) $\sin x-\cos x+C$. (12) $\dfrac{-2}{\sin 2x}+\mathrm{C}$.

2. $y=\ln|x|+1$. 3. 1000m.

4. (1) $\dfrac{1}{6}(x^2+3x+5)^6+C$. (2) $\dfrac{3}{2}(x-1)^{\frac{2}{3}}+C$. (3) $-\dfrac{1}{3}\sqrt{2-3x^2}+C$.

(4) $\dfrac{1}{2}\mathrm{e}^{2x+1}+C$. (5) $2\arcsin\sqrt{x}+C$. (6) $\dfrac{1}{2}\arctan^2 x+C$.

(7) $\dfrac{1}{3}\ln^3 x+\dfrac{1}{3}\ln^2 x+2\ln x+C$. (8) $2\mathrm{e}^{\sqrt{x-1}}+C$.

(9) $(\sin x-\cos x)^{\frac{2}{3}}+C$. (10) $-\dfrac{1}{x\ln x}+C$.

(11) $\ln|\ln\ln x|+C$. (12) $\arctan^2\sqrt{x}+C$.

(13) $\arctan\mathrm{e}^x+C$. (14) $-\dfrac{1}{10}\cos 5x+\dfrac{1}{2}\cos 2x+C$.

(15) $\dfrac{1}{2}x^2-\dfrac{9}{2}\ln(9+x^2)+C$. (16) $\dfrac{1}{7}\sec^7 x-\dfrac{2}{5}\sec^5 x+\dfrac{1}{3}\sec^3 x+C$.

5. (1) $\dfrac{1}{2}\ln\left|\dfrac{\sqrt{\mathrm{e}^{2x}+1}-1}{\sqrt{\mathrm{e}^{2x}+1}+1}\right|+C$.

(2) $\dfrac{3}{2}(x+2)^{\frac{2}{3}}-3(x+2)^{\frac{1}{3}}-3\ln\left|1+(x+2)^{\frac{1}{3}}\right|+C$.

(3) $-\dfrac{1}{2}\sqrt{1+\dfrac{2}{x^2}}+C$.

(4) $2x^{\frac{1}{2}}-4x^{\frac{1}{4}}+4\ln\left|x^{\frac{1}{4}}+1\right|+C$.

(5) $\sqrt{\dfrac{x^2}{1+x^2}}+C.$

(6) $\dfrac{1}{13}(x-1)^{13}+\dfrac{1}{3}(x-1)^{12}+\dfrac{4}{11}(x-1)^{11}+C.$

(7) $\dfrac{3}{10}(x+1)^{\frac{10}{3}}-\dfrac{3}{7}(x+1)^{\frac{7}{3}}+C.$

(8) $\dfrac{1}{5}(1+x^2)^{\frac{5}{2}}-\dfrac{2}{3}(1+x^2)^{\frac{3}{2}}+(1+x^2)^{\frac{1}{2}}+C.$

(9) $\arcsin(x-2)+C.$

(10) $\arcsin x+\dfrac{\sqrt{1-x^2}-1}{x}+C.$

(11) $\dfrac{1}{2}\left(\arcsin x+\ln\left|x+\sqrt{1-x^2}\right|\right)+C.$

6. (1) $\dfrac{1}{3}x^3\ln x-\dfrac{1}{9}x^3+C.$ (2) $\dfrac{1}{2}\mathrm{e}^{-x}(\sin x-\cos x)+C.$

(3) $2x\sin\dfrac{x}{2}+4\cos\dfrac{x}{2}+C.$

(4) $-\dfrac{1}{2}t\mathrm{e}^{-2t}-\dfrac{1}{4}\mathrm{e}^{-2t}+C.$

(5) $\dfrac{x\cos\ln x+x\sin\ln x}{2}+C.$

(6) $\dfrac{1}{2}x^2\arctan^2 x-x\arctan x+\dfrac{1}{2}\ln(1+x^2)+\dfrac{1}{2}\arctan^2 x+C.$

(7) $\dfrac{1}{2}\mathrm{e}^x-\dfrac{1}{5}\mathrm{e}^x\sin 2x-\dfrac{1}{10}\mathrm{e}^x\cos 2x+C.$

(8) $x\ln(\sqrt{1+x^2}-x)+\sqrt{1+x^2}+C.$

(9) $2\sqrt{1+x}\mathrm{e}^{\sqrt{1+x}}-2\mathrm{e}^{\sqrt{1+x}}+C.$

(10) $\begin{cases} I_n=x\ln^n x-nI_{n-1}, & n\geqslant 1,\\ I_0=x+C. \end{cases}$

(11) $\begin{cases} I_n=-x^n\cos x+nx^{n-1}\sin x-n(n-1)I_{n-2}, & n\geqslant 2,\\ I_0=-\cos x+C,\quad I_1=-x\cos x+\sin x+C. \end{cases}$

(12) $\begin{cases} I_n=\dfrac{1}{n}\cos^{n-1}x\sin x+\dfrac{n-1}{n}I_{n-2}, & n\geqslant 2\\ I_0=\displaystyle\int \mathrm{d}x=x+C,\quad I_1=\int\cos x\,\mathrm{d}x=\sin x+C \end{cases}$

7. (1) $\ln\left|x^2+3x-10\right|+C.$ (2) $\dfrac{1}{2}\ln\left(\dfrac{x^2}{x^2+1}\right)+C.$

(3) $\frac{1}{2}\ln\left|\frac{(x+2)^4}{(x+1)(x+2)^3}\right|+C$. (4) $\frac{1}{4}\ln\left|\frac{x-1}{x+1}\right|-\frac{1}{2}\arctan x+C$.

(5) $-\frac{\sqrt{3}}{3}\arctan\frac{2\sqrt{3}}{3}\left(\cos^2 x-1\right)+C$. (6) $\sin x-\frac{2}{3}\sin^3 x+\frac{1}{5}\sin^5 x+C$.

(7) $\frac{1}{16}x-\frac{1}{64}\sin 4x+\frac{1}{32}\sin 2x-\frac{1}{192}\sin 6x+\frac{1}{64}\sin 2x+C$.

(8) $-\frac{1}{u}+\frac{1}{3u^3}+C$. (9) $-\frac{1}{2}\ln\left|\frac{1+\cos x}{1-\cos x}\right|+\frac{1}{\cos x}+\frac{1}{3\cos^3 x}+C$.

(10) $-\frac{1}{4}\ln\left|\frac{1+\cos x}{1-\cos x}\right|-\frac{1}{1+\cos x}+\frac{1}{1-\cos x}+C$.

(11) $2\arctan\sqrt{\frac{1-x}{1+x}}+\ln\left|\frac{\sqrt{1-x}-\sqrt{1+x}}{\sqrt{1-x}+\sqrt{1+x}}\right|+C$.

(12) $-\frac{3}{2}\left(\frac{x+1}{x-1}\right)^{\frac{1}{3}}+C$.

习题 3-4

1. (1) $\frac{\pi^2}{32}$. (2) $2\sqrt{3}-2$. (3) $2\left(1-\frac{\pi}{4}\right)$. (4) $\frac{1}{84}$. (5) 1. (6) $\frac{2\pi}{3}-\frac{\sqrt{3}}{2}$. (7) -4π. (8) $\frac{2^{\frac{5}{2}}-5}{3}$. (9) $\ln 2$. (10) $\frac{\pi^3}{324}$. (11) $\frac{3}{2}\pi$. (12) $\frac{4}{3}$.

2. (1) $\frac{b-a}{2}$. (2) $\frac{\pi}{4}$.

3. $f(x)=x-1$.

4. $\frac{7}{3}-\mathrm{e}^{-1}$.

5. $2\ln 2-2$.

6. 2.

7. $-4\ln 2+8-2\pi$.

8. 略.

9. 略.

习题 3-5

1. (1) $\frac{1}{6}$. (2) $\frac{1}{6}$. (3) $\frac{125}{6}$. (4) $2\pi a^2$. (5) $\frac{\pi}{6}+\frac{1}{4}-\frac{\sqrt{3}}{4}$. (6) $\frac{3\pi}{8}$.

2. (1) $\frac{1}{2}\pi^2$. (2) $\frac{3}{10}\pi^2$. (3) $2\pi^2$. (4) $\frac{32\pi}{105}$. (5) $5\pi^2, 6\pi^3$. (6) $\frac{8}{3}\pi$.

3. 当 $a=-5$ 时, 图形 T 绕 x 轴旋转一周所得的旋转体的体积最小.

4. (1) 8. (2) $8a$. (3) $\frac{a}{2}\left(\ln\left|2\pi+\sqrt{4\pi^2+1}\right|+2\pi\sqrt{4\pi^2+1}\right)$.

(4) $\frac{1}{4}e^2+\frac{1}{4}$. (5) $\frac{\sqrt{5}}{2}+\frac{\ln(\sqrt{5}+2)}{4}$.

*5.(1) 摆线绕 x 轴旋转时, $S=\frac{64}{3}\pi$. 摆线绕 y 轴旋转时, $S=16\pi^2$. (2) $S=\frac{12\pi}{5}$.

6. $W=\int_a^b k\frac{q}{r^2}dr=kq\left(\frac{1}{a}-\frac{1}{b}\right)$.

7. $1250\pi\rho g$.

8. $(\sqrt{2}-1)$cm.

9. $\frac{4400}{3}\rho g$.

10. $168\rho g$.

11. $F=Gm\mu\ln\varphi$.

习题 3-6

1.(1) 发散. (2) 收敛. (3) 收敛. (4) 收敛.
(5) 收敛. (6) 收敛. (7) 收敛. (8) 发散.
(9) 收敛. (10) 收敛. (11) 收敛. (12) 收敛.

2. 当 $k<1$ 时, 反常积分 $\int_a^b\frac{dx}{(x-a)^k}(b>a)$ 收敛, $k\geqslant 1$ 时, 反常积分 $\int_a^b\frac{dx}{(x-a)^k}(b>a)$ 发散.

3. 当 $k\leqslant 1$ 时, 反常积分 $\int_a^b\frac{dx}{(x-a)^k}(b>a)$ 发散, $k>1$ 时, 反常积分 $\int_a^b\frac{dx}{(x-a)^k}(b>a)$ 收敛.

*4. (1) 收敛. (2) 收敛. (3) 收敛. (4) 收敛. (5) 收敛.
(6) 当 $m\leqslant 3$ 时, $\int_0^{\frac{\pi}{2}}\frac{1-\cos x}{x^m}dx$ 收敛, 当 $m>3$ 时, $\int_0^{\frac{\pi}{2}}\frac{1-\cos x}{x^m}dx$ 发散.

第 4 章

习题 4-1

1. 略.
2. (1) $y=\sin 2x$ 不是方程 $y'-2y=0$ 的解;
$y=e^{2x}$ 是 $y'-2y=0$ 的解, 且是特解;
$y=ce^{2x}$ 是 $y'-2y=0$ 的解, 且是通解.
(2) $y=x$ 是方程的解, 且是特解;
$y=xe^{cx}$ 是方程的解, 且是通解.
3. 略. 4. 略.
5. (1) $y'=x^2$. (2) $2x+yy'=0$
6. $t=1.068\times 10^4\left(1-\frac{10}{7}h^{\frac{3}{2}}+\frac{3}{7}h^{\frac{5}{2}}\right)$.

习题 4-2

1. (1) $c(1-x-a)=\mathrm{e}^{\frac{1}{ay}}$.　(2) $\tan x\cdot\tan y=c$.

(3) $10^x+10^{-y}=c$.　(4) $(\mathrm{e}^x+1)(1-\mathrm{e}^y)=c$.

(5) $\sin x\cdot\sin y=c$.　(6) $y^4(4-x)=cx$.

2. (1) $\cos x=\sqrt{2}\cos y$.　(2) $x^2y=4$.

3. $f(x)=\ln 2\cdot\mathrm{e}^{2x}$.

4. 小船航行路线为 $\frac{h}{2}y^2-\frac{y^3}{3}=\frac{a}{k}x$.

5. 约 3.91(kg).

6. (1) $\rho=\frac{2}{3}+c\mathrm{e}^{-3\theta}$.　(2) $y=2+c\mathrm{e}^{-x^2}$.　(3) $x=\frac{\ln y}{2}+\frac{c}{\ln y}$.

(4) $y=(x-2)^3+c(x-2)$.　(5) $x=\frac{y^2}{2}+cy^3$.

7. (1) $y=\frac{5\mathrm{e}^{\frac{\sqrt{2}}{2}}-2\sqrt{2}-5\mathrm{e}^{\cos x}}{\sin x}$.(2) $y=-\frac{2}{3}\mathrm{e}^{-3x}+\frac{8}{3}$.(3) $y=\frac{x^3}{2}-\frac{x^3}{2}\mathrm{e}^{\frac{1}{x^2}-1}$.

8. (1) $y(x)=x\mathrm{e}^{-\frac{x^2}{2}}$.

(2) 凸区间为 $(-\infty,-\sqrt{3}),(0,\sqrt{3})$, 凹区间为 $(-\sqrt{3},0),(\sqrt{3},+\infty)$.

拐点有: $\left(-\sqrt{3},-\sqrt{3}\mathrm{e}^{-\frac{3}{2}}\right)$, (0,0), $\left(\sqrt{3},\sqrt{3}\mathrm{e}^{-\frac{3}{2}}\right)$.

9. (1) $y^2=x^2(2\ln x+c)$.　(2) $c\left(x^2-\frac{2y^3}{x}\right)=1$.

(3) $x+2y\mathrm{e}^{\frac{x}{y}}=c$.　(4) $\frac{y}{x}\ln\left(1+\frac{y^2}{x^2}\right)-\frac{2y}{x}+2\arctan\frac{y}{x}=\ln|cx|$.

10. (1) $\mathrm{e}^2x=\mathrm{e}^{\frac{y^2}{2x^2}}$ 或 $y^2=2x^2(2+\ln x)$.　(2) $x+y=x^2+y^2$.

11. (1) $(x-y)^2=2(c-x)$.　(2) $-\frac{1}{2x^2y^2}-\frac{1}{xy}+\ln|xy|=\ln|cx|$.

(3) $-\frac{1}{y+\sin x-1}=x+c$.　(4) $y=C\mathrm{e}^{\frac{2xy+1}{2(xy)^2}}$.

习题 4-3

1. (1) $y=x\mathrm{e}^x-3\mathrm{e}^x+\frac{c_1}{2}x^2+c_2x+c_3$. (2) $y=-\ln\cos(x+c_1)+c_2$.

(3) $y=-\frac{c_1}{2x^3}+c_2$. (4) $c_1y^2+c_1^2(c_2\pm x)^2=1$.

(5) $\frac{2}{3}(\sqrt{y}+c_1)^{\frac{3}{2}}-2c_1\sqrt{\sqrt{y}+c_1}=c_2\pm x$. (6) $\frac{y^2}{2}=c_1x+c_2$.

2. (1) $y=\frac{\mathrm{e}^{ax}}{a^3}-\frac{\mathrm{e}^a}{2a}x^2+\frac{\mathrm{e}^a}{a}x-\frac{\mathrm{e}^a}{a^2}x+\frac{\mathrm{e}^a}{a^2}-\frac{\mathrm{e}^a}{2a}-\frac{\mathrm{e}^a}{a^3}$.

(2) $2y^{\frac{1}{4}}=x+2$.

(3) $-\ln|\csc y+\cot y|=\pm x$.

3. $y=\frac{x^3}{6}+\frac{x}{2}+1$.

4. $y=c_1\ln x+c_2$.

习题 4-4

1. 略.

2. (1) $y=(c_1+c_2x)\,\mathrm{e}^{\frac{5}{2}x}$.

(2) $y=\mathrm{e}^{2x}\,(c_1\cos x+c_2\sin x)$.

(3) $y=(c_1+c_2x)\,\mathrm{e}^{x}+(c_3+c_4x)\,\mathrm{e}^{-x}$.

(4) $y=(c_1+c_2x)\cos x+(c_3+c_4x)\sin x$.

(5) $y=c_1+c_2x+(c_3+c_4x)\,\mathrm{e}^{x}$.

3. (1) $y=-\mathrm{e}^{4x}+\mathrm{e}^{-x}$. (2) $y=3\mathrm{e}^{-2x}\sin 5x$.

(3) $y=2\cos 5x+\sin 5x$. (4) $y=\mathrm{e}^{2x}\sin 3x$.

4. 所求微分方程是: $y^{(4)}-2y'''+5y''-8y'+4y=0$.

通解: $y=(c_1+c_2x)\,\mathrm{e}^{x}+c_3\cos 2x+c_4\sin 2x$.

5. (1) $y=c_1+c_2\mathrm{e}^{-\frac{5}{2}x}+\dfrac{x^3}{3}-\dfrac{3}{5}x^2+\dfrac{7}{25}x$.

(2) $y=c_1\mathrm{e}^{-x}+c_2\mathrm{e}^{-2x}+\left(\dfrac{3}{2}x-3\right)x\mathrm{e}^{-x}$.

(3) $y=\mathrm{e}^{x}\left(c_1\cos 2x+c_2\sin 2x-\dfrac{x}{4}\cos 2x\right)$.

(4) $y=(c_1+c_2x)\,\mathrm{e}^{3x}+\left(\dfrac{x}{6}+\dfrac{1}{3}\right)x^2\mathrm{e}^{3x}$.

(5) $y=c_1\mathrm{e}^{-x}+c_2\mathrm{e}^{-4x}+\dfrac{11}{8}-\dfrac{x}{2}$.

(6) $y=\dfrac{x}{3}\cos x+\dfrac{2}{9}\sin x+c_1\cos 2x+c_2\sin 2x$.

(7) $y=c_1\cos x+c_2\sin x+\dfrac{\mathrm{e}^{x}}{2}+\dfrac{x}{2}\sin x$.

(8) $y=c_1\mathrm{e}^{x}+c_2\mathrm{e}^{-x}-\dfrac{1}{2}+\dfrac{1}{10}\cos 2x$.

6. (1) $y=\dfrac{1}{2}\left(\mathrm{e}^{x}+\mathrm{e}^{9x}\right)-\dfrac{\mathrm{e}^{2x}}{7}$.

(2) $y=\mathrm{e}^{x}-\mathrm{e}^{-x}+(x-1)x\mathrm{e}^{x}$.

(3) $y=\dfrac{1}{16}+\dfrac{5}{16}\mathrm{e}^{4x}-\dfrac{5}{4}x$.

7. $\varphi(x)=\dfrac{1}{2}\cos x+\dfrac{1}{2}\sin x+\dfrac{\mathrm{e}^{x}}{2}$.

8. $y=\mathrm{e}^{x}-2x\mathrm{e}^{x}$.

9. $y=x\,(c_1\cos\ln x+c_2\sin\ln x)+x\ln x$.

10. $y=\left(c_1\dfrac{x^3}{3}+c_2\right)\mathrm{e}^{x}$.

习题 4-5

1-4. 略.

参考文献

从福仲. 2018. 高等数学新理念教程 [M]. 北京: 科学出版社.

崔国忠, 石金娥, 郭从洲. 2018. 数学分析 [M]. 北京: 科学出版社.

大连理工大学应用数学系. 2007. 工科数学分析 [M]. 大连: 大连理工大学出版社.

苏德矿, 吴明华. 2007. 微积分 [M]. 2 版. 北京: 高等教育出版社.

同济大学数学系. 2014. 高等数学 [M]. 7 版. 北京: 高等教育出版社.

吴迪光, 张彬. 1995. 微积分学 [M]. 杭州: 浙江大学出版社.

朱建民, 李建平. 2015. 高等数学 [M]. 2 版. 北京: 高等教育出版社.